U0184963

国家出版基金资助项目

现代数学中的著名定理纵横谈丛书

丛书主编　王梓坤

KORTEWEG-DE VRIES EQUATION

Korteweg-de Vries方程

刘培杰数学工作室　编译

内 容 简 介

本书分为十一编，详细介绍了 Korteweg-de Vries(KdV)方程的历史，KdV 方程的解法及 KdV 方程的近似解、周期解、行波解、孤波解和精确解，同时还介绍了 KdV 方程的对称与不变性、KdV 方程的数值方法和差分算法等内容.

本书适合大中师生及相关领域的研究人员参考阅读.

图书在版编目(CIP)数据

Korteweg-de Vries 方程/刘培杰数学工作室编译
. —哈尔滨:哈尔滨工业大学出版社，2024.1
(现代数学中的著名定理纵横谈丛书)
ISBN 978-7-5767-0595-9

Ⅰ.①K… Ⅱ.①刘… Ⅲ.①Kdv 方程 Ⅳ.
①O175.27

中国国家版本馆 CIP 数据核字(2023)第 023278 号
KORTEWEG-DE VRIES FANGCHENG

策划编辑 刘培杰 张永芹
责任编辑 刘春雷
封面设计 孙茵艾
出版发行 哈尔滨工业大学出版社
社　　址 哈尔滨市南岗区复华四道街 10 号 邮编 150006
传　　真 0451-86414749
网　　址 http://hitpress.hit.edu.cn
印　　刷 辽宁新华印务有限公司
开　　本 787 mm×960 mm 1/16 印张 36.75 字数 395 千字
版　　次 2024 年 1 月第 1 版 2024 年 1 月第 1 次印刷
书　　号 ISBN 978-7-5767-0595-9
定　　价 298.00 元

代序

读书的乐趣

你最喜爱什么——书籍.

你经常去哪里——书店.

你最大的乐趣是什么——读书.

这是友人提出的问题和我的回答.真的,我这一辈子算是和书籍,特别是好书结下了不解之缘.有人说,读书要费那么大的劲,又发不了财,读它做什么?我却至今不悔,不仅不悔,反而情趣越来越浓.想当年,我也曾爱打球,也曾爱下棋,对操琴也有兴趣,还登台伴奏过.但后来却都一一断交,“终身不复鼓琴”.那原因便是怕花费时间,玩物丧志,误了我的大事——求学.这当然过激了一些.剩下来唯有读书一事,自幼至今,无日少废,谓之书痴也可,谓之书橱也可,管它呢,人各有志,不可相强.我的一生大志,便是教书,而当教师,不多读书是不行的.

读好书是一种乐趣,一种情操;一种向全世界古往今来的伟人和名人求教的方法,一种和他们展开讨论的方式;一封出席各种活动、体验各种生活、结识各种人物的邀请信;一张迈进科学宫殿和未知世界的入场券;一股改造自己、丰富自己的强大力量.书籍是全人类有史以来共同创造的财富,是永不枯竭的智慧的源泉.失意时读书,可以使人重整旗鼓;得意时读书,可以使人头脑清醒;疑难时读书,可以得到解答或启示;年轻人读书,可明奋进之道;年老人读书,能知健神之理.浩浩乎!洋洋乎!如临大海,或波涛汹涌,或清风微拂,取之不尽,用之不竭.吾于读书,无疑义矣,三日不读,则头脑麻木,心摇摇无主.

潜能需要激发

我和书籍结缘,开始于一次非常偶然的机会.大概是八九岁吧,家里穷得揭不开锅,我每天从早到晚都要去田园里帮工.一天,偶然从旧木柜阴湿的角落里,找到一本蜡光纸的小书,自然很破了.屋内光线暗淡,又是黄昏时分,只好拿到大门外去看.封面已经脱落,扉页上写的是《薛仁贵征东》.管它呢,且往下看.第一回的标题已忘记,只是那首开卷诗不知为什么至今仍记忆犹新:

日出遥遥一点红,飘飘四海影无踪.

三岁孩童千两价,保主跨海去征东.

第一句指山东,二、三两句分别点出薛仁贵(雪、人贵).那时识字很少,半看半猜,居然引起了我极大的兴趣,同时也教我认识了许多生字.这是我有生以来独立看的第一本书.尝到甜头以后,我便千方百计去找书,向小朋友借,到亲友家找,居然断断续续看了《薛丁山征西》《彭公案》《二度梅》等,樊梨花便成了我心中的女英雄.我真入迷了.从此,放牛也罢,车水也罢,我总要带一本书,还练出了边走田间小路边读书的本领,读得津津有味,不知人间别有他事.

当我们安静下来回想往事时,往往会发现一些偶然的小事却影响了自己的一生.如果不是找到那本《薛仁贵征东》,我的好学心也许激发不起来.我这一生,也许会走另一条路.人的潜能,好比一座汽油库,星星之火,可以使它雷声隆隆、光照天地;但若少了这粒火星,它便会成为一潭死水,永归沉寂.

抄,总抄得起

好不容易上了中学,做完功课还有点时间,便常光顾图书馆.好书借了实在舍不得还,但买不到也买不起,便下决心动手抄书.抄,总抄得起.我抄过林语堂写的《高级英文法》,抄过英文的《英文典大全》,还抄过《孙子兵法》,这本书实在爱得狠了,竟一口气抄了两份.人们虽知抄书之苦,未知抄书之益,抄完毫末俱见,一览无余,胜读十遍.

始于精于一,返于精于博

关于康有为的教学法,他的弟子梁启超说:"康先生之教,专标专精、涉猎二条,无专精则不能成,无涉猎则不能通也."可见康有为强烈要求学生把专精和广博(即"涉猎")相结合.

在先后次序上,我认为要从精于一开始.首先应集中精力学好专业,并在专业的科研中做出成绩,然后逐步扩大领域,力求多方面的精.年轻时,我曾精读杜布(J. L. Doob)的《随机过程论》,哈尔莫斯(P. R. Halmos)的《测度论》等世界数学名著,使我终身受益.简言之,即"始于精于一,返于精于博".正如中国革命一样,必须先有一块根据地,站稳后再开创几块,最后连成一片.

丰富我文采,澡雪我精神

辛苦了一周,人相当疲劳了,每到星期六,我便到旧书店走走,这已成为生活中的一部分,多年如此.一次,偶然看到一套《纲鉴易知录》,编者之一便是选编《古文观止》的吴楚材.这部书提纲挈领地讲中国历史,上自盘古氏,直到明末,记事简明,文字古雅,又富于故事性,便把这部书从头到尾读了一遍.从此启发了我读史书的兴趣.

我爱读中国的古典小说,例如《三国演义》和《东周列国志》.我常对人说,这两部书简直是世界上政治阴谋诡计大全.即以近年来极时髦的人质问题(伊朗人质、劫机人质等),这些书中早就有了,秦始皇的父亲便是受害者,堪称"人质之父".

《庄子》超尘绝俗,不屑于名利.其中"秋水""解牛"诸篇,诚绝唱也.《论语》束身严谨,勇于面世,"己所不欲,勿施于人",有长者之风.司马迁的《报任少卿书》,读之我心两伤,既伤少卿,又伤司马;我不知道少卿是否收到这封信,希望有人做点研究.我也爱读鲁迅的杂文,果戈理、梅里美的小说.我非常敬重文天祥、秋瑾的人品,常记他们的诗句:"人生自古谁无死,留取丹心照汗青""休言女子非英物,夜夜龙泉壁上鸣".唐诗、宋词、《西厢记》《牡丹亭》,丰富我文采,澡雪我精神,其中精粹,实是人间神品.

读了邓拓的《燕山夜话》,既叹服其广博,也使我动了写《科学发现纵横谈》的心.不料这本小册子竟给我招来了上千封鼓励信.以后人们便写出了许许多多的“纵横谈”.

从学生时代起,我就喜读方法论方面的论著.我想,做什么事情都要讲究方法,追求效率、效果和效益,方法好能事半而功倍.我很留心一些著名科学家、文学家写的心得体会和经验.我曾惊讶为什么巴尔扎克在51年短短的一生中能写出上百本书,并从他的传记中去寻找答案.文史哲和科学的海洋无边无际,先哲们的明智之光沐浴着人们的心灵,我衷心感谢他们的恩惠.

读书的另一面

以上我谈了读书的好处,现在要回过头来说说事情的另一面.

读书要选择.世上有各种各样的书:有的不值一看,有的只值看20分钟,有的可看5年,有的可保存一辈子,有的将永远不朽.即使是不朽的超级名著,由于我们的精力与时间有限,也必须加以选择.决不要看坏书,对一般书,要学会速读.

读书要多思考.应该想想,作者说得对吗?完全吗?适合今天的情况吗?从书本中迅速获得效果的好办法是有的放矢地读书,带着问题去读,或偏重某一方面去读.这时我们的思维处于主动寻找的地位,就像猎人追找猎物一样主动,很快就能找到答案,或者发现书中的问题.

有的书浏览即止,有的要读出声来,有的要心头记住,有的要笔头记录.对重要的专业书或名著,要勤做笔记,“不动笔墨不读书”.动脑加动手,手脑并用,既可加深理解,又可避忘备查,特别是自己的灵感,更要及时抓住.清代章学诚在《文史通义》中说:“札记之功必不可少,如不札记,则无穷妙绪如雨珠落大海矣.”

许多大事业、大作品,都是长期积累和短期突击相结合的产物.涓涓不息,将成江河;无此涓涓,何来江河?

爱好读书是许多伟人的共同特性,不仅学者专家如此,一些大政治家、大军事家也如此.曹操、康熙、拿破仑、毛泽东都是手不释卷,嗜书如命的人.他们的巨大成就与毕生刻苦自学密切相关.

王梓坤

目录

第一编　KdV 方程的历史

第二编 KdV 方程的解法

第三编　KdV 方程的近似解

第四编　KdV 方程的周期解

第五编 KdV 方程的行波解

第六编 KdV 方程的孤波解

第七编　KdV 方程的对称与不变性

第八编 KdV 方程解的结构

第九编 KdV 方程的精确解

第十编 KdV 方程的数值方法

第十一编 KdV 方程的差分算法

第一编

KdV 方程的历史

Korteweg-de Vries(KdV) 方程[①]

第1章

1.1　历史情况介绍

大多数关于 Korteweg-de Vries(柯特维格－德·佛累斯)方程的综述性文章和精心结撰的论文，都是以 John Scott Russell(J. 司各特·罗素)在《论波动》(1844)中记述了他沿着河道骑马追踪一个波的著名故事的一段引文开始的. 让我们也遵循这个传统，在此重复一下 Russell 的这段生

① 摘编自《逆散射变换和孤立子理论》，W. 艾克霍思，A. 范哈顿著，黄迅成译，上海科学技术文献出版社，1984.

动记载：

“我正在观察一条船的运动，这条船被两匹马拉着，沿着狭窄的河道迅速前进. 船突然停下了，河道内被船体带动的水团却没有停下来，而是以剧烈受激的状态聚集在船头周围，然后形成了一个巨大的圆且光滑的孤立水峰，突然离开船头，以极大的速度向前推进. 这水峰约有三十英尺①长，一至一英尺半高，在河道中行进时一直保持着起初的形状，速度也未见减慢. 我骑着马紧紧跟着，发觉它大约以每小时八至九英里②的速度前进. 后来，波的高度渐渐减小，过了一至二英里之后，终于消失在蜿蜒的河道中. 这就是我在 1834 年 8 月第一次偶然发现这奇异而美妙的现象的经过……”

1895 年，Korteweg 和 de Vries 的论文提出了一个数学模型方程，他们的用意之一就是为 Russell 所观察到的现象提供一个解释. 方程的原始形式如下

$$\frac{\partial\eta}{\partial t}=\frac{3}{2}\sqrt{\frac{g}{l}}\ \frac{\partial}{\partial x}\left\{\frac{1}{2}\eta^2+\frac{2}{3}\alpha\eta+\frac{1}{3}\sigma\frac{\partial^2\eta}{\partial x^2}\right\} \tag{1}$$

其中 x 是沿一维河道的变量，t 是时间，$\eta(x,t)$ 是高于平衡水平面 l 的水面高度，g 是引力常数，α 是与液体均匀运动有关的常数，σ 是由

$$\sigma=\frac{1}{3}l^3-\frac{Tl}{\rho g} \tag{2}$$

定义的常数，T 是毛细现象的表面张力，ρ 是密度.

方程(1) 就是通常所说的 Korteweg-de Vries 方

① 英美制长度单位：1 英尺 = 12 英寸，1 英寸 = 25.4 毫米.

② 英美制长度单位：1 英里合 1.609 3 千米.

程，简称 KdV 方程.

KdV 方程默默地度过了漫长的 65 年，偶尔在文献中被提一下，有时甚至被忘掉. 这种局面到 1960 年才被打破，那时 Gardner(加德纳) 和 Morica(莫里卡) 重新发现了这一方程，作为分析无碰撞磁流体波的模型. 从那时起，KdV 方程一次又一次地在不同的背景中，作为描述多种多样的物理现象的模型方程被推导出来. 今天，KdV 方程可被看作数学物理的基本方程之一. 然而，这不是使它闻名的唯一原因.

至少同样重要的是，由于对 KdV 方程的研究，促使发展了一套新的数学方法，得到了许多新的结果. 这就导致了从波传播的“实际”问题到代数几何中比较“抽象”论题的一系列应用.

人们自然会问，用自己的名字来命名这一著名方程的是些什么人？ 他们是怎样合作的？ Van der Bulger(范 · 德 · 布利杰) 对此作了一些回答：

Korteweg 是荷兰阿姆斯特丹大学著名的数学教授，他写过很多论文. 奇怪的是，在 Korteweg 死后发布的一些讣告中，似乎都未提及 Korteweg-de Vries(1895) 这篇论文.

de Vries 在 Korteweg 的指导下写了一篇博士论文，于 1894 年 12 月 1 日提交给阿姆斯特丹大学. 这篇论文是用荷兰文写的，现在所称的 KdV 方程就在论文的第 9 页上. de Vries 此后的职业生涯，大部分是作为中学教师而度过的.

最后，我们还要提一下，尽管 KdV 方程是众所周知的，但它作为描述河道中(长距离) 水波特性的模型方程还是受到了挑战.

1.2　基本性质

通过变量变换，使方程与原来的物理问题无关，即得 KdV 方程的一些标准形式. 一个经常用到的形式是通过

$$\bar{t}=\frac{1}{2}\sqrt{\frac{g}{l\sigma}}t,\bar{x}=-\frac{x}{\sqrt{\sigma}},u=-\frac{1}{2}\eta-\frac{1}{3}\alpha \tag{3}$$

的变换而得到的

$$\frac{\partial u}{\partial \bar{t}}-6u\frac{\partial u}{\partial \bar{x}}+\frac{\partial^3 u}{\partial \bar{x}^3}=0 \tag{4}$$

上式第二项前面的数值因子没有什么特殊意义. 事实上，将变换加以修改：$x,t\to\bar{x},\bar{t},\eta\to u$，我们可以得到

$$\frac{\partial u}{\partial \bar{t}}+\mu\frac{\partial u}{\partial \bar{x}}+\nu u\frac{\partial u}{\partial \bar{x}}+\gamma\frac{\partial^3 u}{\partial \bar{x}^3}=0 \tag{5}$$

其中 $\mu,\nu,\gamma,\nu\neq 0,\gamma\neq 0$ 是可以随意选取的数值因子. 然而，我们在这里还是依照大家普遍采用的形式(4). 略去变量上的短横，我们有如下形式的 KdV 方程

$$u_t-6uu_x+u_{xxx}=0 \tag{6}$$

注意这个方程具有 Galileo(伽利略) 变换不变性，意思是经过 Galileo 变换

$$\begin{cases}t^*=t;x^*=x-ct\\ u^*(x^*,t^*)=u(x^*+ct^*,t^*)+\frac{1}{6}c\end{cases} \tag{7}$$

u^* 满足方程

$$u^*_{t^*}-6u^*u^*_{x^*}+u^*_{x^*x^*x^*}=0 \tag{8}$$

我们简单地考虑一下线性化的 KdV 方程，即

$$u_t + u_{xxx} = 0 \tag{9}$$

这个方程具有谐波解

$$u(x,t) = A\mathrm{e}^{\mathrm{i}k(x-ct)} \tag{10}$$

条件是对于每一波数 k，相速度 c 满足

$$c = -k^2 \tag{11}$$

相速度不是常数（而是波数的函数）的波称为色散波. 关系(11) 称为色散关系. 因为方程(9) 是线性的，所以谐波（具有不同波数）的任何叠加依然是方程(9) 的解. 我们注意到线性化 KdV 方程的所有色散波解都随着时间的增长而向左行进.

现在我们回到完整的 KdV 方程，寻找一些被称为永久型波的特殊解的存在性，这些解也被称为行进波或前进波. 这些波的形状在某种特殊的移动坐标系中看来，是不随时间改变的. 于是我们设

$$u(x,t) = U(x - ct) \tag{12}$$

代入 KdV 方程，就可得关于函数 $U(z)$ 的非线性常微分方程

$$U''' - (6U + c)U' = 0 \tag{13}$$

式中的撇表示微分. 积分一次，我们得

$$U'' - 3U^2 - cU = m \tag{14}$$

这里 m 是任意常数. 两边乘上 U，再积分一次，得

$$U'^2 - 2U^3 - cU^2 - 2mU = n \tag{15}$$

其中 n 又是一个任意常数.

在最后一步中，U 可以隐含地用椭圆积分来定义，从这个结果，可以导出周期解 $U(z) = U(z + T)$ 的存在性，这个解可用 Jacobi（雅可比）椭圆函数 cn 表示，因而称为椭圆函数波.

在下述所有解中，特别重要的是使 U 和它的导数

都在 $z\to\mp\infty$ 时趋于零的永久型解 $U(z)$. 这些解可快速做出孤立波.

为求得孤立波,我们可在式(14) 中使 $m=0$,在式(15) 中使 $n=0$. 于是有

$$U'^2=U^2(2U+c) \tag{16}$$

这个方程很容易积分,于是得

$$u(x,t)=U(x-ct)=-\frac{1}{2}c\operatorname{sech}^2\left[\frac{1}{2}\sqrt{c}(x-ct+x_0)\right] \tag{17}$$

其中 x_0 是任意常数. 此外

$$\operatorname{sech}^2 z=\frac{1}{(\cosh z)^2}=\frac{4}{(e^z+e^{-z})^2} \tag{18}$$

我们由此可以看到,当 $z\to\mp\infty$ 时,孤立波指数式地衰减.

还有两点需要注意:

只有当 $c>0$ 时,孤立波解才存在. 因此,KdV 方程的任何孤立波都随着时间 t 的增长而向右运动.

孤立波的传播速度 c 与波的振幅 $\left(-\frac{1}{2}c\right)$ 成正比. 因此,较大的孤立波比较小的孤立波运动得快.

1.3 孤立子的行为

因为 KdV 方程是非线性的,所以孤立波解经任何叠加的结果都不再是方程的解. 看到这一点,或许会使人认为孤立波在 KdV 方程的一般理论中的重要性是很有限的. 第一个相反的论断由 Zabusky(萨布斯基) 和 Kruskal(克鲁斯卡尔) 提出.

我们将描述孤立波的函数用

$$S(z,c)=-\frac{1}{2}c\operatorname{sech}^2\left[\frac{1}{2}\sqrt{c}z\right] \tag{19}$$

来表示，并设想下面的实验：

当 $t=0$ 时，KdV 方程的解 $u(x,t)$ 的值 $u(x,0)$ 由下式给出

$$u(x,0)=S(x,c_1)+S(x-X,c_2) \tag{20}$$

其中 $X>0$ 并且足够大，$c_1>c_2$. 因为孤立波指数式地衰减，所以在初始时这两个孤立波没有多大干扰. 但从 $c_1>c_2$，人们应该预料较大的孤立波势必追上较小的一个. 相互碰撞的结果将会怎样呢？

Zabusky 和 Kruskal 通过数值分析的试验，得到了下面的结果：

当 $t=T>0$ 并且足够大时，有

$$u(x,T)=S(x-c_1T-\theta_1,c_1)+S(x-c_2T-\theta_2,c_2) \tag{21}$$

其中 θ_1 和 θ_2 是常数.

这样，两个孤立波在相互碰撞后仍表现为两个形状不变的孤立波，唯一的影响只是发生了相移 θ_1 和 θ_2.（可用图 1.1 来表示两个相向运动的孤立波碰撞后仍保持各自的形状和速度.）因为这两个孤立波相互碰撞后本质不变，所以 Kruskal 和 Zabusky 命名它们为孤立子，意思是它们具有粒子般的行为. 孤立子这个名词现在已经非常通行，在数学物理领域内尤其如此. 目前似乎还没有关于孤立子的严格的数学定义，通常总是在某个特殊问题的范围内用一个公式来给出定义的.

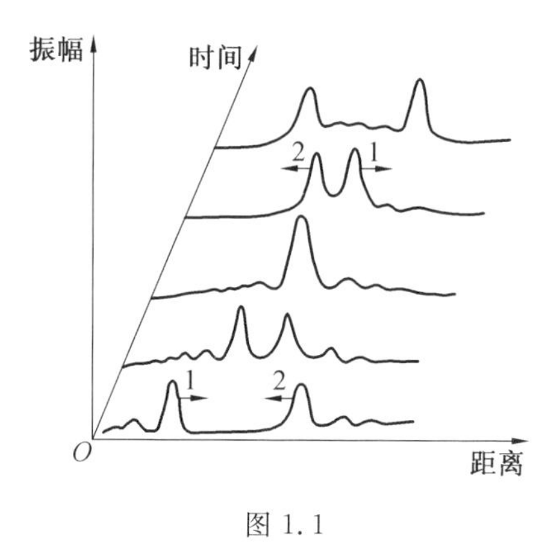

图 1.1

1.4　初值问题——解的存在性和唯一性

设 $u(x,t)$ 是

$$u_t - 6uu_x + u_{xxx} = 0, x \in (-\infty, +\infty), t > 0 \tag{22}$$

$$u(x,0) = u_0(x)$$

的一个解. Bonar(博纳) 和 Smith(史密斯) 证明了在 $u_0(x)$ 和它的前四阶导数都平方可积的条件下,经典解是存在的. 关于解的存在性和正则性的进一步结果,已由田中(1974) 和 Choen(科恩) 给出. 在 $t > 0$ 时 $u(x,t)$ 的正则性质与 $|x| \to +\infty$ 时 $u_0(x)$ 和它的导数的衰减方式之间,好像存在一种强关系. $u_0(x)$ 和它的导数衰减得越快,$t > 0$ 时的解 $u(x,t)$ 就越光滑. Choen 得到了如下结论:如果当 $|x| \to +\infty$ 时,对一切 n,$u_0(x)$ 和它的前四阶导数衰减得比 $|x|^{-n}$ 快,那么当 $t > 0$ 时,解 $u(x,t)$ 无穷次可微.

如果解是在一类函数内,这些函数同它们充分阶的导数都在 $|x|\to+\infty$ 时趋于 0,那么解的唯一性很容易按照 P. D. Lax(拉克斯) 的方法得到证明. 这里我们将证明复述如下:

设 u 和 $\tilde{u}$ 是初值问题(22) 的两个解,并设

$$w=u-\tilde{u} \tag{23}$$

于是

$$\frac{\partial w}{\partial t}=6uu_x-6\tilde{u}\tilde{u}_x-u_{xxx} \tag{24}$$

经简单整理后,可得关于 w 的线性方程

$$\frac{\partial w}{\partial t}=6uw_x+6\tilde{u}_x w-w_{xxx} \tag{25}$$

两边乘上 w 后积分,得

$$\frac{1}{2}\frac{\mathrm{d}}{\mathrm{d}t}\int_{-\infty}^{+\infty}w^2\,\mathrm{d}x=6\int_{-\infty}^{+\infty}uww_x\,\mathrm{d}x+6\int_{-\infty}^{+\infty}\tilde{u}_x w^2\,\mathrm{d}x-\int_{-\infty}^{+\infty}ww_{xxx}\,\mathrm{d}x \tag{26}$$

如果 w,w_x 和 w_{xx} 在 $|x|\to+\infty$ 时趋于零,容易证明式(26) 右边最后一项等于零. 再对式(26) 右边第一项进行分部积分,可得

$$\frac{\mathrm{d}}{\mathrm{d}t}\int_{-\infty}^{+\infty}w^2\,\mathrm{d}x=12\int_{-\infty}^{+\infty}\left(\tilde{u}_x-\frac{1}{2}u_x\right)w^2\,\mathrm{d}x \tag{27}$$

利用

$$\left|\tilde{u}_x-\frac{1}{2}u_x\right|\leqslant M,x\in(-\infty,+\infty) \tag{28}$$

可得

$$\frac{\mathrm{d}}{\mathrm{d}t}\int_{-\infty}^{+\infty}w^2\,\mathrm{d}x\leqslant 12M\int_{-\infty}^{+\infty}w^2\,\mathrm{d}x \tag{29}$$

从这个微分不等式可推得

$$\int_{-\infty}^{+\infty} w^2 \mathrm{d}x \leqslant \left[\int_{-\infty}^{+\infty} w^2 \mathrm{d}x\right]_{t=0} \mathrm{e}^{12Mt}$$

然而,因为 u 和 $\tilde{u}$ 都满足问题(22) 的同一初值条件,由式(23) 定义的 w 在 $t=0$ 时等于零. 因此,当 $t \geqslant 0$ 时 $w=0$,这就证明了初值问题(22) 的解是唯一的.

1.5 Miula 变换和修正 KdV 方程

在数学文献中,有这样一些变换,通过它们能够从某一线性微分方程的解导出一个有关的非线性方程的解,我们称它为 Miula(缪拉) 变换. 下面是一个比较基本的例子:

引理 1.1 设 $v(x)$ 是 Schrödinger(薛定谔) 方程

$$v_{xx} - u(x)v = 0$$

的解,则由

$$w = \frac{v_x}{v}$$

定义的函数 $w(x)$ 是 Riccati(黎卡提) 方程

$$w_x + w^2 = u$$

的解.

引理的证明通过直接代入就可得到. 现在我们对上述结果作一微小而又极其重要的推广,即:如果 $v(x)$ 满足

$$v_{xx} - (u(x) - \lambda)v = 0 \tag{30}$$

其中 λ 是任意常数,那么

$$w = \frac{v_x}{x} \tag{31}$$

满足

$$w_x + w^2 = u - \lambda \tag{32}$$

类似引理 1.1 的一个更完善的结果由 Hopf(霍普夫) 和 Cole(科尔) 得到.

引理 1.2　设 $v(x,t)$ 是热传导方程

$$v_t = \nu v_{xx}$$

的解,则由 Hopf－Cole 变换

$$w = -2\nu \frac{v_x}{v}$$

定义的函数 $w(x,t)$ 满足 Burgers(伯格斯) 方程

$$w_t + w w_x = \nu w_{xx}$$

证明仍可通过直接代入而得.

注意 Burgers 方程与 KdV 方程有些相似. 由于引理 1.2 中所述这种结果的存在,人们很自然地要为 KdV 方程寻求一个类似的变换. 下面的结果是 Miula 得到的:

引理 1.3　设 $w(x,t)$ 是修正 KdV 方程

$$w_t - 6w^2 w_x + w_{xxx} = 0$$

的解,则由 Miula 变换

$$u = w^2 + w_x$$

定义的函数 $u(x,t)$ 满足 KdV 方程

$$u_t - 6uu_x + u_{xxx} = 0$$

证明还是由直接代入而得.

我们注意到,比起引理 1.1 和 1.2 中的结果来, Miula 变换引向了一个"错误的方向":非线性 KdV 方程的解由一个更为非线性的方程的解导出.

现在假定按相反的方向,把 Miula 变换解释成用函数 u 来定义函数 w 的一种变换. 这样一来,w 就是 Riccati 方程的解! 由于 KdV 方程的 Galileo 不变性,

我们可以把这个变换适当推广为

$$u-\lambda=w^2+w_x \tag{33}$$

于是通过方程(30)、(31)和(32),可以将 Schrödinger 方程(30)与 KdV 方程联系起来考虑,因为 Schrödinger 方程的位势 u 满足 KdV 方程.

读者可能会发现上述引理 1.3 之后的一些考虑缺少说服力和推理性. 然而正是这种常用的推理方式,推动了 Gardner、Green(格林)、Kruskal 和 Muila 关于 KdV 方程初值问题解法的惊人发现中的本质的第一步.

三阶 KdV 方程的三种推导法[①]

第 2 章

2.1　引　　言

三阶 KdV 方程的标准形式有 $u_t-6uu_x+u_{xxx}=0$ 或 $u_t+6uu_x+u_{xxx}=0$ 或 $u_t+uu_x+u_{xxx}=0$. 三阶 KdV 方程是由荷兰阿姆斯特丹大学著名数学家 J. Korteweg 教授指导，由 G. de Vries 在他的 1894 年的博士论文中首先提出的，它的原始形式为

① 摘编自《青海师范大学学报(自然科学版)》,2007 年第 3 期.

$$\begin{cases}\dfrac{\partial\eta}{\partial\tau}=\dfrac{3}{2}\sqrt{\dfrac{q}{h}}\ \dfrac{\partial}{\partial\xi}\left(\dfrac{1}{2}\eta^2+\dfrac{2}{3}\alpha\eta+\dfrac{1}{3}\sigma\dfrac{\partial^2\eta}{\partial\xi^2}\right)\\ \sigma=\dfrac{1}{3}h^3-\dfrac{Th}{\rho g}\end{cases} \tag{1}$$

这里 h 是水平面的平衡高度，η 是平衡高度以上水波的表面高度，α 是小的任意常量，g 是引力常数，T 是流体的表面张力，ρ 是流体的密度. 式(1) 可以借助变换

$$t=\frac{\tau}{2}\sqrt{\frac{g}{h\sigma}},x=-\sigma^{-\frac{1}{2}\xi},u=\frac{1}{2}\eta+\frac{1}{3}\alpha \tag{2}$$

将它变成无量纲形式

$$u_t+6uu_x+u_{xxx}=0 \tag{3}$$

上式就是经常采用的三阶 KdV 方程的标准形式，青海师范大学民族师范学院的祁玉海教授在 2007 年介绍了三阶 KdV 方程的三种推导法.

2.2 从孤子物理学角度推导三阶 KdV 方程

假定流体是不可压缩的，无黏滞性的，流体的流动是无旋的，并假定流体在容器中运动，容器的壁是坚固的，没有渗透的，底部是水平的，流体的表面和空气接触，则描述流体运动的微分方程为

$$\Delta^2\varphi=0,\varphi\text{ 是势函数} \tag{4}$$

满足的边界条件为

$$\omega=\eta_t+u\eta_x+v\eta_y \tag{5}$$

$$\varphi_t+\frac{1}{2}[\varphi_{x^2}+\varphi_{y^2}+\varphi_{z^2}]+g(z-h_0)=0 \tag{6}$$

$$\frac{\partial\varphi}{\partial \boldsymbol{n}}=0,\boldsymbol{n}\text{ 为流体在壁上的法方向} \quad (7)$$

其中 $f(t,x,y,z)=0$ 是流体表面的方程，$x=x(t)$，$y=y(t)$，$z=z(t)$ 表示流体表面上的一条流线的方程，$u=\frac{\mathrm{d}x}{\mathrm{d}t}$，$v=\frac{\mathrm{d}y}{\mathrm{d}t}$，$\omega=\frac{\mathrm{d}z}{\mathrm{d}t}$ 是速度向量 $\boldsymbol{u}=(u,v,\omega)$ 的分量，h_0 是一任意常数，g 为重力加速度.

将上述方程及边界条件具体应用到水槽中流体的运动. 设水槽底部为水平的壁，并取为坐标 $z=0$，相应的边界条件(7) 变为

$$\varphi_z=0 \quad (8)$$

假定流体在 y 方向的流速 $v=0$，所以流体的运动状态只与 x,z,t 有关，此时波的表面可表示为

$$z=h_0+\eta \quad (9)$$

以 l 表示波长，以 $c_0=\sqrt{gh_0}$ 表示近似的波速，取

$$x=lx',z=h_0z',t=\frac{1}{c_0}t',\eta=d\eta',\varphi=\frac{gld}{c_0}\varphi' \quad (10)$$

其中 d 为常量，表示波的波幅，将式(10) 代入(4)，(8)，(5)，(6) 各式后去掉“/”得新方程

$$\beta\varphi_{xx}+\varphi_{zz}=0,0<z<1+\alpha\eta \quad (11)$$

和边界条件

$$z=0,\varphi_{zz}=0 \quad (12)$$

当 $z=1+\alpha\eta$ 时

$$\begin{cases}\eta_t+a\varphi_x\eta_x-\frac{1}{\beta}\varphi_z=0\\ \eta+\varphi_t+\frac{1}{2}\alpha\varphi_x^2+\frac{1}{2}\ \frac{\alpha}{\beta}\varphi_z^2=0\end{cases} \quad (13)$$

其中

$$\beta=\frac{h_0^2}{l^2},\alpha=\frac{d}{h_0} \tag{14}$$

下面求在长波长(即$\frac{h_0^2}{l^2}\ll 1$)和小振幅(即$\frac{d}{h_0}\ll 1$)的条件下满足边界条件(12)和(13)时方程(11)的解.

方程(11),(12)的通解可表示为

$$\varphi=\sum_{m=0}^{+\infty}(-1)^m\frac{1}{(2m)!}\frac{\partial^{2m}f}{\partial x^{2m}}\beta^m z^{2m} \tag{15}$$

其中 $f=f(t,x)$ 是 x 的解析函数,将式(15)代入式(13)得

$$\eta_t+\{(1+\alpha\eta)f_x\}_x-\left\{\frac{1}{6}(1+\alpha\eta^3)f_{xxxx}+\right.$$

$$\left.\frac{1}{2}\alpha[1+\alpha\eta]^2 f_{xxx}\eta_x\right\}\beta+o(\beta^2)=0 \tag{16}$$

$$\eta+f_t+\frac{1}{2}\alpha f_x^2-\frac{1}{2}(1+\alpha\eta)^2\cdot$$

$$\{f_{xxt}+\alpha f_x f_{xxx}-\alpha f_{xx}^2\}\beta+o(\beta^2)=0 \tag{17}$$

因 $\alpha\ll 1,\beta\ll 1$,忽略以上两式中含 β^2 和 $\alpha\beta$ 项,同时令 $F=f_x$,并将式(17)对 x 求一阶导数,则以上两式分别成为

$$\eta_t+\{(1+\alpha\eta)F\}_x-\frac{1}{6}\beta F_{xxx}=0 \tag{18}$$

$$F_t+\alpha FF_x+\eta_x-\frac{\beta}{2}F_{xxt}=0 \tag{19}$$

令

$$F=\eta-\frac{1}{4}\alpha\eta^2+\frac{\beta}{3}\eta_{xx} \tag{20}$$

并略去 α,β 的高阶项,式(18),(19)可化成一个方程

$$\eta_t+\eta_x+\frac{3}{2}\alpha\eta\eta_x+\frac{1}{6}\beta\eta_{xxx}=0 \tag{21}$$

将变换

$$t'=\left(\frac{6}{\beta}\right)^{\frac{1}{2}},x'=\left(\frac{6}{\beta}\right)^{\frac{1}{2}},\eta'=-\frac{1}{4}\left(\alpha\eta+\frac{2}{3}\right) \tag{22}$$

代入式(21),并将所得结果去掉“/”号,最后得

$$\eta_t-6\eta\eta_x+\eta_{xxx}=0 \tag{23}$$

这就是三阶 KdV 方程,它的解代表一类长波长、小振幅的表面波.

2.3　由零曲率方程推导三阶 KdV 方程

在零曲率方程

$$M_t-N_x+[\boldsymbol{M},\boldsymbol{N}]=0 \tag{24}$$

中取

$$\boldsymbol{M}=\begin{pmatrix}-\mathrm{i}r & q\\ r & \mathrm{i}r\end{pmatrix} \tag{25}$$

即

$$\begin{cases}\varphi_{1x}=-\mathrm{i}\lambda\varphi_1+q(x,t)\varphi_2\\ \varphi_{2x}=r(x,t)\varphi_1+\mathrm{i}\lambda\varphi_2\end{cases} \tag{26}$$

及

$$\begin{cases}\varphi_{1t}=A\varphi_1+B\varphi_2\\ \varphi_{2t}=C\varphi_1-A\varphi_2\end{cases},\boldsymbol{N}=\begin{pmatrix}A & B\\ C & -A\end{pmatrix} \tag{27}$$

其中 A,B,C 是含谱参数 λ、函数 q,r 及其各阶导数的函数.这时零曲率方程(24)可以写成

$$\begin{cases}A_x=qC-rB\\ q_t=B_x+2\mathrm{i}\lambda B+2qA\\ r_t=C_x-2\mathrm{i}\lambda C-2rA\end{cases} \tag{28}$$

取

$$A=\sum_{j=0}^{3}a_j\lambda^j,B=\sum_{j=0}^{3}b_j\lambda^j,C=\sum_{j=0}^{3}c_j\lambda^j \tag{29}$$

将式(29)代入式(28),比较 λ 的各次幂得到

$$\begin{gathered}b_3=c_3=0,a_{3x}=0\\ b_{jx}+2\mathrm{i}b_{j-1}+2qa_j=0\\ c_{jx}-2\mathrm{i}c_{j-1}-2ra_j=0,j=2,1,0\\ a_{jx}=qc_j-rb_j\\ q_t=b_{0x}+2a_0q,r_t=c_{0x}-2a_0r\end{gathered} \tag{30}$$

由 $a_{3x}=0$ 得 $a_3=a_3^0$(常数),$b_2=a_3^0\mathrm{i}q,c_2=a_3^0\mathrm{i}r$.

由 $a_{2x}=0$ 得 $a_2=a_2^0$(常数)

$$b_1=-\frac{a_3^0}{2}q_x+a_2^0\mathrm{i}q$$

$$c_1=\frac{a_3^0}{2}r_x+a_2^0\mathrm{i}r$$

$$a_1=\frac{a_3^0}{2}qr+a_1^0$$

$$b_0=\frac{\mathrm{i}}{4}a_3^0(-q_{xx}+2q^2r)-\frac{a_2^0}{2}q_x+a_1^0\mathrm{i}q$$

$$c_0=\frac{\mathrm{i}}{4}a_3^0(-r_{xx}+2qr^2)+\frac{a_2^0}{2}r_x+a_1^0\mathrm{i}r$$

$$a_0=-\frac{\mathrm{i}}{4}a_3^0(qr_x-rq_x)+\frac{a_2^0}{2}qr+a_0^0$$

即

$$A=a_3^0\lambda^3+a_2^0\lambda^2+\left(\frac{a_3^0}{2}qr+a_1^0\right)\lambda-\frac{\mathrm{i}}{4}a_3^0(qr_x-rq_x)+\frac{a_2^0}{2}qr+a_0^0$$

$$B=\mathrm{i}a_3^0q\lambda^2+\left(-\frac{a_3^0}{2}q_x+\mathrm{i}a_2^0q\right)\lambda+$$

$$\frac{\mathrm{i}}{4}a_3^0(-q_{xx}+2q^2r)-\frac{a_2^0}{2}q_x+\mathrm{i}a_1^0q \tag{31}$$

$$C=\mathrm{i}a_3^0r\lambda^2+\left(\frac{a_3^0}{2}r_x+\mathrm{i}a_2^0r\right)\lambda+$$

$$\frac{\mathrm{i}}{4}a_3^0(-r_{xx}+2qr^2)+\frac{a_2^0}{2}r_x+\mathrm{i}a_1^0r$$

及

$$\begin{aligned}q_t=&-\frac{1}{4}\mathrm{i}a_3^0(q_{xxx}-6qrq_x)-\frac{1}{2}a_2^0(q_{xx}-2q^2r)+\\&\mathrm{i}a_1^0q_x+2a_0^0q\\r_t=&-\frac{1}{4}\mathrm{i}a_3^0(r_{xxx}-6qrr_x)+\frac{1}{2}a_2^0(r_{xx}-2qr^2)+\\&\mathrm{i}a_1^0r_x-2a_0^0r\end{aligned} \tag{32}$$

在式(32)中取 $a_0^0=a_1^0=a_2^0=0,a_3^0=-4\mathrm{i},r=-1$,得

$$q_t+6qq_x+q_{xxx}=0 \tag{33}$$

2.4　由 Lax 方程推导三阶 KdV 方程

取 L 为 Schrödinger 算子 $L=\partial_x^2+u(x,t)$,A 为反对称算子 $A=\alpha(\partial_x^3+a\partial_x+\partial_xa)$,其中 α 是常数,$a=a(x,t)$. 则

$$\begin{aligned}AL&=\alpha(\partial_x^3+a\partial_x+\partial_xa)(\partial_x^2+u)\\&=\alpha[\partial_x^5+2a\partial_x^3+a_x\partial_x^2+u(\partial_x^3+2a\partial_x+a_x)+\\&\quad 3u_x\partial_x^2+3u_{xx}\partial_x+u_{xxx}+2au_x]\\LA&=\alpha(\partial_x^2+u)(\partial_x^3+2a\partial_x+a_x)\\&=\alpha[\partial_x^5+2a\partial_x^3+a_x\partial_x^2+u(\partial_x^3+2a\partial_x+a_x)+\end{aligned}$$

$$4a_x\partial_x^2+2a_{xx}\partial_x+2a_{xx}\partial_x+a_{xxx}]$$

由于 $L_t=u_t$，由 Lax 方程 $L_t=AL-LA=[A,L]$ 便有

$$\begin{aligned}L_t-[A,L]=u_t-[&\alpha(3u_x-4a_x)\partial_x^2+\\&\alpha(3u_{xx}-4a_{xx})\partial_x+\\&\alpha(u_{xxx}+2au_x-a_{xxx})]=0\end{aligned}$$

由此推得

$$3u_x-4a_x=0,3u_{xx}-4a_{xx}=0$$

$$u_t-a(u_{xxx}+2au_x-a_{xxx})=0$$

取 $a=\frac{3}{4}u$，则 $u_t-\frac{\alpha}{4}(u_{xxx}+6uu_x)=0$，取 $\alpha=-4$，则 $u_t+u_{xxx}+6uu_x=0$.

孤立子 KdV 方程及其解①

第 3 章

吕梁学院汾阳师范分校数学与科学系的司瑞芳教授在 2012 年通过对孤立子浅水波 KdV 方程应用行波法、截断法、广田法等几种解法进行求解，比较了在各种解法下 KdV 方程解的异同，同时对各种解法进行了比较.

1834 年 8 月，Russell 在运河里发现了一个波形不变的单个凸起的水团，这个水团运动一二英里之后在河流拐弯处消失了. 他以物理学家的敏锐注意到这个现象绝非一般水波，因

① 摘编自《长春工程学院学报（自然科学版）》，2012 年第 13 卷第 3 期.

为在一般情况下,人们观察到的水波总是由一串具有周期特点的波列组成,数学上可由一个波动方程描述,其解是周期性的波列. Russell 敏锐地注意到,他所观察到的行波绝对不可能是波动方程的解,随后 Russell 进一步提出,他所碰到的孤立的对象实际上是流体力学的一个稳定解,他那时已命名为"孤立波". 但是 Russell 的发现在当时并没有引起大家的注意. 直到 1895 年,Korteweg 教授和他的学生 de Vries 在长波近似和小振幅的假设下,建立了单向运动浅水波的数学模型,得到了典型的 KdV 方程. 1965 年,由 Zabusky 和 Kruskal 对孤立子命名后,孤子理论才得到迅猛的发展.

3.1 KdV 方程

通常把非线性发展方程的局部的行波解称为"孤立波". 所谓"局部的"是指微分方程的解在空间的无穷远处趋于 0 或确定常数的情况. 我们把这些稳定的孤立波即相互碰撞后不消失而且波形和速度也没有改变(就像常见到的 2 个粒子的碰撞一样)的孤立波称为孤立子,在物理上,把孤立子定义为经典场方程的一个稳定的有限能量的不弥散的解,即若以 $\rho(x,t)$ 表示孤立子的能量密度,则有 $0 < H = \int \rho(x,t)\mathrm{d}^m x < +\infty$(其中 m 为空间的维度),$\lim\limits_{t\to 0} \max \rho(x,t) \neq 0$(对某些 x). 这就是说,孤立子可看成一个场能不弥散的有限的稳定的"团块",即使在运动或碰撞中它也不受

到破坏.

一个非线性演化方程是否存在孤立波,以及孤立波是否是真正的孤立子是必须认真论证的.一般来说,对于空间的一维情况,孤立波的存在性是比较容易验证的,因为此时可归结为求一个常微分方程无穷边值问题的解.在各种特殊情况下,我们还可解析地求出它的解的明显表达式.例如:KdV 方程,非线性 Sch-Eq,Sine-Gordon 方程.对于一个孤立波是否是一个孤立子也是需要从理论上或数值模拟上进行考证的,其中一个很重要的因素即要考虑这种孤立波是否"稳定".

1.**浅水波 KdV 方程**

在恒重力场 $\boldsymbol{F}=-\rho g\boldsymbol{j}$($\boldsymbol{j}$ 为铅直 y 方向单位矢量)中,无黏性不可压缩流体(水),其所处空间之坐标记为(x_1,x_2,y),其速度分量为(u_1,u_2,v).

设水的表面方程为

$$f(x_1,x_2,y,t)=0 \tag{1}$$

在此表面上,流体质点不能穿过它,因此正交于此曲面的流体速度必等于曲面的法相速度,式(1)的法相速度为 $\dfrac{-f_t}{\sqrt{f_{x_1}^2+f_{x_2}^2+f_y^2}}$,流体的法相速度为 $\dfrac{u_1f_{x_1}+u_2f_{x_2}+vf_y}{\sqrt{f_{x_1}^2+f_{x_2}^2+f_y^2}}$,相等的条件为

$$f_t+u_1f_{x_1}+u_2f_{x_2}+f_yv=0 \tag{2}$$

特别当 $y=\eta(x_1,x_2,t)$,$f(x_1,x_2,y,t)\equiv\eta(x_1,x_2,t)-y$ 时,由条件(2)得

$$\eta_t+u_1\eta_{x_1}+u_2\eta_{x_2}=0 \tag{3}$$

由固体边界条件，流体法相速度为 0，$\boldsymbol{n}\cdot\nabla\varphi=0$（由于这里考虑的是无旋运动，即 $\mathrm{rot}\,\boldsymbol{u}=0$，故存在速度势 $\boldsymbol{u}=\nabla\varphi$.）在底部 $y=-h_0(x_1,x_2)$，有 $\varphi_y+\varphi_{x_1}h_{0_{x_1}}+\varphi_{x_2}h_{0_{x_2}}=0$，在水底有 $\varphi_y=0, y=-h_0$，只要速度势 φ 和表面 η 满足：$\nabla^2\varphi=0$，就有

$$\eta_t+\varphi_{x_1}\eta_{x_1}+\varphi_{x_2}\eta_{x_2}=\varphi_y, \eta=\eta(x_1,x_2,t) \tag{4}$$

$$\varphi_t+\frac{1}{2}(\varphi_{x_1}^2+\varphi_{x_2}^2+\varphi_y^2)-g\eta=0$$

（其中 $u_1=\varphi_{x_1}, u_2=\varphi_{x_2}, v=\varphi_y$）

$$\varphi_y=0, y=-h_0 \tag{5}$$

为简单记，取一维情况，即 $\eta=\eta(x,t)$. 取 y 为从水平底所测之高度，即 $\varphi_y=0, y=0$，并令 $\alpha=\dfrac{a}{h_0}, \beta=\dfrac{h_0^2}{l^2}$，其中 a 为波的振幅，l 为波长. $y=h_0+\eta$，令 $x=lx', y=h_0y', \eta=h_0y', \eta=\alpha\eta', \varphi=\dfrac{gl\varphi'}{c_0}, c_0^2=8h_0$. 再略去短撇，由 $\nabla\cdot\boldsymbol{u}=0\Rightarrow\nabla^2\varphi=0$（连续流体力学理论）及式(4)、式(5) 有

$$\beta\varphi_{xx}+\varphi_{yy}=0, 0<y<1+\alpha\eta \tag{6}$$

$$\varphi_y=0, y=0 \tag{7}$$

$$\eta_t+\alpha\varphi_x\eta_x-\frac{1}{\beta}\varphi_y=0, y=1+\alpha\eta \tag{8}$$

$$\eta+\varphi_t+\frac{1}{2}\alpha\varphi_x^2+\frac{1}{2}\frac{\alpha}{\beta}\varphi_y^2=0 \tag{9}$$

上式的形式解为

$$\varphi=\sum_{m=0}^{+\infty}(-1)^m\frac{y^{2m}}{(2m)!}\frac{\partial^{2m}f}{\partial x^{2m}}\beta^{2m} \tag{10}$$

其中 $f=f_0(x,t)$，将式(10) 代入式(8) 得

$$\eta_t+\{(1+\alpha\eta)f_x\}_x-$$

$$\left\{\frac{1}{6}(1+\alpha\eta)^3 f_{xxxx}+\frac{\alpha}{2}(1+\alpha\eta)^2 f_{xxx}\eta_x\right\}\beta+$$

$$o(\beta^2)=0 \tag{11}$$

同样代入式(9)得

$$\eta+f_t+\frac{1}{2}\alpha f_x^2-\frac{1}{2}(1+\alpha\eta)^2\cdot$$

$$\{f_{xxt}+\alpha f_x f_{xx}-\alpha' f_{xx}^2\}\beta+o(\beta^2)=0 \tag{12}$$

若对上式保留 β 的一次项，并令 $\omega=f_x$，则有

$$\eta_t+\{(1+\alpha\eta)\omega\}_x-\frac{1}{6}\beta\omega_{xxx}+o(\alpha\beta,\beta^2)=0 \tag{13}$$

$$\omega_t+\alpha\omega\omega_x+\eta_x-\frac{1}{2}\beta\omega_{xxt}+o(\alpha\beta,\beta^2)=0 \tag{14}$$

若在式(13)、式(14)中忽略 α,β 的一次以上的项，则当 $\omega=\eta$ 时，在同一方程中 $\eta_t+\eta_x=0$. 故 ω 可依 α,β 展开：$\omega=\eta+\alpha A+\beta B+o(\alpha^2+\beta^2)$，其中 A,B 是 η 及 η 对 x 的导数的函数，由式(13)和式(14)可得

$$\eta_t+\eta_x+\alpha(A_x+2\eta\eta_x)+$$

$$\beta\left(B_x-\frac{1}{6}\eta_{xxx}\right)+o(\alpha^2+\beta^2)=0$$

$$\eta_t+\eta_x+\alpha(A_t+\eta\eta_x)+$$

$$\beta\left(B_t-\frac{1}{2}\eta_{xxt}\right)+o(\alpha^2+\beta^2)=0$$

因为 $\eta_t=-\eta_x+o(\alpha+\beta)$，故在一阶项对 t 的导数可换为对 x 的导数，特别当取 $A=-\frac{1}{4}\eta^2,B=\frac{1}{3}\eta_{xx}$ 时，上面两个方程一致有

$$\eta_t+\eta_x+\frac{3}{2}\alpha\eta\eta_x+\frac{1}{6}\beta\eta_{xxx}+o(\alpha^2+\beta^2)=0 \tag{15}$$

此时，$\omega=\eta-\frac{1}{4}\alpha\eta^2+\frac{1}{3}\beta\eta_{xxt}+o(\alpha^2+\beta^2)$. 在式(15)中，如忽略二阶项，则得到典型的 KdV 方程

$$\eta_t+\eta_x+\frac{3}{2}\alpha\eta\eta_x+\frac{1}{6}\beta\eta_{xxx}=0$$

对自变量 x,t 做标度变换，对因变量 η 做标度和平移变换

$$\bar{t}=\frac{1}{2}\sqrt{\frac{g}{l\sigma}}t,\ \bar{x}=-\frac{x}{\sqrt{\sigma}},\ u=-\frac{1}{2}\eta-\frac{1}{3}\alpha$$

所以

$$\frac{\partial u}{\partial \bar{t}}-6u\frac{\partial u}{\partial \bar{x}}+\frac{\partial^3 u}{\partial \bar{x}^3}=0$$

略去短撇，可写成

$$u_t-6uu_x+u_{xxx}=0 \qquad (\#)$$

2. 其他常见的 KdV 方程

(1) 广义变系数 KdV 方程

$$u_t+2\beta(t)u+[\alpha(t)+\beta(t)x]u_x-3c\gamma(t)uu_x+\gamma(t)u_{xxx}=0$$

(2) 变系数非均谱 KdV 方程

$$u_t=k_0(t)(u_{xxx}+6u_x)+4k_1(t)u_x-h(t)(2u+xu_x)=0$$

(3) 柱 KdV 方程

$$u_t+\frac{1}{2t}u+6uu_x+u_{xxx}=0$$

(4) 具有弛豫效应非均匀介质的 KdV 方程

$$u_t+\gamma(t)u+[(c_0+\gamma(t)x)u]_x+6uu_x+u_{xxx}=0$$

(5) 广义 KdV 方程

$$u_t+6uu_x+u_{xxx}+6f(t)u-x(f'+12f^2)=0$$

(6) 带外力项的广义 KdV 方程

$$u_t + 6uu_x + u_{xxx} + 6f(t)u = g(t) + x(f' + 12f^2)$$

3.2　KdV 方程的常见解法

以解方程 $u_t - 6uu_x + u_{xxx} = 0$(#)为例.

1. 行波法

令 $\xi = x - vt, u = u(\xi) = u(x - vt)$，代入方程(#)得

$$-vu' - 6uu' + u''' = 0$$

积分一次得：$-vu - 3u^2 + u'' = c_1$.

上式等号两边同乘 u'，再积分一次有

$$-\frac{1}{2}vu^2 - u^3 + \frac{1}{2}u'^3 = c_1 u + c_2$$

设 $\xi \to \pm\infty$ 时，u, u', u'' 均趋于 0. 所以 $c_1 = 0, c_2 = 0$，所以 $u^2 = vu^2 + 2u^3 = u^2(v + 2u)$ 或 $\frac{\mathrm{d}u}{\mathrm{d}\xi} = u\sqrt{v + 2u}$ 即 $\frac{\mathrm{d}u}{u\sqrt{v + 2u}} = \mathrm{d}\xi$.

按积分表有

$$\frac{1}{\sqrt{v}}\ln\left|\frac{\sqrt{v + 2u} - \sqrt{v}}{\sqrt{v + 2u} + \sqrt{v}}\right| + c = \xi$$

$$\begin{aligned}\frac{\sqrt{v}}{2}(\xi - c) &= \frac{1}{2}\ln\left|\frac{\sqrt{v + 2u} - \sqrt{v}}{\sqrt{v + 2u} + \sqrt{v}}\right| \\ &= \frac{1}{2}\ln\left|\frac{-(\sqrt{v + 2u} - \sqrt{v})}{\sqrt{v + 2u} + \sqrt{v}}\right| \\ &= \frac{1}{2}\ln\left|\frac{\sqrt{v} - \sqrt{v + 2u}}{\sqrt{v} + \sqrt{v + 2u}}\right|\end{aligned}$$

所以

$$-\frac{\sqrt{v}}{2}(\xi-c)=-\frac{1}{2}\ln\left|\frac{\sqrt{v}-\sqrt{v+2u}}{\sqrt{v}+\sqrt{v+2u}}\right|$$

$$=\frac{1}{2}\ln\left|\frac{\sqrt{v}+\sqrt{v+2u}}{\sqrt{v}-\sqrt{v+2u}}\right|$$

$$=\frac{1}{2}\ln\left|\frac{1+\sqrt{\frac{2u}{v}+1}}{1-\sqrt{\frac{2u}{v}+1}}\right|$$

据 $$\operatorname{artanh} x=\frac{1}{2}\ln\left|\frac{1+x}{1-x}\right|$$

所以 $$\tanh\left[-\frac{\sqrt{v}}{2}(\xi-c)\right]=\sqrt{\frac{2u}{v}+1}$$

所以 $$u=\frac{v}{2}\tanh^2\left[-\frac{\sqrt{v}}{2}(\xi-c)\right]-\frac{v}{2}$$

$$=\frac{v}{2}\left\{1-\operatorname{sech}^2\left[-\frac{\sqrt{v}}{2}(\xi-c)\right]\right\}-\frac{v}{2}$$

$$=\frac{v}{2}-\frac{v}{2}\operatorname{sech}^2\left[-\frac{\sqrt{v}}{2}(\xi-c)\right]-\frac{v}{2}$$

$$=-\frac{v}{2}\operatorname{sech}^2\left[-\frac{\sqrt{v}}{2}(\xi-c)\right]$$

$$=-\frac{v}{2}\operatorname{sech}^2\left[-\frac{\sqrt{v}}{2}(x-vt-c)\right]$$

2. **截断法**

设 $u(x,t)=\sum_{n=0}^{N}A_n(t)F^n$，$F=\frac{1}{1+\exp(\xi)}$，$\xi=f(t)x+g(t)$，其中 $A_n(t)(0\leqslant n\leqslant N)$，$f(t)$，$g(t)$ 是一些待定函数. 取 $N=2$，则有

$$u(x,t)=A_0(t)+A_1(t)F+A_2(t)F^2 \tag{16}$$

于是

$$u_t=A_{0t}+A_{1t}F+A_1\xi_tF^2-A_1\xi_tF+A_{2t}F^2+2A_2\xi_tF^3-2A_2\xi F^2$$

$$u_x=A_1\xi_xF^2-A_1\xi_xF+2A_2\xi_xF^3-2A_2\xi_xF^2$$

$$u_{xxx}=6A_1\xi_x^3F^4-12A_1\xi_x^3F^3+7A_1\xi_x^3F^2-A_1\xi_x^3F+24A_2\xi_x^3F^5-54A_2\xi_x^3F^4+38A_2\xi_x^3F^3-8A_2\xi_x^3F^2 \tag{17}$$

将式(16)和式(17)代入方程(♯),比较 F 各次幂项前的系数,得

F^5：$-12A_2^2\xi_x+24A_2\xi_x^3=0$

F^4：$-12A_1A_2\xi_x-6A_1A_2\xi_x+12A_2^2\xi_x+6A_1\xi_x^3-54A_2\xi_x^3=0$

F^3：$2A_2\xi_t-12A_0A_2\xi_x-6A_1^2\xi_x+12A_1A_2\xi_x+6A_1A_2\xi_x-12A_1\xi_x^3+38A_2\xi_x^3=0$

F^2：$A_1\xi_t+A_{2t}-2A_2\xi_t-6A_0A_1\xi_x+12A_0A_2\xi_x+6A_1^2\xi_x+7A_1\xi_x^3-8A_2\xi_x^3=0$

F：$A_{1t}-A_1\xi_t+6A_0A_1\xi_x-A_1\xi_x^3=0$

F^0：$A_{0t}=0$

$$F^5\Rightarrow -A_2+2\xi_x^2=0\Rightarrow A_2=2\xi_x^2=2f^2(t) \tag{18}$$

$$F^4\Rightarrow -3A_1A_2+2A_2^2+A_1\xi_x^2-9A_2\xi_x^2=0$$
$$\Rightarrow A_1=-2\xi_x^2=-2f^2(t)$$
$$\Rightarrow A_2=-A_1=2\xi_x^2=2f^2(t) \tag{19}$$

$$F^3\Rightarrow \xi_t=6A_0\xi_x+\xi_x^3 \tag{20}$$

$$F^0\Rightarrow A_0(t)=c_0 \tag{21}$$

将式(20)与式 $\xi_t=f_tx+g_t$ 比较,得

$$f_t=0 \tag{22}$$

$$g_t=6A_0\xi_x+\xi_x^3=6A_0f(t)+f^3(t) \tag{23}$$

由式(22)得

$$f(t)=\lambda \tag{24}$$

由式(23)得

$$\begin{aligned}g(t)&=\left\{\int[6A_0 f(t)+f^3(t)]\mathrm{d}t\right\}+c_1\\&=\int(6c_0\lambda+\lambda^3)\mathrm{d}t+c_1=(6c_0\lambda+\lambda^3)t+c_1\end{aligned} \tag{25}$$

其中 c_0,c_1,λ 为与 t 无关的常数. 将式(19)和式(21)代入式(16)得

$$\begin{aligned}u(x,t)&=A_0-2f^2(t)+2f^2(t)F^2\\&=A_0-f^2(t)(2F-2F^2)\\&=A_0-\frac{\lambda^2}{1+\coth[\lambda x+g(t)]}\\&=A_0-\frac{\lambda^2}{2}\mathrm{sech}^2\left[\frac{1}{2}(\lambda x+g(t))\right]\\&=-\frac{v}{2}\mathrm{sech}^2\left[\frac{1}{2}(\sqrt{u}x+v\sqrt{v})t\right]\\&=-\frac{v}{2}\mathrm{sech}^2\left[\frac{\sqrt{v}}{2}(x+vt)\right]\end{aligned}$$

其中令: $A_0=c_0=0,\lambda=\sqrt{v},c_1=0$.

3. 广田法

令 $u(x,t)=2(\log F)_{xx}$,将其代入方程(#),积分一次,并利用 $|x|\to+\infty$ 时,$u\to0$ 的边界条件,得

$$(\log F)_{xt}-6(\log F)_{xx}^2+(\log F)_{xxxx}=0 \tag{26}$$

由 $(\log F)_x=\dfrac{F_x}{F}$,可算出 $(\log F)_{xt}$,$(\log F)_{xx}^2$,$(\log F)_{xxxx}$ 等项的表达式,将这些表达式代入式(26)得

$$F(F_t+F_{xxx})_x-F_x(F_t+F_{xxx})+3(F_{xx}^2-F_xF_{xxx})=0 \tag{27}$$

因为$F=1+\mathrm{e}^{-\alpha(x-s)+\alpha^3t}$($\alpha,s$为实任意常数)是$F_t+F_{xxx}=0$的特解.由于方程(27)是非线性的,叠加原理不再成立,所以不能利用α,s叠加得到一般解.利用参数展开法来求其特解.设

$$F=1+\varepsilon F^{(1)}+\varepsilon^2F^{(2)}+\cdots+\varepsilon^nF^{(n)}+\cdots \tag{28}$$

其中$F^{(k)}$为待定函数,将式(28)代入式(26),合并ε同次幂项,令ε^k的系数为$0(k=1,2,\cdots)$得到一系列递推方程

$$\varepsilon:(F_t^{(1)}+F_{xxx}^{(1)})_x=0 \tag{29}$$

$$\varepsilon^2:(F_t^{(2)}+F_{xxx}^{(2)})_x=-3(F^{(1)2}_{xx}-F_x^{(1)}F_{xxx}^{(1)}) \tag{30}$$

$$\varepsilon^3:(F_t^{(2)}+F_{xxx}^{(2)})_x=-3(F^{(1)2}_{xx}-F_x^{(1)}F_{xxx}^{(1)}) \tag{31}$$

这些方程的左端都是线性的,右端除第一式外,都是非齐次的,这些非齐次项依赖于前面方程的解.因此,从前面到后面可以依次"递推"求解.

如取式(29)的解为

$$F^{(1)}=f_1+f_2 \tag{32}$$

其中$f_j=\mathrm{e}^{-\alpha_j(x-s_j)+\alpha_j^3t}(j=1,2)$,$\alpha_j,s_j$为任意常数,将它们代入式(30)得:$(F_t^{(2)}+F_{xxx}^{(2)})_x=3\alpha_1\alpha_2(\alpha_1-\alpha_2)^2f_1f_2$,解出

$$F^{(2)}=\frac{(\alpha_1-\alpha_2)^2}{(\alpha_1+\alpha_2)^2}f_1f_2 \tag{33}$$

将$F^{(1)},F^{(2)}$代入式(31)惊奇地发现:$(F_t^{(3)}+F_{xxx}^{(3)})_x=0$,故可取$F^{(3)}=0$,从而有$F^{(n)}=0(n\geqslant3)$.由于这里的$F^{(k)}$均是$f_j$的和或积的形式,注意到$\varepsilon=\mathrm{e}^{\ln\varepsilon}$,得到方程(27)的一个精确解

$$F=1+f_1+f_2+\frac{(\alpha_1+\alpha_2)^2}{(\alpha_1+\alpha_2)^2}f_1f_2 \tag{34}$$

由 $u=2(\log F)_{xx}$ 得方程(#)的又一特解

$$\begin{aligned}u(x,t)&=2(\log F)_{xx}\\&=2\{\alpha_1^2f_1+\alpha_2^2f_2+2(\alpha_1-\alpha_2)^2f_1f_2+\\&\quad\frac{(\alpha_1-\alpha_2)^2}{(\alpha_1+\alpha_2)^2}(\alpha_2^2f_1^2f_2+\alpha_1^2f_1f_2^2)\}\cdot\\&\quad\left[1+f_1+f_2+\frac{(\alpha_1-\alpha_2)^2}{(\alpha_1+\alpha_2)^2}f_1f_2\right]^{-2}\end{aligned}\tag{35}$$

若在 F 的展开式(32)中取:$F=1+f=1+\exp\theta=1+\exp[-\alpha(x-s)+\alpha^3t]$,其中 α,s 为任意常数,容易验证这样的 F 满足式(29),(30),(31).回到方程有

$$\begin{aligned}u(x,t)&=2(\log F)_{xx}=2\alpha^2\frac{f}{(1+f)^2}\\&=2\alpha^2\frac{\exp\theta}{(1+\exp\theta)^2}=2\alpha^2\frac{1}{(e^{\frac{\theta}{2}}+e^{-\frac{\theta}{2}})^2}\\&=\frac{\alpha^2}{2}\mathrm{sech}^2\frac{\theta}{2}\\&=\frac{v}{2}\mathrm{sech}^2\left\{-\frac{\sqrt{v}}{2}[(x-c)-vt]\right\}\\&=\frac{v}{2}\mathrm{sech}^2\left[-\frac{\sqrt{v}}{2}(x-vt-c)\right]\end{aligned}$$

其中令 $\alpha^2=v,s=c$.

3.3 结　　语

从截断法和行波法的解可以看出,除了某些常数的数值不同,以及解的位相有些不同外,解的主要部分是完全相同的.因为某些非线性方程并不能由行波法将其化为可解的线性常微分方程,而得出精确的解

析解的形式，这样截断法无疑为我们提供了一种求解非线性方程的有效方法. 但是必须注意，在用截断法时，由于取了解的截断形式，因此实际求出的解并不是方程解的精确形式，而是近似解. 我们称其为“类孤子解”. 由于截断法的解是近似解，因此我们不能肯定截断法的解一定是方程的类孤子解. 所以在最后还要将求得的解代入方程验证，直到完全满足才是真正的类孤子解. 广田法通过 F 的不同取值，可解出 KdV 方程的单孤子，双孤子以及 N 孤子解. 因此广田法是一种适用范围更广，解法更严格、更权威的解 KdV 方程的方法. 同时应注意广田法得到的解是精确解而不是近似解.

孤立子的重要特征及其相互作用①

第4章

4.1 孤立子及其重要特征

孤立波的客观存在性早已被 Russell, Korteweg 和 de Vries 等人所证实,然而,人们感兴趣的另外一个问题是,像 Russell 讲的这种稳定的、碰撞后不变形的孤立波是否会在流体力学之外的其他物理领域中出现呢? 在 20 世纪初叶这也是使人捉摸不定的问题. 直到 20 世纪 50 年代,

① 摘编自《孤立子》,郭柏灵,苏凤秋著,辽宁教育出版社,1998.

由于 Fermi(费密)、Pasta(帕斯塔)和 Ulam(乌兰)的工作,才出现了新的局面.他们将 64 个质点用非线性弹簧连接成一条非线性振动弦,初始时这些谐振子的所有能量都集中于其中的一个质点上,而其余的 63 个质点的初始能量为 0.按照经典的理论认为:只要非线性效应存在,就会有能量均分,即任何微弱的非线性相互作用,可导致系统由非平衡状态向平衡状态过渡.但实际计算的结果却使他们大吃一惊,即上述达到能量平衡的观念是错误的.实际上,经过很长时间以后,几乎全部能量又回到了原先的初始分布,这就是著名的 FPU 问题,当时由于只在频率空间来考察,未能发现孤立波解,所以该问题未能得到正确的解释,后来人们把晶体看成具有质量的弹簧拉成的链条,并近似模拟这种情况,Toda(托达)研究了这种模式的非线性振动,果然得到了孤立波解,使 FPU 问题得到正确的解答,从而进一步激起了人们研究孤立波的兴趣.

随后,1962 年 Perring(佩灵)和 Skyrme(斯克姆)将 Sine-Gordon 方程用于研究基本粒子时,数值计算结果表明,两个孤立波碰撞后仍保持原有的形状和速度.1965 年 Zabusky 和 Kruskal 的数值分析试验,进一步证实了孤立子相互作用后不改变波形的论断,他们的这些结果使人们感到惊喜.

由于得到的上述结果,以及在许多物理模型中相继发现都存在这种碰撞后不改变波形的稳定的孤立波的事实,从而使许多物理学家和数学家对此产生了极大的兴趣,开始掀起了研究孤立子问题的热潮,并逐步形成了较为完整的孤立子理论.

那么,究竟什么是“孤立子”呢?通常我们把非线性发展方程的局部行波解,称为“孤立波”.所谓“局部的”,是指微分方程的解在空间的无穷远处趋于零或确定常数的情况.我们把这些稳定的孤立波,即相互碰撞后不见消失而且波形和速度也没有改变或只有微弱的改变(就像常见的两个粒子的碰撞一样)的孤立波称为“孤立子”.在有些文章和书中,“孤立波”和“孤立子”被不加区别地使用.

在物理上,也有把孤立子定义为经典场方程的一个稳定的有限能量的不弥散的解,即若以 $\rho(x,t)$ 表示孤立子的能量密度,则有

$$0 < H = \int \rho(x,t) \mathrm{d}^m x < +\infty, \text{其中 } m \text{ 为空间的维数}$$

$$\lim_{t \to +\infty} \max \rho(x,t) \neq 0, \text{对某些 } x$$

这就是说,孤立子可看成场能不弥散,一个有限的稳定“团块”,即使在运动或碰撞中,它也不受到破坏.对于一大批非线性波动方程和方程组,它们的孤立子一般具有如图 4.1 中(a),(b),(c),(d)四种形状,分别叫钟型(或波包型)、涡旋型(反钟型)、扭结型(结状)、反扭结型(反结状).

李政道等人基于对基本粒子的研究,又把现有的孤立子分成二类:拓扑性孤立子和非拓扑性孤立子.关于它们的定义及详细情况在郭柏灵、庞小峰所著的《孤立子》(科学出版社,1987)一书中有专门的阐述.

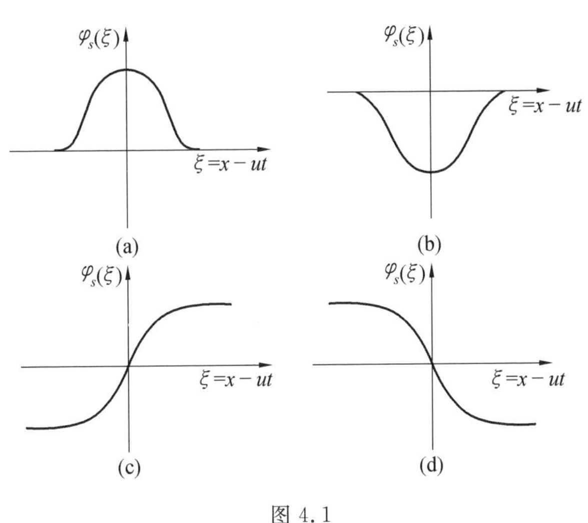

图 4.1

4.2 孤立子的相互作用及 $t\to+\infty$ 的渐近性质

孤立子在非线性相互作用后不改变它原来的振幅和波形，当 $t\to+\infty$ 时，它具有稳定的结构，这是孤立子非常重要的性质. 这种现象对于 KdV 方程首先为 Kruskal 和 Zabusky 在数值计算中发现，后来 Lax 从理论上给予严格的分析证明. Lax 还细致地分析了两个孤立子非线性相互作用的过程，他指出：

(1) 若波速 $c_1\gg c_2$，第一个波高于（因而也快于）第二个波，若第一个波位于第二个波的左方，则第一个波一定会赶上第二个波. 在相互作用时，大的波首先吞并小的波，然后再吐出它，此时只有一个最大值（峰值）.

(2) 若波速 $c_1 \approx c_2$，此时大的波赶上小的波，相互作用时，大的波峰值下降，小的波峰值上升，存在两个波峰，然后再交换一下这种过程.

Lax 还分析了 KdV 方程在 $t \to +\infty$ 时解的性质. 他指出：若 $u(x,t)$ 为 KdV 方程

$$u_t + uu_x + u_{xxx} = 0 \tag{1}$$

的解，它对一切 x, t 定义，且在 $x = \pm\infty$ 处消失，则存在离散的正数 $c_1, c_2, \cdots, c_N$（称为 u 的特征速度）和相位移 $\theta_j^{\pm}$，使得

$$\lim_{t \to \pm\infty} u(x,t) = \begin{cases} s(\zeta - \theta_j^{\pm}, c_j), c = c_j \\ 0, c \neq c_j \end{cases} \tag{2}$$

其中 s 表示方程(1) 的孤立子解，$\zeta = x - ct$.

以下我们将论证 Lax 所得的结论. 首先用函数变换的方法（即广田方法）求出方程的 $N-$ 孤立子解的表达式，再用代数分析手段来证明这一事实：如果 $t \to -\infty$ 时有 N 个具有特征值 $k_1, k_2, \cdots, k_N$ 的孤立子，那么当 $t \to +\infty$ 时 KdV 方程的解仍由这 N 个特征值的孤立子所组成，只是它们的位相有了平移.

设 $u(x,t)$ 为方程(1) 的解，令 $u = P_x$，则有

$$(P_t)_x + \left(\frac{1}{2}P_x^2\right)_x + (P_{xxx})_x = 0$$

积分一次，并令积分常数等于 0

$$(P_t) + \frac{1}{2}P_x^2 + P_{xxx} = 0 \tag{3}$$

类似于 Hopf-Cole 变换，令 $P = 12(\log F)_x$ 代入上式消去一些项再合并为

$$F(F_t + F_{xxx})_x - F_x(F_t + F_{xxx}) + 3(F_{xx}^2 - F_x F_{xxx}) = 0 \tag{4}$$

注意到在式(4)中含有算子 $L=\frac{\partial}{\partial t}+\frac{\partial^3}{\partial x^3}$，而

$$F=1+\mathrm{e}^{-\alpha(x-s)+\alpha^3 t}\quad(\alpha,s\text{ 为实数})$$

为方程

$$F_t+F_{xxx}=0$$

的特解.如果式(4)为线性的，可指望对 α,s 叠加求和产生它的解.由于式(4)为非线性，具有相互作用项，我们可用通常的办法将 F 展开为关于小参数 ε 的幂级数

$$F=1+\sum_{n=1}^{+\infty}\varepsilon^n f_n \tag{5}$$

代入式(4)，比较 ε 的同次幂得到如下一系列方程

$$\begin{cases}(f_{1t}+f_{1xxx})_x=0\\(f_{2t}+f_{2xxx})_x=-3[(f_{1xx})^2-f_{1x}f_{1xxx}]\\\vdots\end{cases} \tag{6}$$

如果 f_1 只取两项

$$f_1=F_1+F_2$$

$$F_j=\mathrm{e}^{-\alpha_j(x-s_j)+\alpha_j^3 t},j=1,2$$

显然，这样选取的 f_1 满足第一个方程，将它代入 f_2 的方程有

$$(f_{2t}+f_{2xxx})_x=3\alpha_1\alpha_2(\alpha_2-\alpha_1)^2F_1F_2$$

容易求出这个方程的一个特解为

$$f_2=\frac{(\alpha_2-\alpha_1)^2}{(\alpha_2+\alpha_1)^2}F_1F_2$$

令人惊奇的是，我们可以取到 $f_3=f_4=\cdots=0$ 满足方程(6).于是我们得到方程(4)的一个精确解为

$$F=1+F_1+F_2+\frac{(\alpha_2-\alpha_1)^2}{(\alpha_2+\alpha_1)^2}F_1F_2 \tag{7}$$

注意到在此表达式中相互作用项仅含有 F_1F_2，而没有

$F_1^2F_2^2$ 项，这个结果可推广到 N 个 F_j 上. 设 $f_1=\sum_{j=1}^{N}F_j$，则 f_2 含有 F_jF_k 项($j\neq k$)，而没有 F_j^2 项，f_3 含有 $F_jF_kF_l$ 项($j\neq k\neq l$)，而没有 F_j^3，F_j^2，F_k 等项，$f_N\propto F_1F_2\cdots F_N$，于是

$$F=1+\sum_{j=1}F_j+\sum_{j\neq k}F_jF_k+\sum_{j\neq k\neq l}\alpha_{jkl}F_jF_kF_l+\cdots+\alpha_{12\cdots N}F_1F_2\cdots F_N$$

可以证明，$F=\det(F_{mn})$，其中 $F_{mn}=\delta_{mn}+\dfrac{2\alpha_m}{\alpha_m+\alpha_n}F_m$.

现考虑 $N=2$，$u=\rho_x=12(\log F)_{xx}$ 及 F 的表达式(7)，可得 KdV 方程(1) 解的表达式为

$$\begin{aligned}\frac{u}{12}=&\{\alpha_1^2F_1+\alpha_2^2F_2+2(\alpha_2-\alpha_1)^2F_1F_2+\\&[(\alpha_2-\alpha_1)/(\alpha_2+\alpha_1)]^2\cdot\\&(\alpha_2^2F_1^2F_2+\alpha_1^2F_1F_2^2)\}/\\&\{[1+F_1+F_2+((\alpha_2-\alpha_1)/\\&(\alpha_2+\alpha_1))^2F_1F_2]^2\}\end{aligned}\tag{8}$$

其中

$$F_j=\exp[-\alpha_j(x-s_j)+\alpha_j^3t]$$

对应于 KdV 方程的一个孤立子解

$$\frac{u}{12}=\frac{\alpha^2F}{(1+F)^2}$$

即

$$u=3\alpha^2\operatorname{sech}^2\frac{\theta-\theta_0}{2}$$

其中 $\theta=\alpha x-\alpha^3t$，$\theta_0=s\alpha$，$F=\mathrm{e}^{-\alpha(x-s)+\alpha^3t}$.

通过简单的求导运算知

$$u'(F)\mid_{F=1}=0,u''(F)\mid_{F=1}<0$$

因此 $F=1$ 时，u 取极大值，最大振幅为 $3\alpha^2$，取极

大值的位置为$-\alpha(x-s)+\alpha^3 t=0$，即$x=s+\alpha^2 t$，波速$c=\alpha^2$. 为了考查孤立子之间的相互作用和$t\to\pm\infty$的渐近性态，充分利用解的表达式(8)，下面分几种情况讨论.

第一种情况：在(x,t)区域上，$f_1\approx 1$，f_2很大或很小.

(1)$F_1\approx 1$，$F_2\ll 1$，从式(8)可知

$$\frac{u}{12}\approx\frac{\alpha_1^2 F_1}{(1+F_1)^2}$$

即为孤立子α_1波.

(2)$F_1\approx 1$，$F_2\gg 1$，从式(8)可知

$$\begin{aligned}\frac{u}{12}&=\frac{[(\alpha_2-\alpha_1)/(\alpha_2+\alpha_1)]^2\alpha_1^2 F_1 F_2^2}{\{F_2+[(\alpha_2-\alpha_1)/(\alpha_2+\alpha_1)]^2 F_1 F_2\}^2}\\&=\frac{\alpha_1^2\widetilde{F}_1}{(1+\widetilde{F}_1)^2}\end{aligned}$$

其中

$$\widetilde{F}_1=\left(\frac{\alpha_2-\alpha_1}{\alpha_2+\alpha_1}\right)^2 F_1$$

此时仍为孤立子α_1波，仅位相s_1转换为

$$\tilde{s}_1=s_1\ \frac{1}{\alpha_1}\log\left(\frac{\alpha_2+\alpha_1}{\alpha_2-\alpha_1}\right)^2$$

第二种情况：在(x,t)区域上，$F_2\approx 1$，F_1很大或很小.类似第一种情况的分析，此时为孤立子α_2波.

第三种情况：F_1，F_2均很小或很大，此时$u\approx 0$.

第四种情况：$F_1\approx 1$，$F_2\approx 1$，表示相互作用区.

现设$\alpha_2>\alpha_1>0$，讨论α_2波追赶α_1波的情况.

(1) 当$t\to-\infty$时

$$\alpha_1\text{ 波}:F_1\approx 1,x=s_1+\alpha_1^2 t$$

$$\begin{aligned}F_2&=\mathrm{e}^{-\alpha_2(x-s_2)+\alpha_2^3 t}\\&=\mathrm{e}^{-\alpha_2(s_1-s_2)-\alpha_2(\alpha_1^2-\alpha_2^2)t}\ll 1,t\to-\infty\end{aligned}$$

依前面的讨论,此时在 $x=s_1+\alpha_1^2t$ 为孤立子 α_1 波

$$\alpha_2\ \text{波}:F_2\approx 1,x=s_2+\alpha_2^2t$$

$$\begin{aligned}F_1&=\mathrm{e}^{-\alpha_1(x-s_1)+\alpha_1^2t}\\&=\mathrm{e}^{-\alpha_1(s_2-s_1)+\alpha_1(\alpha_1^2-\alpha_2^2)t}\gg 1,t\to-\infty\end{aligned}$$

这表明在

$$x=s_2-\frac{1}{\alpha_2}\log\left(\frac{\alpha_2+\alpha_1}{\alpha_2-\alpha_1}\right)^2+\alpha_2^2t$$

为孤立子 α_2 波,其余地方 $u\approx 0$(F_1,F_2 很大或很小).

(2) 当 $t\to+\infty$ 时

α_1 波:$F_1\approx 1,F_2\gg 1$

$$x=s_1-\frac{1}{\alpha_1}\log\left(\frac{\alpha_2+\alpha_1}{\alpha_2-\alpha_1}\right)^2+\alpha_1^2t$$

α_2 波:$F_2\approx 1,F_1\ll 1,x=s_2+\alpha_2^2t$

其余处:$u\approx 0$

上述(1)(2) 结果表明:孤立子相互作用后不改变原来的参量 α_1,α_2,快波 α_2 位于前头,相互碰撞过程仅使

$$\alpha_2\ \text{波向前平移}\frac{1}{\alpha_2}\log\left(\frac{\alpha_2+\alpha_1}{\alpha_2-\alpha_1}\right)^2$$

$$\alpha_1\ \text{波向后平移}\frac{1}{\alpha_1}\log\left(\frac{\alpha_2+\alpha_1}{\alpha_2-\alpha_1}\right)^2$$

在 $F_1\approx 1,F_2\approx 1$ 相互作用的时间、地点为

$$x=s_1+\alpha_1^2t=s_2+\alpha_2^2t$$

$$t=\frac{s_2-s_1}{\alpha_2^2-\alpha_1^2}$$

$$x=\frac{\alpha_2^2s_1-\alpha_1^2s_2}{\alpha_2^2-\alpha_1^2}$$

以上我们用初等的办法论证了 Lax 的结论,实际上,我们还可用散射反演法来做. 本章不再做过多介绍.

第 二 编

KdV 方程的解法

Painleve 分析和 Backlund 变换[①]

第 5 章

这一章我们先将 Painleve(潘勒维) 奇性分析方法推广到两类(2+1)维广义 Burger(伯格) 方程中，证明了它们都是 Painleve 可积的，并且获得了它们的 Backlund(贝克伦德) 变换. 特别地，得到了它们的 Cole-Hopf 变换和非古典对称. 另外研究了反应混合物模型的 Painleve 分析，并且给出了 Backlund 变换和解析解. 最后给出了 KdV 方程的(2+1)维可积耦合系统新的自 Backlund 变换和解析解.

① 摘编自《复杂非线性波的构造性理论及其应用》，闫振亚著，科学出版社，2007.

5.1 Painleve 分析的基本理论

非线性波方程的求解和解的性质的研究比线性方程要复杂得多.线性方程的一些基本的性质在非线性方程中就不成立,如叠加原理在线性方程中具有重要的作用,它将齐次线性和非齐次线性常微分方程的解联系起来.如果知道了n阶齐次线性常微分方程的n个线性无关的特解,那么就可以用这些特解的线性组合将该方程的通解表示出来.但非线性方程没有这样的原理.如非线性常微分方程

$$\frac{\mathrm{d}y(t)}{\mathrm{d}t}=\cosh^2[2y(t)] \tag{1}$$

有无穷多个线性无关的特解

$$y_i(t)=\frac{1}{2}\log[\tan(t+c_i)]$$

$$c_i\neq c_j, i\neq j, i,j=1,2,\cdots, c_i\in\mathbf{R}$$

但容易验证它们的线性组合$\sum_{i=1}^{m}a_iy_i$($\sum_{i=1}^{m}a_i^2\neq 0, a_i\in\mathbf{R}$)不再是原方程(1)的解.

线性方程解的奇点完全是由其系数决定的,除了系数函数的奇点外,线性方程的解在其他位置不会有奇性.对于给定的线性方程,这些奇点的位置已完全确定,与初始条件无关,因此这些奇点称为“固定奇点”.但非线性方程的奇点可以与初值有关.给的初值不同,奇点的位置可能发生改变,这种奇点称为“移动奇点”.因此非线性方程解的奇性结构令人无法把握.当自变量t取复变量时,一个常微分方程的解$y(t)$可

以用复变函数表示. 利用复变函数的理论,可以将 $y(t)$ 的奇点分为极点、支点(代数支点或对数支点)和本性奇点. 支点和本性奇点合称临界点.

19 世纪末,数学家按奇性不同对常微分方程进行分类. 对一阶方程 $\frac{\mathrm{d}u(z)}{\mathrm{d}z}=F(z,u)$(其中 F 为 u 的有理函数且对 z 局部解析). 1884 年,Fuchs(富克斯)证明了没有移动临界点的最一般的方程是 Riccati 方程

$$\frac{\mathrm{d}u}{\mathrm{d}z}=a_1(z)+a_2(z)u+a_3(z)u^2 \tag{2}$$

随后,Painleve 和他的同事考虑了二阶 ODE 方程 $\frac{\mathrm{d}^2u}{\mathrm{d}z^2}=F\left(\frac{\mathrm{d}u}{\mathrm{d}z},z,u\right)$(其中 F 为 $\frac{\mathrm{d}u}{\mathrm{d}z}$,$u$ 的有理函数且对 z 局部解析). 他们给出了没有移动临界点的所有可能的方程共有 50 种,这 50 种形式的方程中,有 44 种可化为可求解的方程,而另 6 种为以下的方程

$$\mathrm{P}_{\mathrm{I}}\quad \frac{\mathrm{d}^2u}{\mathrm{d}z^2}=6u^2+z$$

$$\mathrm{P}_{\mathrm{II}}\quad \frac{\mathrm{d}^2u}{\mathrm{d}z^2}=2u^3+zu+\alpha$$

$$\mathrm{P}_{\mathrm{III}}\quad \frac{\mathrm{d}^2u}{\mathrm{d}z^2}=\frac{1}{u}\left(\frac{\mathrm{d}u}{\mathrm{d}z}\right)^2-\frac{1}{z}\frac{\mathrm{d}u}{\mathrm{d}z}+\frac{1}{z}(\alpha u^2+\beta)+\gamma u^3+\frac{\delta}{u}$$

$$\mathrm{P}_{\mathrm{IV}}\quad \frac{\mathrm{d}^2u}{\mathrm{d}z^2}=\frac{1}{2u}\left(\frac{\mathrm{d}u}{\mathrm{d}z}\right)^2+\frac{3}{2}u^3+4zu^2+2(z^2-\alpha)u+\frac{\beta}{u}$$

$$\mathrm{P}_{\mathrm{V}}\quad \frac{\mathrm{d}^2u}{\mathrm{d}z^2}=\left(\frac{1}{2u}+\frac{1}{u-1}\right)\left(\frac{\mathrm{d}u}{\mathrm{d}z}\right)^2-$$

$$\frac{1}{z}\frac{\mathrm{d}u}{\mathrm{d}z}+\frac{(u-1)^2}{z^2}\left(\alpha+\frac{\beta}{u}\right)+\frac{\gamma u}{z}+\frac{\delta u(u+1)}{u-1}$$

$$\mathrm{P}_{\mathrm{VI}}\quad \frac{\mathrm{d}^2u}{\mathrm{d}z^2}=\frac{1}{2}\left(\frac{1}{u}+\frac{1}{u-1}+\frac{1}{u-z}\right)\left(\frac{\mathrm{d}u}{\mathrm{d}z}\right)^2-\left(\frac{1}{z}+\frac{1}{z-1}+\frac{1}{u-z}\right)\frac{\mathrm{d}u}{\mathrm{d}z}+\frac{u(u-1)(u-z)}{z^2(z-1)^2}\cdot\left[\alpha+\frac{\beta z}{u^2}+\frac{\gamma(z-1)}{(u-1)^2}+\frac{\delta z(z-1)}{(u-z)^2}\right]$$

关于这六种方程，前三个为 Painleve 所得，P_{IV}，P_{V} 为 Gambier（甘比尔）所得，最后一个为 Fuchs 所得. 这些方程是在 Möbius（麦比乌斯）变换下等价类的代表. Painleve 等人还证明了这些方程不能进一步简化，因此这些方程的解定义了新的超越函数，即 Painleve 超越函数. 对于三阶或更高阶的 ODE 的奇性分类问题还没有一个系统的结论.

当一个 ODE 的解只有流动极点（或者说没有临界点）时，称该方程具有 Painleve 性质. $\mathrm{P}_{\mathrm{I}}\sim\mathrm{P}_{\mathrm{VI}}$ 就是它们的典型代表. 它们的解在奇点 $z=z_0$ 处的 Laurent（劳伦特）展开式中含有有限的负幂次项，即

$$u(z)=\frac{a_{-N}}{(z-z_0)^N}+\frac{a_{-N+1}}{(z-z_0)^{N-1}}+\cdots+\frac{a_{-1}}{z-z_0}+\sum_{n=0}^{+\infty}a_n(z-z_0)^n$$

人们发现，Painleve 性质和孤立子理论中的完全可积的非线性偏微分方程有密切的联系，几乎所有可积的 PDE 经过约化后得到的 ODE 都有 Painleve 性质的. 如

何判断一个非线性 ODE 是 Painleve 性质？1978 年，Ablowitz，Ramani 和 Segur 提出了一种方法（简称 ARS 法）．并且提出了一个猜想（称 ARS 猜想）：可积 PDE 的任一约化的 ODE 具有 Painleve 性质（或许通过一些变换）．如果该猜测是正确的，那么这仅仅是 PDE 完全可积的必要条件，相反，利用该猜测的否命题，来检验 PDE 不是完全可积的或许是可行的．

常微分方程的 Painleve 可积性的 ARS 算法为：考虑常微分方程

$$F(t,w(t),w'(t),w''(t),\cdots)=0 \tag{3}$$

（1）Laurent 级数的首项阶分析，令方程（3）具有如下解

$$w(t)\approx a_0(t-t_0)^{\alpha} \tag{4}$$

将式（4）代入式（3），可以确定 a_0，α．

（2）共振点确定．将

$$w(t)=a_0(t-t_0)^{\alpha}+b(t-t_0)^{\alpha+r} \tag{5}$$

代入式（3），整理得 b 的系数，并通过分解可确定共振点．

（3）任意常数个数的确定．将 Laurent 级数

$$w(t)=a_0(t-t_0)^{\alpha}+\sum_{i=1}^{+\infty}a_i(t-t_0)^{\alpha+i} \tag{6}$$

代入式（3），得到关于 $t-t_0$ 的方程，在共振点处是否存在充分多的任意常数个数（是否需要引入移动的临界点）．

注　（1）如果 α 为无理数或复数，那么方程的解是多值的，因此，该方程不是 Painleve 可积的；（2）如果 α 为负整数，需要进一步分析方程的 Painleve 可积性；（3）如果 α 为有理数，那么方程的解具有移动的代

数支点，因此，该方程或许具有弱 Painleve 可积性.

1983 年，Weiss(韦斯) 等人将 ODE 的 Painleve 性质判别方法推广到 PDE(简称 WTC 法). 利用该方法直接检验 PDE 是否是完全可积的(Painleve 可积)，并且可以导出其 Lax 对和 Backlund 变换.

定义 5.1　如果在非特征，且可移动奇异流形的邻域内，一个偏微分方程的解是单值的，那么该偏微分方程是 Painleve 可积的.

WTC 法(Painleve 分析) 可简单地描述如下：对给定的 PDE

$$F(u_{z_1}, u_{z_2}, \cdots) = 0 \tag{7}$$

设其解有如下形式解(Laurent 级数形式解)

$$u(z_1, z_2, \cdots, z_n) = \phi^{-p} \sum_{j=0}^{+\infty} u_j(z) \phi^j(z) \tag{8}$$

其中 $u_j(z)$，$\phi(z)$ 在流动奇异流形 $\phi(z) = 0$ 上为 $z = (z_1, z_2, \cdots, z_n)$ 的解析函数，且 $u_0(z) \neq 0$. 将式(4) 代入式(3)，通过平衡 ϕ 的幂次可确定 p 及如下的递推关系

$$\begin{aligned}&(n-\beta_1)(n-\beta_2)\cdots(n-\beta_n)u_n - \\ &F_n(u_0, u_1, \cdots, u_{n-1}, \phi, z) = 0\end{aligned} \tag{9}$$

其中 $n=\beta_1, \beta_2, \cdots, \beta_n$ 为共振点(通常 $n=-1$ 为其中之一). 对于任意的 $u_j(j=\beta_1, \beta_2, \cdots, \beta_n)$，$\phi$，如果过渡方程(9) 是自相容的，那么称原方程是 Painleve 可积的，否则原方程不是 Painleve 可积的.

我们以 KdV 方程

$$u_t + 6uu_x + u_{xxx} = 0 \tag{10}$$

为例来说明 P 检验的具体步骤. 设其有解

$$u(x, t) = \phi^{-p} \sum_{j=0}^{+\infty} u_j(x, t) \phi^j \tag{11}$$

将式(11) 代入式(10)，根据主导项平衡，可得 $p=2$，$u_0=-2\phi_x^2$ 及如下的递推关系式

$$(j+1)(j-4)(j-6)u_j-F_j(\phi_t,\phi_x,\cdots,u_1,\cdots,u_{j-1})=0 \tag{12}$$

由上式右边等于零可得，$j=-1,4,6$. $j=-1$ 对应于 ϕ 的任意性，$j=4,6$ 对应于"共鸣项". 要使式(10) 具有 P 性质，必须要求在 ϕ,u_4,u_6 都为 (x,t) 的任意函数时，由式(12) 确定的关系式自相容.

下面我们证明之. 比较式(12) 中 ϕ 的同次幂系数，得

$$j=0,u_0=-2\phi_x^2$$

$$j=1,u_1=2\phi_{xx}$$

$$j=2,\phi_x\phi_t+4\phi_x\phi_{xxx}-3\phi_{xx}^2+6\phi_x^2u_2=0$$

$$j=3,\phi_{xt}+6\phi_{xx}u_2+\phi_{xxxx}-2\phi_x^2u_3=0$$

$$j=4,0\cdot u_4+\frac{\partial}{\partial x}(\phi_{xt}+6\phi_{xx}u_2+\phi_{xxx}-2\phi_x^2u_3)=0$$

同样可证明 u_6 也是任意的. 因此说 KdV 方程(10) 是可积的. 若要求 $u_j=0(j\geqslant 3)$，那么可得到 Backlund 变换

$$u=2\frac{\partial^2}{\partial x^2}\ln\phi+u_2 \tag{13}$$

其中 u_1 为原方程(10) 的解，且 ϕ,u_2 满足微分方程组

$$\begin{cases}\phi_x\phi_t+4\phi_x\phi_{xxx}-3\phi_{xx}^2+6\phi_x^2u_2=0\\ \phi_{xt}+6\phi_{xx}u_2+\phi_{xxxx}=0\end{cases} \tag{14}$$

利用上面猜测的否命题可知：如果 PDE 的约化的其中一个 ODE 不是 Painleve 可积的，那么这个 PDE 也不是 Painleve 可积的.

5.2 高维广义 Burger 方程 Ⅰ 和 Backlund 变换

下面考虑(2 + 1) 维广义 Burger 方程 Ⅰ

$$u_t + \frac{1}{2}(u\partial_y^{-1}u_x) - u_{xx} = 0 \tag{15}$$

的 Painleve 可积性. 当 $y \to x$ 时,方程(15) 变为著名的 (1 + 1) 维 Burger 方程

$$u_t + uu_x - u_{xx} = 0 \tag{16}$$

为了研究方程(15) 的奇性结构,引入变换 $u_x = u_y$,那么方程(15) 约化为一个耦合的方程组

$$\begin{cases} u_t + \dfrac{1}{2}(uv)_x - u_{xx} = 0 \\ u_x - v_y = 0 \end{cases} \tag{17}$$

其中 $u(x,y,t)$ 表示物理场,$v(x,y,t)$ 表示与 $u(x,y,t)$ 有关的变化的物理场.

在一个非特征的奇异流形 $\phi(x,y,t) = 0$,$(\phi_x, \phi_y \neq 0)$ 上,假设方程(17) 的解的领导项具有这种形式

$$\begin{cases} u(x,y,t) = u_0(x,y,t)\phi^{\alpha}(x,y,t) \\ v(x,y,t) = v_0(x,y,t)\phi^{\beta}(x,y,t) \end{cases} \tag{18}$$

其中 u_0 和 v_0 为 x,y,t 的解析函数,α 和 β 为待定的整数. 将式(18) 代入式(17),可得

$$\alpha = \beta = -1, u_0 = -2\phi_y, v_0 = -2\phi_x \tag{19}$$

考虑在奇异流形附近,方程(17) 具有 Laurent 级数展开解

$$\begin{cases} u(x,y,t)=\sum\limits_{j=0}^{+\infty}u_j(x,y,t)\phi^{j-1}(x,y,t) \\ v(x,y,t)=\sum\limits_{j=0}^{+\infty}v_j(x,y,t)\phi^{j-1}(x,y,t) \end{cases} \tag{20}$$

将式(20)代入式(17)可得过渡方程组，比较其(ϕ^{j-3}，ϕ^{j-2})的系数，可得共振点，即

$$\begin{bmatrix} j(j-2)\phi_x^2 & (j-2)\phi_x\phi_y \\ (j-1)\phi_x & -(j-1)\phi_y \end{bmatrix}\begin{pmatrix} u_j \\ v_j \end{pmatrix}=0 \tag{21}$$

从其可得共振点 $j=-1,1,2$.

从共振点 $j=-1$，我们知道奇异流形 $\phi(x,y,t)=0$ 具有任意性(或者说函数 $\phi(x,y,t)$ 是任意的). 为了证明在其他共振点存在任意的函数，将式(21)代入式(18)，并比较过渡方程中(ϕ^{-2}，ϕ^{-1})的系数，得

$$\begin{cases} -\phi_t u_0+2u_{0x}\phi_x+u_0\phi_{xx}+ \\ \frac{1}{2}(u_0v_{0x}+v_0u_{0x}-\phi_x u_0 v_1-\phi_x v_0 u_1)=0 \\ u_{0x}=v_{0y} \end{cases} \tag{22}$$

利用式(18)，容易证明方程组(22)的第二个方程恒成立. 因此只剩下包含两个未知函数 u_1 和 v_1 的一个方程，所以 u_1 和 v_1 之中有一个为任意函数. 继续比较(ϕ^{-1}，ϕ^0)的系数，得

$$\begin{cases} u_{0t}-u_{0xx}+\frac{1}{2}(u_{0x}v_1+u_{1x}v_0+v_{0x}u_1+v_{1x}u_0)=0 \\ \phi_x u_2-\phi_y v_2=v_{1y}-u_{1x} \end{cases} \tag{23}$$

因为式(23)的第一个方程与 u_2 和 v_2 无关，并且与上面的结论一致. 因此只剩下包含两个未知函数 u_2 和 v_2 的一个方程，所以 u_2 和 v_2 之中有一个为任意函数. 因此在不引入任何可动的标准流形条件下，方程(16)的

一般解$(u(x,y,t),v(x,y,t))$具有要求的任意函数的个数，即过渡方程组是自相容的，因此方程(15)是Painleve可积的.

令 $u_j=0(j\geqslant 3)$，利用关系 $u_x=v_y$，我们可得到方程(15)的Backlund变换.

定理 5.1 (2+1)维广义Burger方程Ⅰ(15)拥有如下的自Backlund变换

$$u(x,y,t)=-2\frac{\partial}{\partial y}\ln\phi(x,y,t)+u_0(x,y,t)$$

$$=-2\frac{\phi_y}{\phi}+u_0(x,y,t) \tag{24}$$

其中 u_0 为方程(15)的解，Φ，u_0 满足超非线性定微分方程组

$$\begin{cases}\phi_t\phi_y-\phi_x\phi_{xy}+\frac{1}{2}(u_0\phi_x^2+\phi_x\phi_y\partial_y^{-1}u_{0x})=0\\ \phi_{ty}-\phi_{xxy}+\frac{1}{2}(u_{0x}\phi_x+u_0\phi_{xx}+\phi_y\partial_y^{-1}u_{0xx}+\\ \phi_{xy}\partial_y^{-1}u_{0x})=0\end{cases} \tag{25}$$

推论 设 $u_0=0$，则自Backlund变换(24)变为Cole-Hopf变换 $u(x,y,t)=-2v_y/v$. 在其作用下，方程(15)约化为双线性形式的目标方程

$$v_tv_y-vv_{yt}-v_xv_{xy}+vv_{xxy}=0 \tag{26}$$

注 为了方便利用方程(15)，把它改写为

$$u_t=K[u]=u_{xx}-\frac{1}{2}(u\partial_y^{-1}u_x)_x \tag{27}$$

众所周知，σ 为方程(15)的对称，如果 σ 满足下面的线性方程

$$\sigma_t=K'[u]\sigma$$

$$=\left[D^{2}-\frac{1}{2}(u_{x}\partial_{y}^{-1}D+u\partial_{y}^{-1}D^{2}+\right.$$
$$\left.(\partial_{y}^{-1}u_{x})D+(\partial_{y}^{-1}u_{xx}))\right]\sigma \tag{28}$$

其中 u 满足方程(15)，$K'[u]=\frac{\mathrm{d}}{\mathrm{d}\mu}K[u+\mu\sigma]\mid_{\mu=0}$ 为 $K[u]$ 的 Frechet(弗雷歇) 导数，$D=\frac{\partial}{\partial x}$，$D^{-1}=\int\mathrm{d}x$，$D^{-1}D=DD^{-1}=1$.

从方程组(25) 易知 $\sigma=v_{y}$ 为方程(15) 的非古典对称，即

$$\begin{aligned}(v_{y})_{t}=&[D^{2}-\frac{1}{2}(u_{0x}\partial_{y}^{-1}D+u_{0}\partial_{y}^{-1}D^{2}+\\&(\partial_{y}^{-1}u_{0x})D+(\partial_{y}^{-1}u_{0xx}))]v_{y}\\=&K'[u_{0}]v_{y}\end{aligned} \tag{29}$$

注　利用这些变换可以获得方程(15) 的很多形式的精确解，包括孤波解、有理解、类 Dromion 解及其他形式的解.

5.3　高维广义 Burger 方程 Ⅱ 和 Backlund 变换

这一节研究(2＋1) 维广义 Burger 方程 Ⅱ

$$u_{t}+u_{xy}+uu_{y}+u_{x}\partial_{x}^{-1}u_{y}=0 \tag{30}$$

的 Painleve 可积性. 当 $y\rightarrow x$ 时，方程(15) 变为著名的 Burger 方程.

为了研究方程(30) 的奇性结构，引入变换 $u_{x}=w_{y}$，那么方程(30) 约化为一个耦合的方程组

$$\begin{cases}u_{t}+u_{xy}+uw_{x}+u_{x}x=0\\u_{x}-w_{y}=0\end{cases} \tag{31}$$

其中 $u(x,y,t)$ 表示物理场，$w(x,y,t)$ 表示与 $u(x,y,t)$ 有关的变化的物理场.

在一个非特征的奇异流形 $\phi(x,y,t)=0(\phi_x,\phi_y\neq 0)$ 上，假设方程(31)的解的领导项具有这种形式

$$u=u_0\phi^{\alpha},w=w_0\phi^{\beta} \tag{32}$$

其中 u_0 和 w_0 为 x,y,t 的解析函数，α 和 β 为待定的整数. 将式(19)代入式(18)，可得

$$\alpha=\beta=-1,u_0=\phi_x,w_0=\phi_y \tag{33}$$

考虑在奇异流形附近，式(18)具有 Laurent 级数展开解

$$u=\sum_{j=0}^{+\infty}u_j\phi^{j-1},w=\sum_{j=0}^{+\infty}w_j\phi^{j-1} \tag{34}$$

将式(34)代入式(31)，得到关于 u_j 和 w_j 的过渡方程

$$\begin{aligned}&(j-2)u_{j-1}\phi_t+u_{j-2,t}+(j-1)(j-2)u_j\phi_x\phi_y+\\&(j-2)u_{j-1}\phi_{xy}+(j-2)u_{j-1,y}\phi_x+\\&(j-2)u_{j-1,x}\phi_y+u_{j-2,xy}+\\&\sum_{i=0}^{j}u_{j-i}[w_{i-1,x}+(i-1)w_i\phi_x]+\\&\sum_{i=0}^{j}w_{j-i}[u_{i-1,x}+(i-1)u_i\phi_x]=0\end{aligned} \tag{35}$$

$$(j-1)u_j\phi_y+u_{j-1,y}-(j-1)w_j\phi_x+w_{j-1,x}=0 \tag{36}$$

且比较(ϕ^{j-3},ϕ^{j-2})的系数，可得到共振点，即

$$\begin{pmatrix}j(j-2)\phi_x\phi_y & (j-2)\phi_x^2\\ (j-1)\phi_y & -(j-1)\phi_x\end{pmatrix}\begin{pmatrix}u_j\\ w_j\end{pmatrix}=0 \tag{37}$$

从其可得共振点 $j=-1,1,2$.

从共振点 $j=-1$，我们知道奇异流形 $\phi(x,y,t)=$

0 具有任意性(或者说函数 $\phi(x,y,t)$ 是任意的). 下面说明在共振点 $j=1,2$ 处函数的任意性.

情况 1　当 $j=1$ 时,(35) 与(36) 两式变为

$$\begin{cases}\phi_x\phi_y u_1+\phi_x^2 w_1=-\phi_x\phi_t-\phi_x\phi_{xy}\\ u_{0y}=w_{0x}\end{cases}\tag{38}$$

利用式(32),容易证明(38) 的第二个方程恒成立. 因此只剩下包含两个未知函数 u_1 和 w_1 的一个方程. 所以 u_1 和 w_1 之中有一个为任意函数.

情况 2　继续考虑式(35) 与(36),当 $j=1$ 时,式(35) 与(36) 变为

$$\begin{cases}u_{0t}+u_{0xy}+u_1 w_{0x}+u_0 w_{1x}+w_1 u_{0x}+w_0 u_{1x}=0\\ \phi_y u_2-\phi_x w_2=w_{1x}-y_{1y}\end{cases}\tag{39}$$

因为式(39) 的第一个方程与 u_2 和 w_2 无关并且与上面的结论一致. 因此只剩下包含两个未知函数 u_2 和 w_2 的一个方程. 所以 u_2 和 w_2 之中有一个为任意函数. 因此在不引入任何可动的标准流形条件下,方程(30) 的一般解($u(x,y,t),v(x,y,t)$) 所满足的过渡方程是自相容的,因此方程(30) 是 Painleve 可积的.

为了构造方程(30) 的 Backlund 变换,对 Laurent 级数展开解进行截断,即 $u_j=w_j=0(j\geqslant 2)$. 因此有

$$\begin{cases}u(x,y,t)=u_0\phi^{-1}+u_1=\partial_x\ln\phi+u_1\\ w(x,y,t)=w_0\phi^{-1}+w_1=\partial_y\ln\phi+w_1\end{cases}\tag{40}$$

将式(40) 代入式(31),可得过渡方程

$$-\phi_x(\phi_t+\phi_{xy}+u_1\phi_y+\phi_x\partial^{-1}u_{1y})\phi^{-2}+\\(\phi_{xt}+\phi_{xxy}+u_{1x}\phi_y+u_{1y}\phi_x+u_1\phi_{xy}+\phi_{xx}\partial_x^{-1}u_{1y})\phi^{-1}+\\u_{1t}+u_{1xy}+u_1u_{1y}+u_{1x}\partial_x^{-1}u_{1y}=0\tag{41}$$

根据 ϕ^{-2},ϕ^{-1} 和 $\phi^0=1$ 的线性无关性,可得关于 $\phi(x,$

$y,t)$ 和 $u_1(x,y,t)$ 所满足的目标方程

$$\begin{cases}-\phi_x(\phi_t+\phi_{xy}+u_1\phi_y+\phi_x\partial^{-1}u_{1y})=0\\ \phi_{xt}+\phi_{xxy}+u_{1x}\phi_y+u_{1y}\phi_x+u_1\phi_{xy}+\phi_{xx}\partial_x^{-1}u_{1y}=0\\ u_{1t}+u_{1xy}+u_1u_{1y}+u_{1x}\partial_x^{-1}u_{1y}=0\end{cases} \tag{42}$$

至此可得到方程(30) 的 Backlund 变换.

定理 5.2 (2+1) 维广义 Burger 方程 Ⅱ(30) 拥有如下的自 Backlund 变换

$$u(x,y,t)=\frac{\partial}{\partial x}\ln\phi(x,y,t)+u_1(x,y,t)$$

$$=\frac{\phi_x}{\phi}+u_1(x,y,t)$$

其中 u_1 为方程(30) 的解,Φ,u_1 满足超非线性定微分方程组(42).

推论 设 $u_1=0$,则自 Backlund 变换约化为 Cole-Hopf 变换 $u(x,y,t)=\frac{\phi_x}{\phi}$. 其中 ϕ 满足双线性方程

$$\phi\phi_{xt}-\phi_x\phi_t+\phi\phi_{xxy}-\phi_x\phi_{xy}=0 \tag{43}$$

进一步可约化为(2+1) 维线性热方程

$$\phi_t+\phi_{xy}=0 \tag{44}$$

注 为了应用方程(30),我们将其改写为

$$u_t=K[u]=-u_{xy}-uu_y-u_x\partial_x^{-1}u_y \tag{45}$$

我们知道 σ 为方程(30) 的对称,如果 σ 满足下面的线性方程

$$\begin{aligned}\sigma&=K'[u]\sigma\\ &=-[\partial_{xy}+u_y+u\partial_y+u_x\partial_x^{-1}\partial_y+(\partial_x^{-1}u_y)\partial_x]\sigma\end{aligned} \tag{46}$$

其中 u 满足方程(30)，$\partial_x=\frac{\partial}{\partial x}$，$\partial_y=\frac{\partial}{\partial y}$，$\partial_x^{-1}=\int \mathrm{d}x$，$\partial_x^{-1}\partial_x=\partial_x\partial_x^{-1}=1$.

从(43)和(44)两式，易得

$$\begin{aligned}(\phi_x)_t&=-[\partial_{xy}+\partial_y+u\partial_y+u_x\partial_x^{-1}\partial_y+\\&\qquad(\partial_x^{-1}u_y)\partial_x]\mid_{u=u_1}\phi_x\\&=K'[u]\mid_{u=u_1}\phi_x\\&=K'[u_1]\phi_x\end{aligned}$$

表明 $\sigma=\phi_x$ 为方程(30)的非古典对称.

注　利用这些变换我们可以获得方程(30)的很多形式的精确解，包括孤波解、有理解、类 Dromion 解及其他形式的解.

第 6 章 用 Gardner-Green-Kruskal-Miula 方法求解逆散射变换

在一系列惊人而又卓越的发现中，Gardner、Green、Kruskal 和 Miula(简记为 GGKM) 发展了一种求解 KdV 方程的方法，这种方法后来经过种种推广，已成为大家都知道的逆散射变换法(又称谱变换，也称散射反演变换).

本章的主要部分用来描述 GGKM 方法和有关结果(6.1 节 ~ 6.6 节). 我们按照 GGKM 的原始论文来叙述，只是为了数学推理上的严密性，作了一些不大的修改和补充的研究. 在 6.7 节中导出了一个属于 Lax(1967) 的重要结果. 最后一节讲述关于任意初始条件下 KdV 方程的

解在时间很长时的行为的一些最新结果.

GGKM 方法的出发点是以满足 KdV 方程

$$u_t - 6uu_x + u_{xxx} = 0, x \in (-\infty, +\infty), t \geqslant 0 \tag{1}$$

的函数 $u(x,t)$ 来作为 Schrödinger 方程

$$v_{xx} - \{u(x,t) - \lambda\}v = 0, x \in (-\infty, +\infty) \tag{2}$$

中的位势.

6.1　直线上的 Schrödinger 方程的散射问题

本节概述一下有关分析的主要结果，这些结果将在本章中用作分析工具. 我们在本节中，为了书写上的简洁，排除位势与时间的依赖关系，而认为

$$v_{xx} - \{u(x) - \lambda\}v = 0, x \in (-\infty, +\infty) \tag{3}$$

并假定位势满足条件

$$\int_{-\infty}^{+\infty} | u(x) || x |^k \mathrm{d}x < +\infty, k = 0, 1, 2 \tag{4}$$

然后我们寻找合适的 λ 值（称为特征值），使得方程(3) 在 $|x| \to +\infty$ 时存在有界的解 $v(x)$. 所有特征值的集合称为对应于给定位势 $u(x)$ 的谱，我们有如下结果：

对每个满足式(4) 的位势，都存在有限个（可能是零个）离散的简单特征值

$$\lambda = \lambda_n = -k_n^2, k_n \in \mathfrak{R}_+ \tag{5}$$

它们使对应的特征函数 $\psi_n(x)$ 属于 $L^2(\mathfrak{R})$ 空间. 我们通过下式使特征函数正规化

$$\int_{-\infty}^{+\infty} \psi_n^2(x) \mathrm{d}x = 1, \psi_n(x) > 0, \text{当 } x \to +\infty \text{ 时} \tag{6}$$

当 $x \to \pm\infty$ 时，这些特征函数的行为如下

$$\begin{cases}\psi_n(x) \sim C_n \mathrm{e}_n^{-k_n x}, \text{当} x \to +\infty \text{时} \\ \psi_n(x) \sim \widetilde{C}_n \mathrm{e}^{k_n x}, \text{当} x \to -\infty \text{时}\end{cases} \tag{7}$$

于是可定义正规化系数

$$C_n = \lim_{x \to +\infty} \mathrm{e}^{k_n x} \psi_n(x) \tag{8}$$

对于

$$\lambda = k^2, \forall k \in \Re, k \neq 0 \tag{9}$$

当 $|x| \to +\infty$ 时，Schrödinger 方程也存在有界的解. 将这些解记为 $\psi_k(x)$，当 $x \to \mp\infty$ 时，它们的行为如同 $\mathrm{e}^{-\mathrm{i}kx}$ 和 $\mathrm{e}^{+\mathrm{i}kx}$ 的线性组合. 我们用下面的正规化条件来定义解 $\psi_k(x)$

$$\begin{cases}\psi_k(x) \sim \mathrm{e}^{-\mathrm{i}kx} + b(k)\mathrm{e}^{\mathrm{i}kx}, \text{当} x \to +\infty \text{时} \\ a(k)\mathrm{e}^{-\mathrm{i}kx}, \text{当} x \to -\infty \text{时}\end{cases} \tag{10}$$

其中 $a(k)$ 称为透射系数，$b(k)$ 称为反射系数，它们由守恒律联系起来

$$|a|^2 + |b|^2 = 1 \tag{11}$$

我们还可以用与上面不同的方法对函数 ψ_n 和 ψ_k 进行正规化. 一般说来，使用这种或那种正规化主要根据各人的爱好，有时则是为了方便.

Schrödinger 方程的谱，连同系数 C_n，$a(k)$，$b(k)$，称为给定位势 $u(x)$ 的散射量.

下面我们转到逆散射问题，其中包括怎样从散射量来确定位势 $u(x)$ 的问题.

将函数 $B(\zeta)$ 定义为

$$B(\zeta) = \sum_{n=1}^{N} C_n^2 \mathrm{e}^{-k_n \zeta} + \frac{1}{2\pi}\int_{-\infty}^{+\infty} b(k)\mathrm{e}^{\mathrm{i}k\zeta}\,\mathrm{d}k \tag{12}$$

其中 N 是离散特征值的数目. 如果没有离散特征值，式(12) 右边第一项就不出现. 我们进而定义函数 $K(x,y)$ 为积分方程($y > x$)

$$K(x,y)+B(x+y)+\int_{x}^{+\infty}B(z+y)K(x,z)\mathrm{d}z=0 \tag{13}$$

的解，于是有

$$u(x)=-2\frac{\mathrm{d}}{\mathrm{d}x}K(x,x) \tag{14}$$

积分方程(13) 通常称为(Gelfand-Levitan)(盖尔方德－莱维坦) 方程.

6.2　位势满足 KdV 方程时谱的不变性

现在设函数 $u(x,t)$ 满足

$$\begin{cases}u_t-6uu_x+u_{xxx}=0,x\in(-\infty,+\infty),t\geqslant 0\\ u(x,0)=u_0(x)\end{cases} \tag{15}$$

考虑单参数的 Schrödinger 方程族

$$v_{xx}-\{u(x,t)-\lambda\}v=0,x\in(-\infty,+\infty) \tag{16}$$

因为 $u(x,0)$ 是给定函数，所以 $t=0$ 时的散射量是可以计算的.我们将利用 $u(x,t)$ 满足 KdV 方程这唯一已知事实来研究散射量在 $t>0$ 时的演化情况.

关于谱的基本结果如下：

定理 6.1　设 $u(x,t)$ 是 KdV 方程的解，它满足条件(4)，并且使得 $\frac{\partial^p u(x,t)}{\partial x^p}$ 在 $p=1,2,3$ 而 $|x|\to+\infty$ 时有界. 那么 Schrödinger 方程的对应谱不随时间变动.

已知 $u(x,t)$ 满足条件(4) 这一事实时，就谱中 $\lambda=k^2$ 的连续部分证明上述定理是容易的. 因此，我们下面讨论谱的离散部分.

设 $\lambda=-k_n^2$ 是 $t=0$ 时的孤立离散简单特征值. 因为位势 $u(x,t)$ 是参数 t 的连续可微函数,可以推断出存在离散特征值 $\lambda=\lambda(t)$ 的一个连续族,而且 $\lambda(0)=-k_n^2$,同时 $\lambda(t)$ 是可微的.

设按照式(6) 正规化的对应特征函数族为 $\psi(x,t)$,我们有

$$\psi_{xx}-\{u(x,t)-\lambda(t)\}\psi=0 \tag{17}$$

其中 $\psi(x,t)$ 对于 t 是连续可微的.

通过以上准备,我们可以得到一个在 GGKM 分析中起着重要作用的结果:

引理 6.1 设位势 $u(x,t)$ 满足 KdV 方程,并设 $\lambda=\lambda(t)$ 是一族孤立特征值,它的对应特征函数是 $\psi(x,t)$. 于是有下面的关系

$$\left[\frac{\partial^2}{\partial x^2}-(u-\lambda)\right]M=-\lambda_t\psi$$

其中

$$M=\psi_t-2(u+2\lambda)\psi_x+u_x\psi$$

引理的证明主要是通过公式的代入和整理. 我们现在列出主要步骤.

将 Schrödinger 方程对 t 微分,得

$$\left[\frac{\partial^2}{\partial x^2}-(u-\lambda)\right]\psi_t=(u_t-\lambda_t)\psi \tag{18}$$

利用 KdV 方程消去 u_t,得

$$\left[\frac{\partial^2}{\partial x^2}-(u-\lambda)\right]\psi_t-(6uu_x-u_{xxx})\psi+\lambda_t\psi=0 \tag{19}$$

我们现在可将 $u_{xxx}\psi$ 表示为

$$u_{xxx}\psi = \frac{\partial^2}{\partial x^2}u_x\psi - u_x\psi_{xx} - 2u_{xx}\psi_x \tag{20}$$

再利用 Schrödinger 方程，得

$$u_{xxx}\psi = \left[\frac{\partial^2}{\partial x^2} - (u-\lambda)\right]u_x - 2u_{xx}\psi_x \tag{21}$$

于是我们有

$$\left[\frac{\partial^2}{\partial x^2} - (u-\lambda)\right](\psi_t + u_x\psi) - 2(3uu_x\psi + u_{xx}\psi_x) + \lambda_t\psi = 0 \tag{22}$$

最后一步是要证明

$$3uu_x\psi + u_{xx}\psi_x = \left[\frac{\partial^2}{\partial x^2} - (u-\lambda)\right](u+2\lambda)\psi_x \tag{23}$$

这个工作留给读者作为一个练习.

现在我们证明定理 6.1. 将引理 6.1 中的关系式乘上 ψ，即有

$$-\lambda_t\psi^2 = \psi\frac{\partial^2}{\partial x^2}M - (u-\lambda)\psi M \tag{24}$$

然后利用 Schrödinger 方程，得

$$-\lambda_t\psi^2 = \frac{\partial}{\partial x}(\psi M_x - \psi_x M) \tag{25}$$

最后对 x 积分，得

$$-\lambda_t = [\psi M_x - \psi_x M]\Big|_{-\infty}^{+\infty} \tag{26}$$

我们现在考虑 $\psi(x,t)$ 的导数在 $|x|\to+\infty$ 时的行为. 因为函数 $\psi(x,t)$ 在 $|x|\to+\infty$ 时指数式地趋向于零，所以从 Schrödinger 方程（$u(x,t)$ 有界）可知，函数 $\psi_{xx}(x,t)$ 也指数式地趋于零. 通过半范数之间的基本插值，易证函数 $\psi_x(x,t)$ 在 $|x|\to+\infty$ 时也趋于零.

研究函数 $\psi_t(x,t)$ 在 $|x|\to+\infty$ 时的行为要稍微

困难些. 由于 ψ_t 满足方程(19),可知假定 ψ_t 含有不趋于零的项,那么这样的项将随着 $|x|\to+\infty$ 而指数式地增长. 然而这种项在函数 $\psi_t(x,t)$ 中的存在与 $\psi(x,t)$ 在 $|x|\to+\infty$ 时的行为是矛盾的. 于是可得结论: $\psi_t(x,t)$ 在 $|x|\to+\infty$ 时也趋于零.

至此,容易证明方程(26)右边的所有项在 $x\to\pm\infty$ 时都趋于零.

这就证明了只要 $u(x,t)$ 满足定理 6.1 中所述条件,$t=0$ 时的任何离散特征值 $\lambda=-k_n^2$ 对于所有 $t>0$ 仍是特征值. 最后我们还必须证明在某一 $t=t_0>0$ 时不会产生新的特征值. 假定不是这样,即在 $t=t_0$ 时存在特征值 $\lambda=-\sigma^2\neq-k_n^2, n=1,2,\cdots,N$. 那么根据前面的分析,又将有一个连续族 $\lambda=\lambda(t)$,而 $\lambda(t_0)=-\sigma^2$,并且 $\lambda(t)$ 是可微函数,$\lambda_t=0$. 然而如果要产生一个特征值的话,它一定是从最初一个引出的,这与上面给出的推理结果相矛盾.

6.3 散射量的演化

1. 特征函数的演化

引理 6.1 不仅在证明定理 6.1 时有用,而且在研究散射量的演化时,可以进一步引出有用的结果. 我们注意到当我们考虑谱的连续部分,即当 $\lambda=k^2$,并且 $\lambda_t=0$ 时,引理仍然是成立的. 事实上,只要回顾一下引理的证明,这个论断就很容易被证实. 结合这些结果,我们有:

引理 6.2　设位势 $u(x,t)$ 和定理 6.1 中所规定的一样，并设 λ 是谱中任意一点，$\psi(x,t)$ 是对应的特征函数，则由

$$M=\psi_t-2(u+2\lambda)\psi_x+u_x\psi$$

定义的函数 M 满足 Schrödinger 方程

$$\left[\frac{\partial^2}{\partial x^2}-(u-\lambda)\right]M=0$$

对 M 解这个 Schrödinger 方程，得

$$\psi_t-2(u+2\lambda)\psi_x+u_x\psi=C\psi+D\phi \tag{27}$$

其中对每一个 λ，ϕ 都是 Schrödinger 方程的与特征函数 ψ 线性无关的解. C 和 D 在这里是任意常数.

现在我们来证明 $D=0$. 对离散谱 $\lambda=-k_n^2$，推理是初等的：任何满足 Schrödinger 方程并且与特征函数 ψ_n 线性无关的函数 ϕ，都将包含在 $x\to+\infty$ 时的行为如同 $e^{k_n x}$，在 $x\to-\infty$ 时的行为如同 $e^{-k_n x}$ 的一些项，而方程(27)左边所有项则在 $|x|\to+\infty$ 时都趋于零. 因此，必然 $D=0$.

对于谱的连续部分 $\lambda=k^2$，证明就复杂了点. 我们考虑方程(27)在 $x\to-\infty$ 时的情况. 这时 $\psi(x,t)$ 的行为如同 e^{-ikx}，函数 $\psi_x(x,t)$ 也是如此. 要研究函数 $\psi_t(x,t)$ 的行为，可用与 6.2 节中就对应于离散谱的特征函数所述方法相类似的一种方法来进行. 于是我们将发现 $\psi_t(x,t)$ 在 $x\to-\infty$ 时的行为也同 e^{-ikx} 一样.

这样，Schrödinger 方程在 $\lambda=k^2$ 时的一个与方程(10)所定义的特征函数线性无关的解，在 $|x|\to+\infty$ 时将有如下行为

$$\phi\sim\begin{cases}\tilde{a}(k)e^{+ikx}, & \text{当 } x\to+\infty \text{ 时}\\ e^{ikx}+\tilde{b}(k)e^{-ikx}, & \text{当 } x\to-\infty \text{ 时}\end{cases} \tag{28}$$

比较方程(27)左右两边在 $x \to -\infty$ 时的行为，我们得出 $D=0$.

因此我们已证得，如果 λ 是谱中任一点，那么对应的特征函数就满足

$$\psi_t = 2(u + 2\lambda)\psi_x + (C - u_x)\psi \tag{29}$$

上述方程可以看作特征函数的演化方程，常数 C 尚未确定. 我们将发现 C 对于谱的连续部分和离散部分的取值是不同的.

在下面两个小节中，我们假定当 $|x| \to +\infty$ 时，$u(x,t)$ 和 $u_x(x,t)$ 在任何紧时间区间上对 t 而言一致地趋于零.

2. 正规化系数 $C_n(t)$ 的演化

设 $\lambda = -k_n^2$ 是离散谱中的一点. 特征函数由下式正规化

$$\int_{-\infty}^{+\infty} \psi^2 \, \mathrm{d}x = 1 \tag{30}$$

这一要求将可确定特征函数的演化方程(29)中的系数 C，我们将方程(29)乘上函数 ψ，并对 x 积分. 于是有

$$\begin{aligned} &\frac{1}{2} \frac{\mathrm{d}}{\mathrm{d}t} \int_{-\infty}^{+\infty} \psi^2 \, \mathrm{d}x \\ &= \int_{-\infty}^{+\infty} [2(u + 2\lambda)\psi\psi_x - u_x \psi^2] \, \mathrm{d}x + C \int_{-\infty}^{+\infty} \psi^2 \, \mathrm{d}x \end{aligned} \tag{31}$$

由此可以证明

$$\int_{-\infty}^{+\infty} [2(u + 2\lambda)\psi\psi_x - u_x \psi^2] \, \mathrm{d}x = 0 \tag{32}$$

这是一个有趣的练习，我们把它留给读者.

利用方程(30),可得

$$C=0 \tag{33}$$

这样,对应于离散特征值 $\lambda=-k_n^2$ 的一个特征函数的演化方程就完全确定了,它是

$$\psi_t=2(u-2k_n^2)\psi_x-u_x\psi \tag{34}$$

为了研究 $x\to+\infty$ 时的行为,我们引进函数

$$w(x,t)=\mathrm{e}^{k_n x}\psi(x,t) \tag{35}$$

已知

$$\lim_{x\to+\infty} w(x,t)=C_n(t) \tag{36}$$

而且

$$\lim_{x\to+\infty} w_x(x,t)=0 \tag{37}$$

极限(36)和(37)在位势 $u(x,t)$ 满足基本条件(4)的任何紧区间内对 t 而言是一致的.

将方程(35)中的 $w(x,t)$ 引进演化方程(33),得

$$w_t=4k_n^2w+2(u-2k_n^2)w_x-(2k_nu+u_x)w \tag{38}$$

进而由初等的"常数变量法"(即变动参数法),我们可得出

$$w(x,t)=w(x,0)\mathrm{e}^{4k_n^2t}+\int_0^t\mathrm{e}^{4k_n^2(t-t')}\{2[u(x,t')-2k^2]w_x(x,t')-[2k_nu(x,t')+u_x(x,t')]w(x,t')\}\mathrm{d}t' \tag{39}$$

当 $x\to+\infty$ 时,上式积分号后面大括号中的表达式对 t 而言一致地趋于零.因此,将方程(39)两边取极限,我们可以交换积分和极限过程,得到

$$\lim_{x\to+\infty} w(x,t)=C_n(t)=\lim_{x\to+\infty} w(x,0)\mathrm{e}^{4k_n^2t}=C_n(0)\mathrm{e}^{4k_n^2k} \tag{40}$$

由此,我们建立了:

定理 6.2 设位势 $u(x,t)$ 满足定理 6.1 的条件，并且

$$\lim_{|x|\to+\infty} u(x,t)=\lim_{|x|\to+\infty} u_x(x,t)=0$$

在任何紧时间区间上对 t 而言一致地成立. 又设 $\lambda=-k_n^2$ 是任何离散特征值，对应的特征函数 $\psi(x,t)$ 由

$$\int_{-\infty}^{+\infty}\psi^2(x,t)\mathrm{d}x=1$$

正规化. 那么由

$$C_n(t)=\lim_{x\to+\infty} \mathrm{e}^{k_n x}\psi(x,t)$$

定义的正规化系数 $C_n(t)$ 可从下式得到

$$C_n(t)=C_n(0)\mathrm{e}^{4k_n^2 t}$$

3. 反射系数 $b(k,t)$ 的演化

现在我们考虑 $\lambda=k^2$. 对应特征函数 $\psi(x,t)$ 的演化由下式描述

$$\psi_t=2(u+2k^2)\psi_x+(C-u_x)\psi \tag{41}$$

$x\to+\infty$ 时的行为的分析比在上一节中要复杂一点. 因此，我们先通过简单的、启发式的但不算严格的论证来得出正确的结果，然后再对结果进行证明.

当 $x\to+\infty$ 时，我们用方程

$$\psi_t\approx 4k^2\psi_x+C\psi \tag{42}$$

来逼近方程(41). 接着，用 $\psi(x,t)$ 的渐近行为

$$\begin{cases}\psi_t\approx b_t\mathrm{e}^{\mathrm{i}kx}\\ \psi_x\approx \dfrac{\partial}{\partial x}[\mathrm{e}^{-\mathrm{i}kx}+b\mathrm{e}^{\mathrm{i}kx}]\end{cases} \tag{43}$$

代入式(42)，得

$$b_t\mathrm{e}^{\mathrm{i}kx}=(4\mathrm{i}k^3+C)b\mathrm{e}^{\mathrm{i}kx}+(-4\mathrm{i}k^3+C)\mathrm{e}^{-\mathrm{i}kx} \tag{44}$$

第一个结论是

$$C=4\mathrm{i}k^3 \tag{45}$$

从而有

$$b_t=8\mathrm{i}k^3 b \tag{46}$$

由此得

$$b(k,t)=b(k,0)\mathrm{e}^{8\mathrm{i}k^3 t} \tag{47}$$

为了用严格的分析重新得到这个结果，我们记

$$\psi(x,t)=\mathrm{e}^{-\mathrm{i}kx}w^{(1)}(x,t)+\mathrm{e}^{\mathrm{i}kx}w^{(2)}(x,t) \tag{48}$$

已知

$$\begin{cases}\lim\limits_{x\to+\infty} w^{(1)}(x,t)=1\\ \lim\limits_{x\to+\infty} w^{(2)}(x,t)=b(k,t)\end{cases} \tag{49}$$

而且

$$\lim_{x\to+\infty} w_x^{(1)}(x,t)=\lim_{x\to+\infty} w_x^{(2)}(x,t)=0 \tag{50}$$

式(49)和(50)中所有极限在位势 $u(x,t)$ 满足条件(4)的紧区间内对 t 而言都是一致的.

我们将分解式(48)引进演化方程(41)，适当整理，乘上因子 $\mathrm{e}^{\mathrm{i}kx}$，并对时间 t 积分. 这些运算的结果如下

$$\begin{aligned}&w^{(1)}(x,t)-w^{(1)}(x,0)+(4\mathrm{i}k^3-C)\int_0^t w^{(1)}\mathrm{d}t'+\\&\int_0^t[-2(u+2k^2)w_x^{(1)}+(2\mathrm{i}ku+u_x)w^{(1)}]\mathrm{d}t'\\=&-\mathrm{e}^{2\mathrm{i}kx}\{w^{(2)}(x,t)-w^{(2)}(w,0)\}-\\&(4\mathrm{i}k^3+C)\int_0^t w^{(2)}\mathrm{d}t'+\\&\int_0^t[-2(u+2k^2)w_x^{(2)}+\\&(-2\mathrm{i}ku+u_x)w^{(2)}]\mathrm{d}t'\}\end{aligned}$$

我们注意到，当 $x\to+\infty$ 时上式左边的极限存在. 但是右边的极限一般是不存在的，除非大括号里面部

分的极限(这个极限是存在的)是零.

取极限,并与上节相似地论证,我们得到

$$\lim_{x\to+\infty}\{w^{(1)}(x,t)-w^{(1)}(x,0)+$$

$$(4\mathrm{i}k^3-C)\int_0^t w^{(1)}\mathrm{d}t'\}=0 \tag{51}$$

$$\lim_{x\to+\infty}\{w^{(2)}(x,t)-w^{(2)}(x,0)-$$

$$(4\mathrm{i}k^3+C)\int_0^t w^{(2)}\mathrm{d}t'\}=0 \tag{52}$$

从方程(51),并利用(49)的第一式,得

$$4\mathrm{i}k^3-C=0 \tag{53}$$

从方程(52),并利用(49)的第二式,得

$$b(k,t)=b(k,0)+8\mathrm{i}k^3\int_0^t b(k,t')\mathrm{d}t \tag{54}$$

这个方程等价于从启发式论证得到的微分方程(46).

于是我们建立了:

定理 6.3 设位势 $u(x,t)$ 满足定理 6.2 的条件,并设 $\lambda=k^2$ 是连续谱中任一点,则反射系数 $b(k,t)$ 由下式给出

$$b(k,t)=b(k,0)\mathrm{e}^{8\mathrm{i}k^2t}$$

6.4 关于逆散射变换求解法的总结和讨论

汇集前面几节的主要结果(暂时略去各项条件,稍后再来讨论),可得如下的数学结构:

我们考察确定 KdV 方程

$$u_t-6uu_x+u_{xxx}=0, x\in(-\infty,+\infty), t\geqslant 0 \tag{55}$$

的解 $u(x,t)$ 的问题,$u(x,t)$ 具有给定的初值

$$u(x,0)=u_0(x) \tag{56}$$

与此相关,考察 Schrödinger 方程

$$v_{xx}-\{u(x,t)-\lambda\}v=0, x\in(-\infty,+\infty) \tag{57}$$

当 $t=0$ 时,我们可以计算方程的谱,它由有限个(可能是零个)离散特征值 $\lambda=-k_n^2$ 和一个连续部分 $\lambda=k^2$ 组成.我们还可以进一步计算正规化系数 $C_n(0)$ 和反射系数 $b(k,0)$,这些系数的定义见 6.1 节.

根据定理 6.1,谱对时间不变,而由定理 6.2 和 6.3,可得 $C_n(t)$ 和 $b(k,t)$ 的演化规律如下

$$\begin{cases}C_n(t)=C_n(0)\mathrm{e}^{4k_n^2t}\\ b(k,t)=b(k,0)\mathrm{e}^{8ik^2t}\end{cases} \tag{58}$$

从任何 $t>0$ 时的散射量,通过解逆散射问题,可以重新获得 Schrödinger 方程的位势.为了这一目的,我们引进函数

$$B(\zeta;t)=\sum_{n=1}^{N}C_n^2(t)\mathrm{e}^{-k_n\zeta}+\frac{1}{2\pi}\int_{-\infty}^{+\infty}b(k,t)\mathrm{e}^{ik\zeta}\mathrm{d}k \tag{59}$$

和 Gelfand-Levitan 积分方程

$$K(x,y;t)+B(x+y;t)+\int_x^{+\infty}B(z+y;t)K(x,z;t)\mathrm{d}z=0 \tag{60}$$

在这个方程中,x 和 t 是参数.

由公式

$$u(x,t)=-2\frac{\partial}{\partial x}K(x,x;t) \tag{61}$$

我们即得 KdV 方程初值问题的解.

我们注意到,通过这一方法,原来属于非线性偏微分方程(55)的问题被转变成了解一个一维线性积

分方程的问题.

概括如上的 Gardner-Green-Kruskal-Miula 的求解步骤,和源于 GGKM 的发现的进一步发展,通常称为逆散射变换法.

现在我们总结一下在前述分析的各个步骤中引进的条件.

关于散射问题的理论,根据条件(4) 我们要求

$$\int_{-\infty}^{+\infty} |x|^k |u(x,t)| \mathrm{d}x < 0, k=0,1,2$$

关于谱的不变性,我们要求这样的条件:对于 $p=1,2,3$,都有

$$\frac{\partial^p u(x,t)}{\partial x^p}$$

在 $|x| \to +\infty$ 时有界.

最后,关于与 $C_n(t)$ 和 $b(k,t)$ 的演化有关的结果,我们要求当 $|x| \to +\infty$ 时

$$u(x,t), u_x(x,t)$$

在任何紧时间区间上对 t 而言一致地趋于零.

因此,这个理论在解 $u(x,t)$ 满足上述条件的时间区间 $t \in [0,T]$ 内是一致的. 但是我们可以对初值 $u_0(x)$ 加上一些合适的衰减条件,来先验地保证这种一致. 这是 Choen 的说法. 我们引用他的下列结论.

假定 $u_0(x)$ 在 $\mathfrak{R}$ 空间上三次连续可微,并具有分段连续的四阶导数. 同时假定当 $|x| \to +\infty$ 时

$$\frac{\mathrm{d}^j u_0}{\mathrm{d}x^j} = O(|x|^{-\alpha}), j \leqslant 4 \qquad (62)$$

其中 $\alpha > \gamma$,γ 是即将在后面定值的一个数.

设当 y 是任何正数时,符号$[y]$表示严格小于 y 的最大整数,而$[0]=0$.

于是当 $|x|\to+\infty$，而 t 在正轴上任何紧区间内时，我们有下面的估计

$$\frac{\partial^j u(x,t)}{\partial x^j}=O(|x|^{\sigma}),\text{当 } j\leqslant 2[\alpha]-\gamma \text{ 时} \quad (63)$$

其中

$$\sigma=\frac{1}{2}j+\frac{1}{2}\gamma-[\alpha] \quad (64)$$

数 γ 一般可取作 8. 例外时必须取 $\gamma=10$. 这个例外是指具有位势 $u_0(x)$ 的 Schrödinger 方程在 $\lambda=0$ 时有一个非平凡有界解的情况.

从上述估计可以清楚地看到，只要将 α 取得足够大，就能够保证这个理论在任意紧时间区间上的一致性. 当然，如果 $u_0(x)$ 在 $|x|\to+\infty$ 时指数式地衰减，或者它是一个具有紧支集的函数，同样不必担心这个理论的一致性.

6.5　纯 N－孤立子解

假设确定 KdV 方程初始条件的函数 $u_0(x)$ 使得反射系数 $b(k,0)$ 为零，则从定理 6.3 知，反射系数 $b(k,t)$ 在一切时刻都等于零，而且 Gelfand-Levitan 积分方程变成具有退化核的方程. 在讨论这种情况下的解之前，我们确信存在着一些无反射位势 $u_0(x)$ 的大族.

最简单的例子是 KdV 方程的孤立波解. 我们来看下式

$$u(x,t)=U(x-ct)=-\frac{1}{2}c\operatorname{sech}^2\left[\frac{1}{2}\sqrt{c}(x-ct+x_0)\right] \tag{65}$$

沿 x 轴作一简单平移后，得 KdV 方程的初始条件

$$u_0(x)=-\frac{1}{2}c\operatorname{sech}^2\left[\frac{1}{2}\sqrt{c}x\right] \tag{66}$$

从而得 Schrödinger 方程

$$\frac{\mathrm{d}^2 v}{\mathrm{d}x^2}+\left\{\frac{1}{2}c\operatorname{sech}^2\left(\frac{1}{2}\sqrt{c}x\right)+\lambda\right\}v=0 \tag{67}$$

用变换

$$\bar{x}=\frac{1}{2}\sqrt{c}x \tag{68}$$

消掉自由参数 c（孤立波的速度），得

$$\frac{\mathrm{d}^2 v}{\mathrm{d}x^2}+\{2\operatorname{sech}^2\bar{x}+\bar{\lambda}\}v=0 \tag{69}$$

其中
$$\bar{\lambda}=\frac{4}{c}\lambda$$

方程(69)可以借助于超几何函数来进行分析.

方程(69)只有一个离散特征值

$$\bar{\lambda}=-1 \tag{70}$$

这时反射系数是零.

回到方程(67)，我们看到当 $c\in(0,+\infty)$ 时有一个单参数的无反射位势族，它的对应离散特征值是

$$\lambda=\lambda_1=-\frac{c}{4} \tag{71}$$

现在，我们利用 Davett（戴夫特）和 Trubowitz（特鲁博维茨）的结果，将无反射位势族迅速扩展. 这个结果可按我们的目的重新表述如下：

引理 6.3 （增加一个离散特征值）设函数 $q_N(x)$ 使 Schrödinger 方程

$$\frac{\mathrm{d}^2 v}{\mathrm{d}x^2}-(q_N-\lambda)v=0$$

有 N 个离散特征值

$$\lambda=-k_n^2, n=1,\cdots,N$$

$$k_{n+1}>k_n>0, \text{对一切 } n \text{ 成立}$$

又设 β 是满足

$$\beta>k_N>0$$

的任何数. 对于任何这样的 β，可以构造函数 $q_{N+1}(x)$，使

$$\frac{\mathrm{d}^2 v}{\mathrm{d}x^2}-(q_{N+1}-\lambda)v=0$$

有 $N+1$ 个离散特征值

$$\lambda=\lambda_n=-k_n^2, n=1,\cdots,N$$

$$\lambda_{N+1}=-\beta^2$$

而且，如果与 q_N 相关的反射系数是零，那么与 q_{N+1} 相关的反射系数也是零.

Davett 和 Trubowitz 所给出的证明是构造性的. 由此得：

推论　给定任何有限负数集，可以构造 Schrödinger 方程的一个无反射位势，而以这些数为离散特征值.

现在我们来讨论反射系数等于零的 Gelfand-Levitan 方程. 根据方程(59)，(60) 和(61)，并且为了记号简洁而不考虑与时间的关系，我们有

$$K(x,y)+\sum_{n=1}^{N}C_n^2\mathrm{e}^{-k_n(x+y)}+\int_x^{+\infty}\sum_{n=1}^{N}C_n^2\mathrm{e}^{-k_n(z+y)}K(x,z)\mathrm{d}z=0 \tag{72}$$

$$u(x)=-2\frac{\mathrm{d}}{\mathrm{d}x}K(x,x) \tag{73}$$

方程(72)可以写作

$$K(x,y)+\sum_{n=1}^{N}C_n^2\mathrm{e}^{-k_n y}\{\mathrm{e}^{-k_n x}+\phi_n(x)\}=0 \tag{74}$$

其中

$$\phi_n(x)=\int_x^{+\infty}\mathrm{e}^{-k_n z}K(x,z)\mathrm{d}z$$

将方程(74)乘上 $\mathrm{e}^{-k_n y}$ 并进行积分，得到在 $m=1, 2,\cdots,N$ 时成立的下式

$$\phi_m(x)+\sum_{n=1}^{N}C_n^2\frac{1}{k_n+k_m}\mathrm{e}^{-(k_n+k_m)x}\{\mathrm{e}^{-k_n x}+\phi_n(x)\}=0 \tag{75}$$

方程(75)是关于未知函数 $\phi_1,\phi_2,\cdots,\phi_N$ 的一组 N 个线性代数方程，它可用标准方法求解. 将它的解代入式(74)，并计算式(73)，即得最后的结果. 从 GGKM 可以找到关于这个结果的一个漂亮的最终公式的证明，这个公式是

$$u=-2\frac{\partial^2}{\partial x^2}\log\{\det(\boldsymbol{I}+\boldsymbol{C})\} \tag{76}$$

其中 $\boldsymbol{I}$ 是单位矩阵，$\boldsymbol{C}$ 是由下式给出的矩阵

$$\boldsymbol{C}\equiv\left[C_m C_n\frac{1}{k_m+k_n}\mathrm{e}^{-(k_m+k_n)x}\right] \tag{77}$$

令人感兴趣的是，解在时间很长时的渐近行为，这时我们期待着孤立子会出现. 要进行这方面的分析，必须重新引入由方程(58)给出的系数 C_n 随时间的演化，并在移动坐标系

$$\bar{x}=x-ct, c>0 \tag{78}$$

中来研究解(76).

我们在下一节中，将较详细地把 $N=2$ 的情况作为一个练习来研究. 对于一般情况，我们现在概括地提一下 GGKM 经过相当复杂的分析所得到的一些结果.

记

$$u(\bar{x}+ct,t)=\bar{u}(\bar{x},t) \tag{79}$$

并考虑

$$c=4k_n^2, n=1,\cdots,N \tag{80}$$

的情况.

GGKM 证明了，对于在任何紧区间 $[-X,X]$ 内的 $\bar{x}$，有

$$\lim_{t\to+\infty}\bar{u}(\bar{x},t)=-2k_n^2\operatorname{sech}^2[k_n(\bar{x}-\xi_p)] \tag{81}$$

其中 ξ_p 是一个可以明确计算的数. 而且当

$$c\neq 4k_n^2, n=1,\cdots,N \tag{82}$$

时，有

$$\lim_{t\to+\infty}\bar{u}(\bar{x},t)=0 \tag{83}$$

因此，一个使得 Schrödinger 方程有 N 个离散特征值 $-k_1^2,-k_2^2,\cdots,-k_n^2$ 的无反射位势，在 $t\to+\infty$ 时将出现 N 个孤立子，孤立子的速度是

$$c=4k_n^2$$

同样，考查由式(76)给出的 $u(x,t)$ 在 $t\to-\infty$ 时的行为，GGKM 发现当 $c=4k_n^2$ 时有

$$\lim_{t\to-\infty}\bar{u}(\bar{x},t)=-2k_n^2\operatorname{sech}^2 k_n^2(\bar{x}-\bar{\xi}_p) \tag{84}$$

其中 $\bar{\xi}_p$ 又是可明确计算的数.

当 $c\neq 4k_n^2$ 时，有

$$\lim_{t\to-\infty}\bar{u}(\bar{x},y)=0 \tag{85}$$

这个结果充分证实了 Zabusky 和 Kruskal 的观察：

N-孤立子在很大的负值时刻作为 N 个孤立波开始出发. 随着时间在正方向行进,N-孤立子经受相互碰撞;当时间行进到很大的正值时,它们又重新出现了,并且没有改变形状. 碰撞的结果仅仅是移动了位置.

我们用 GGKM 给出的一个有趣的表示式来结束本节.

引理 6.4　如果 u 是无反射位势,那么

$$u=-4\sum_{n=1}^{N}k_n\psi_n^2$$

其中 ψ_n 是对应于特征值 $\lambda=-k_n^2$ 的特征函数.

为证明这个引理,我们回到基本方程(73)、(75). 利用关系

$$\psi_n(x)=C_n\{\mathrm{e}^{-k_n x}+\phi_n(x)\} \tag{86}$$

可将这些方程用不同的形式来表达. 于是我们得到

$$u(x)=2\sum_{m=1}^{N}C_m\frac{\mathrm{d}}{\mathrm{d}x}[\mathrm{e}^{-h_m x}\psi_m(x)] \tag{87}$$

而且,根据方程(75),当 $m=1,2,\cdots,N$ 时,有

$$C_m\mathrm{e}^{-k_m x}=\psi_m(x)+C_m\mathrm{e}^{-k_m x}\cdot\sum_{n=1}^{N}\frac{C_n}{k_n+k_m}\mathrm{e}^{-k_n x}\psi_n(x) \tag{88}$$

公式(87) 可以改写为

$$\begin{cases}u=2(-A+B)\\ A=\sum_{m=1}^{N}C_m k_m\mathrm{e}^{-k_m x}\psi_m\\ B=\sum_{m=1}^{N}C_m\mathrm{e}^{-k_m x}\dfrac{\mathrm{d}\psi_m}{\mathrm{d}x}\end{cases} \tag{89}$$

将式(88) 乘上 $k_m\psi_m$ 并求和,得

$$A=\sum_{m=1}^{N}k_m\psi_m^2+\sum_{m=1}^{N}\sum_{n=1}^{N}\frac{C_nC_m}{k_n+k_m}k_m\mathrm{e}^{-(k_n+k_m)x}\psi_n\psi_m \tag{90}$$

同样，乘上$\frac{\mathrm{d}\psi_m}{\mathrm{d}x}$ 并求和，得

$$B=\sum_{m=1}^{N}\psi_m\frac{\mathrm{d}\psi_m}{\mathrm{d}x}+\sum_{m=1}^{N}\sum_{n=1}^{N}\frac{C_nC_m}{k_n+k_m}\mathrm{e}^{(k_n+k_m)x}\psi_n\frac{\mathrm{d}\psi_m}{\mathrm{d}x} \tag{91}$$

将式(88) 微分，乘上 $-\psi_m$ 并求和，我们得到另一个有趣的关系，这就是

$$A=-B+2\sum_{m=1}^{N}\sum_{n=1}^{N}\frac{C_nC_m}{k_n+k_m}\cdot k_m\mathrm{e}^{-(k_n+k_m)x}\psi_n\psi_m \tag{92}$$

利用式(92) 消去式(90) 中的二重和式，结果是

$$\frac{1}{2}(A-B)=\sum_{m=1}^{N}k_m\psi_m^2 \tag{93}$$

由此可证得引理.

注　引理 6.4 中的表示公式可以推广到具有非零反射系数的一类位势中去. 假定 $kb(k)\in L'$ 空间，我们有

$$u=-4\sum_{k=1}^{N}k_n\psi_n^2+\frac{2}{\pi\mathrm{i}}\int_{-\infty}^{+\infty}kb^*(k)\psi_k^2\mathrm{d}k \tag{94}$$

其中 $b^*(k)=b(-k)$.

6.6　纯 2- 孤立子解：一个练习

我们把

$$u_0(x)=-6\operatorname{sech}^2 x \tag{95}$$

作为 KdV 方程的初始条件来考虑. 这是一个无反射位势,具有两个离散特征值

$$\lambda_1=-1,\lambda_2=-4 \tag{96}$$

这时用逆散射变换法(GGKM) 求得的 KdV 方程的解是

$$u(x,t)=-12\frac{3+4\cosh(2x-8t)+\cosh(4x-64t)}{\{3\cosh(x-28t)+\cosh(3x-36t)\}^2} \tag{97}$$

如果没有 6.5 节的准备,稍微思考一下就从公式(97) 看出将有孤立子出现,似乎不大可能. 这就是我们为什么要提出一个明确进行渐近分析的练习的原因. 引进移动坐标

$$\bar{x}=x-ct+x_0 \tag{98}$$

并记

$$u(\bar{x}+ct-x_0,t)=\bar{u}(\bar{x},t)$$

从式(97),得

$$\bar{u}(\bar{x},t)=-12\frac{A}{B} \tag{99}$$

其中

$$\begin{cases}A=3+4\cosh[2(x-x_0)+(2c-8)t]+\\ \qquad\cosh[4(x-x_0)+(4c-64)t]\\ B=\{3\cosh[(x-x_0)+(c-28)t]+\\ \qquad\cosh[3(x-x_0)+(3c-36)t]\}^2\end{cases} \tag{100}$$

我们就一切 $c\in(0,+\infty)$ 来考查 A 和 B 在 $t\to\mp\infty$ 时的行为.

函数 A 和 B 都具有如下的结构

$$\sum\alpha_i e^{\mu_i(c)t}$$

我们在图 6.1 上已经标出 A 和 B 中对渐近分析来说是重要的那些指数. 读者应该证明,对一切 c 来说,不包括在图中的那些指数,都由图中某个指数控制着,就是说图 6.1 是进行分析的关键.

由此可知,如果 $c\neq 4$,$c\neq 16$,那么对所有 c 来说,B 中有一个指数函数控制着 A 中的一切指数函数. 因此

$$\lim_{t\to\mp\infty}\overline{u}(\overline{x},t)=0,\text{当 } c\neq 4,c\neq 16 \text{ 时} \tag{101}$$

现在取

$$c=4 \tag{102}$$

经过直接分析,得

$$\begin{aligned}\lim_{t\to+\infty}\overline{u}(\overline{x},t)&=-6\frac{\mathrm{e}^{-4(\overline{x}-x_0)}}{\left\{\frac{3}{2}\mathrm{e}^{-(\overline{x}-x_0)}+\frac{1}{2}\mathrm{e}^{-3(\overline{x}-x_0)}\right\}^2}\\&=-6\left\{\frac{3}{2}\mathrm{e}^{(\overline{x}-x_0)}+\frac{1}{2}\mathrm{e}^{-(\overline{x}-x_0)}\right\}^{-2}\end{aligned} \tag{103}$$

选取

$$x_0=\frac{1}{2}\ln 3 \tag{104}$$

我们可以重新得到孤立波的对称公式.

同样地

$$\lim_{t\to-\infty}\overline{u}(\overline{x},t)=-6\left\{\frac{3}{2}\mathrm{e}^{-(\overline{x}-x_0)}+\frac{1}{2}\mathrm{e}^{(\overline{x}-x_0)}\right\}^{-2} \tag{105}$$

它在我们选取

$$x_0=\frac{1}{2}\ln\frac{1}{3} \tag{106}$$

时变成孤立波的标准式.

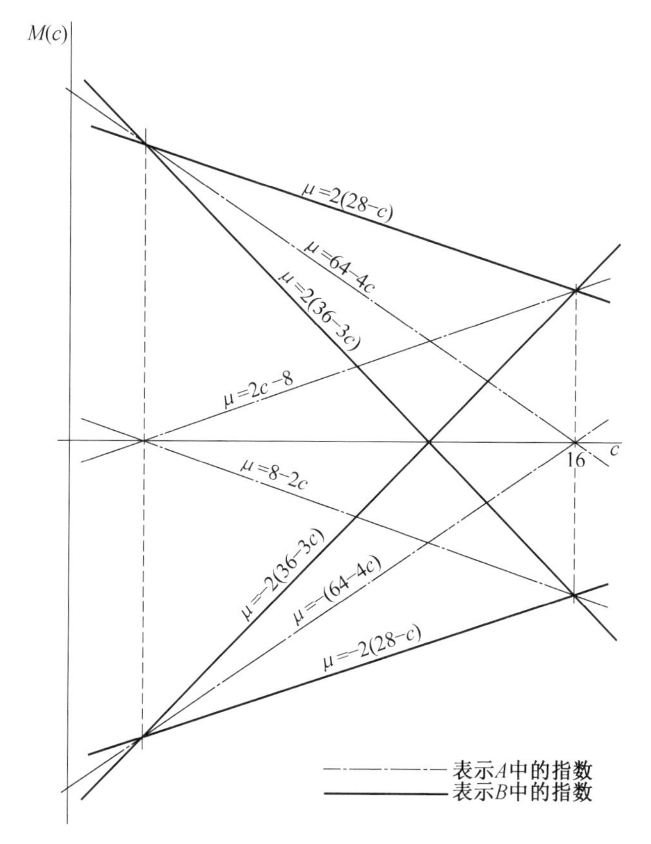

图 6.1

对于 $c=16$，重复上述分析，得

$$\lim_{t\to\mp\infty}\bar{u}(\bar{x},t)=-8\{\cosh(2\bar{x})\}^{-2} \qquad (107)$$

其中必须取

$$x_0=\begin{cases}\dfrac{1}{4}\ln\dfrac{1}{3}, \text{当 } t\to+\infty \text{ 时}\\ \dfrac{1}{4}\ln 3, \text{当 } t\to-\infty \text{ 时}\end{cases} \qquad (108)$$

从以上结果可以看到，所出现的孤立波的速度由

下式给出

$$c=-4\lambda\text{，其中 }\lambda=\lambda_1\text{，或 }\lambda=\lambda_2 \tag{109}$$

6.7　孤立子速度与特征值之间的关系

在 6.5 节和 6.6 节中，我们曾经就纯 N- 孤立子的情形，通过对显式解的分析，建立了所出现的孤立波的速度与 Schrödinger 方程离散特征值之间的一个关系. 实际上，这个关系在更一般情况下，即当 KdV 方程的解不是对应 Schrödinger 方程的无反射位势时，也是成立的. 这个结果相当重要，是 Lax 得出的. 我们把它表述如下：

定理 6.4　设 $u(x,t)$ 是 KdV 方程的一个在 $t\in[0,+\infty)$ 上一致有界并且满足定理 6.1 的条件的解. 假定存在一个数 $c>0$，使

$$\lim_{t\to+\infty} u(\bar{x}+ct-x_0,t)=U(\bar{x},c)$$

对 $|\bar{x}|\leqslant X$ 一致地成立，这里 X 是任意数，$U(\bar{x},c)$ 是 KdV 方程的一个以速度 c 行进的孤立波解. 那么必有

$$c=-4\lambda_p$$

其中 λ_p 是特征值问题

$$v_{xx}-[u(x,t)-\lambda]v=0$$

的离散特征值.

定理的注释

为了变换到移动坐标，引入

$$\bar{x}=x-ct+x_0 \tag{110}$$

并记

$$u(\bar{x}+ct-x_0,t)=U(\bar{x};c)+w(\bar{x},t) \tag{111}$$

这时 Schrödinger 方程变成

$$\frac{\partial^2 v}{\partial x^2} - \{U(\bar{x};c) + w(\bar{x},t) - \lambda\}v = 0 \quad (112)$$

另外,考察 Schrödinger 方程

$$\frac{\partial^2 v^0}{\partial \bar{x}^2} - \{u(\bar{x};c) - \lambda^0\}v^0 = 0 \quad (113)$$

我们从 6.5 节知道,有一个离散特征值

$$\lambda^0 = -\frac{1}{4}c \quad (114)$$

如果给定条件是当 $t \to +\infty$ 时 $w(\bar{x},t)$ 在整个 $\bar{x}$ 轴上一致地趋于 0,定理的证明就成了谱微扰分析中一个初等的练习.但是情况并非如此.当 $t \to +\infty$ 时,$w(\bar{x},t)$ 只有在紧区间上才趋于零,因为在 $\bar{x}$ 轴上相隔距离较长时可能产生其他孤立波,所以这种收敛性质不能扩大到整个 $\bar{x}$ 轴上.正是这样的情况,使得定理的证明不那么容易.我们将分几步来进行,每一步都有它本身的意义.

引理 6.5　考查特征值问题

$$v_{xx} - \{U(x-ct) - \lambda\}v = 0$$

其中 $U(x-ct)$ 是 KdV 方程的一个孤立波.这时 $\lambda = -\frac{1}{4}c$ 是一个特征值.$\psi = C\{-U\}^{1/2}$ 是对应的特征函数.C 是一个正规化常数.

引理 6.5 的证明　关于特征值的断言,已在 6.5 节中用关于 U 的显式和关于 Schrödinger 方程的显式结果证明了.我们还可以不用这些显式结果,来证明这个引理.

代入 $\bar{x} = x - ct$ 后,计算

$$\frac{1}{c}\psi_{\bar{x}\bar{x}} = -\frac{1}{2}\frac{U_{\bar{x}\bar{x}}}{(-U)^{1/2}} + \frac{1}{4}\frac{U_{\bar{x}}^2}{(-U)^{1/2}U} \quad (115)$$

得

$$\frac{1}{c}\psi_{\bar{x}\bar{x}}=\frac{1}{(-U)^{1/2}}\left[-U^2-\frac{1}{4}cU\right] \tag{116}$$

最后得

$$\frac{1}{c}\{\psi_{\bar{x}\bar{x}}-[U(\bar{x})-\lambda]\psi\}=(-U)^{1/2}\left(\lambda+\frac{1}{4}c\right) \tag{117}$$

显然,当 $\lambda=-\frac{1}{4}c$ 时,ψ 满足 Schrödinger 方程,从而引理得证.

为了表示上的便利,我们引进以

$$\left\{v\in L^2(\Re)\,\middle|\,\frac{\mathrm{d}^2v}{\mathrm{d}x^2}\in L^2(\Re)\right\}$$

定义的 $L^2(\Re)$ 空间中稠子集为域的算子 L_t 和 L_∞ 如下

$$L_tv=\frac{\mathrm{d}^2v}{\mathrm{d}\bar{x}^2}-[U(\bar{x})+w(\bar{x},t)]v \tag{118}$$

$$L_\infty v=\frac{\mathrm{d}^2v}{\mathrm{d}\bar{x}^2}-U(\bar{x})v \tag{119}$$

其中 $U(\bar{x})$ 仍是 KdV 方程的孤立波.我们将证明:

引理 6.6　设 $u(x,t)$ 和定理 6.4 中规定的一样,使函数

$$w(\bar{x},t)=u(\bar{x}+ct-x_0,t)-U(\bar{x})$$

对任意数 $X\in\Re_+$ 都满足

$$\lim_{t\to+\infty}w(\bar{x},t)=0,\ |\bar{x}|\in X$$

又设 ψ^0 是引理 6.5 中给出的实正规化特征函数,对应于

$$(L_\infty+\lambda^0)v=0$$

的离散特征值 λ^0.那么

$$\|(L_t+\lambda^0)\psi^0\|\leqslant\delta(t)\|\psi^0\|$$

这里 $\|\cdot\|$ 是空间 $L^2(\mathfrak{R})$ 的范数，$\delta(t)$ 是正的连续函数，它满足

$$\lim_{t\to+\infty}\delta(t)=0$$

引理 6.6 的证明

显然

$$\|(L_t+\lambda^0)\psi^0\|^2=\|w\psi^0\|^2=\int_{-\infty}^{+\infty}w^2[\psi^0]^2\mathrm{d}\bar{x} \tag{120}$$

我们记

$$\int_{-\infty}^{+\infty}w^2[\psi^0]^2\mathrm{d}\bar{x}=\int_{-X}^{X}w^2[\psi^0]^2\mathrm{d}\bar{x}+\int_{X}^{+\infty}w^2[\psi^0]^2\mathrm{d}\bar{x}+\int_{-\infty}^{-X}w^2[\psi^0]^2\mathrm{d}\bar{x} \tag{121}$$

考察上式右边的第一个积分. 由初等估计，我们有

$$\int_{-X}^{X}w^2[\psi^0]^2\mathrm{d}\bar{x}\leqslant\|\psi^0\|^2B(X,t) \tag{122}$$

其中

$$B(X,t)=\max_{\bar{x}\leqslant X}w^2(\bar{x},t) \tag{123}$$

于是得

$$\lim_{t\to+\infty}B(X,t)=0，对每一 X\in\mathfrak{R}_+.$$

根据渐近扩张定理，可知存在一个正单调函数 $X_0(t)$，满足

$$\lim_{t\to+\infty}X_0(t)=+\infty \tag{124}$$

从而使

$$\lim_{t\to+\infty}B(X_0(t),t)=0 \tag{125}$$

这样，我们可得

$$\int_{-\infty}^{+\infty}w^2[\psi^0]^2\mathrm{d}\bar{x}\leqslant B(X_0(t),t)\|\psi^0\|^2+$$

$$\int_{X_0(t)}^{+\infty} w^2 \| \psi^0 \|^2 \mathrm{d}\overline{x} +$$

$$\int_{-\infty}^{-X_0(t)} w^2 [\psi^0]^2 \mathrm{d}\overline{x} \tag{126}$$

按照由引理 6.5 得到的特征函数 ψ^0 的显式，当 $|\overline{x}|$ 充分大时，存在一个常数 A，使

$$[\psi^0]^2 \leqslant A\mathrm{e}^{-2\sqrt{\lambda^0}x} \tag{127}$$

同时，w^2 一致有界. 这些事实导致

$$\int_{-\infty}^{+\infty} w^2 [\psi^0]^2 \mathrm{d}\overline{x} \leqslant B(X_0(t), t) \| \psi^0 \|^2 + C\mathrm{e}^{-2\sqrt{\lambda^0} X_0(t)} \tag{128}$$

其中 C 是一个常数.

现在，从给定的(124)，(125) 两式和简单观察的结果

$$\| \psi_0 \|^2 = 1$$

出发，我们可以导出

$$\int_{-\infty}^{+\infty} w^2 [\psi^0]^2 \mathrm{d}\overline{x} \leqslant \delta^2(t) \| \psi^0 \|^2 \tag{129}$$

其中 $\delta(t)$ 是一个正连续单调函数，满足

$$\lim_{t \to +\infty} \delta(t) = 0 \tag{130}$$

这就证明了引理 6.6.

定理 2.7.1 **的证明**

我们需要用到谱理论中的下述基本事实：

设 L 是 Hilbert(希尔伯特) 空间内的一个稠定自伴算子. 如果 λ 不在 L 的谱中，那么就存在一个常数 K，对所有在 L 定义域中的函数 v，都满足不等式

$$\| (L + \lambda) v \| \geqslant K \| v \| \tag{131}$$

此外，存在一个常数 K 使不等式(131) 成立，是使 λ 不在 L 的谱中的充要条件.

现在考察依赖于参数 z 的算子 L_z，假定我们有上界

$$K \leqslant f(z) \tag{132}$$

其中 $f(z)$ 满足

$$\lim_{z \to z_0} f(z) = 0 \tag{133}$$

于是必然有

$$\lim_{z \to z_0} \operatorname{dist}(\lambda, S(L_z)) = 0 \tag{134}$$

其中 $S(L_z)$ 是 L_z 的谱. ($\operatorname{dist}(\lambda, S(L_z))$ 表示从 λ 到 $S(L_z)$ 的距离) 这是由于这样的事实：当 $z = z_0$ 时，从(132) 和(133) 两式可知不存在满足(131) 的正常数 K，因而当 $z = z_0$ 时 λ 必然在 L_z 的谱中.

有了这些准备之后，我们来证明定理. 假定式(114) 中给出的 λ^0 不在 L_t 的谱中. 这样就将存在一个常数 K，使得对 L_t 定义域中的一切 v，都有

$$\| (L_t + \lambda^0) v \| \geqslant K \| v \| \tag{135}$$

同时，由引理 6.6，我们有上界

$$K \leqslant \delta(t) \tag{136}$$

而 $\lim\limits_{t \to +\infty} \delta(t) = 0$. 因此

$$\lim_{t \to +\infty} \operatorname{dist}(\lambda^0, S(L_t)) = 0$$

然而从定理 6.1 可知，当 λ^0 是常数时，L_t 的谱不随时间变化. 这样，我们就遇到了一个矛盾，而必须认为 λ^0 在任何时刻都是谱中的点. 因为 $\lambda^0 = -\dfrac{1}{4}c$ 是负值，所以 λ^0 是 L_t 的一个离散特征值，于是定理 6.4 得证.

我们可以从定理 6.4 进一步导出：

推论 假定 Schrödinger 方程有一个位势 $u(x, t)$

满足 KdV 方程，并且有 N 个离散特征值，那么至多存在 N 个数 c，它们使下式在任意紧集 $|\bar{x}|<X,\forall X$ 内成立

$$\lim_{t\to+\infty} u(\bar{x}+ct-\sigma_0,t)=U(\bar{x};c)$$

换句话说，根据与 Schrödinger 方程的 N 个离散特征值相对应的任意初始条件，KdV 方程至多能出现 N 个孤立波．但是，我们至今还无法得到人们曾经期望的结论，即在任意初始条件下出现的孤立波的数目等于离散特征值的数目，如同 6.5 节所讨论的无反射位势的情况一样．

6.8　任意初始条件下孤立子的出现

现在我们讨论一般情况，即 KdV 方程的初始条件使 Schrödinger 方程具有 N 个离散特征值的情况，这里 $N\neq 0$，并且反射系数 $b(k)\neq 0$．因为 KdV 方程的孤立波向右运动，而色散波向左运动，并且振幅大的孤立波运动得快，所以人们期待在经过很长时间后会出现 N 个孤立子，每个孤立子后面跟着一条衰减的色散波尾巴，这些孤立子排成一列，最大的一个在前面．为证实这个猜想，人们进行了多种努力，直到给出完全而严格的证明．这个证明通过比较简单的抽象分析来获得，并利用大量严格而明确的计算和估计来加以补充．我们将在本节中阐述这一证法．

1．问题的表述

我们将使用一个在形式上稍有不同的

Gelfand-Levitan 方程. 在 6.1 节中曾给出方程的标准形式,将变量变换

$$y = 2y^* + x, z = 2z^* + x \tag{137}$$

引进这个标准形式,经过一些简便运算,并在最后省略变量上的星号,我们可得方程

$$\beta(y;x,t) + \Omega(x+y;t) + \int_0^{+\infty} \Omega(x+y+z;t)\beta(z;x,t)\,\mathrm{d}z = 0 \tag{138}$$

其中 $y > 0$.

$$\Omega(\xi;t) = \Omega_d(\xi;t) + \Omega_c(\xi;t) \tag{139}$$

$$\Omega_d(\xi,t) = 2\sum_{j=1}^{N} C_j^2(t)\mathrm{e}^{-2k_j\xi}, 0 < k_1 < \cdots < k_N \tag{140}$$

$$\Omega_0(\xi;t) = \frac{1}{\pi}\int_{-\infty}^{+\infty} b(k,t)\mathrm{e}^{2k_i\xi}\,\mathrm{d}k \tag{141}$$

$$b(k,t) = b_0(k)\mathrm{e}^{8ik^2t} \tag{142}$$

$$C_j(t) = C_j(0)\mathrm{e}^{4k_j^2t} \tag{143}$$

未知量 $\beta(y;x,t)$ 是变量 y 的函数;在积分方程(138)中,x 和 t 是参数. KdV 方程的解由下式给出

$$u(x,t) = -\frac{\partial}{\partial x}\beta(0^+;x,t) \tag{144}$$

我们用如下定义的参数 x,t 空间中的移动坐标

$$\bar{x} = x - 4c^2t, \forall c \in \Re_+ \tag{145}$$

来研究方程(138)的解,特别地,我们研究当时间 t 很长,$\bar{x}$ 限制在任意紧区间 $|\bar{x}| < M$,M 与 t 无关时的行为. 对于每一个 $c = k_i$,我们希望看到一个孤立子出现.

现在我们把这个问题抽象地表述如下:

设 V 是实连续函数的 Banach(巴拿赫)空间,它对 $y \in (0, +\infty)$ 有界,并以上确界作为范数.

对每一个 $g \in V$,定义如下映射

$$(T_d g)(y) = \int_0^{+\infty} \Omega_d(x+y+z;t)g(z)\mathrm{d}z \tag{146}$$

$$(T_c g)(y) = \int_0^{+\infty} \Omega_c(x+y+z;t)g(z)\mathrm{d}z \tag{147}$$

T_d 显然是 V 到 V 的映射;T_c 将在下一小节中研究.

因此我们的问题是寻找一个元素 $\beta \in V$,使得

$$(I+T_d)\beta + T_c\beta = -\Omega \tag{148}$$

$$\Omega = \Omega_d + \Omega_c \tag{149}$$

其中 I 是恒等映射.

由于方程

$$(I+T_d)\beta_d = -\Omega_d \tag{150}$$

的解 β_d 将产生 KdV 方程的纯 $N-$孤立子解,我们打算把整个问题作为纯 $N-$孤立子情况的微扰来研究.

2. Ω_c 和 T_c 的分析

我们考查

$$\Omega_c(\overline{x}+4c^2t+y;t) = \frac{1}{\pi}\int_{-\infty}^{+\infty} b_0(k)\mathrm{e}^{2ik(\overline{x}+y)}\mathrm{e}^{8itk(c^2+k^2)}\mathrm{d}k \tag{151}$$

显然,当 t 很大,$|\overline{x}| \leqslant M$ 时,Ω_c 是一个振荡积分,并且在 $t \to +\infty$ 时趋于零. 它的精确行为与 $b_0(k)$ 的行为有关,后者则由 KdV 方程的初始条件确定.

给 $b_0(k)$ 加上适当的条件,可以导出下面类型的估计

$$|\Omega_c(\overline{x}+4c^2t+y;t)| \leqslant F(y)\sigma(t) \tag{152}$$

在上式中,当 $t \to +\infty$ 时,$\sigma(t) \to 0$,并且在 $|\overline{x}| \leqslant M$ 的条件下,$F(y)$ 在正 y 轴上有界,可积.

举例来说,假定 $b_0(k)$ 在 $0 \leqslant \mathrm{Im}(k) \leqslant \varepsilon$ 内是解析

的，这里 ε 是任意小正数，并且当 $|k| \to +\infty$ 时，$b_0(k) = o(k^2)$ 在上述带状域内一致地成立. 那么

$$|\Omega_c| \leqslant \gamma e^{-2sy} e^{-\alpha t} \tag{153}$$

其中 γ 和 α 是正常数. 证明可作为复平面中的一个练习.

同样地，如果我们假定 $b_0(k)$ 可微的次数 $P \geqslant 2$，并且它连同它的导数一起满足适当的可积性和当 $|k| \to +\infty$ 时的衰减条件，那么基本上利用分部积分法，就可得式(154)类型的估计. 这时衰减因子 $\sigma(t)$ 是代数因子.

最后，可以得到关于导数$\dfrac{\partial \Omega_c}{\partial x}$的非常类似的估计，这在后面的分析中是有用的.

从结果(154)和实例(153)，我们进而研究映射 T_c. 在移动坐标中，有

$$(T_c g)(y) = \int_0^{+\infty} \Omega_c(\bar{x} + 4c^2 t + y + z; t) g(z) \mathrm{d}z \tag{154}$$

因此

$$\begin{aligned} \| T_c g \| &\leqslant \| g \| \sup_{y \in (0, +\infty)} \int_0^{+\infty} | \Omega_c(\bar{x} + 4c^2 t + y + z; t) | \mathrm{d}z \\ &\leqslant \| g \| \sigma(t) \sup_{y \in (0, +\infty)} \int_0^{+\infty} F(y + z) \mathrm{d}z \end{aligned} \tag{155}$$

于是最后得

$$\| T_c g \| \leqslant A\sigma(t) \| g \| \tag{156}$$

其中 A 是一个常数. 对于式(153)中给出的解析情况，可明显地表达为

$$\| T_c g \| \leqslant \frac{\gamma}{2\varepsilon} e^{-\alpha t} \| g \| \tag{157}$$

这样，我们证明了 T_c 是 V 到 V 的连续映射，并且当 $t\to+\infty$，$|\overline{x}|\leqslant M$ 时，T_c 的范数趋于零.

3. Gelfand-Levitan **方程的解**

我们考查

$$(I+T_d)\beta=-(\Omega+T_c\beta) \tag{158}$$

算子 $I+T_d$ 代表具有退化核的积分方程. 因此方程

$$(I+T_d)g=f,g\in V,f\in V \tag{159}$$

的解可以明确地研究. 通过线性代数方面的扩展和对 $t\to+\infty$ 时极限的分析，可证明逆算子$(I+T_d)$确实作为 V 到 V 的映射而存在，并且在 $|\overline{x}|\leqslant M$ 的条件下，当 $t\to+\infty$ 时，逆算子一致有界.

为符号简洁起见，我们记

$$(I+T_d)^{-1}=S \tag{160}$$

于是有

$$\|S\|\leqslant a,\text{当 } t\in(0,+\infty),|\overline{x}|\leqslant M \text{ 时} \tag{161}$$

这样，我们可以"倒转"(158)，得到方程

$$\beta=-S\Omega-ST_c\beta \tag{162}$$

现在来考察由下式定义的映射 $\widetilde{T}$

$$\widetilde{T}g=f-ST_cg,f,g\in V \tag{163}$$

从(161)和(163)两项结果，我们有

$$\|ST_c\|\leqslant\|S\|\cdot\|T_c\|\leqslant Aa\sigma(t) \tag{164}$$

因此，对足够大的 t，我们有 $\|ST_c\|<1$，同时 $\widetilde{T}$ 是 Banach 空间 V 中的收缩映射. 由此可知方程

$$g=f-ST_cg,f,g\in V \tag{165}$$

存在唯一解 g. 并且我们容易得到解的估计如下

$$\begin{aligned}\| g \| &\leqslant \| f \| + \| ST_c g \| \\ &\leqslant \| f \| + \| ST_c \| \cdot \| g \| \end{aligned} \tag{166}$$

从而有

$$\| g \| \leqslant \frac{1}{1 - \| ST_c \|} \cdot \| f \| \tag{167}$$

4. 解的分解和估计

我们记

$$\beta = \beta_d + \beta_c \tag{168}$$

其中

$$\beta_d = -S\Omega_d \tag{169}$$

由于 $\beta_d(y;\bar{x}+4c^2t,t)$ 对于 $t \in [0,+\infty)$，$|\bar{x}| \leqslant M$，$y \in (0,+\infty)$ 一致有界. 我们已知通过公式

$$\bar{v}_d(\bar{x},t) = -\frac{\partial}{\partial x}\beta_d(0^+;\bar{x}+4c^2t,t) \tag{170}$$

β_d 产生 KdV 方程的纯 N- 孤立子解. 将分解式(168)引入(162)，我们有方程

$$\beta_c + ST_c\beta_c = -S\Omega_c - ST_c\beta_d \tag{171}$$

根据前一小节的分析，可知存在唯一解 β_c.

我们对解进行估计如下

$$\begin{aligned}\| \beta_c \| \leqslant \| ST_c \| \cdot \| \beta_c \| + \| S \| \cdot \| \Omega_c \| + \\ \| ST_c \| \cdot \| \beta_d \| \end{aligned} \tag{172}$$

利用(152)，(161) 和(164) 三式，得

$$\| \beta_c \| \leqslant \frac{a\sigma(t)}{1 - Aa\sigma(t)}\{b + A \| \beta_d \| \} \tag{173}$$

其中
$$b = \sup_{y \in (0,+\infty)} F(y)$$

我们在目前阶段的最后结果是：在任何紧区间 $|\bar{x}| \leqslant M$ 内的一切移动坐标 $\bar{x} = x - 4c^2t$，$\forall c \in \Re_+$

中，对于大的 t，都有

$$\| \beta_c \| = O(\sigma(t)) \tag{174}$$

并且在初级近似中，有

$$\beta_c = -S(\Omega_c + T_c\beta_d) + O(\sigma^2(t)) \tag{175}$$

我们记得，如果反射系数 $b_0(k)$ 在带状域 $0 \leqslant \mathrm{Im}(k) \leqslant \varepsilon, \varepsilon > 0$ 内是解析的，那么 $\sigma(t) = o(\mathrm{e}^{-\alpha t}), \alpha > 0$.

遗憾的是工作还没有结束. KdV 方程的解由下式给出

$$\overline{u}(\overline{x}, t) = \overline{u}_d(x, t) - \frac{\partial}{\partial x}\beta_c(0^+; \overline{x} + 4c^2t, t) \tag{176}$$

因此我们还需要估计 β_c 对 $\overline{x}$ 而言的导数. 为了得到这些估计，我们回到方程(171)，两边对 $\overline{x}$ 微分. 以一撇表示导数，可得

$$\begin{aligned}\beta'_c + ST_c\beta'_c = &-S\{T'_c(\beta_c + \beta_d) + \Omega'_c + T_c\beta'_d\} - \\ &S'[T_c(\beta_c + \beta_d) + \Omega_c]\end{aligned} \tag{177}$$

利用前一小节的结果，我们又可断定 β'_c 的唯一解是存在的，从而可对它进行估计. 正如第 2 小节中所提到的，估计 Ω'_c，并随即估计 T'_c，都不困难. 我们已经有了 β_c 和 β_d 的估计，同时明显的分析证明 β'_d 在 $t, y \in [0, +\infty), |\overline{x}| \leqslant M$ 时是一致有界的. 可是，估计 S' 需要用到线性代数中另一个扩展和对极限行为的分析，结果证明 S' 在 $t \to +\infty, |\overline{x}| \leqslant M$ 时一致有界.

这样我们得到了最后的结果，这个结果可概括如下：

KdV 方程的解 $u(x,t)$ 从任意初值 $u_0(x)$(当 $|x| \to +\infty$ 时，初值充分快地衰减，使整个理论得以成立) 演化而来，在移动坐标 $x = \overline{x} + 4c^2t$ 中，对任何

$c>0$ 和任意紧区间 $|\bar{x}|\leqslant M$,当 $t\to+\infty$ 时,解 $u(x,t)$ 由下式给出

$$u(\bar{x}+4c^2t,t)=\bar{u}_d(\bar{x},t)+O(\sigma(t)) \qquad (178)$$

其中 $\bar{u}_d(\bar{x},t)$ 是纯 N- 孤立子解,N 是对应于位势 $u_0(x)$ 的离散特征值数. 当 $t\to+\infty$ 时,函数 $\sigma(t)$ 趋于 0. $\sigma(t)$ 的确切行为依赖于反射系数 $b_0(k)$ 的性质. 如果 $b_0(k)$ 在带状域 $0\leqslant \mathrm{Im}(k)\leqslant\varepsilon,\varepsilon>0$ 中解析,并且当$k\to+\infty$ 时,$b_0(k)=o(k^2)$ 在上述域中一致成立,那么 $\sigma(t)$ 指数式地趋于零.

一类更广泛的 KdV 方程的整体解[①]

第 7 章

非线性色散方程的模型为 KdV 方程

$$u_t+\alpha uu_x+\beta u_{xxx}=0 \qquad (1)$$

正如 Burgers 方程

$$u_t+uu_x=vu_{xx}, v>0 \qquad (2)$$

为非线性耗散波方程的典型代表一样，它已引起人们广泛的关心和注意. 在物理上，它描述长波长的、小的但为有限振幅的色散波. 一般来说，对于一类很广泛的描写非线性波动，保持 Galileo 变换不变的方程组，正如 C. H. Su 和 C. S. Gardner 所指出，在

① 摘编自《数学学报》，1982 年 11 月第 25 卷第 6 期.

弱的非线性作用假定下，均可归结为如下的非线性微分方程

$$u_t + \alpha u u_x + \delta u_{xx} + \beta u_{xxx} = 0 \tag{3}$$

而 KdV 方程($\delta=0$) 和 Burgers 方程($\delta=-1,\beta=0$) 仅是它的一种特殊情况. 在实际物理问题中，纯色散和纯耗散总是一种极限情况. 一般来说，总是两者兼有之. 例如，在激光和等离子体的相互作用中，当等离子体波波长较短时(接近于 Debye(德拜) 长度)，朗道阻尼就不能忽略，方程(3) 就是这个问题的一种近似描述. 因此，对方程(3) 开展研究，不仅为理论上所必须，而且也具有一定的实际意义. 本章研究如下一类更广泛的 KdV 方程

$$u_t + f(u)_x = \alpha u_{xx} + \beta u_{xxx}, \alpha > 0 \tag{4}$$

及初始条件

$$u|_{t=0} = u_0(x), -\infty < x < +\infty \tag{5}$$

或周期初始条件

$$\begin{cases} u|_{t=0} = u_0(x), 0 \leqslant x \leqslant 1 \\ u(x,t) = u(x+1,t), \forall x,t \end{cases} \tag{6}$$

1928 年北京大学的郭柏灵教授证明了：(1) 若 $f(u)$ 满足条件：(i) $|f(u)| \leqslant Au^2 + B$($A,B$ 为常数) 或(ii) $f'(u) \geqslant 0, f(0)=0$，则定解问题(4) 和(5)($B=0$) 或周期初值问题(4) 和(6) 的整体解是存在、唯一的，且连接依赖于初始条件. (2) 方程(4) 的一类微分差分解、有限差分解、Galerkin(伽辽金) 有限元解的收敛性. 由此为实际数值计算提供了一些近似求解的方法. 最后，我们简单地讨论了方程(4) 某些边值问题的提法.

我们证明的方法是先建立局部近似解，然后再利

用积分估计得到整体解. 关于 KdV 方程及更为广泛的一类进化方程解的存在、唯一性已开展了许多工作. 例如,用微分差分法、有限差分法研究 KdV 方程;用加三阶黏性方法(即加扰动项 εu_{xxt})化为积分方程研究 KdV 方程;用加四阶黏性方法(即加扰动项 εu_{xxxx})研究 KdV 方程;研究 KdV 方程一类边值问题等.

7.1　解的唯一性,依初始条件的连续依赖性

我们称 Cauchy(柯西)问题(4),(5)为定解问题(Ⅰ),它的解为:未知函数 $u(x,t)$ 满足方程(4),$u(\cdot, t)\in C^2$,$u_{xxx}\in L_2$①,满足初始条件(5),$u(x,t)$ 及其各阶导数当 $|x|\to+\infty$ 时趋于零;我们称周期初值问题(4),(6)为定解问题(Ⅱ),它的解为:未知函数 $u(x,t)$ 满足方程(4),$u(\cdot,t)\in C^2$,$u_{xxx}\in L_2$,满足初始条件和周期条件(6).(由周期条件 $u(x,t)=u(x+1,t)$,$\forall x,t$ 可知,初始函数 $u_0(x)$ 应要求为在$(-\infty,+\infty)$上具有周期为 1 的函数.)我们有如下定理:

定理 7.1　设 $f(u)\in C^2$,$\alpha\geqslant 0$,β 为任意常数,则定解问题(Ⅰ),(Ⅱ)的解是唯一的.

证明　设有二个解 u,v,令 $w=u-v$,则有

$$w_t+f'(u)u_x-f'(v)v_x=\alpha w_{xx}+\beta w_{xxx}$$

因

$$f'(u)u_x-f'(v)v_x$$

① C^k 表示 k 次连续可微函数类,L_2 表示平方可积函数类.

$$=f'(u)w_x+\int_0^1 f''[\tau u+(1-\tau)v]\mathrm{d}\tau\cdot v_x\cdot w$$

故 w 满足线性方程

$$w_t+f'(u)w_x+\left[\int_0^1 f''[\tau u+(1-\tau)v]\mathrm{d}\tau\cdot v_x\right]w$$
$$=\alpha w_{xx}+\beta w_{xxx}$$

上式乘以 w，并在区域 $R\{0\leqslant t\leqslant T, a\leqslant x\leqslant b$；当为定解问题(Ⅰ)时，$(a,b)$ 为 $(-\infty,+\infty)$；当为定解问题(Ⅱ)时，$[a,b]$ 为 $[0,1]\}$ 上积分，得

$$\int_a^b\int_0^T\left\{\left(\frac{1}{2}w^2\right)_t+\left[\int_0^1 f''[\tau u+(1-\tau)v]\mathrm{d}\tau\cdot v_x-\right.\right.$$
$$\left.\left.\frac{1}{2}f''(u)u_x\right]w^2\right\}\mathrm{d}x\mathrm{d}t$$

$$=\alpha\int_a^b\int_0^T[(ww_x)_x-w_x^2]\mathrm{d}x\mathrm{d}t+$$
$$\beta\int_a^b\int_0^T\left[(ww_{xx})_x-\left(\frac{1}{2}w_x^2\right)_x\right]\mathrm{d}x\mathrm{d}t$$

于是可得

$$\int_a^b\frac{1}{2}w^2(x,T)\mathrm{d}x=\int_a^b\frac{1}{2}w^2(x,0)\mathrm{d}x-\alpha\int_a^b\int_0^T w_x^2\mathrm{d}x\mathrm{d}t+$$
$$\int_a^b\int_0^T\left[\frac{1}{2}f''(u)u_x-\right.$$
$$\left.\int_0^1 f''\mathrm{d}\tau\cdot v_x\right]w^2\mathrm{d}x\mathrm{d}t$$

记 $\max\limits_R\left|\frac{1}{2}f''(u)u_x-\int_0^1 f''[\tau u+(1-\tau)v]\mathrm{d}\tau\cdot v_x\right|=m$（$m$ 可用 $\max|u_x|$ 等先验估计的初始值估计出来，详见 7.2 节），则有

$$\int_a^b\frac{1}{2}w^2(x,T)\mathrm{d}x+\alpha\int_a^b\int_0^T w_x^2\mathrm{d}x\mathrm{d}t$$
$$\leqslant\int_a^b\frac{1}{2}w^2(x,0)\mathrm{d}x+m\int_a^b\int_0^T w^2\mathrm{d}x\mathrm{d}t\qquad(7)$$

因 $\alpha \geqslant 0$，故

$$\begin{aligned}&\int_a^b \frac{1}{2}w^2(x,T)\mathrm{d}x\\ \leqslant &\int_a^b \frac{1}{2}w^2(x,0)\mathrm{d}x + m\int_0^T\int_a^b w^2\mathrm{d}x\mathrm{d}t\\ = &m\int_0^T\int_a^b w^2\mathrm{d}x\mathrm{d}t\end{aligned}$$

所以有

$$E(T)=\int_a^b \frac{1}{2}w^2(x,T)\mathrm{d}x \leqslant E(0)c^{2mT}$$

因 $E(0)=0$，故 $E(t)\equiv 0(t\geqslant 0)$，$w\equiv 0$. 得证.

显然，由此能量不等式可得解对初始条件的连续依赖性.

定理 7.2　若满足定理 7.1 的条件，且初始条件 $u_0(x)\in L_2$，则定解问题（Ⅰ），（Ⅱ）的解依 L_2 模连续依赖于初始条件.

证明　由

$$E(T)=\int_a^b \frac{1}{2}(u-v)^2(x,T)\mathrm{d}x \leqslant E(0)\mathrm{e}^{2mT}$$

若 $E(0)\leqslant\varepsilon$，则 $E(T)\leqslant K\varepsilon(K=\mathrm{e}^{2mT})$，得证.

7.3　积分估计

我们考虑定解问题（Ⅰ）或（Ⅱ）的解 $u(x,t)$，满足(4)，(5)或(4)，(6)，对于定解问题（Ⅰ），我们要求 u 及其各阶导数（在引理、定理中用到的），当 $|x|\to+\infty$ 时趋于零，不妨设 $\beta>0$（否则，令 $x=-x'$ 即可）.

引理 7.1　设 $u_0(x)\in L_2$，$f(u)\in C^1$，则定解问

题(Ⅰ),(Ⅱ)的解有如下估计

$$\int_a^b \frac{1}{2}u^2(x,T)\mathrm{d}x + \alpha\int_0^T\int_a^b u_x^2\mathrm{d}x\mathrm{d}t$$

$$\leqslant \int_a^b \frac{1}{2}u^2(x,0)\mathrm{d}x = \int_a^b \frac{1}{2}u_0^2(x)\mathrm{d}x = E_0 \tag{8}$$

证明 式(4)乘以 $u(x,t)$,得

$$u[u_t + f(u)_x] = \alpha uu_{xx} + \beta uu_{xxx} \tag{9}$$

因

$$u[u_t + f(u)_x] = \left[\frac{1}{2}u^2\right]_t + \Phi(u)_x$$

其中

$$\Phi(u) = \int_0^n f'(u)u\mathrm{d}u$$

又因

$$\alpha uu_{xx} = \alpha[uu_x]_x - \alpha(u_x)^2$$

$$\beta uu_{xxx} = \beta\left[(uu_{xx})_x - \frac{1}{2}(u_x^2)_x\right]$$

对式(9)在区域 $R\{0\leqslant t\leqslant T, a\leqslant x\leqslant b\}$ 上积分,利用边界条件,不难得到式(8),引理得证.

定义 7.1 $\| u(t) \|_{L_\infty} = \sup\limits_x | u(x,t) |$

$$(f,g) = \int_a^b f(x,t)g(x,t)\mathrm{d}x$$

$$\| u(t) \|_{L_2}^2 = \int_a^b u^2(x,t)\mathrm{d}x$$

$$\| u \|_{L_2\times L_\infty} = \sup_{0\leqslant t\leqslant T} \| u(t) \|_{L_2}$$

$$\| u \|_{L_2\times L_2}^2 = \int_0^T\int_a^b u^2(x,t)\mathrm{d}x\mathrm{d}t$$

引理 7.2 (Sobolev(索伯列夫)不等式)给定 $\varepsilon > 0, n$,存在常数 C 依赖于 ε 和 n,使得

$$\left\|\frac{\partial^k u}{\partial x^k}\right\|_{L_\infty} \leqslant C\| u \|_{L_2} + \varepsilon\left\|\frac{\partial^n u}{\partial x^n}\right\|_{L_2}, k < n \tag{10}$$

$$\left\|\frac{\partial^k u}{\partial x^k}\right\|_{L_2} \leqslant C\|u\|_{L_2}+\varepsilon\left\|\frac{\partial^n u}{\partial x^n}\right\|_{L_2}, k \leqslant n \quad (11)$$

引理 7.3　若满足条件:(i) $|f(u)| \leqslant Au^2+B$(其中 A,B 均为正常数;对于定解问题(Ⅰ),$B=0$);(ii)$u_{0x} \in L_2$.则定解问题(Ⅰ)或(Ⅱ)的解 $u(x,t)$ 有估计

$$\|u_x\|_{L_2 \times L_\infty} \leqslant Q_1 \quad (12)$$

其中常数 Q_1 依赖于常数 α,β,A,B,T,E_0, $\|u_{0x}\|_{L_2}$, $\int_a^b\int_0^{u_0(x)} f(z)\mathrm{d}z\mathrm{d}x$.

证明　我们只对定解问题(Ⅱ)证明,定解问题(Ⅰ)可同样得到,若记

$$H \equiv u_t+f'(u)u_x-\alpha u_{xx}-\beta u_{xxx}=0$$

则从 $\beta u_x H_x+f(u)H=0$ 可得

$$\left[\frac{\beta}{2}u_x^2+\int_0^u f(u)\mathrm{d}u\right]_t+$$

$$\left[\beta f'(u)u_x^2-\beta^2 u_x u_{xxx}+\frac{\beta^2}{2}u_{xx}^2+\frac{1}{2}f^2(u)-\right.$$

$$\left.\beta f(u)u_{xx}-\alpha\beta u_x u_{xx}\right]_x+\alpha\beta u_{xx}^2-\alpha f(u)u_{xx}=0$$

(13)

在区域 $R_\tau\{0 \leqslant x \leqslant 1, 0 \leqslant t \leqslant \tau(0 \leqslant \tau \leqslant T)\}$ 上积分,可得

$$\frac{\beta}{2}\int_0^1 u_x^2(x,\tau)\mathrm{d}x+\int_0^1\int_0^{u(x,2)} f(u)\mathrm{d}u\mathrm{d}x$$

$$\leqslant \frac{\beta}{2}\int_0^1 u_x^2(x,0)\mathrm{d}x+\int_0^1\int_0^{u(x,0)} f(u)\mathrm{d}u\mathrm{d}x+$$

$$\frac{\alpha}{4\beta}\int_0^\tau\int_0^1 f^2(u)\mathrm{d}x\mathrm{d}t$$

$$\int_0^\tau\int_0^1 f^2(u)\mathrm{d}x\mathrm{d}t \leqslant A^2\int_0^\tau\int_0^1 u^4\mathrm{d}x\mathrm{d}t+$$

$$
\begin{aligned}
&2AB\int_0^{\tau}\int_0^1 u^2\,\mathrm{d}x\,\mathrm{d}t + B^2\tau \\
&\leqslant A^2\int_0^{\tau} \| u(t) \|_{L_\infty}^2 \cdot \| u(t) \|_{L_2}^2\,\mathrm{d}t + \\
&(4ABE_0 + B^2)\tau \\
&\leqslant 4A^2E_0T(C\| u \|_{L_2\times L_\infty}^2 + \\
&\varepsilon^2 \| u_x \|_{L_2\times L_\infty}^2) + (4ABE_0 + B^2)T
\end{aligned}
$$

$$
\begin{aligned}
\int_0^1\int_0^{u(x,2)} f(u)\,\mathrm{d}u\mathrm{d}x &\leqslant \int_0^1 \left[A\,\frac{|u|^3}{3} + B|u|\right]\mathrm{d}x \\
&\leqslant \frac{A}{3}[C\| u \|_{L_2\times L_\infty} + \varepsilon \| u_x \|_{L_2\times L_\infty}]\cdot \\
&\quad \| u \|_{L_2}^2 + B\| u \|_{L_2} \\
&= \frac{2}{3}AE_0[\varepsilon \| u_x \|_{L_2\times L_\infty} + \\
&\quad C\sqrt{2}\sqrt{E_0}] + \sqrt{2}B\sqrt{E_0}
\end{aligned}
$$

于是有不等式

$$
\begin{aligned}
\frac{\beta}{2}\| u_x \|_{L_2\times L_\infty}^2 \leqslant &\frac{\alpha}{\beta}A^2E_0T\varepsilon^2\| u_x \|_{L_2\times L_\infty}^2 + \\
&\frac{2}{3}AE_0\varepsilon\| u_x \|_{L_2\times L_\infty} + \\
&\frac{\beta}{2}\| u_{0x} \|_{L_2}^2 + \\
&\int_0^1\int_0^{u_0(x)} f(z)\,\mathrm{d}z\mathrm{d}x + \\
&2CAE_0^{3/2}\left(\frac{TA\alpha C}{\beta}E_0^{1/2} + \frac{\sqrt{2}}{3}\right) + \\
&\frac{\alpha}{4\beta}BT(4AE_0 + B) + \sqrt{2}B\sqrt{E_0}
\end{aligned}
$$

选取 ε 适当小，使$\frac{\beta}{2} - \frac{\alpha}{\beta}A^2E_0T\varepsilon^2 \geqslant \gamma_0 > 0$，故有

$$
\gamma_0\left(\| u_x \|_{L_2\times L_\infty} - \frac{\varepsilon}{3\gamma_0}AE_0\right)^2 \leqslant P
$$

其中

$$P=\frac{\beta}{2}\parallel u_{0x}\parallel_{L_2}^2+\frac{\varepsilon^2A^2E_0^2}{9\gamma_0}+\int_0^1\int_0^{u_0(x)}f(z)\mathrm{d}z\mathrm{d}x+$$

$$2CAE_0^{3/2}\left(\frac{TA\alpha C}{\beta}E_0^{1/2}+\frac{\sqrt{2}}{3}\right)+$$

$$\frac{\alpha}{4\beta}BT(4AE_0+B)+\sqrt{2}B\sqrt{E_0}$$

故

$$\parallel u_x\parallel_{L_2\times L_\infty}\leqslant\sqrt{\frac{P}{\gamma_0}}+\frac{\varepsilon}{3\gamma_0}AE_0=Q_1$$

引理 7.4 若满足条件：(i) $f'(u)\geqslant 0, f(0)=0$；(ii) $u_{0x}\in L_2, \int_a^b\int_0^{u_0(x)}f(z)\mathrm{d}z\mathrm{d}x<+\infty$. 则定解问题(Ⅰ)和(Ⅱ)的解 $u(x,t)$ 有估计

$$\parallel u_x(t)\parallel_{L_1}^2\leqslant\parallel u_x(0)\parallel_{L_2}^2+\frac{1}{\beta}\int_a^b\int_0^{u_0(x)}f(z)\mathrm{d}z\mathrm{d}x, t>0 \quad (14)$$

证明 因

$$(u_x,u_{tx})=-(f(u)_{xx},u_x)+\alpha(u_x,u_{xxx})+\beta(u_x,u_{xxxx})$$

$$(u_x,u_{xxx})=-(u_{xx},u_{xx})\leqslant 0$$

$$(u_x,u_{xxxx})=-(u_{xx},u_{xxx})=0$$

$$\begin{aligned}\frac{\mathrm{d}}{\mathrm{d}t}\frac{1}{\beta}\int_a^b\int_0^u f(v)\mathrm{d}v\mathrm{d}x&=\frac{1}{\beta}\int_a^b f(u)u_t\mathrm{d}x\\&=\frac{1}{\beta}\int_a^b f(u)[-f(u)_x+\alpha u_{xx}+\beta u_{xxx}]\mathrm{d}x\\&=\frac{1}{\beta}(f(u),-f(u)_x)+\frac{\alpha}{\beta}(f(u),u_{xx})+(f(u),u_{xxx})\end{aligned}$$

$$=\frac{1}{\beta}(f(u),-f(u)_x)+$$

$$\frac{\alpha}{\beta}(f(u),u_{xx})+(f_{xx}(u),u_x)$$

$$=\frac{\alpha}{\beta}(f(u),u_{xx})+(f_{xx}(u),u_x)$$

故

$$\frac{\mathrm{d}}{\mathrm{d}t}\left[\frac{1}{2}\|u_x\|_{L_2}^2+\frac{1}{\beta}\int_a^b\int_0^u f(v)\mathrm{d}v\mathrm{d}x\right]$$

$$\leqslant\frac{\alpha}{\beta}(f(u),u_{xx})=-\frac{\alpha}{\beta}\int_a^b f'(u)u_x^2\mathrm{d}x$$

由引理条件,即得式(14).

引理 7.5　若满足引理 7.3 或引理 7.4 的条件,则有

$$\sup_{0\leqslant t\leqslant T}\|u(t)\|_{L_\infty}\leqslant Q_0 \tag{15}$$

其中 Q_0 为确定常数.

证明　由引理 7.2、引理 7.3、引理 7.4 即得.

引理 7.6　若满足引理 7.3 或引理 7.4 的条件,则有

$$\|u_{xx}\|_{L_2\times L_2}\leqslant Q_2 \tag{16}$$

其中 Q_2 为确定常数.

证明　将式(13)在区域 $R\{0\leqslant t\leqslant T,a\leqslant x\leqslant b\}$ 上积分得

$$\frac{\beta}{2}\int_a^b u_x^2(x,T)\mathrm{d}x-\frac{\beta}{2}\int_a^b u_x^2(x,0)\mathrm{d}x+$$

$$\int_a^b\int_0^{u(x,T)}f(z)\mathrm{d}z\mathrm{d}x-\int_a^b\int_0^{u_0(x)}f(z)\mathrm{d}z\mathrm{d}x+$$

$$\alpha\beta\int_0^T\int_a^b u_{xx}^2\mathrm{d}x\mathrm{d}t-\alpha\int_0^T\int_a^b f(u)u_{xx}\mathrm{d}x\mathrm{d}t=0 \tag{17}$$

$$\alpha\int_0^T\int_a^b f(u)u_{xx}\mathrm{d}x\mathrm{d}t\leqslant\alpha\left[\int_0^T\int_a^b f^2(u)\mathrm{d}x\mathrm{d}t\right]^{\frac{1}{2}}\|u_{xx}\|_{L_2\times L_2}$$

$$\leqslant k \| u_{xx} \|_{L_2 \times L_2}$$

再由式(17)可得

$$\alpha\beta \| u_{xx} \|^2_{L_2 \times L_2} - k \| u_{xx} \|_{L_2 \times L_2}$$

$$\leqslant \frac{\beta}{2} Q_1^2 + 2 \max_{|u| \leqslant Q_0} | f(u) | \cdot Q_0 (b-a)$$

$$\alpha\beta \left[\| u_{xx} \|_{L_2 \times L_2} - \frac{k}{2\alpha\beta} \right]^2$$

$$\leqslant \frac{\beta}{2} Q_1^2 + 2 \max_{|u| \leqslant Q_0} | f(u) | \cdot Q_0 (b-a) + \frac{k^2}{4\alpha\beta}$$

$$\| u_{xx} \|_{L_2 \times L_2}$$

$$\leqslant \frac{1}{\sqrt{\alpha\beta}} \left[\frac{\beta}{2} Q_1^2 + 2 \max_{|u| \leqslant Q_0} | f(u) | \cdot Q_0 (b-a) + \frac{k^2}{4\alpha\beta} \right]^{\frac{1}{2}} + \frac{k}{2\alpha\beta} = Q_2$$

引理 7.7　若满足引理 7.3 或引理 7.4 的条件，且 $u_{0xx} \in L_2, f(u) \in C^3$，则有

$$\| u_{xx} \|_{L_2} \leqslant Q_3, \| u_x \|_{L_\infty} \leqslant \rho \tag{18}$$

其中 Q_3, ρ 均为确定常数.

证明

$$\begin{aligned}(u_{xx}^2)_t &= 2u_{xx} u_{xxt} = 2u_{xx} [\alpha u_{xxxx} + \beta u_{xxxx} - \\ &\quad 3f'' u_x u_{xx} - f''' u_x^3 - f'(u) u_{xxx}] \\ &= 2\alpha u_{xx} u_{xxxx} + 2\beta u_{xx} u_{xxxxx} - \\ &\quad 6f'' u_x u_{xx}^2 - 2f''' u_{xx} u_x^3 - 2f'(u) u_{xx} u_{xxx}\end{aligned} \tag{19}$$

因

$$u_{xx} u_{xxxx} = (u_{xx} u_{xxx})_x - u_{xxx}^2$$

$$u_{xx} u_{xxxxx} = (u_{xx} u_{xxxx})_x - \left(\frac{1}{2} u_{xxx}^2 \right)_x$$

$$2f'(u) u_{xx} u_{xxx} = (f'(u) u_{xx}^2)_x - f'' u_x u_{xx}^2$$

利用上述关系式，对式(19) 在区域 $R\{a \leqslant x \leqslant b, 0 \leqslant t \leqslant T\}$ 上积分，得

$$\int_a^b u_{xx}^2(x,t)\mathrm{d}x - \int_a^b u_{xx}^2(x,0)\mathrm{d}x$$
$$= -2\alpha\int_0^t\int_a^b u_{xxx}^2\,\mathrm{d}x\,\mathrm{d}t -$$
$$5\int_0^t\int_a^b f''u_x u_{xx}^2\,\mathrm{d}x\,\mathrm{d}t -$$
$$2\int_0^t\int_a^b f'''u_{xx}u_x^3\,\mathrm{d}x\,\mathrm{d}t$$

因

$$\int_0^t\int_a^b f''u_x u_{xx}^2\,\mathrm{d}x\,\mathrm{d}t$$
$$\leqslant \max_{|u|\leqslant Q_0}|f''(u)|\sup_{0\leqslant t\leqslant T}\|u_x\|_{L_\infty}\cdot\int_a^b\int_0^T u_{xx}^2\,\mathrm{d}x\,\mathrm{d}t$$
$$\leqslant k_1\sup_{0\leqslant t\leqslant T}\|u_x\|_{L_\infty}$$
$$\int_0^t\int_a^b f'''u_{xx}u_x^3\,\mathrm{d}x\,\mathrm{d}t$$
$$\leqslant \max_{|u|\leqslant Q_0}|f'''(u)|\sup_{0\leqslant t\leqslant T}\|u_x\|_{L_\infty}^2\cdot$$
$$\left[\int_0^T\int_a^b u_{xx}^2\,\mathrm{d}x\,\mathrm{d}t\right]^{\frac{1}{2}}\left[\int_0^T\int_a^b u_x^2\,\mathrm{d}x\,\mathrm{d}t\right]^{\frac{1}{2}}$$
$$\leqslant k_2\cdot\sup_{0\leqslant t\leqslant T}\|u_x\|_{L_\infty}^2$$

由引理 7.2 知

$$\sup_{0\leqslant t\leqslant T}\|u_x\|_{L_\infty}\leqslant\varepsilon\|u_{xx}\|_{L_2\times L_\infty}+C\sqrt{2}\sqrt{E_0}$$
$$\sup_{0\leqslant t\leqslant T}\|u_x\|_{L_\infty}^2\leqslant 2\varepsilon^2\|u_{xx}\|_{L_2\times L_\infty}+4C^2E_0$$

故

$$\int_a^b u_{xx}^2(x,t)\mathrm{d}x+2\alpha\|u_{xxx}\|_{L_2\times L_2}^2$$
$$\leqslant\|u_{0xx}\|_{L_2}^2+5k_1(\varepsilon\|u_{xx}\|_{L_2\times L_\infty}+\sqrt{2}C\sqrt{E_0})+$$

$$2k_2(2\varepsilon^2 \| u_{xx} \|_{L_2\times L_\infty}^2 + 4C^2E_0)$$

易知

$$\| u_{xx} \|_{L_2\times L_\infty}^2 - 4k_2\varepsilon^2 \| u_{xx} \|_{L_2\times L_\infty}^2 - 5k_1\varepsilon \| u_{xx} \|_{L_2\times L_\infty} \leqslant k_3$$

选取 ε 适当小，使 $1-4k_2\varepsilon^2 \geqslant \gamma_0 > 0$，故有

$$\gamma_0\left(\| u_{xx} \|_{L_2\times L_\infty} - \frac{5k_1\varepsilon}{2\gamma_0}\right)^2 \leqslant k_3 + \frac{25k_1^2\varepsilon^2}{4\gamma_0^2}$$

$$\| u_{xx} \|_{L_2\times L_\infty} \leqslant \left(\frac{k_3}{\gamma_0} + \frac{25k_1^2\varepsilon^2}{4\gamma_0^2}\right)^{\frac{1}{2}} + \frac{5k_1\varepsilon}{2\gamma_0} = Q_3$$

由引理 7.2，即得 $\| u_x \|_{L_\infty} \leqslant \rho$.

引理 7.8　若满足引理 7.7 的条件，且 $u_{0xxx} \in L_2$，则有

$$\| u_t \|_{L_2} \leqslant Q_4 \tag{20}$$

其中 Q_4 为确定常数

证明　将方程 $u_t + f(u)_x = \alpha u_{xx} + \beta u_{xxx}$ 对 t 微分，令 $v=u_t$，得 $v_t + f'(u)v_x + f''vu_x = \alpha v_{xx} + \beta v_{xxx}$，乘以 v 得

$$\left(\frac{1}{2}v^2\right)_t + f'(u)vv_x + f''u_xv^2 = \alpha vv_{xx} + \beta vv_{xxx} \tag{21}$$

利用关系式 $vv_{xxx} = (vv_{xx})_x - \frac{1}{2}(v_x^2)_x$，$f'(u)vv_x = \frac{1}{2}(f'(u)v^2)_x - \frac{1}{2}f''(u)u_xv^2$，$vv_{xx} = (vv_x)_x - v_x^2$，将式 (21) 在 $x \in [a,b]$ 上积分，得

$$\frac{\mathrm{d}}{\mathrm{d}t}\int_a^b \frac{1}{2}v^2(x,t)\mathrm{d}x + \alpha\int_a^b v_x^2\mathrm{d}x = \frac{1}{2}\int_a^b f''u_xv^2\mathrm{d}x$$

故

$$\frac{\mathrm{d}}{\mathrm{d}t}\| v \|_{L_2}^2 \leqslant \int_a^b | f''u_xv^2 | \mathrm{d}x$$

$$\leqslant \max_{|u|\leqslant Q_0} |f''(u)| \, \| u_x \|_{L_\infty} \cdot \| v \|_{L_2}^2$$

$$\leqslant k_4 \| v \|_{L_2}^2$$

$$\| v \|_{L_2}^2 \leqslant e^{k_4 t} \left\| \frac{\partial u(\cdot,0)}{\partial t} \right\|_{L_2}^2$$

$$= e^{k_4 t} \| -f'(u_0)u_{0x} + \alpha u_{0xx} + \beta u_{0xxx} \|_{L_2}^2$$

$$\leqslant e^{k_4 T} \| -f'(u_0)u_{0x} + \alpha u_{0xx} + \beta u_{0xxx} \|_{L_2}^2$$

$$= Q_4$$

引理 7.9　若满足引理 7.8 的条件，则有

$$\| u_{xxx} \|_{L_2} \leqslant Q_5 \tag{22}$$

其中 Q_5 为确定常数.

证明　由方程(4)及引理 7.3，引理 7.6，引理 7.7 及引理 7.8，即可得到.

引理 7.10　若满足引理 7.8 的条件，且 $u_{0xxxx} \in L_2$，则

$$\| u_{xt} \|_{L_2} \leqslant Q_6 \tag{23}$$

其中 Q_6 仅与初始函数 $u_0(x)$ 及其直到四阶导数 L_2 模的上界有关.

证明　由 $v = u_t$，$v_t + f'(u)v_x + f''vu_x = \alpha v_{xx} + \beta v_{xxx}$，上式对 x 微分一次，令 $w = v_x = u_{xt}$，得

$$w_t + 2f''(u)u_x w + f'w_x + f'''u_x^2 v + f''vu_{xx}$$
$$= \alpha w_{xx} + \beta w_{xxx}$$

上式乘以 w，作内积得

$$(w, w_t) + 2(f''(u)u_x, w^2) +$$
$$(f'w_x, w) + (f'''u_x^2 v + f''vu_{xx}, w)$$
$$= \alpha(w_{xx}, w) + \beta(w_{xxx}, w)$$

由引理 7.2—7.9，利用 Sobolev 不等式及 Schwartz(施瓦兹) 不等式，易得

$$\frac{d}{dt} \| w \|_{L_2}^2 \leqslant C \| w \|_{L_2}^2$$

故有

$$\| w \|_{L_2}^2 \leqslant e^{CT} \| w(x,0) \|_{L_2}^2 = Q_6$$

7.3　局部解的存在性

我们根据不同问题，分别采用微分差分法、有限差分法、Galerkin 有限元法证明局部解的存在性.

Ⅰ. 为简单计，设 $f(u)=\frac{1}{2}u^2$（对于一般的 $f(u)$ 的证明见有限元法），此时方程(4) 及定解条件(6) 为

$$u_t + uu_x = \alpha u_{xx} + \beta u_{xxx} \tag{24}$$

初始条件

$$u|_{t=0} = u_0(x) \tag{25}$$

及周期条件

$$u(x,t) = u(x+1,t), \forall x, t \geqslant 0$$

我们采用 T. B. Benjamis[①] 的方法，建立对应于(24) 的微分差分格式

$$\frac{\partial u_i(t)}{\partial t} + \frac{1}{3}[u_i D_0 u_i + D_0 u_i^2] = \alpha D_+ D_- u_i + \beta D_+ D_-^2 u_i \tag{26}$$

及初始条件

$$u_i(0) = u_0(x_i), i = 1, 2, \cdots, N \tag{27}$$

边界条件

$$u_i(t) = u_{i+N}(t) \quad \forall i, t \tag{28}$$

---

① Benjamis T B, Bona J L, Mahong J J. Model equations for Long Waves in nonlinear dispersive systems. Phil. Trans. Roy. Soc. London, A272(1972):47-78.

其中 $u_i(t) \equiv u(x_i,t), D_0 u_i = \frac{u_{i+1}-u_{i-1}}{2h}, D_{+u_i} = \frac{u_{i+1}-u_i}{h}, D_{-u_i} = \frac{u_i - u_{i-1}}{h}$. 对网格函数和 L_2 空间，我们分别定义内积和模为

$$(f,g)_h = \sum_{i=1}^{N} f(x_i)g(x_i)h, \| f \|_h^2 = (f,f)_h$$

$$(f,g) = \int_0^1 f(x)g(x)\mathrm{d}x, \| f \|_{L_2}^2 = (f,f)$$

$$\| f \|_{L_\infty} = \sup_x | f(x) |$$

函数空间 L_2^h:$\{u: \| u \|_h < +\infty$,定义在网格上$\}$,我们需要如下已知的引理：

引理 7.11 (F. Stummed) 对每个 h,存在算子 $I_h: L_2^h \to L_2(R)$, 使得 $u_h \in L_2^h, u = I_h u_h, u(x_i) = u_h(x_i)$,且 $u(x)$ 充分光滑,则有

$$\left(\frac{2}{\pi}\right)^j \left\| \frac{\partial^j u}{\partial x^j} \right\|_{L_2} \leqslant \| D_+^j u_h \|_h \leqslant \left\| \frac{\partial^j u}{\partial x^j} \right\|_{L_2}$$

$$j = 1, 2, \cdots \tag{29}$$

引理 7.12 设$\{u_h\}$为 L_2^h 中的网格函数序列($h \to 0$),满足

$$\sum_{0 \leqslant j \leqslant k+1} \| D_+^j u_h \|_{L_2} \leqslant C$$

C 与 h 无关. 令 $U_h = I_h u_h$,则存在函数 $u(x)$ 及 $\frac{\partial^j u}{\partial x^j} \in L_2, 0 \leqslant j \leqslant k+1$,使得某子序列 h_k, $\frac{\partial^j U_{hk}}{\partial x^j} \to \frac{\partial^j u}{\partial x^j}$ 在 L_2 中的有界集上成立($0 \leqslant j \leqslant k$).

引理 7.13 (差分算子 Sobolev 不等式) 给定 $\varepsilon > 0, n$,存在常数 C 依赖于 ε 和 n,使得

$$\begin{cases}\| D_+^k u \|_{L_\infty} \leqslant \varepsilon \| D_+^n u \|_h + C \| u \|_h, k < n \\ \| D_+^k u \|_h \leqslant \varepsilon \| D_+^n u \|_h + C \| u \|_h, k \leqslant n\end{cases} \tag{30}$$

引理 7.14　对于微分差分方程定解问题(26),(27),(28)的解 u_h,存在常数 $T_1 > 0$ 和 $C_i(i=0,1,2)$ 与 h 无关,但依赖于 u_0 及其三阶以下导数的界,使得

$$\| u_h(t) \|_h \leqslant C_0, \forall t \tag{31}$$

$$\| u_h(t) \|_{L_\infty} \leqslant C_1, \forall t, 0 \leqslant t \leqslant T_1 \tag{32}$$

$$\| D_+ D_-^2 u_h(t) \|_h \leqslant C_2, 0 \leqslant t \leqslant T_1 \tag{33}$$

$$\left\| \frac{\partial u_h}{\partial t} \right\|_h \leqslant C_3, 0 \leqslant t \leqslant T_1 \tag{34}$$

证明　类似于 115 页脚注文献中引理 3.1 的证明. 在证明式(31)时,只需注意到

$$\begin{aligned}\alpha(u_h, D_+ D_{-uh})_h &= -\alpha(D_{-uh}, D_{-uh})_h \\ &= -\alpha \| D_{-uh} \|_h^2 \leqslant 0\end{aligned}$$

在证明(33)及(34)两式时,注意用 Sobolev 不等式

$$\begin{aligned}\alpha \| D_+ D_{-uh} \|_h &\leqslant \alpha[C \| u_h(t) \|_h + \varepsilon \| D_+ D_{-uh}^2 \|_h] \\ &\leqslant \alpha[CC_0 + \varepsilon \| D_+ D_{-uh}^2 \|_h]\end{aligned}$$

令 $U_k(x,t) = I_h u_h$,由引理 7.11 可知

$$\left\| \frac{\partial u_h}{\partial t} \right\|_{L_2} \leqslant C'_3, \left\| \frac{\partial^3 U_h}{\partial x^3} \right\|_{L_2} \leqslant C''_3, 0 \leqslant t \leqslant T_1$$

其中 C'_3, C''_3 为与 h 无关的常数. 由引理 7.12 得

$$U_h \to u, \frac{\partial U_h}{\partial x} \to \frac{\partial u}{\partial x}, \frac{\partial^2 U_h}{\partial x^2} \to \frac{\partial^2 u}{\partial x^2}$$

$$\frac{\partial U_h}{\partial t} \xrightarrow{L_2\text{ 弱}} \frac{\partial u}{\partial t}, \frac{\partial^3 U_h}{\partial x^3} \xrightarrow{L_2\text{ 弱}} \frac{\partial^3 u}{\partial x^3}$$

不难看出,这就是我们要求的局部解. 由于解的唯一性(定理 7.1),这样构造的近似解是收敛的.

Ⅱ. 我们考虑定解问题(Ⅱ),即

$$\begin{cases} u_t + f(u)_x = \alpha u_{xx} + \beta u_{xxx}, -\infty < x < +\infty, t > 0 \\ u(x,0) = u_0(x), -\infty < x < +\infty \end{cases} \tag{35}$$

此时,我们采用有限差分法,式(35)的差分格式如下

$$\frac{u_i^{j+1} - u_i^j}{\Delta t} + f'(u_i^j) D_0 u_i^{j+1} = \alpha D_+ D_- u_i^{j+1} + \beta D_+ D_-^2 u_i^{j+1} \tag{36}$$

这里 $u_i^j = u(x_i, t^j), i = \pm n, n = 0,1,2,\cdots$.

定义 7.1 $(u,v)_h = \sum_{n=-\infty}^{+\infty} u(x_n) v(x_n) h$

$$\| u \|_h^2 = (u,u)_h$$

$$\| u(x) \|_{L_\infty} = \sup_{-\infty < x < +\infty} | u(x) |$$

$$\| u(x) \|_{L_2} = \left(\int_{-\infty}^{+\infty} | u(x) |^2 \mathrm{d}x \right)^{\frac{1}{2}}$$

$$(u,v)_{3h} = (u,v)_h + (D_+^3 u, D_+^3 v)_h, \| u \|_{3h}^2 = (u,u)_{3h}$$

现在可将式(36)改写为

$$u_i^{j+1} + \Delta t Q_j(u_i^{j+1}) = u_i^j$$

$$Q_j(u) = f'(u_i^j) D_0 u - \alpha D_+ D_- u - \beta D_+ D_-^2 u$$

为了证明差分方程组(36)的可解性及构造(35)的近似解,需要建立以下引理:

引理 7.15 设 $| f''(u) | \leqslant A$, A 为常数,则有不等式

$$(u, Q_j(u))_h \geqslant -C \| u \|_h^2 \| u^j \|_{3h} \tag{37}$$

其中常数 C 与 h 无关.

证明
$$\begin{aligned}(u, Q_j(u))_h = & (u f'(u^j), D_0 u)_h - \\ & \alpha (u, D_+ D_- u)_h - \\ & \beta (u, D_+ D_-^2 u)_h\end{aligned}$$

上式右端第一项

$$
\begin{aligned}
&|(uf'(u^j),D_0u)_h| \\
&=\left|\sum_{n=-\infty}^{+\infty}u_nf'(u_n^j)\frac{u_{n+1}-u_{n-1}}{2h}\cdot h\right| \\
&=\left|\frac{1}{2}\sum_{n=-\infty}^{+\infty}u_nu_{n+1}\frac{f'(u_{n+1}^j)-f'(u_n^j)}{h}\cdot h\right| \\
&\leqslant\frac{A}{2}\|D_+u^j\|_{L_\infty}\cdot\|u\|_h^2 \\
&\leqslant C[\|u^j\|_h+\|D_+^3u^j\|_h]\cdot\|u\|_h^2 \\
&\leqslant C\|u^j\|_{3h}\|u\|_h^2
\end{aligned}
$$

故

$$
(uf'(u^j),D_0u)_h\geqslant -C\|u^j\|_{3h}\|u\|_h^2
$$

第二项 $-\alpha(u,D_+D_-u)_h=\alpha\|D_-u\|_h^2\geqslant 0$；第三项 $-\beta(u,D_+D_-^2u)_h=\dfrac{\beta h}{2}\|D_+D_-u\|_h^2\geqslant 0$，所以

$$
(u,Q_j(u))_h\geqslant -C\|u\|_h^2\|u^j\|_{3h}
$$

引理 7.16　设 $|f^{(n)}(u)|\leqslant A$[①]，$n=2,3,4$，则成立不等式

$$
(D_+^3u,D_+^3(Q_j(u)))_h\geqslant -C\|u\|_{3h}^2\left(\sum_{k=1}^{3}\|u^j\|_{3h}^k\right) \tag{38}
$$

证明

$$
\begin{aligned}
&(D_+^3u,D_+^3(Q_j(u)))_h \\
&=(D_+^3u,D_+^3(f'(u^j)D_0u))_h- \\
&\quad\alpha(D_+^3u,D_+^3D_+D_-u)_h- \\
&\quad\beta(D_+^3u,D_+^3D_+D_-^2u)_h
\end{aligned}
$$

---

① 此条件可以放宽(例如，可取 $f(u)$ 为 Au^q 形式，$q>0$)，为简单计，这里不讨论.

由公式$D_+(a\cdot b)=a_{n+1}(D_+b)_n+(D_+a)_nb_n$，上式右端第一项

$$(D_+^3u,D_+^3(f'(u^j)D_0u))_h$$
$$=\sum_{i+k=3}C_i(D_+^3u,D_+^if'(u^j)D_+^kD_0u)_h$$

由估计

$$\|D_+^if'(u^j)\|_h$$
$$\leqslant C_4\sum_{i_1+i_2+i_3=i}\|D_+^{i_1}u^j\|_h\|D_+^{i_2}u^j\|_h\|D_+^{i_3}u^j\|_h$$
$$i\leqslant 3$$

当$k<3$时，利用Schwartz不等式和Sobolev不等式，可得

$$(D_+^3u,D_+^if'(u^j)D_+^kD_0u)\geqslant -C\left(\sum_{k=1}^{3}\|u^j\|_{3i}^{k}\right)\|u\|_{3h}^2$$

当$k=3$时

$$|(D_+^3u,f'(u^j)D_0D_+^3u)_h|$$
$$=\left|\frac{1}{2}(D_+^3u,D_-f'(u^j)D_+^3u_{n+1})_h\right|$$
$$\leqslant\|D_-f'(u^j)\|_{L_\infty}\|D_+^3u\|_h^2$$
$$\leqslant C\|u^j\|_{3h}\|u\|_{3h}^2$$
$$(D_+^3u,f'(u^j)D_0D_+^3u)_h$$
$$\geqslant -C\|u^j\|_{3h}\|u\|_{3h}^2$$
$$-\alpha(D_+^3u,D_+^3D_+D_-u)_h$$
$$=-\alpha(v,D_+D_-v)_h\geqslant 0,v=D_+^3u$$
$$-\beta(D_+^3u,D_+^3D_+D_-^2u)_h$$
$$=-\beta(v,D_+D_-^2v)_h\geqslant\beta(D_+^2D_-v,v)_h$$
$$=-\frac{\beta}{2}(v,(D_+D_-^2-D_+^2D_-)v)_h$$
$$=-\frac{\beta}{2}(v,D_+D_-(D_--D_+)v)_h$$

$$=\beta\frac{h}{2}(v,D_+^2D_-^2v)_h=\beta\frac{h}{2}\|D_+D_-v\|_h^2\geqslant 0$$

$v=D_+^3u$. 引理得证.

引理 7.17　成立不等式

$$(Q_j(u),u)_{3h}\geqslant -C\|u\|_{3h}^2\left(\sum_{k=1}^{3}\|u^j\|_{3h}^k\right)\quad(39)$$

证明　由引理 7.15 及引理 7.16 即得.

引理 7.18　(Menikoff(梅尼科夫)) 设$\frac{u_{j+1}-u_j}{\Delta t}\leqslant P(u_j)u_{j+1}+Q(u_j)$,其中 P,Q 均为连续非减正函数. 设 $u_j<+\infty$,则给定 $K>0$,存在 T_k 和 L,使得当 Δt 适当小,$u_0<K$,推出

$$u(t_j)=u_j<K,t_j\leqslant T_k$$

引理 7.19　如果 $\|u_0\|_{3h}\leqslant K$,那么存在 $T_k>0$ 和正常数 L,当 Δt 适当小时,差分格式能解出一切 $u(t_j),t_j\leqslant T_k$,且有

$$\|u(t_j)\|_{3h}\leqslant L\quad(40)$$

(从差分方程(37)可以看出,这时$\frac{u(t_{j+1})-u(t_j)}{\Delta t}$依$L_2$模有界.)

证明　差分方程(37)可写为

$$(I+\Delta tQ_j)u_{i+1}=u_j\quad(41)$$

对 u_{i+1} 作内积$(\cdot,\cdot)_{3h}$,有

$$([I+\Delta tQ_j]u_{j+1},u_{j+1})_{3h}=(u_{j+1},u_j)_{3h}$$

由引理 7.17 及 Schwartz 不等式,有

$$\left[1-\Delta tC\left(\sum_{k=1}^{3}\|u_j\|_{3h}^k\right)\right]\|u_{j+1}\|_{3h}^2$$
$$\leqslant\|u_{j+1}\|_{3h}\|u_j\|_{3h}$$

$$\frac{\|u_{j+1}\|_{3h}-\|u_j\|_{3h}}{\Delta t}\leqslant C\left(\sum_{k=1}^{3}\|u_j\|_{3h}^k\right)\|u_{j+1}\|_{3h}$$

由引理 7.18 知，存在 $T_k>0$，和正常数 L，当 Δt 适当小，且 $\|u_0\|_{3h}\leqslant K$，有 $\|u(t_j)\|_{3h}\leqslant L$（对一切 $t_j\leqslant T_k$），因此，如能解出 u_j，我们已证不等式(40)，现证能解出一切 u_j. 用归纳法，设 u_j 已经解出，置 $P_j=I+\Delta tQ_j$，则由引理 7.17 有

$$(P_ju,u)_{3h}\geqslant\left[1-\Delta tC\left(\sum_{k=1}^{3}\|u\|_{3h}^{k}\right)\right]\|u\|_{3h}^{2}$$

选取 Δt 适当小，使 $\Delta tC(L+L^2+L^3)<\frac{1}{2}$，因而 $(P_ju,u)_{3h}\geqslant\frac{1}{2}\|u\|_{3h}^{2}$，故算子 P_j 为正定算子，存在 P_j^{-1}，$u_{j+1}=P_j^{-1}u_j$ 可解出.

定理 7.3　若周期初始条件 $u_0(x)$ 满足

$$\|u_0(x)\|_{L_2}+\|u'_0(x)\|_{L_2}+\|u''_0(x)\|_{L_2}+\|u'''_0(x)\|_{L_2}<+\infty \tag{42}$$

则定解问题(24)和(25)的局部解($0\leqslant t\leqslant T_1$)是存在的.

证明　从引理 7.17—7.19，引理 7.11—7.12，可得本定理.

定理 7.4　若初始条件 $u_0(x)$ 满足

$$\|u_0(x)\|_{3h}\leqslant K \tag{43}$$

且 $|f^{(n)}(u)|\leqslant A(n=2,3,4)$，则定解问题(36)的局部解($0\leqslant t\leqslant T_1$)存在.

证明　由引理 7.19，$\|u(t_j)\|_{3h}\leqslant K$，故当 $t\leqslant T_K$ 时，对于网格函数 $\{u_h\}$，$\|u_h\|_h$，$\|D_+^3\ u_h\|_h$，$\left\|\frac{u_h(t+\Delta t)-u_h(t)}{\Delta t}\right\|_h$ 为一致有界，故由引理 7.12 可选取子序列 U_{h_k}，使 $U_{h_k}\to u$，$\frac{\partial U_{h_k}}{\partial x}\to\frac{\partial u}{\partial x}$，$\frac{\partial^2 U_{h_k}}{\partial x^2}\to\frac{\partial^2 u}{\partial x^2}$，

$\frac{\partial U_{h_k}}{\partial t} \xrightarrow{L_2\text{弱}} \frac{\partial u}{\partial t}$,即得我们的解.

Ⅲ.我们现考虑一般的 $f(u)$,采用 Galerkin 有限元法来证明局部解的存在性.

设微分方程为

$$u_t + f(u)_x = \alpha u_{xx} + \beta u_{xxx} \tag{44}$$

初始条件

$$u\mid_{t=0} = u_0(x), 0 < x < 1 \tag{45}$$

周期条件

$$u(x,t) = u(x+1,t), \forall x,t \tag{46}$$

我们考虑定解问题(44),(45),(46)的广义解.

广义解:寻求未知函数 $u(\cdot,t) \in W_2^1(I)$,$u_t \in L_2$,满足积分恒等式

$$(u_t, v) - (f(u), Dv) + \alpha(Du, Dv) - \beta(Du, D^2 v) = 0 \tag{47}$$

$$\forall v \in W_2^2(I)$$

$$u(x+1,t) = u(x,t), \forall x,t \tag{48}$$

$$u(x,t) \to u_0(x), t \to 0 \tag{49}$$

于此 $I=[0,1]$,$D \equiv \frac{\partial}{\partial x}$,$(u,v)=\int_0^1 u(x,t)v(x,t)\mathrm{d}x$,$\|u\|_{L_2}^2=(u,u)$,$W_p^l$ 表示一切具有 l 阶广义导数 $\in L_p$ 的函数所组成的 Sobolev 空间.

我们选取$\{W_j^h\}$为 N 维子空间 $S^4 \subset W_2^4(R)$ 的基函数,这里 S^4 为$\{\chi(x), x \in I; \chi(x)$ 同期扩张为 $C^3(R)$,$\chi(x)$ 在区间$[ih,(i+1)h]$为五次多项式 $i=0,1,\cdots,N$,$Nh=1$,R 为实轴$\}$,$u^h=\sum_{j=1}^N \alpha_j(t) w_j^h(x)$.

Galerkin 有限元解:寻求 $u^h=\sum_{j=1}^N \alpha_j(t) w_j^h(x)$,使

之满足

$$\left(\frac{\partial u^h}{\partial t},v_j\right)+(Df(u^h),v_j)-\alpha(D^2u^h,v_j)-$$

$$\beta(D^3u^h,v_j)=0 \tag{50}$$

式中 $v_j=w_j^h-D^2w_j^h\in W_2^2$①. 由$\{w_j^h\}$的线性无关性，导致$\{v_j\}$的线性无关性. 由于 $w_j^h\in W_2^4(R)$ 在 $W_2^1(R)$ 中稠密，故存在实常数 c_j，使得

$$\sum_{j=1}^N c_jw_j^h\to u_0(x)，依 W_2^1(R) 模$$

$$\alpha_j(0)=c_j \tag{51}$$

若 $u^h(\alpha_j(t))$ 满足式(50)，(51)，则称 u^h 为定解问题(44)，(45)，(46) 的有限元解.

非线性常微分方程组 Cauchy 问题(50)，(51) 的解 $\alpha_j(t)$ 是存在的. 因为

$$\left(\frac{\partial u^h}{\partial t},v_j\right)=\left(\frac{\partial}{\partial t}\sum\alpha_jw_j^h,w_j^h-D^2w_j^h\right)$$

$$=\sum_{j=1}^N\alpha'_j(t)[(w_i,w_j)+(Dw_i,Dw_j)]$$

由于$\{w_j^h\}$的线性无关性，故 $\det[(w_i,w_j)+(Dw_i,Dw_j)]\neq0$. 再由以下引理对 u^h 的先验估计，可知存在问题(50)，(51) 的解 $\alpha_j(t)$.

引理 7.20　设 $|f'(u)|\leqslant A|u|^q(q>0)$，则定解问题(50)，(51) 的有限元法解 u^h，有如下估计

$$\|u^h\|_{W_2^1}^2\leqslant K_0,0\leqslant t\leqslant T_1 \tag{52}$$

其中 K_0 为与 h 无关的正常数.

---

① 也可先给定基$\{v_j\}\in W_2^2$，再求解方程 $v_j=w_j-D^2w_i$ 确定 $w_j\in W_2^4$

证明　式(50)乘以 $\alpha_j(t)$，并对 j 求和，得

$$\left(\frac{\partial u^h}{\partial t}, Bu^h\right)+(Df(u^h),Bu^h)-\alpha(D^2u^h,Bu^h)-$$

$$\beta(D^3u^h,Bu^h)=0 \tag{53}$$

其中

$$Bu^h=u^h-D^2u^h$$

$$\left(\frac{\partial u^h}{\partial t},Bu^h\right)=\left(\frac{\partial u^h}{\partial t},u^h-D^2u^h\right)$$

$$=\frac{1}{2}\frac{\mathrm{d}}{\mathrm{d}t}\|u^h\|_{W_2^1}^2$$

$$-\alpha(D^2u^h,u^h-D^2u^h)=\alpha\|Du^h\|_2^2+\alpha\|D^2u^h\|_{L_2}^2$$

$$(D^3u^h,Bu^h)=(D^3u^h,u^h-D^2u^h)$$

$$=(D^3u^h,u^h)-(D^3u^h,D^2u^h)=0$$

$$\begin{aligned}(Df(u^h),Bu^h)&\leqslant|(Df(u^h),u^h)|+|(Df(u^h),D^2u^h)|\\&\leqslant\|Df(u^h)\|_{L_2}\|D^2u^h\|_{L_2}+\\&\quad\|Df(u^h)\|_{L_2}\|u^h\|_{L_2}\\&\leqslant\frac{\alpha}{2}\|D^2u^h\|_{L_2}^2+\\&\quad\|f'(u^h)\|_{L_\infty}\|Du^h\|_{L_2}\cdot\\&\quad\left[\|u^h\|_{L_2}+\frac{1}{2\alpha}\|Df\|_{L_2}\right]\\&\leqslant\frac{\alpha}{2}\|D^2u^h\|_{L_2}^2+k_0\|u^h\|_{W_2^1}^{q+2}+\\&\quad\frac{k_0^2}{2\alpha}\|u^h\|_{W_2^1}^{2(q+1)}\end{aligned}$$

于是有

$$\frac{1}{2}\frac{\mathrm{d}}{\mathrm{d}t}\|u^h\|_{W_2^1}^2+\alpha\|Du^h\|_{L_2}^2+\frac{\alpha}{2}\|D^2u^h\|_{L_2}^2$$

$$\leqslant k_0\left[\|u^h\|_{W_2^1}^{q+2}+\frac{k_0}{2\alpha}\|u^h\|_{W_2^1}^{2(q+1)}\right] \tag{54}$$

令 $\| u^h \|_{W_2^1}^2 = y$,则有$\dfrac{\mathrm{d}y}{\mathrm{d}t} \leqslant 2k_0\left[y^{\frac{q+2}{2}} + \dfrac{k_0}{2\alpha}y^{q+1}\right]$. 令$\dfrac{\mathrm{d}v}{\mathrm{d}t} = 2k_0\left[v^{\frac{q+2}{2}} + \dfrac{k_0}{2\alpha}v^{q+1}\right]$. 取 $v(0)=y(0)=\| u_0(x) \|_{W_2^1}^2$,则当 $0 \leqslant t \leqslant T_1$ 时,有 $y(t) \leqslant v(t)$,$v(t)$ 与 h 无关. 故有

$$\| u^h \|_{W_2^1}^2 \leqslant \max_{0 \leqslant t \leqslant T_1} v(t) = v(T_1) = K_0$$

引理 7.21　定解问题(50),(51) 的有限元解 u^h 有如下估计

$$\left\| \frac{\partial u^h}{\partial t} \right\|_{W_2^1}^2 \leqslant K_1 \tag{55}$$

其中 K_1 与 h 无关.

证明　由式(50) 对 t 微分,得

$$\left(\frac{\partial v^h}{\partial t}, v_j\right) + (f' D v^h, v_j) + (f''(Du^h) \cdot v^h, v_j) - \alpha(D^2 v^h, v_j) - \beta(D^3 v^h, v_j) = 0 \tag{56}$$

其中 $v^h \equiv \dfrac{\partial u^h}{\partial t}$. 把式(56) 乘以 $\alpha'_j(t)$,并对 j 求和,得

$$\left(\frac{\partial v^h}{\partial t}, Bv^h\right) + (f' D v^h, Bv^h) + (f''(Du^h) \cdot v^h, Bv^h) - \alpha(D^2 v^h, Bv^h) - \beta(D^3 v^h, Bv^h) = 0$$

其中 $Bv^h = v^h - D^2 v^h$. 类似于引理 7.20,有

$$\left(\frac{\partial v^h}{\partial t}, Bv^h\right) = \frac{\mathrm{d}}{\mathrm{d}t}\,\frac{1}{2}\| v^h \|_{W_2^1}^2, (D^3 v^h, Bv^h) = 0$$

$$-\alpha(D^2 v^h, Bv^h) = \alpha \| Dv^h \|_{L_2}^2 + \alpha \| D^2 v^h \|_{L_2}^2$$

$$(f' D v^h, Bv^h) \leqslant \frac{\alpha}{4} \| D^2 v^h \|_{L_2}^2 + k_1 \| v^h \|_{W_2^1}^2$$

$$(f''(Du^h) v^h, Bv^h) \leqslant \frac{\alpha}{4} \| D^2 v^h \|_{L_2}^2 + k_2 \| v^h \|_{W_2^1}^2 + k_3 \| v^h \|_{W_2^1}$$

(利用引理 7.20 的结果[①]). 综上各项,立即可得

$$\| v^h \|_{W_2^1}^2 \leqslant K_1, 0 \leqslant t \leqslant T_1 < T$$

从引理 7.20 及引理 7.21 知,有限元近似解 u^h 为一致稳定的,且由式(54) 可得 $\| u^h \|_{W_2^1}^2$ 一致有界,由式(50) 可得 $\| u^h \|_{W_2^4}^2$ 一致有界. 于是有子序列收敛于定解问题(44),(45),(46) 的古典解 $u(\cdot,t) \in C^3$,当 $0 \leqslant t \leqslant T_1$. 我们有如下:

定理 7.5 设 $u_0(x) \in W_2^4, f \in C^2, | f'(u) | \leqslant A | u |^q (q > 0)$,则定解问题(44),(45),(46) 的古典局部解 $u(\cdot,t) \in C^3$ 是存在的($0 \leqslant t \leqslant T_1 < T$).

7.4 整体解的存在性

我们已经证明了定解问题(Ⅰ),(Ⅱ) 局部解的存在性,$0 \leqslant t \leqslant T_1$,$T_1$ 仅与初始条件 $u_0(x)$ 及其一些导数有关. 我们可以 $u(x,T_1)$ 代替 $u_0(x)$,再在区间 $T_1 \leqslant t \leqslant T_2$ 构造解,由于积分估计证明了 $u(x,t)$ 及其有关导数仅由初始函数及其一些导数决定,故 $T_2 > T_1$,且能使 $T_2 - T_1 = T_1$,于是可一直延拓到任意正数 T,使在 $0 \leqslant t \leqslant T$ 上有解. 我们有如下的定理:

定理 7.6 定解问题(A)

$$\begin{cases} u_t + uu_x = \alpha u_{xx} + \beta u_{xxx}, \alpha > 0, \beta > 0 \\ u|_{t=0} = u_0(x), 0 \leqslant x \leqslant 1 \\ u(x+1,t) = u(x,t), \forall x,t \end{cases}$$

---

① 此时, 已知 $\| u^h \|_{L_\infty}$ 有界, 因而 $\| f'(u^h) \|_{L_\infty}$, $\| f''(u^h) \|_{L_\infty}$ 均有界.

和定解问题(B)

$$\begin{cases} u_t + uu_x = \alpha u_{xx} + \beta u_{xxx} \\ u|_{t=0} = u_0(x), -\infty < x < +\infty \\ D^j u(x,t) \to 0, |x| \to +\infty, j = 0,1,2,3,4 \end{cases}$$

的整体解 $u(\cdot,t) \in C^2$, $\| u_{xxx} \|_{L_2} < +\infty$ 是存在的 $(0 \leqslant t \leqslant T)$,假如初始条件 $u_0(x)$ 满足

$$\| u_0(x) \|_{L_2} + \| u_{0x}(x) \|_{L_2} + \| u_{0xx}(x) \|_{L_2} + \| u_{0xxx}(x) \|_{L_2} < +\infty$$

对于定解问题(A) 还需假定 $u_0(x)$ 是周期为 1 的函数.

定理 7.7 若满足条件:

(i) $f(u) \in C^3$[①], $|f(u)| \leqslant Au^2 + B$ 或 $f'(u) \geqslant 0$, $f(0) = 0$;

(ii) $u_0(x)$ 是周期为 1 的函数,且 $u_0(x) \in W_2^4$.

则定解问题(4),(6) 的整体解 $u(\cdot,t) \in C^3$ 是存在的.

7.5 边值问题的提法问题

在前面我们已经看到比较简单的两类定解问题提法的正确性,即 Cauchy 问题(并要求解 $u(x,t)$ 及其各阶导数在无穷远处趋于零) 和周期初值问题,一般来说,对于三阶微分方程在边界上总共应给三个条件,我们从考察边值问题解的唯一性出发,发现此类边值问题的提法和参数 α,β 的正负号有关. 事实上,从

① 局部解条件 $|f'(u)| \leqslant A|u|^q (q > 0)$ 必须满足,也易于满足,q 可取充分大的正数.

本章第 7.1 节中的积分恒等式

$$\int_a^b\int_0^T\left\{\left(\frac{1}{2}w^2\right)_t+\right.$$

$$\left.\left[\int_0^1 f''\mathrm{d}\tau\cdot v_x-\frac{1}{2}f'''(u)u_x\right]w^2\right\}\mathrm{d}x\mathrm{d}t$$

$$=\alpha\int_a^b\int_0^T[(ww_x)_x-w_x^2]\mathrm{d}x\mathrm{d}t+$$

$$\beta\int_a^b\int_0^T\left[(ww_{xx})_x-\frac{1}{2}(w_x^2)_x\right]\mathrm{d}x\mathrm{d}t$$

$$=-\alpha\int_a^b\int_0^T w_x^2\mathrm{d}x+\alpha\int_0^T ww_x\Big|_a^b\mathrm{d}t+$$

$$\beta\int_0^T\left[ww_{xx}-\frac{1}{2}w_x^2\right]\Big|_a^b\mathrm{d}t$$

可以看到保证唯一性的一些充分条件：

设 $\alpha>0$.

(i) 若 $\beta>0, ww_{xx}\mid_{x=b}\leqslant 0, ww_{xx}\mid_{x=a}\geqslant 0$

$$ww_{xx}\mid_{x=b}\leqslant 0, w_x\mid_{x=a}=0$$

(ii) 若 $\beta<0, ww_{xx}\mid_{x=b}\geqslant 0, ww_{xx}\mid_{x=a}\leqslant 0$

$$w_x\mid_{x=b}=0, ww_x\mid_{x=a}\geqslant 0$$

若我们给 $w\mid_{x=a}=w_x\mid_{x=b}=w\mid_{x=b}=0$，则要求 $\alpha>0$，$\beta<0$；若给 $w\mid_{x=a}=w\mid_{x=b}=0, w_x\mid_{x=a}=0$，则要求 $\alpha>0,\beta>0$，以保证其唯一性. 反之，边值问题的提法可能是不正确的. 对于半平面区域$\{0\leqslant x<+\infty\}$，易见下述边界条件的提法是正确的：

(i)$w\mid_{x=0}=0, w(x,t)\to 0, x\to+\infty, \beta<0$；

(ii)$w\mid_{x=0}=w_x\mid_{x=0}=0, w(x,t)\to 0, x\to+\infty$，$\beta>0$.

KdV 方程的同伦分析法求解[①]

第 8 章

对非线性偏微分方程(nonlinear partial differential equation, NPDE)的求解,一直是数学物理学家感兴趣的问题.30 多年来,数学物理研究领域内的一大成就就是提出了许多求解 NPDE 的精巧的数学方法,如逆散射法、Backlund 变换法等.近年来,很多学者又提出了许多新的方法,如齐次平衡法、双曲函数法、sine-cosine 方法、Jacobi(雅可比)椭圆函数展开法、同伦分析法(homotopy analysis method, HAM)等.这些方法都可以

① 摘自《兰州大学学报(自然科学版)》,2007 年 12 月第 13 卷第 6 期.

借助近年发展起来的计算机代数系统得以部分甚至完全实现，从而大大提高了工作效率.

同伦分析法是求解非线性问题的一种重要方法，它被成功用于工程技术中许多非线性问题的求解，如非牛顿流体的磁流体动力学、深水中非线性波的传播、自激系统的自由振荡等. 这些成功应用的例子表明同伦分析法是一种行之有效的方法. 但使用该方法求解非线性演化方程的报道目前还不多见.

KdV 方程是数学物理研究领域内一个基本的非线性方程. 在对该方程的研究过程中，很多数学物理学家提出了许多新的数学思想和方法，由此推动了非线性科学的发展. 尽管求 KdV 方程精确解的方法已有很多，但能够发现和发展一种新方法，总是一件激动人心的事.

考虑一般形式的 KdV 方程

$$u_t + B_1 u u_x + B_2 u_{xxx} = 0 \tag{1}$$

其中 B_1，B_2 为常数，分别表征非线性作用和色散效应. 兰州大学理论物理研究所的石玉仁、汪映海，西北师范大学物理与电子工程学院的杨红娟、段文山、吕克璞五位教授在 2007 年用同伦分析法求解了方程(1)，得到了它的近似周期解，表明该方法在求解一大类非线性演化方程时仍十分有效.

8.1 用同伦分析法求解 KdV 方程

对方程(1)，考虑其行波解

$$u(x,t) = Af(\xi), \xi = kx - \omega t + t \tag{2}$$

其中 A 是波的振幅，k 是波数，ω 是波的圆频率，均为未知常数；l 为任意常数，影响波的初位相. 引入式(2) 后方程(1) 变为

$$-cf' + \alpha ff' + \beta f''' = 0 \tag{3}$$

其中 $c=\dfrac{\omega}{k}$，$\alpha=B_1A$，$\beta=B_2k^2$；撇号表示$\dfrac{\mathrm{d}}{\mathrm{d}\xi}$. 式(3) 两边同时对 ξ 积分一次，并取积分常数为零，得

$$-cf + \frac{1}{2}\alpha f^2 + \beta f'' = 0 \tag{4}$$

下面利用同伦分析法对方程(4) 进行求解. 若方程(4) 有周期为 T 的解，则 $f(\xi)$ 可表示为 Fourier(傅里叶) 三角级数. 不失一般性，假设 $T=2\pi$. 因为 $T\neq 2\pi$ 时可通过合适的变量代换使其周期变为 2π. 若 $f(\xi)$ 是 ξ 的奇函数，则 $f(\xi)$ 可表示为 Fourier 正弦级数；若 $f(\xi)$ 是 ξ 的偶函数，则 $f(\xi)$ 可表示为 Fourier 余弦级数. 容易证明，方程(4) 的解不可能为奇函数. 故本章仅考虑 $f(\xi)$ 是偶函数的情形，则有

$$f(\xi) = b_0 + \sum_{m=1}^{+\infty} b_m \cos(m\xi) \tag{5}$$

式(5) 中常数项的出现，为求解带来了很大困难. 为此，先作变换

$$f(\xi) = \delta + \lambda g(\xi) \tag{6}$$

其中 δ，λ 均为未知常数；$g(\xi)$ 是一未知周期函数，但均可通过 HAM 确定. 此时方程(4) 变为

$$-c[\delta + \lambda g(\xi)] + \frac{1}{2}\alpha[\delta + \lambda g(\xi)]^2 + \beta\eta\lambda g''(\xi) = 0 \tag{7}$$

设 $g(\xi)$ 形式为

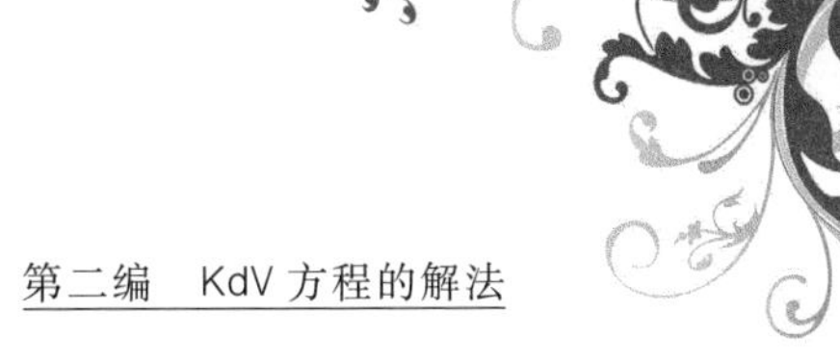

$$g(\xi)=\sum_{m=1}^{+\infty}A_m\cos m\xi \tag{8}$$

这里 $A_m(m=1,2,\cdots)$ 是 Fourier 余弦系数. 构造下列线性微分算符

$$L=1+\frac{\partial^2}{\partial\xi^2} \tag{9}$$

和零阶形变方程

$$\begin{aligned}&(1-q)L[G(\xi,q)-g_0(\xi)]\\&=h_qN[G(\xi,q),C(q),\Delta(q),\Lambda(q)]\end{aligned} \tag{10}$$

其中 $g_0(\xi)=G(\xi,0)=\cos\xi$ 是初始猜测值;$q\in[0,1]$ 为一重要参量;h 为一非零辅助参数,且

$$\begin{aligned}&N[G(\xi,q),C(q),\Delta(q),\Lambda(q)]\\&=-C(q)[\Delta(q)+\Lambda(q)G(\xi,q)]+\\&\frac{1}{2}\alpha[\Delta(q)+\Lambda(q)G(\xi,q)]^2+\\&\beta\Lambda(q)\frac{\partial^2G(\xi,q)}{\partial\xi^2}\end{aligned} \tag{11}$$

从式(10),(11) 可看出,当参量 q 从 0 变到 1 时,$G(\xi,q)$ 从 $g_0(\xi)$ 变为方程(4) 的解 $g(\xi)$,同时 $C(q)$,$\Delta(q)$ 与 $\Lambda(q)$ 也分别从某个初始猜测值 c_0,δ_0 和 λ_0 变为方程(7) 中的 c,δ 和 λ. 若变化过程足够光滑,则 $G(\xi,q),C(q),\Delta(q)$ 与 $\Lambda(q)$ 可展开为 q 的 Maclaurin(麦克劳林) 级数. 如果这 4 个级数在点 $q=1$ 都收敛,那么有

$$\begin{aligned}g(\xi)&=G(\xi,q)\mid_{q=1}\\&=G(\xi,0)+\sum_{m=1}^{+\infty}\frac{1}{m!}\frac{\partial^mG(\xi,q)}{\partial q^m}\mid_{q=0}\\&=g_0(\xi)+\sum_{m=1}^{+\infty}g_m(\xi)\end{aligned} \tag{12}$$

$$c = C(q)\mid_{q=1} = C(0) + \sum_{m=1}^{+\infty} \frac{1}{m!} \frac{\mathrm{d}^m C(q)}{\mathrm{d}q^m}\mid_{q=0}$$
$$= c_0 + \sum_{m=1}^{+\infty} c_m \tag{13}$$

$$\delta = \Delta(q)\mid_{q=1} = \Delta(0) + \sum_{m=1}^{+\infty} \frac{1}{m!} \frac{\mathrm{d}^m \Delta(q)}{\mathrm{d}q^m}\mid_{q=0}$$
$$= \delta_0 + \sum_{m=1}^{+\infty} \delta_m \tag{14}$$

$$\lambda = \Lambda(q)\mid_{q=1} = \Lambda(0) + \sum_{m=1}^{+\infty} \frac{1}{m!} \frac{\mathrm{d}^m \Lambda(q)}{\mathrm{d}q^m}\mid_{q=0}$$
$$= \lambda_0 + \sum_{m=1}^{+\infty} \lambda_m \tag{15}$$

其中

$$\begin{cases} g_m(\xi) = \dfrac{1}{m!} \dfrac{\partial^m G(\xi, q)}{\partial q^m}\mid_{q=0} \\ c_m = \dfrac{1}{m!} \dfrac{\mathrm{d}^m C(q)}{\mathrm{d}q^m}\mid_{q=0} \\ \delta_m = \dfrac{1}{m!} \dfrac{\mathrm{d}^m \Delta(q)}{\partial q^m}\mid_{q=0} \\ \lambda_m = \dfrac{1}{m!} \dfrac{\mathrm{d}^m \Lambda(q)}{\partial q^m}\mid_{q=0} \end{cases} \tag{16}$$

式(16)称为 m 阶形变导数. 对于未知函数 $G(\xi, q)$, $\Delta(q)$, $\Lambda(q)$ 还需附加两个限制条件

$$G(0, q) - G(\pi, q) = 2 \tag{17}$$

$$\Delta(q) + \Lambda(q) G(0, q) = 1 \tag{18}$$

方程(10)两边同时对 ξ 求导 m 次, 并除以 $m!$, 然后取 $q=0$, 得 m 阶形变方程

$$L[g_m(\xi) - g_{m-1}(\xi)] = hR_m(\xi), m \geqslant 1 \tag{19}$$

其中

$$R_m(\xi)=-\sum_{n=0}^{m-1}c_n[\delta_{m-1-n}+\sum_{k=0}^{m-1-n}\lambda_k g_{m-1-n-k}(\xi)]+$$
$$\beta\sum_{n=0}^{m-1}\lambda_n g''_{m-1-n}(\xi)+$$
$$\frac{1}{2}\alpha\sum_{n=0}^{m-1}\{[\delta_n+\sum_{k=0}^{n}\lambda_k g_{n-k}(\xi)]\cdot$$
$$[\delta_{m-1-n}+\sum_{k=0}^{m-1-n}\lambda_k g_{m-1-n-k}(\xi)]\}\qquad(20)$$

方程(17),(18)两边同时对 q 求导 m 次,并除以 $m!$,然后取 $q=0$,得

$$g_m(0)-g_m(\pi)=0,m\geqslant 1\qquad(21)$$

$$\delta_m+\sum_{n=0}^{m}\lambda_n g_{m-n}(0)=0,m\geqslant 1\qquad(22)$$

由式(20)可以看出,$R_m(\xi)$ 是 $g_n(\xi),c_n,\delta_n$ 和 $\lambda_n(n=0,1,2,\cdots,m-1)$ 的函数. 当用式(19)来求解 $g_m(\xi)$ 时,它们除 $c_{m-1},\delta_{m-1},\lambda_{m-1}$ 外都是已知的. 而且方程(19)是函数 $g_m(\xi)$ 的一个线性微分方程,很容易求解. 为看出这一点,下面列出 $m=1$ 和 $m=2$ 的情形

$$(1+\frac{d^2}{d\xi^2})(g_1(\xi)-g_0(\xi))$$
$$=h[-c_0(\delta_0+\lambda_0 g_0(\xi))+\frac{1}{2}\alpha(\delta_0+\lambda_0 g_0(\xi))^2+$$
$$\beta\lambda_0 g''_0(\xi)]\qquad(23)$$

$$(1+\frac{d^2}{d\xi^2})(g_2(\xi)-g_1(\xi))$$
$$=h[-c_1\delta_0-c_0\delta_1-c_1\lambda_0\delta_0(\xi)-c_0(\lambda_0 g_1(\xi)+$$
$$\lambda_1 g_0(\xi))+\alpha(\delta_0+\lambda_0 g_0(\xi))(\delta_1+\lambda_0 g_1(\xi)+$$
$$\lambda_1 g_0(\xi))+\beta(\lambda_0 g''_1(\xi)+\lambda_1 g''_0(\xi))]\qquad(24)$$

由于 $g_0(\xi)=\cos\xi$ 已知,故可从式(23)解出

$g_1(\xi)$，然后再把 $g_1(\xi)$ 代入式(24)解出 $g_2(\xi)$，…；依次类推.

进一步发现 $R_m(\xi)$ 可表示为

$$R_m(\xi)=\sum_{n=0}^{m+1}\gamma_{m,n}\cos(n\xi) \tag{25}$$

其中 $\gamma_{m,n}$ 是系数. 考虑到方程(19)的特点，$R_m(\xi)$ 中的常数项 $\gamma_{m,0}$ 与 $\cos\xi$ 的系数 $\gamma_{m,1}$ 都应该为 0，否则 $g_m(\xi)$ 中会出现常数项和形如 $\xi\cos\xi$ 的项，但式(8)表明这样的项不应该出现. 即有

$$\gamma_{m,0}=0,\gamma_{m,1}=0 \tag{26}$$

方程(22)和方程(26)联立可确定 c_{m-1}，δ_{m-1} 与 λ_{m-1}. 当 $m=1$ 时，该联立代数方程组为

$$\begin{cases}c_0-\alpha\delta_0+\beta=0 & (27)\\ 4c_0\delta_0-\alpha(2\delta_0^2+\lambda_0^2)=0 & (28)\end{cases}$$

在方程(18)中取 $q=0$ 得

$$\delta_0+\lambda_0=1 \tag{29}$$

由式(27)～(29)解得

$$c_0=-\alpha+\beta+\sqrt{2(\alpha^2-2\alpha\beta+2\beta^2)} \tag{30}$$

$$\delta_0=\frac{-\alpha+2\beta+\sqrt{2(\alpha^2-2\alpha\beta+2\beta^2)}}{\alpha} \tag{31}$$

$$\lambda_0=\frac{2\alpha-2\beta-\sqrt{2(\alpha^2-2\alpha\beta+2\beta^2)}}{\alpha} \tag{32}$$

式(30)～(32)作为 c,δ,λ 的初始猜测值. 当 $m>1$ 时，联立式(22)，(26)所得代数方程均为线性方程，很容易解出.

把式(25)代入式(19)，得其通解为

$$g_m(\xi)=-h\sum_{n=2}^{m+1}\frac{\gamma_{m,n}}{n^2-1}\cos(n\xi)+g_{m-1}(\xi)+$$

$$C_{1,m}+C_{2,m}\cos\xi+C_{3,m}\sin\xi \tag{33}$$

其中 $C_{1,m},C_{2,m},C_{3,m}$ 是积分常数. 由式(8) 可知

$$C_{1,m}=C_{3,m}=0 \tag{34}$$

利用式(21) 可确定积分常数 $C_{2,m}$. 对于 $\gamma_{m,n}$，可把式(33),(20) 代入式(19)，然后令两边 $\cos n\xi$ 项对应系数相等来确定. 这一过程比较烦琐，但可借助计算机代数系统如 Mathematica 或 Maple 完成.

最终得方程(4) 的 M 阶近似解析解

$$f(\xi)\approx\tilde{f}(\xi)=\tilde{\delta}+\tilde{\lambda}\left(\sum_{m=0}^{M}g_m(\xi)\right),c\approx\tilde{c} \tag{35}$$

其中

$$\tilde{\delta}=\sum_{m=0}^{M-1}\delta_m,\tilde{\lambda}=\sum_{m=0}^{M-1}\lambda_m,\tilde{c}=\sum_{m=0}^{M-1}c_m$$

8.2　解的有效性检查

在实际计算中，用前述方法得到的是在某一阶截断的解，一般是方程(4) 的一个近似解析解. 为了解该解的近似程度，最直接的方法是与精确解作比较，王纯等[①]即采用了这种方法. 但很多情况下，给定各参数(α,β 等) 时，要找到对应的精确解比较困难. 本章将用下述方法来验证解的有效性.

记

---

① Wang Chun, Wu Yong-yan, Wu Wan. Solving the nonlinear periodic wave problems with the homotopy analysis method. Wave Motion, 2004, 41:329-337.

$$\varepsilon(\xi)=-\tilde{c}\tilde{f}+\frac{1}{2}\alpha\tilde{f}^{2}+\beta\tilde{f}'' \tag{36}$$

与式(4)对比可知,若 $\max\limits_{\xi\in(-\infty,+\infty)}|\varepsilon(\xi)|$ 越小,则式(35)所表示解的近似程度越高,即 $\tilde{f}(\xi)$ 越接近原方程(4)的精确解 $f(\xi)$. 故通过观察 $\varepsilon(\xi)$ 的图形,可直观了解所得近似解的准确程度.

在前面的计算过程中,有一重要参数 h,一般可通过调节 h 的值以保证级数(12)～(15)收敛. 图 8.1 为 $\alpha=5,\beta=1,M=11$ 时的 $\tilde{\delta}\sim h,\tilde{\lambda}\sim h,\tilde{c}\sim h$ 曲线图. 从图 8.1 可看出,大约在 $-4<h<-0.4$ 范围内级数(13)～(15)收敛. 图 8.2(a)和图 8.2(b)分别显示了取 $h=-2$ 时 $f(\xi)$ 和 $\varepsilon(\xi)$ 的图像. 从图 8.2(b)可看出

$$\max_{\xi\in[-\pi,\pi]}|\varepsilon(\xi)|\sim10^{-7}$$

表明 HAM 给出的近似解析解非常接近原方程

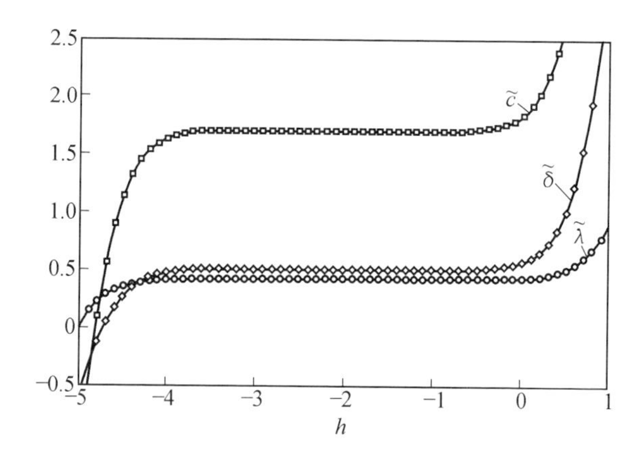

图 8.1 $\alpha=5,\beta=1,M=11$ 时的 $\tilde{\delta}\sim h,\tilde{\lambda}\sim h,\tilde{c}\sim h$ 曲线图

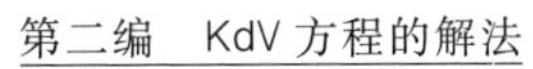

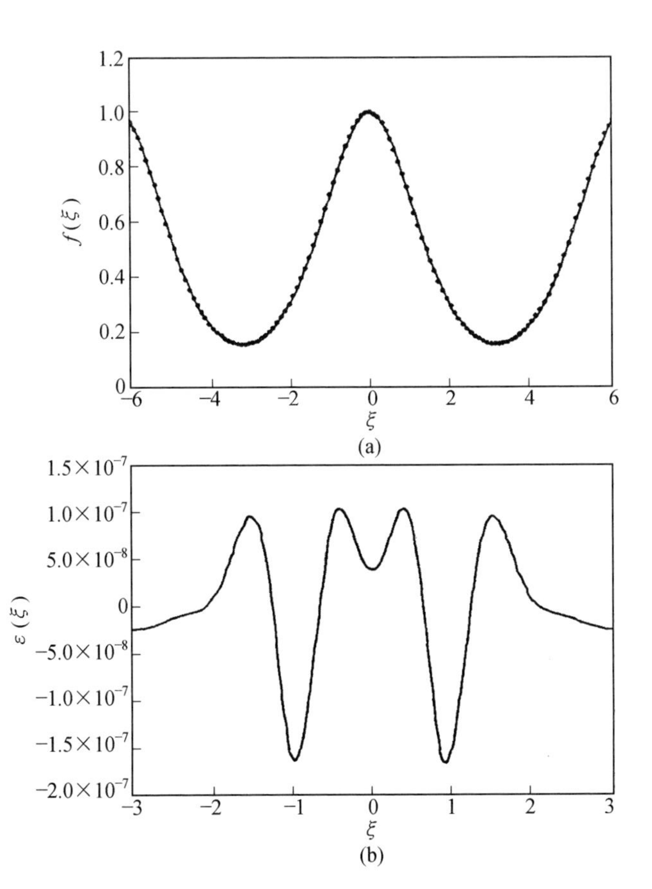

图 8.2　$\alpha=5,\beta=1,M=11,h=-2$ 时 $f(\xi)$ 与 $\varepsilon(\xi)$ 的图像

的精确解. 图 8.3 显示了 $\alpha=4$, $\beta=0.4$, $M=17$ 时的 $\tilde{\delta}\sim h$, $\tilde{\lambda}\sim h$, $\tilde{c}\sim h$ 曲线图, 表明收敛范围大约为

$$-4.5<h<-1$$

图 8.4(a) 和图 8.4(b) 分别显示了取 $h=-3$ 时 $f(\xi)$ 和 $\varepsilon(\xi)$ 的图像. 从图 8.4(b) 可看出

$$\max_{\xi\in[-\pi,+\pi]}|\varepsilon(\xi)|\sim 10^{-6}$$

表明 HAM 给出的近似解析解非常接近原方程的精确解.

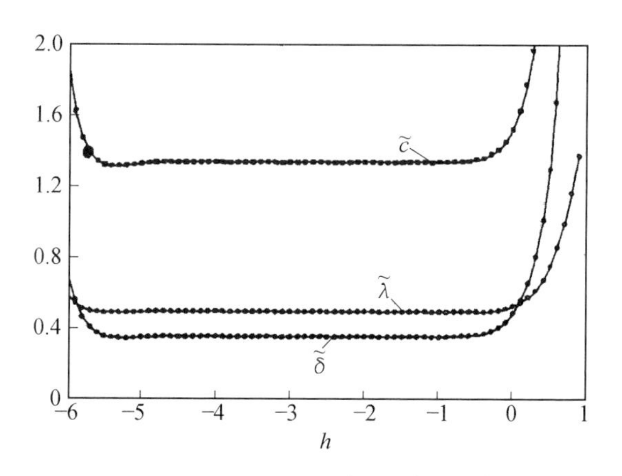

图 8.3 $\alpha=4$, $\beta=0.4$, $M=17$ 时的 $\tilde{\delta}\sim h$, $\tilde{\lambda}\sim h$, $\tilde{c}\sim h$ 曲线图

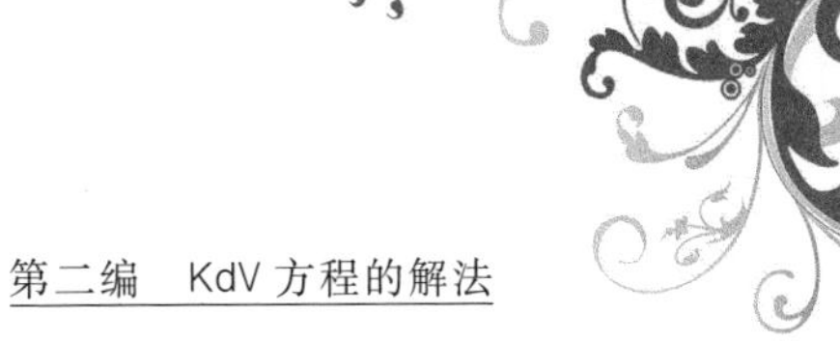

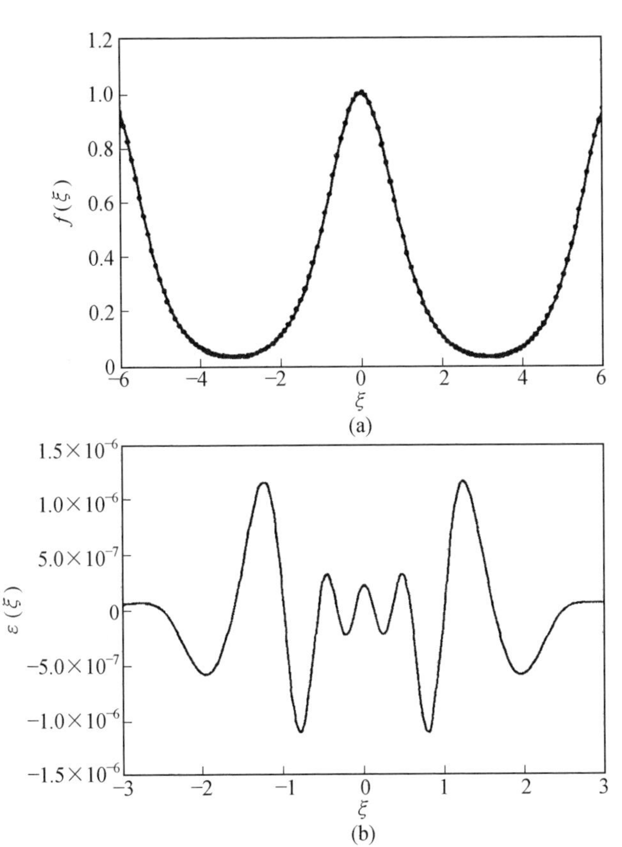

图 8.4 $\alpha=4,\beta=0.4,M=17,h=-3$ 时 $f(\xi)$ 与 $\varepsilon(\xi)$ 的图像

8.3 结论

本章利用 HAM 求解了 KdV 方程，得到了它的近似周期解，该解与精确解非常吻合. 计算结果表明 HAM 在求解非线性演化方程时，仍然是一种行之有

效的近似方法. 该方法可借助计算机代数系统如 Mathematica 或 Maple 等软件快速高效地完成,能够方便地用于求解非线性演化方程的高精度近似解析解.相信在今后非线性物理问题的研究中,该方法会发挥重要的作用.

两种方法求组合 KdV 方程的新解[①]

第 9 章

KdV 方程历来是人们研究的重点，也是研究非线性发展方程的起点. KdV 方程是非线性色散方程，是非线性波理论中的一个基本模型，一直被作为研究孤立子现象的经典方程. 本章针对组合非线性 KdV 方程

$$u_t+\alpha uu_x+\beta u^2u_x+\mu u_{xxx}=0 \tag{1}$$

的解进行研究，其中 α,β,μ 是任意常数. 当 $\beta=0$ 时，以上方程就是标准的 KdV方程. 在许多科学领域中，大量重要问题的研究和解决最终归结为

① 摘编自《青岛理工大学学报》2011 年第 32 卷第 5 期.

用非线性方程来描述.因此,如何求解这些非线性方程成为广大数学和物理工作者致力研究的一个重要课题.近年来,人们提出和发展了许多求非线性方程解的新方法.如非线性变换法、齐次平衡法、反散射法、试探函数法、Riccati 法、F 展开法、叠加法、辅助方程法等,并用这些方法求解了许多非线性方程.根据刘式适和付遵涛①提出的 Jacobi 椭圆函数法,青岛理工大学理学院的李俊焕、郑一两位教授于 2011 年对方程(1)的周期解进行了研究.之所以可以用这种方法对其求解,是因为观察此方程可知,每一项中 u 的各阶导数的阶数与其相应幂次乘积之和都为奇数,即“秩”同类,所以该方程就可以用 Jacobi 椭圆函数法求解.另外,运用修正的双曲正切函数展开法,求得了方程(1)的奇异行波解.

9.1 方法简介

第一步　设给定的非线性发展方程为

$$F(u,u_t,u_x,u_{xx},u_{xxx},\cdots)=0 \tag{2}$$

对此方程作行波约化变换:设 $u(x,t)=u(\xi)$,$\xi=kx+\lambda t+\xi_0$,将这种变换代入方程(2),得到常微分方程

$$G(u,u_\xi,u_{\xi\xi},u_{\xi\xi\xi},\cdots)=0$$

第二步　设方程 $G(u,u_\xi,u_{\xi\xi},u_{\xi\xi\xi},\cdots)=0$ 的解可用级数展开

① 刘式适,付遵涛.Jacobi 椭圆函数展开法及其在求解非线性波动方程中的应用[J].物理学报,2001,50(11):2068-2072.

$$u(\xi)=\sum_{i=0}^{n}h_i f^i(\xi)$$

其中 $f(\xi)$ 可以为 Jacobi 椭圆余弦函数 $\operatorname{cn}\xi$、第三类 Jacobi 椭圆函数 $\operatorname{dn}\xi$ 和双曲正切函数 $\tanh\xi$，且有 $\operatorname{sn}^2\xi+\operatorname{cn}^2\xi=1,\operatorname{dn}^2\xi+m^2\operatorname{sn}^2\xi=1$. $m(0<m<1)$ 为模数，且

$$(\operatorname{sn}\xi)_\xi=\operatorname{cn}\xi\operatorname{dn}\xi,(\operatorname{cn}\xi)_\xi=-\operatorname{sn}\xi\operatorname{dn}\xi$$

$$(\operatorname{dn}\xi)_\xi=-m^2\operatorname{sn}\xi\operatorname{cn}\xi$$

n 可以通过平衡非线性发展方程中的非线性项和线性最高阶导数项的阶数求得. 在平衡非线性发展方程时，设 $u(\xi)$ 的最高阶数是 n，则记

$$D_1\left[\frac{\mathrm{d}^q u}{\mathrm{d}\xi^q}\right]=n+q$$

$$D_2\left[u^p\left(\frac{\mathrm{d}^q u}{\mathrm{d}\xi^q}\right)^h\right]=np+h(n+q)$$

当 $D_1=D_2$ 时可求得 n 的值. 例如：KdV 方程

$$u_t+uu_x+au_{xxx}=0$$

中 $n+3=2n+1$，所以 $n=2$.

第三步　将已确定 n 的 $u(\xi)=\sum_{i=0}^{n}h_i f^i(\xi)$ 代入方程(2)中，可得到一个关于 f 的多项式，令其各幂次项的系数为 0，由此得到一个关于 h_i 的代数方程组，再求解方程组.

第四步　将求解方程组的解代入式 $u(\xi)=\sum_{i=0}^{n}h_i f^i(\xi)$ 中，就可得原方程的解.

9.2 求解过程

1. Jacobi 椭圆余弦函数形式解

将 $u(x,t)=u(\xi)$ 和变换 $\xi=kx+\lambda t+\xi_0$ 代入方程(1)，得常微分方程

$$\lambda u_\xi+\alpha kuu_\xi+k\beta u^2u_\xi+k^3u_{\xi\xi\xi}=0 \tag{3}$$

平衡方程(3)中的非线性项和线性最高阶导数项，可得 $n=1$. 当方程(1)的解形如 $u(\xi)=\sum\limits_{i=0}^{n}a_i\mathrm{cn}^i\,\xi$ 时，可设其解为

$$u(\xi)=a_0+a_1\mathrm{cn}\,\xi \tag{4}$$

对式(4)求导，有

$$\begin{cases}u_\xi=-a_1\mathrm{sn}\,\xi\mathrm{dn}\,\xi\\ u_{\xi\xi}=-a_1\mathrm{cn}\,\xi\mathrm{dn}^2\,\xi+m^2a_1\mathrm{sn}^2\,\xi\mathrm{cn}\,\xi\\ u_{\xi\xi\xi}=(a_1-2m^2a_1)\mathrm{sn}\,\xi\mathrm{dn}\,\xi+6m^2a_1\mathrm{sn}\,\xi\mathrm{cn}^2\,\xi\mathrm{dn}\,\xi\end{cases} \tag{5}$$

将式(5)代入方程(3)，并令 sn ξ，cn ξ，dn ξ 各个混合乘积项的系数为 0，可得

$$\begin{cases}\lambda a_1+\alpha ka_0a_1+k\beta a_0^2a_1-2k^3a_1-2k^3m^2a_1=0\\ \alpha ka_1^2+2k\beta a_0a_1^2=0\\ k\beta a_1^3-6k^3m^2a_1=0\end{cases} \tag{6}$$

解方程组(6)可得

$$a_0=-\frac{\alpha}{2\beta},a_1=\pm\sqrt{\frac{6k^2m^2}{\beta}},\lambda=\frac{8k^3\beta(1+m^2)+\alpha^2k}{4\beta}$$

将以上解及其 $\xi=kx+\lambda t+\xi_0$ 代入式(4)，可得原方程(1) 的两组解. 于是得到如下定理：

定理 9.1　组合非线性 KdV 方程

$$u_t+\alpha uu_x+\beta u^2u_x+\mu u_{xxx}=0$$

经行波变换 $\xi=kx+\lambda t+\xi_0$ 有准确周期解，即椭圆余弦波解

$$u_{1,2}(x,t)=-\frac{\alpha}{2\beta}\pm\sqrt{\frac{6k^2m^2}{\beta}}\cdot \operatorname{cn}\left[kx+\frac{8k^3\beta(1+m^2)+\alpha^2k}{4\beta}t+\xi_0\right]$$

并且当 $m\to 1$ 时，椭圆余弦波解退化为钟状孤波解

$$u_{\mathrm{sech}-1}(x,t)=-\frac{\alpha}{2\beta}\pm\sqrt{\frac{6k^2}{\beta}}\cdot \operatorname{sech}\left[kx+\frac{16k^3\beta+\alpha^2k}{4\beta}t+\xi_0\right]$$

证明　注意当 $m\to 1$ 时，成立 $\operatorname{cn}\xi\to\operatorname{sech}\xi$，在椭圆余弦波解 $u_{1,2}(x,t)$ 中取极限即可.

2. 第三类 Jacobi 椭圆函数形式解

当方程(1) 的解形如 $u(\xi)=\sum\limits_{i=0}^{n}b_i\operatorname{dn}^i\xi$ 时，可设其解为

$$u(\xi)=b_0+b_1\operatorname{dn}\xi \tag{7}$$

对式(7) 求导，有

$$\begin{cases}u_\xi=-b_1m^2\operatorname{sn}\xi\operatorname{cn}\xi\\ u_{\xi\xi}=-b_1m^2\operatorname{cn}^2\xi\operatorname{dn}\xi+b_1m^2\operatorname{sn}^2\xi\operatorname{dn}\xi\\ u_{\xi\xi\xi}=4b_1m^2\operatorname{sn}\xi\operatorname{cn}\xi\operatorname{dn}\xi+b_1m^4\operatorname{sn}\xi\operatorname{cn}^3\xi-b_1m^4\operatorname{sn}^3\xi\operatorname{cn}\xi\end{cases} \tag{8}$$

将式(8) 代入方程(3)，并令 $\operatorname{sn}\xi,\operatorname{cn}\xi,\operatorname{dn}\xi$ 各个混合

乘积项的系数为 0,可得

$$\begin{cases}\lambda b_1 m^2 + \alpha k b_0 b_1 m^2 + \beta k b_0^2 b_1 m^2 - m^2 b_1^3 \beta k - k^3 \mu m^4 b_1 = 0 \\ \alpha k b_1^2 m^2 + 2\beta k b_0 b_1^2 m^2 - 4 b_1 m^2 k^3 \mu = 0 \\ 2k^3 \mu m^4 b_1 + \beta k m^4 b_1^3 = 0\end{cases} \tag{9}$$

解方程组(9) 可得两组解

$$\begin{cases}b_{01} = -\dfrac{2\sqrt{-2k^2\mu\beta} + \alpha}{2\beta} \\ b_{11} = \sqrt{-\dfrac{2k^2\mu}{\beta}} \\ \lambda_1 = \dfrac{4k^3\mu\beta m^2 + \alpha^2 k}{4\beta}\end{cases}$$

$$\begin{cases}b_{02} = \dfrac{2\sqrt{-2k^2\mu\beta} - \alpha}{2\beta} \\ b_{12} = \sqrt{-\dfrac{2k^2\mu}{\beta}} \\ \lambda_2 = \dfrac{4k^3\mu\beta m^2 + \alpha^2 k + 8\alpha k\sqrt{-2k^2\mu\beta}}{4\beta}\end{cases}$$

将以上各解及其变换 $\xi = kx + \lambda t + \xi_0$ 代入式(7) 可得方程(1) 的两组解. 于是得到如下定理:

定理 9.2　组合非线性 KdV 方程

$$u_t + \alpha u u_x + \beta u^2 u_x + \mu u_{xxx} = 0$$

经行波变换 $\xi = kx + \lambda t + \xi_0$ 有第三类 Jacobi 椭圆函数解

$$u_3(x,t) = -\frac{2\sqrt{-2k^2\mu\beta} + \alpha}{2\beta} + \sqrt{-\frac{2k^2\mu}{\beta}} \cdot \mathrm{dn}\left(kx + \frac{4k^3\mu\beta m^2 + \alpha^2 k}{4\beta} t + \xi_0\right)$$

$$u_4(x,t)=\frac{2\sqrt{-2k^2\mu\beta}-\alpha}{2\beta}-\sqrt{-\frac{2k^2\mu}{\beta}}\cdot$$

$$\mathrm{dn}\left(kx+\frac{4k^3\mu\beta m^2+\alpha^2k+8\alpha k\sqrt{-2k^2\mu\beta}}{4\beta}t+\xi_0\right)$$

并且当 $m\to1$ 时,原方程的钟状孤波解为

$$u_{\mathrm{sech}-2}(x,t)=-\frac{2\sqrt{-2k^2\mu\beta}+\alpha}{2\beta}+\sqrt{-\frac{2k^2\mu}{\beta}}\cdot$$

$$\mathrm{sech}\left(kx+\frac{4k^3\mu\beta+\alpha^2k}{4\beta}t+\xi_0\right)$$

$$u_{\mathrm{sech}-3}(x,t)=\frac{2\sqrt{-2k^2\mu\beta}-\alpha}{2\beta}-\sqrt{-\frac{2k^2\mu}{\beta}}\cdot$$

$$\mathrm{sech}\left(kx+\frac{4k^3\mu\beta+\alpha^2k+8\alpha k\sqrt{-2k^2\mu\beta}}{4\beta}t+\xi_0\right)$$

证明　注意当 $m\to1$ 时,成立 $\mathrm{dn}\,\xi\to\mathrm{sech}\,\xi$,在第三类 Jacobi 椭圆函数解 $u_3(x,t)$,$u_4(x,t)$ 中取极限即可.

3. 双曲正切函数 tanh 形式解

当方程(1) 的解形如

$$u(\xi)=c_0+\sum_{i=1}^{n}\tanh^{i-1}\xi(c_i\tanh\xi+d_i\coth\xi)$$

时,由 $n=1$ 可设其解为

$$u(\xi)=c_0+c_1\tanh\xi+d_1\coth\xi \tag{10}$$

对式(10) 求导,有

$$\begin{cases}u(\xi)=c_1\mathrm{sech}^2\xi-d_1\mathrm{csch}^2\xi\\ u_{\xi\xi}=2d_1\coth\xi\mathrm{csch}^2\xi-2c_1\mathrm{sech}^2\xi\tanh\xi\\ u_{\xi\xi\xi}=-2c_1\mathrm{sech}^4\xi-4d_1\coth^2\xi\mathrm{csch}^2\xi-\\ \qquad 2d_1\mathrm{csch}^4\xi+4c_1\mathrm{sech}^2\xi\tanh^2\xi\end{cases} \tag{11}$$

将式(11) 代入方程(3),并令 $\tanh\xi$,$\coth\xi$,$\mathrm{csch}\,\xi$ 各

个混合乘积项的系数及常数项都为 0,可得

$$\begin{cases}2k^3\mu c_1+\lambda c_1-k\alpha c_0c_1-k\beta c_0^2-k\beta c_1^2d_1=0\\ \lambda d_1-4k^3\mu d_1-k\alpha c_0d_1-k\beta c_0^2d_1-k\beta c_1d_1^2-k\beta d_1^2=0\\ 6k^3\mu d_1+k\beta d_1^2=0\\ k\alpha d_1^2+2k\beta c_0d_1^2=0\end{cases}\tag{12}$$

解方程组(12) 可得

$$c_0=-\frac{\alpha}{2\beta},c_1=0,d_1=-\frac{6k^2\mu}{\beta}$$

$$\lambda=\frac{16k^3\mu\beta-\alpha^2k+144k^5\mu^2}{4\beta}$$

将以上各解及其变换 $\xi=kx+\lambda t+\xi_0$ 代入式(10),可得原方程的一组解. 于是得到如下定理:

定理 9.3　组合非线性 KdV 方程

$$u_t+\alpha uu_x+\beta u^2u_x+\mu u_{xxx}=0$$

经行波变换 $\xi=kx+\lambda t+\xi_0$ 具有双曲正切函数解,即奇异行波解

$$u_5(x,t)=-\frac{\alpha}{2\beta}-\frac{6k^2\mu}{\beta}\cdot$$

$$\coth\left(kx+\frac{16k^3\mu\beta-\alpha^2k+144k^5\mu^2}{4\beta}t+\xi_0\right)$$

9.3　结　　论

本章利用 Jacobi 椭圆余弦函数展开法、第三类 Jacobi 椭圆函数展开法、修正的双曲正切函数展开法分别讨论了组合 KdV 方程(1) 的准确周期解和奇异行波解. 这些解都是本章所得到的新解,而且准确周期

解在极限条件下也可以退化为新的孤波解. 而椭圆余弦函数解和第三类 Jacobi 椭圆函数解在极限条件下得到了钟状孤波解.

KdV 方程的另一种可积离散化[①]

第10章

在孤子理论中,KdV 方程作为最原始的非线性发展方程,不仅完美地解释了很多稳定的自然现象,还为许多非线性微分方程显式解的求得提供了很多成熟的方法.孤子方程的可积离散化,不仅能准确地表示其不同时刻各晶格点的运动情况,还能构造更多的可积系统,丰富并完善非线性学科.

在可积系统理论中,可积性指的是系统的运动学情况或者动力学方程

① 摘编自《广西师范学院学报(自然科学版)》,2011 年 9 月第 28 卷第 3 期.

的解可严格地用基本函数解析地表示出来.孤子方程的可积又分为Lax意义可积,Painleve可积,Hirota(广田)可积等,浙江师范大学数理与信息工程学院的丁大军教授于2011年给出的可积离散化是指能给具体显式解的Hirota可积.在寻找孤子方程解的方法中,Hirota方法是当前运用十分广泛,而且操作简单的方法.其一般的步骤为:先通过适当的位势函数变换,将原来的孤子方程转化成双线性导数形式,接着将新的位势函数进行含小参数扰动的形式级数展开,通过比较小参数的同次幂系数,得到许多含一边为线性微分方程的递推形式,另一边为函数其他形式的组合的方程族,最后在一定的条件下将展开的级数进行有限截断,从而得到其指数形式的单孤子,双孤子,多孤子解的具体表达式.

10.1 可积离散化

对著名的KdV方程 $u_t+u_{xxx}+6uu_x=0$,对变量 x 积分一次,并令积分常数为零可以得到 $\partial^{-1}u_t+u_{xxx}+3u^2=0$,再应用Cole-Hopf变换 $u=2\ln(f)_{xx}$,可以得到如下非线性的微分方程

$$ff_{tx}-f_tf_x+ff_{xxx}-4f_xf_{xxxx}+3f_{xx}^2=0 \quad (1)$$

式(1)可以等价地写为

$$(D_t+D_x^3)f_x\circ f=0 \quad (2)$$

这里的算子 D 为Hirota双线性导数算子,其定义为:若二元函数 $f(t,x)$ 和 $g(t,x)$ 是变量 t 和 x 的可微函数,则微分算子 D 称为Hirota双线性导数算子,若对任意的非负整数 m 和 n,有

$$D_t^m D_x^m f \circ g$$
$$= (\partial_t - \partial_{t'})^m (\partial_x - \partial_{x'})^n f(t,x) g(t,x) \mid_{t'=t, x'=x} \tag{3}$$

接下来我们对方程(2)进行离散化，并通过其 N 孤子解证明其可积性. 对函数 f 对变量 x 的微分，我们用差分格式进行替换，即向前(或向后)进格(或退格)一次，我们采用的是向前进格的形式，向后退格得到的解与向前进格情形类似，对 3 次 Hirota 算子，我们用 $2\sinh D_n$ 进行替代，则可以得到一个离散化的孤子方程

$$(D_t + 2\sinh D_n) f_{n+1} \circ f_n = 0 \tag{4}$$

展开式(4)，可以得到

$$f_{n+1,t} f_n - f_{n+1} f_{n,t} + f_{n+2} f_{n-1} - f_n f_{n+1} = 0 \tag{5}$$

运用 Hirota 方法求解方程(5)的孤子解，Hirota 方法的主要思想是将非线性方程转化成左边为线性微分方程的递推式，右边为非线性项或为 0 的方程，通过递推关系给出解，因此，我们对方程(5)按照小参数 ε 全展开

$$f_n = \sum_{i=1}^{+\infty} f_n^{(i)} \varepsilon^i = 1 + f_n^{(1)} \varepsilon + f_n^{(2)} \varepsilon^2 + \cdots \tag{6}$$

比较 ε 的同次幂系数可以得到

$$\varepsilon^1 : f_{n+1,t}^{(1)} - f_{n,t}^{(1)} + f_{n+2}^{(1)} + f_{n-1}^{(1)} - f_n^{(1)} - f_{n+1}^{(1)} = 0$$

$$\varepsilon^2 : f_{n+1,t}^{(2)} - f_{n,t}^{(2)} + f_{n+2}^{(2)} + f_{n-1}^{(2)} - f_n^{(2)} f_{n+1}^{(2)}$$
$$= - f_{n+1,t}^{(1)} f_n^{(1)} + f_{n+1}^{(1)} f_{n,t}^{(1)} - f_{n+2}^{(1)} f_{n-1}^{(1)} + f_n^{(1)} f_{n+1}^{(1)}$$

$$\varepsilon^3 : f_{n+1,t}^{(3)} - f_{n,t}^{(3)} + f_{n+2}^{(3)} + f_{n-1}^{(3)} - f_n^{(3)} - f_{n+1}^{(3)}$$
$$= - f_{n+1,t}^{(2)} f_n^{(1)} - f_{n+1}^{(1)} f_n^{(2)} + f_{n+1}^{(2)} f_{n,t}^{(1)} + f_{n+1}^{(1)} f_{n,t}^{(2)} -$$
$$f_{n+2}^{(1)} f_{n-1}^{(2)} - f_{n+2}^{(2)} f_{n-1}^{(1)} + f_n^{(2)} f_{n+1}^{(1)} + f_n^{(1)} f_{n+1}^{(2)}$$

$$\varepsilon^4 : f_{n+1,t}^{(4)} - f_{n,t}^{(4)} + f_{n+2}^{(4)} + f_{n-1}^{(4)} - f_n^{(4)} - f_{n+1}^{(4)}$$
$$= - f_{n+1,t}^{(3)} f_n^{(1)} - f_{n+1,t}^{(2)} f_n^{(2)} - f_{n+1,t}^{(1)} f_n^{(3)} - f_{n+1}^{(1)} f_{n,t}^{(3)} +$$

$$f_{n+1}^{(3)}f_{n,t}^{(1)}+f_{n+1}^{(2)}f_{n,t}^{(2)}+f_{n+1}^{(1)}f_{n,t}^{(3)}-f_{n+2}^{(3)}f_{n-1}^{(1)}-$$
$$f_{n+2}^{(2)}f_{n-1}^{(2)}-f_{n+2}^{(1)}f_{n-1}^{(3)}+f_{n}^{(3)}f_{n+1}^{(1)}+$$
$$f_{n}^{(2)}f_{n+1}^{(2)}+f_{n}^{(1)}f_{n+1}^{(3)}$$
$$o(\varepsilon^4)\cdots\cdots$$

观察 ε^1 项，可知此式为一个线性差分方程，从而可以假设 $f_n^{(1)}$ 具有如下形式的指数解：$f_n^{(1)}=\mathrm{e}^{w_1t+k_1n+\xi_1^{(0)}}\cong\mathrm{e}^{\xi_1}$，带入其中可以得到其色散关系为：$w_1=-2\sinh k_1$，容易计算验证知将上述结果带入 ε^2 的右边，可以得到其为零. 从而由递推性质可以将 f 有限截断，此时我们去掉小参数 $\varepsilon=1$，这样就可以求得其单孤子解. 根据线性方程解的叠加原理，我们求得其 2 或 N 孤子解. 令 $f_n^{(1)}=\mathrm{e}^{\xi_1}+\mathrm{e}^{\xi_2}$，$\xi_i=w_it+k_in+\xi_i^{(0)}$，$w_i=-2\sinh k_i(i=1,2)$，带入 ε^2 右边可得

$$f_{n+1,t}^{(2)}-f_{n,t}^{(2)}+f_{n+2}^{(2)}+f_{n-1}^{(2)}-f_{n}^{(2)}-f_{n+1}^{(2)}$$
$$=8\sinh\frac{k_1-k_2}{2}\sinh\frac{k_1}{2}\sinh\frac{k_2}{2}(\mathrm{e}^{k_1}-\mathrm{e}^{k_2})\mathrm{e}^{\xi_1+\xi_2}$$

解上述方程可得

$$f_n^{(2)}=c_{12}\mathrm{e}^{\xi_1+\xi_2}=\sinh^2\frac{k_1-k_2}{2}\sinh^{-2}\frac{k_1+k_2}{2}\mathrm{e}^{\xi_1+\xi_2}$$

带入 ε^3 项，经过计算可以得出其右边为 0，从而可以求出其 2 孤子解.

类似单孤子解和双孤子解的求解，如果假设

$$f_n^{(1)}=\sum_{i=1}^{N}\mathrm{e}^{\xi_i},\xi_i=\omega_it+k_in+\xi_i^{(0)},\omega_i=-2\sinh k_i$$
$$(i=1,2,\cdots,N)$$

在 Maple 的辅助计算下，我们可以给出其一般形式解，即 N 孤子解为

$$f_n=\sum_{\mu=0,1}\mathrm{e}^{\sum\limits_{j=0}^{N}\mu_j\xi_j+\sum\limits_{1\leqslant j<l\leqslant N}\mu_j\mu_l\theta_{jl}}$$

其中的参数及其意义分别为

$$e^{a_{jl}}=\sinh^2\frac{k_j-k_l}{2}\sinh^{-2}\frac{k_j+k_l}{2}$$

对 μ 的求和是指对 $\mu_j=0,1(j=1,2,\cdots)$ 的所有可能的组合求和，一共有 2^N 项相加，当 μ_j 全为 0 时，对应项为 1；全取 1 时，对应项为 $e^{\sum_{j=1}^{N}\xi_j+\sum_{1\leqslant j<l\leqslant N}a_{jl}}$.

下面我们给出其孤子碰撞示意图，这里的参数分别取为：$k_1=1,k_2=2,k_3=3$，三个孤波的初始相移均取 0，图 10.1 是其三孤子的立体效果图，图 10.2 ~ 10.8 分别对应时刻 $t=-10,-5,-1.5,0,1.5,4,10$ 时的三孤子碰撞示意图.

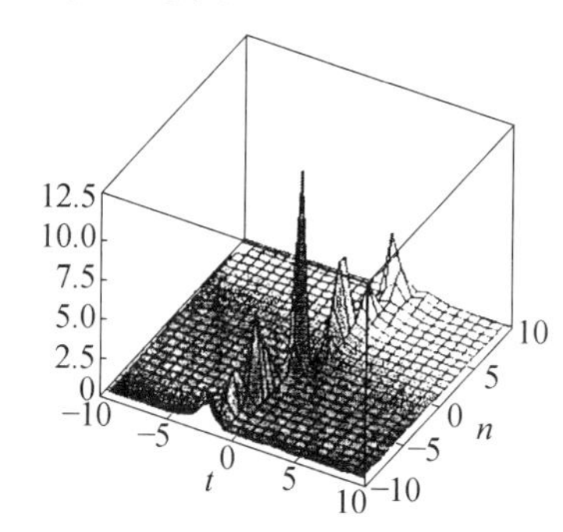

图 10.1

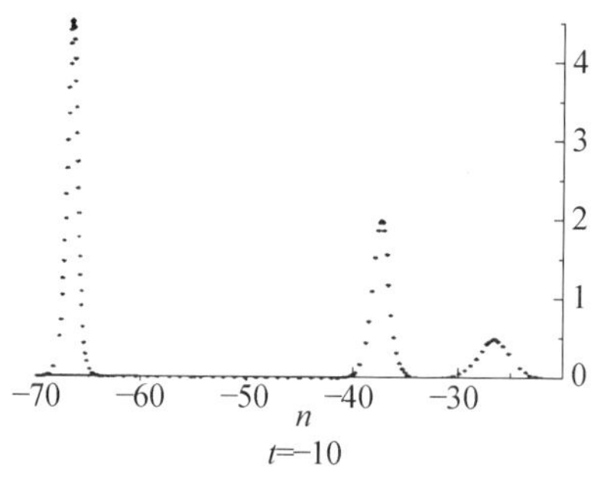

图 10.2

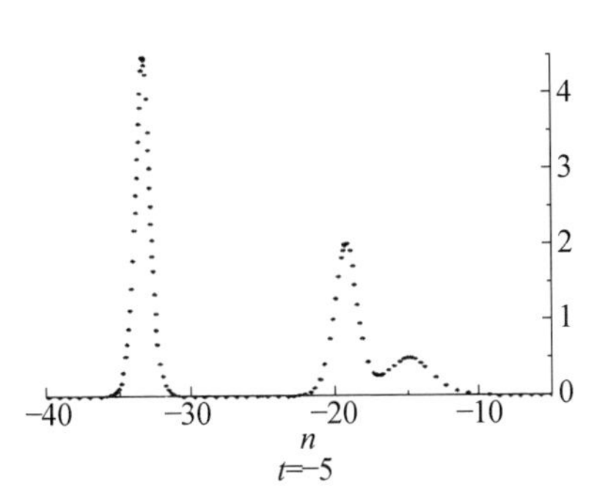

图 10.3

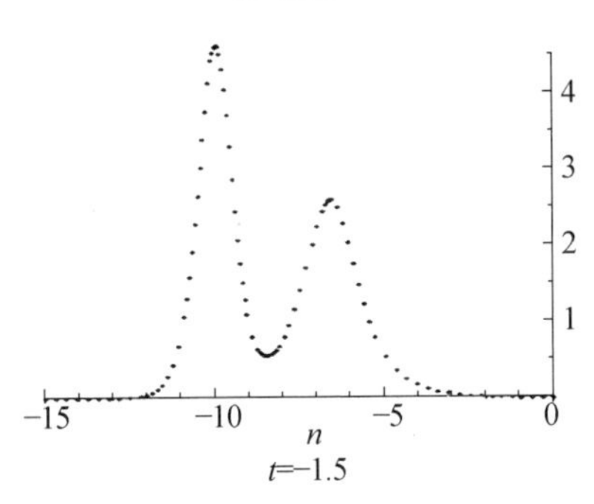

图 10.4

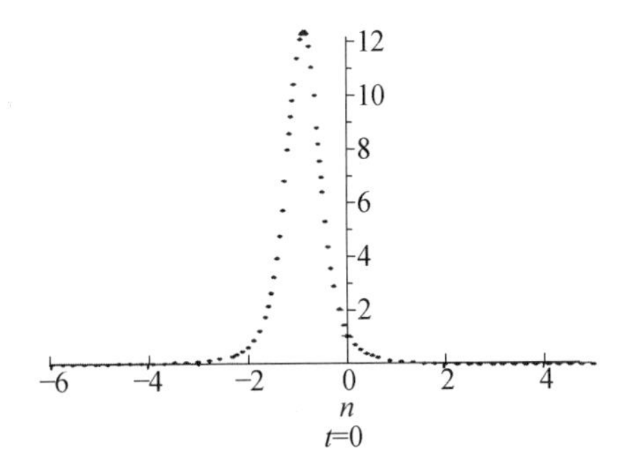

图 10.5

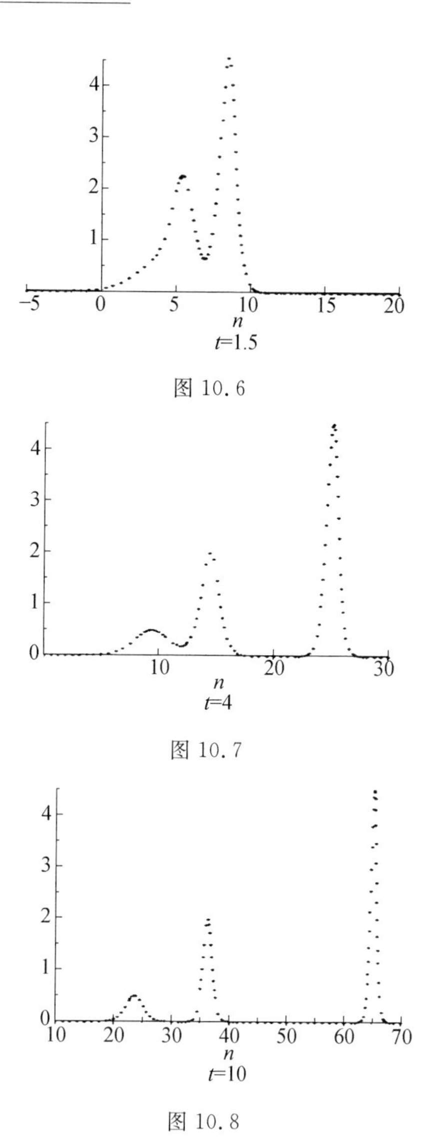

图 10.6

图 10.7

图 10.8

10.2　小　　结

本章主要是对 KdV 方程进行可积离散化，利用 Hirota 方法给出其孤子解，并给出了三孤子碰撞的示意图，来说明离散孤波各个晶格点之间的作用效果. 这种离散化的方法已经成功地运用在了 modified KdV(mKdV) 方程，聚焦非线性 Schrödinger(focus NLS) 方程，二阶和三阶 AKNS 方程等上.

KdV 方程的双 Wronskian 解研究①

第 11 章

2012 年，连云港师范高等专科学校数学与应用数学系的艾玉波教授在研究双 Wronskian（朗斯基）解的问题上，利用双 Wronskian 技巧对修正 KdV 方程求解，给出修正 KdV 方程双 Wronskian 形式的有理解，具体求解了双 Wronskian 行列式元素的表达式.

孤立子理论是应用数学和数学物理的一个重要组成部分，近几十年受到国际数学界和物理界的普遍重视. 孤立子往往也称为孤立波，它是

① 摘编自《湖南师范大学自然科学学报》，2012 年 12 月第 35 卷第 6 期.

指一大类非线性偏微分方程的具有特殊性质的解，及与之相应的物理现象. 随着研究的深入，大批具有孤立子解的非线性波动方程在各个领域不断被揭示，寻求孤子方程的精确解以及讨论解的性质成为孤立子方程研究中的重大课题.

11.1　修正 KdV 方程 Hirota 形式的 n 孤子解

在发现 KdV 方程的 n 孤子解后，人们开始转向其他非线性波动方程. 根据其中之一是广义 KdV 方程求解其 n 孤子解的递推方法为 $u_t+u_{xxx}+6u^{\alpha}u_x=0$，这里 α 为正整数. 当 $\alpha=2$ 时，以 v 代替 u 后方程化为 $v_t+v_{xxx}+6v^2v_x=0$，并称为修正 KdV 方程. 用双线性导数法求出其孤子解为 $v=\left(\ln\frac{1-\mathrm{i}e^{\zeta_1}}{1+\mathrm{i}e^{\zeta_1}}\right)_x$.

如果进行单位化变换，取 $w^{(1)}=e^{\zeta_1+\mathrm{i}\frac{\pi}{2}}+e^{\zeta_2+\mathrm{i}\frac{\pi}{2}}$，$\zeta^{(1)}=w_jt+k_jx+\zeta_j^{(0)}$，$w_j=-k_j^3$，$j=1,2$.

于是双孤子解为

$$v=\left(\ln\frac{1+e^{\zeta_1-\mathrm{i}\frac{\pi}{2}}+e^{\zeta_2-\mathrm{i}\frac{\pi}{2}}+e^{\zeta_1+\zeta_2-\mathrm{i}\pi+A_{12}}}{1+e^{\zeta_1+\mathrm{i}\frac{\pi}{2}}+e^{\zeta_2+\mathrm{i}\frac{\pi}{2}}+e^{\zeta_1+\zeta_2-\mathrm{i}\pi+A_{12}}}\right)_x$$

再根据截断式的求解方法，令

$$w^{(1)}=e^{\zeta_1+\mathrm{i}\frac{\pi}{2}}+e^{\zeta_2+\mathrm{i}\frac{\pi}{2}}+\cdots+e^{\zeta_n+\mathrm{i}\frac{\pi}{2}}$$

$$\zeta_j=w_jt+k_jx+\zeta_j^{(0)},w_j=-k_j^3,j=1,2$$

修正 KdV 方程的 n 孤子解为

$$v=\left[\ln\frac{\sum\limits_{u=0,1}e^{\sum\limits_{j=1}^{n}\mu_j(\zeta_j-\mathrm{i}\frac{\pi}{2})+\sum\limits_{1\leqslant j<l}^{n}\mu_j\mu_lA_{jl}}}{\sum\limits_{u=0,1}e^{\sum\limits_{j=1}^{n}\mu_j(\zeta_j+\mathrm{i}\frac{\pi}{2})+\sum\limits_{1\leqslant j<l}^{n}\mu_j\mu_lA_{jl}}}\right]$$

11.2 修正 KdV 方程双 Wronskian 形式的有理解

为了能够求解 KdV 方程的双 Wronskian 解，首先要计算等谱 AKNS 方程族中的三阶 AKNS 方程.

根据等谱 AKNS 方程组

$$\begin{pmatrix} q \\ r \end{pmatrix}_t = L^n \begin{pmatrix} q \\ -r \end{pmatrix}$$

将推算因子 L 代入方程组得

$$L = \boldsymbol{\sigma}\partial + 2\begin{pmatrix} q \\ -r \end{pmatrix}\partial^{-1}(r,q), \boldsymbol{\sigma} = \begin{pmatrix} -1 & 0 \\ 0 & 1 \end{pmatrix}$$

对方程组进行等谱变换为

$$\begin{pmatrix} \varphi_1 \\ \varphi_2 \end{pmatrix}_x = \begin{pmatrix} -\eta & q \\ r & \eta \end{pmatrix}\begin{pmatrix} \varphi_1 \\ \varphi_2 \end{pmatrix}$$

利用 $q=\dfrac{g}{f}, r=\dfrac{h}{f}$ 变换求得双 Wronskian 行列式 f 和 g 对 x 的导数得

$$g_t f - g f_t + g_{xxx} f - 3g_{xx} f_x + 3g_x f_{xx} - g f_{xxx} = 0$$

利用多项式解对导数方程进行分解，得到

$$f = 2x, g = h = -2, f = -\frac{4}{3}(x^4 + 12xt)$$

$$g = h = -\frac{8}{3}(x^3 + 6t)$$

因此原双 Wronskian 行列式的有理解为

$$q = r = -\frac{1}{x}, q = r = \frac{2(x^3 - 6t)}{x^4 + 12xt}$$

11.3　修正 KdV 方程的双 Wronskian 解

设修正 KdV 方程有分式解 $v=\frac{g}{f}$，根据双 Wronskian 解的特点，f 和 g 满足

$$g_tf-gf_t+g_{xxx}f-3g_{xx}f_x+3g_xf_{xx}-gf_{xxx}-\frac{6}{f^2}(g_xf-gf_x)(f_{xx}f-f_x^2+g^2)=0$$

利用线性导数方程求上述导数方程的有理解，本章不再赘述，由于借助系数矩阵的正定表达式化简了修正 KdV 方程组的一阶常微分方程，因此对于改进的 KdV 方程的双 Wronskian 解可以不考虑复特征根的情况，从而只计算其有理解.

当 $N=0$ 时，对于实根导数方程可以得到

$$f=-c_0^2\mathrm{e}^{8\lambda^3t-2\lambda x}+d_0^2\mathrm{e}^{-8\lambda^3t-2\lambda x},g=-4c_0d_0\lambda$$

则 g 与 f 的商为修正 KdV 方程的单孤子解.

当 $N=1$ 时，实根导数方程有

$$\phi_1=c_0\mathrm{e}^{4\lambda^3t-\lambda x},\phi_2=c_0(-x+12\lambda^2t+1)\mathrm{e}^{4\lambda^3t-\lambda x}$$

$$\varphi_1=d_0\mathrm{e}^{-4\lambda^3t+\lambda x},\phi_2=d_0(x-12\lambda^2t+1)\mathrm{e}^{-4\lambda^3t+\lambda x}$$

可得

$$f=-2c_0^2d_0^2(1+8\lambda^2x^2-192\lambda^4tx+1\ 152\lambda^6t^2)+d_0^4\mathrm{e}^{-16\lambda^3t+4\lambda x}+c_0^4\mathrm{e}^{16\lambda^3t-4\lambda x}$$

$$g=8c_0d_0^3(-24\lambda^4t+2\lambda^2x-\lambda)\mathrm{e}^{-8\lambda^3t+2\lambda x}+8c_0^3d_0(-24\lambda^4t+\lambda^2x+\lambda)\mathrm{e}^{8\lambda^3t-2\lambda x}$$

则 g 与 f 的商为修正 KdV 方程的双孤子解.

11.4 KdV-mKdV 混合方程的双线性形式及其孤子解

令 $u_t+6uu_x+6u^2u_x+u_{xxx}=0$ 为 KdV-mKdV 混合方程.

函数 $f(t,x)$ 与 $g(t,x)$ 的双线性导数定义为

$$D_t^m D_x^n f\cdot g$$
$$=(\partial_t-\partial_{t'})^m(\partial_x-\partial_{x'})f(t,x)g(t',x')\mid_{t'=t,x'=x}$$

对上述作变换

$$u(t,x)=a+\mathrm{i}\left[\ln\frac{\omega^*(t,x)}{\omega(t,x)}\right]_x$$

其中 ω^* 是复函数 ω 的共轭函数;α 为任意常数.

将变换代入 $u_t+6uu_x+6u^2u_x+u_{xxx}=0$, 则 KdV-mKdV 混合方程变为

$$\left(\ln\frac{\omega^*}{\omega}\right)_t+\left(\ln\frac{\omega^*}{\omega}\right)_{xxx}+3(2a+1)\mathrm{i}\left[\left(\ln\frac{\omega^*}{\omega}\right)_x\right]^2+$$
$$6a(a+1)\left(\ln\frac{\omega^*}{\omega}\right)_x-2\left[\left(\ln\frac{\omega^*}{\omega}\right)_x\right]^3=0$$

故方程的双线性导数方程为

$$[D_t+6a(a+1)D_x+D_x^3]\omega^*\cdot\omega=0$$
$$[D_x^2-\mathrm{i}(2a+1)D_x]\omega^*\cdot\omega=0$$

利用上述方法亦可求得其单孤子解为

$$u=a+\frac{2k_1\mathrm{e}^{\xi_1}\sin\theta_1}{1+\mathrm{e}^{2\xi_1}+2\mathrm{e}^{\xi_1}\cos\theta_1}$$

11.5 结　　论

本章研究了修正 KdV 方程 Hirota 形式的 n 孤子解,给出了修正 KdV 方程双 Wronskian 形式的有理解及修正 KdV 方程的 Wronskian 解. 利用双线性导数法所给出的修正 KdV 方程的 n 孤子解是一个复杂的和式,将它代入方程验证,利用线性导数方程的列向量计算了修正 KdV 方程的双 Wronskian 解.

KdV 方程的高阶保能量算法[①]

第 12 章

KdV 方程被转化为无穷维 Hamilton(哈密顿)系统,在空间方向上用拟谱算法离散得到了 KdV 方程的有限维 Hamilton 系统,利用四阶平均向量场(AVF)方法离散 KdV 方程的有限维 Hamilton 系统,构造了 KdV 方程的高阶保能量格式.海南大学信息科学技术学院的蒋朝龙、孙建强、何逊峰和闫静叶四位教授在 2017 年利用构造的高阶保能量格式数值模拟孤立波的演化行为.数值结果表明,高阶保能量格式可以精确保持方

① 摘编自《南京师大学报(自然科学版)》2017 年 12 月第 40 卷第 4 期.

程的离散能量守恒.具有能量守恒的Hamilton系统是动力系统的一个重要体系,一切耗散的和耗散忽略不计的物理过程都可以表示为 Hamilton 系统.20 世纪 80 年代,我国著名计算数学家冯康院士及其研究小组提出Hamilton系统辛几何算法.在辛几何算法的基础上,国内外学者发展了 Hamilton 系统的多辛几何算法.然而,向后误差分析表明对于非线性 Hamilton 系统,辛和多辛算法只能近似保持系统能量守恒.因此,构造保持 Hamilton 系统能量守恒的数值法对正确模拟具有能量守恒的 Hamilton 系统具有重要的意义.

最近,Quispel(奎斯佩尔)和 McLaren(迈凯伦)给出了如下的保能量平均向量场方法(AVF)

$$\frac{\boldsymbol{z}^{n+1}-\boldsymbol{z}^{n}}{\tau}=\int_{0}^{1} f[(1-\xi)\boldsymbol{z}^{n}+\xi\boldsymbol{z}^{n+1}]\mathrm{d}\xi, \boldsymbol{z}\in\mathbf{R}^{2m} \tag{1}$$

式中,$f(\boldsymbol{z})=\boldsymbol{S}\nabla H(\boldsymbol{z})$,$\boldsymbol{S}$ 是反对称常数矩阵,H:$\mathbf{R}^{2m}\to\mathbf{R}$ 是 Hamilton 能量函数.

平均向量场方法(1)也被称为平均离散梯度方法,可以精确保持 Hamilton 系统能量守恒,在时间方向具有二阶精度,是一类 B 级数方法.基于修正向量场方法的思想,Quispel 和 McLaren 提出了在时间方向上具有四阶精度的高阶平均向量场方法(AVF)

$$\begin{aligned}\frac{\boldsymbol{z}^{n+1}-\boldsymbol{z}^{n}}{\tau}=&\boldsymbol{S}\int_{0}^{1}\nabla H[(1-\xi)\boldsymbol{z}^{n}+\xi\boldsymbol{z}^{n+1}]\mathrm{d}\xi-\\&\frac{\tau^{2}}{12}\boldsymbol{S}\hat{\boldsymbol{H}}\boldsymbol{S}\hat{\boldsymbol{H}}\boldsymbol{S}\int_{0}^{1}\nabla H[(1-\xi)\boldsymbol{z}^{n}+\xi\boldsymbol{z}^{n+1}]\mathrm{d}\xi\end{aligned} \tag{2}$$

式中,$\hat{\boldsymbol{H}}_{i,j}=\dfrac{\partial^{2}H}{\partial z_{i}\partial z_{j}}\left(\dfrac{\boldsymbol{z}^{n}+\boldsymbol{z}^{n+1}}{2}\right)$.

Celledoni 等人[①]首次将二阶平均向量场方法应用在具有能量守恒的偏微分方程的求解中；龚等人[②]利用平均向量场方法(1) 构造了多辛 Hamilton 系统的局部保能量和保动量格式. 下面我们将利用四阶平均向量场方法(2) 求解 KdV 方程. KdV 方程广泛存在于非谐晶体，泡沫液混合物，磁流体动力学，离子声波中，考虑一般的 KdV 方程

$$u_t + cuu_x + \delta^2 u_{xxx} = 0, t > 0, x \in \Omega \tag{3}$$

初始条件为

$$u(x,0) = u^0(x), x \in \Omega \tag{4}$$

周期边界条件为

$$u(x+L,t) = u(x,t), x \in \Omega \tag{5}$$

式中，$\Omega = [a,b]$，$L = b - a$，c 和 δ 是实数.

KdV 方程具有如下的守恒特性：

动量守恒

$$M(t) = -\frac{1}{2}\int_a^b u^2 \mathrm{d}x = M(0) \tag{6}$$

能量守恒

$$E(t) = \int_a^b \left(\frac{\delta^2}{2}u_x^2 - \frac{c}{6}u^3\right)\mathrm{d}x = E(0) \tag{7}$$

KdV 方程的数值算法一直是研究的热点，特别是

---

① CELLEDONI E, GRIMM V, MCLACH LAN R I, et al. Preserving energy resp. dissipation in numerical PDEs using the "Average Vector Field" method[J]. Journal of computational physics, 2012,231(20):6770-6789.

② GONG Y Z, CAI J X, WANG Y S. Some new structure-preserving algorithms for general multi-symplectic for mulations of Hamiltonian PDEs[J]. Joural of computational physics, 2014,279:80-102.

构造 KdV 方程的保结构算法的研究.赵等人[①]最早构造了 KdV 方程的多辛 Preissman(普里斯曼)格式;王等人[②]研究了数值实现 KdV 方程的多辛 Preissman 格式和它的等价格式,并给出了 KdV 方程的一类显示多辛格式;宋等人[③]研究了 KdV 方程的多辛拟谱格式;Ascher 等人[④]系统地给出 KdV 方程的多辛 box 格式.吕等人[⑤]给出一类显示多辛拟谱格式;Karasozen 等人[⑥]利用二阶平均向量场,构造了 KdV 方程的保能量格式.本章将利用四阶平均向量场方法构造 KdV 方程的高阶保能量格式.

---

① ZHAO P F, QIN M Z. Multisymplectic geometry and multisymplectic Preissmann scheme for the KdV equation [J]. Journal of physics A: mathematical and general, 2000, 33(18): 3613.

② WANG Y S, WANG B, QIN M Z. Numerical implementation of the multisymplectic Preissman scheme and its equivalent schemes [J]. Applied mathematics and computation, 2004, 149(2): 299-326.

WANG Y S, WANG B, CHEN X. Multisymplectic Euler box scheme for the KdV equation[J]. Chinese physics letters, 2007, 24(2): 312.

③ 宋松和,陈亚铭,朱华君. KdV 方程的多辛 Fourier 拟谱格式及其孤立波解的数值模拟[J]. 安徽大学学报(自然科学版),2010,34(4): 1-7.

④ ASCHER U M, MCLACHLAN R I. Multisymplectic box schemes and the Korteweg-de Vries equation[J]. Applied numerical mathematics, 2004, 48(3): 255-269.

⑤ LÜ Z Q, WANG Y S, SONG Y Z. A new multi-symplectic scheme for the KdV equation [J]. Chinese physics letters, 2011, 28(6): 060205.

⑥ KARASÖZEN B, SIMSEK G. Energy preserving integration of bi-Hamiltonian partial differential equations[J]. Applied mathematics letters, 2013, 26(12): 1125-1133.

12.1 KdV 方程的高阶保能量格式

方程(3) 可以被转化为如下的无穷维 Hamilton 系统

$$\frac{\mathrm{d}u}{\mathrm{d}t}=\partial_x \frac{\delta H(u)}{\delta u} \tag{8}$$

式中 ∂_x 是一阶偏导算子,相应的 Hamilton 函数为

$$H(u)=\int\left(\frac{\delta^2}{2}(u_x)^2-\frac{cu^3}{6}\right)\mathrm{d}x \tag{9}$$

将 Ω 分为 N 等份,$h=L/N$ 为空间步长,N 是一个正偶数. $x_j=a+hj$, $j=0,\cdots,N-1$ 为空间配置点. 定义

$$S_N=\{g_j(x);j=0,1,\cdots,N-1\} \tag{10}$$

为插值空间,其中 $g_j(x)$ 是满足 $g_j(x_i)=\delta_j^i$ 的正交三角多项式,并且 $g_j(x)$ 可以被显式地表示为

$$g_j(x)=\frac{1}{N}\sum_{l=-N/2}^{N/2}\frac{1}{c_l}\mathrm{e}^{il\mu(x-x_j)} \tag{11}$$

式中 $c_l=1(|l|\neq N/2)$, $c_{-N/2}=c_{N/2}=2$, $\mu=\dfrac{2\pi}{L}$.

对函数 $u(x,t)\in C^0(\Omega)$,定义插值算子 I_N 为

$$I_N u(x,t)=\sum_{l=0}^{N-1}u_l g_l(x) \tag{12}$$

插值算子 I_N 在配置点 x_j 满足

$$I_N u(x_j,t)=\sum_{l=0}^{N-1}u_l g_l(x_j)=u(x_j,t),j=0,\cdots,N-1 \tag{13}$$

令 $\boldsymbol{U}=(u_0,u_1,\cdots,u_{N-1})^{\mathrm{T}}$, 定义 $(\boldsymbol{D}_k)_{i,j}=\dfrac{\mathrm{d}^k g_j(x_i)}{\mathrm{d}x^k}$,称 $\boldsymbol{D}_k$ 为 k 阶谱微分矩阵. 通过计算,可以得

到$\frac{\partial}{\partial x}I_N u(x,t)$和$\frac{\partial^2}{\partial x^2}I_N u(x,t)$在配置点$x_j$的值为

$$\frac{\partial}{\partial x}I_N u(x,t)\mid_{x=x_j}=\sum_{l=0}^{N-1}u_l\frac{\mathrm{d}g_l(x_j)}{\mathrm{d}x}=(\boldsymbol{D}_1\boldsymbol{U})_j \tag{14}$$

$$\frac{\partial^2}{\partial x^2}I_N u(x,t)\mid_{x=x_j}=\sum_{l=0}^{N-1}u_l\frac{\mathrm{d}^2 g_l(x_j)}{\mathrm{d}x^2}=(\boldsymbol{D}_2\boldsymbol{U})_j \tag{15}$$

式中$\boldsymbol{D}_1$和$\boldsymbol{D}_2$分别是如下的一阶和二阶谱微分矩阵

$$(\boldsymbol{D}_1)_{i,j}=\begin{cases}\frac{1}{2}\mu(-1)^{i+j}\cot\left(\mu\frac{x_i-x_j}{2}\right) & (i\neq j)\\ 0 \quad (i=j)\end{cases}$$

$$(\boldsymbol{D}_2)_{i,j}=\begin{cases}\frac{1}{2}\mu^2(-1)^{i+j+1}\frac{1}{\sin^2\left(\mu\frac{x_i-x_j}{2}\right)} & (i\neq j)\\ -\mu^2\frac{N^2+2}{12} \quad (i=j)\end{cases}$$

令u_j^n是$u(x,t)$在网格点(x_j,t_n)处的近似.在空间方向利用拟谱算法离散无限维 Hamilton 系统(8),得到 KdV 方程的半离散拟谱格式

$$\frac{\mathrm{d}u_j}{\mathrm{d}t}=-\delta^2(\boldsymbol{AU})_j-\frac{c}{2}\sum_{l=0}^{N-1}d_{j,l}u_l^2,j=0,1,\cdots,N-1 \tag{16}$$

式中$\boldsymbol{A}=\boldsymbol{D}_1\boldsymbol{D}_2$,$d_{i,j}$是矩阵$\boldsymbol{D}_1$第$i$行第$j$列元素.

方程(16)可以表示为如下的有限维 Hamilton 系统

$$\frac{\mathrm{d}\boldsymbol{U}}{\mathrm{d}t}=f(\boldsymbol{U})=\boldsymbol{D}_1\nabla H(\boldsymbol{U}) \tag{17}$$

相应的 Hamilton 函数为

$$H(\boldsymbol{U}) = -\frac{\delta^2}{2}\boldsymbol{U}^{\mathrm{T}}\boldsymbol{D}_2\boldsymbol{U} - \frac{c}{6}\sum_{j=0}^{N-1}(u_j)^3 \tag{18}$$

注意到有限维 Hamilton 系统(17) 中 $\boldsymbol{D}_1$ 具有反对称性,所以 Hamilton 系统(17) 具有能量守恒特性. 利用四阶平均向量场方法(2) 在时间方向上离散 Hamilton 系统(17),可以得到 KdV 方程的高阶保能量格式

$$\frac{\boldsymbol{U}^{n+1}-\boldsymbol{U}^n}{\tau} = \boldsymbol{D}_1\int_0^1 \nabla H((1-\xi)\boldsymbol{U}^n + \xi\boldsymbol{U}^{n+1})\mathrm{d}\xi - \frac{1}{12}\tau^2\boldsymbol{J}^2\boldsymbol{D}_1\int_0^1 \nabla H((1-\xi)\boldsymbol{U}^n + \xi\boldsymbol{U}^{n+1})\mathrm{d}\xi \tag{19}$$

式中 $\boldsymbol{J} = \boldsymbol{D}_1\hat{\boldsymbol{H}} = -\delta^2\mathbf{A} - \frac{c}{2}\boldsymbol{B}$,$\hat{\boldsymbol{H}}_{i,j} = \frac{\partial^2 \boldsymbol{H}}{\partial u_i \partial u_j}\left(\frac{\boldsymbol{U}^{n+1}+\boldsymbol{U}^n}{2}\right)$,$\boldsymbol{B} = \boldsymbol{D}_1\boldsymbol{D}$,$\boldsymbol{D}$ 是如下的对角矩阵

$$\boldsymbol{D} = \begin{pmatrix} u_0^{n+1}+u_0^n & 0 & \cdots & 0 \\ 0 & u_1^{n+1}+u_1^n & \cdots & 0 \\ \vdots & \vdots & & \vdots \\ 0 & 0 & \cdots & u_{N-1}^{n+1}+u_{N-1}^n \end{pmatrix}$$

方程(19) 等价于

$$\frac{u_j^{n+1}-u_j^n}{\tau} = \int_0^1 \left(-\delta^2(\mathbf{A}((1-\xi)\boldsymbol{U}^n + \xi\boldsymbol{U}^{n+1}))_j - \frac{c}{2}\sum_{l=0}^{N-1} d_{j,l}((1-\xi)u_l^n + \xi u_l^{n+1})^2\right)\mathrm{d}\xi + \frac{\tau^2}{12}\sum_{l=0}^{N-1}\left(\delta^2 a_{j,l} + \frac{c}{2}b_{j,l}\right)\cdot \sum_{p=0}^{N-1}\left(\delta^2 a_{l,p} + \frac{c}{2}b_{l,p}\right)\cdot$$

$$\int_0^1 \Big(\delta^2 \sum_{s=0}^{N-1} a_{p,s}((1-\xi)u_s^n + \xi u_s^{n+1}) + \frac{c}{2}\sum_{s=0}^{N-1} d_{p,s}((1-\xi)u_s^n + \xi u_s^{n+1})^2\Big)\mathrm{d}\xi \tag{20}$$

式中 a_{ij} 和 b_{ij} 分别是矩阵 $\boldsymbol{A}$ 和 $\boldsymbol{B}$ 的第 i 行第 j 列元素.

消去中间变量 ξ,方程(20) 等价于

$$\begin{aligned}\frac{u_j^{n+1}-u_j^n}{\tau} = &-\delta^2\left(\boldsymbol{A}\left(\frac{\boldsymbol{U}^n+\boldsymbol{U}^{n+1}}{2}\right)\right)_j - \\ &\frac{c}{6}\Big(\sum_{l=0}^{N-1} d_{j,l}((u_l^n)^2 + u_l^n u_l^{n+1} + (u_l^{n+1})^2)\Big) + \\ &\frac{\tau^2}{12}\sum_{l=0}^{N-1}\left(\delta^2 a_{j,l} + \frac{c}{2}b_{j,l}\right)\cdot \\ &\sum_{p=0}^{N-1}\left(\delta^2 a_{l,p} + \frac{c}{2}b_{l,p}\right)\cdot \\ &\left(\delta^2\sum_{s=0}^{N-1}\left(a_{p,s}\frac{u_s^n+u_s^{n+1}}{2}\right) + \right. \\ &\left.\frac{c}{6}\Big(\sum_{s=0}^{N-1} d_{p,s}((u_s^n)^2 + u_s^n u_s^{n+1} + (u_s^{n+1})^2)\Big)\right)\end{aligned} \tag{21}$$

12.2　数值试验

为了验证 KdV 方程的高阶保能量格式(21) 的有效性,我们利用高阶保能量格式数值模拟 KdV 方程单孤立波和多孤立波的演化行为和演化时能量和动量误差的变化情况. 定义离散能量和动量误差分别为

$$RE^n = |\ H(\boldsymbol{U}^n) - H(\boldsymbol{U}^0)\ |, RM^n = |\ M(\boldsymbol{U}^n) - M(\boldsymbol{U}^0)\ | \tag{22}$$

离散能量和动量函数分别为

$$H(\boldsymbol{U}^n)=h\left[-\frac{\delta^2}{2}(\boldsymbol{U}^n)^{\mathrm{T}}\boldsymbol{D}_2\boldsymbol{U}^n-\frac{c}{6}\sum_{j=0}^{N-1}(u_j^n)^3\right]$$

$$M(\boldsymbol{U}^n)=-\frac{h}{2}\sum_{j=0}^{N-1}(u_j^n)^2$$

式中 $H(\boldsymbol{U}^0)$,$M(\boldsymbol{U}^0)$ 分别是初始能量和动量,RE^n 和 RM^n 分别是 $t=n\tau$ 时刻的能量和动量误差.

1. 单孤立波

当 $c=6,\delta=1$ 时,KdV 方程具有单孤立波解.取初始条件

$$u(x,0)=\mathrm{sech}^2(x/\sqrt{2}) \tag{23}$$

和周期边界条件.取空间步长 $h=40/120$ 和时间步长 $\tau=0.001$,利用构造的高阶保能量格式数值模拟 KdV 方程单孤立波的演化.图 12.1 表示 KdV 方程在 $t\in[0,20]$ 内的数值解.从图 12.1 中可以看出孤立波以一定的速度向前传播,在传播过程中孤立波的振幅和波形可以被很好地保持.图 12.2 是孤立波演化过程中的能量和动量误差的变化图.在图 12.2 中我们可以观察

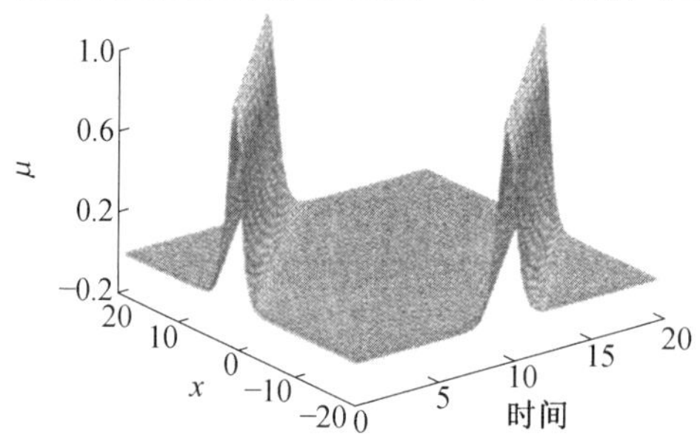

图 12.1　孤立波在 $t\in[0,20]$ 内的数值解

到构造的高阶保能量格式可以精确保持方程离散能量守恒，并且动量守恒特性可以被很好地保持.

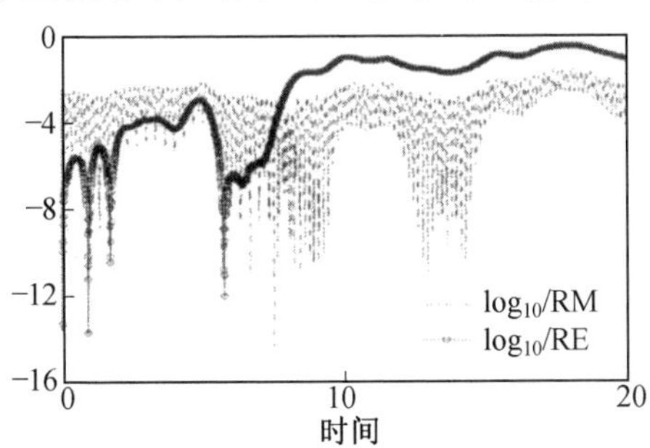

图 12.2　孤立波在 $t \in [0,20]$ 内的能量和动量误差的变化

2. **多孤立波碰撞**

取参数 $c=1,\delta=0.022$. 考虑初始条件

$$u(x,0)=\cos(\pi x) \tag{24}$$

和周期边界条件. 令空间步长 $h=2/82$ 和时间步长 $\tau=0.002$. 利用高阶保能量格式(21)数值模拟 KdV 方程的多孤立波的演化行为. 图 12.3 表示多孤立波在 $t=0,t=1,t=5$ 时刻的数值解. 从图 12.3 中可以看出孤立波的振幅和波形被保持得很好. 图 12.4 表示孤立波在 $t \in [0,40]$ 内演化时能量和动量误差变化情况. 从图 12.4 中可以看到构造的高阶保能量格式在多孤立波演化过程中精确保持方程离散能量特性，并且能近似保持动量守恒特性.

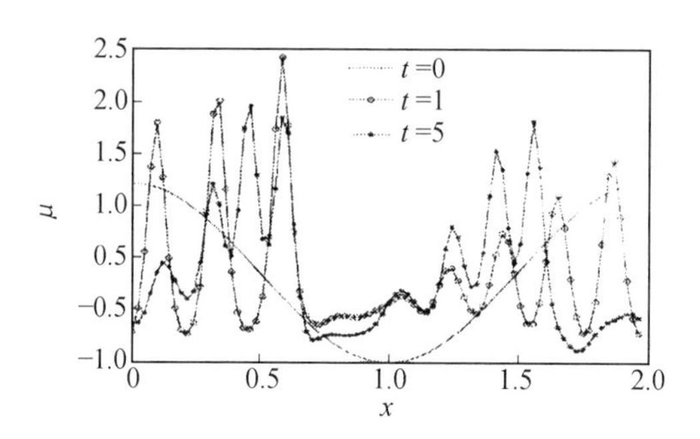

图 12.3　孤立波在 $t=0,t=1,t=5$ 时刻的数值解

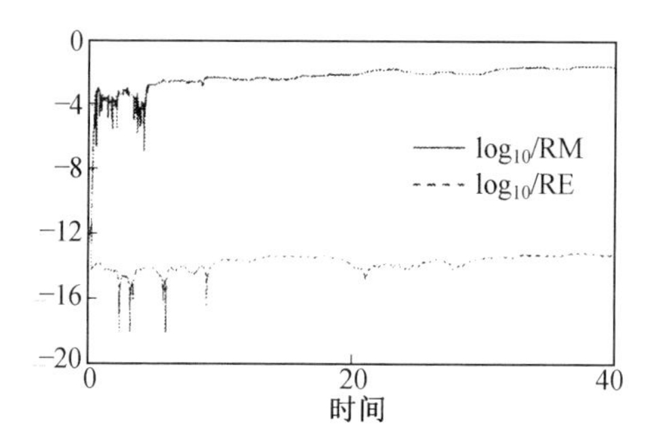

图 12.4　孤立波在 $t\in[0,40]$ 内的能量和动量误差的变化

12.3　结　　论

本章基于四阶 AVF 方法和拟谱方法，构造了 KdV 方程的高阶保能量格式. 利用构造的新格式数值模拟孤立波的演化并分析孤立波演化中能量误差和动量误差的变化. 数值结果表明，构造的高阶保能量格式是有效的，可以精确地保持 KdV 方程的离散能量守恒.

第三编

KdV 方程的近似解

第13章 $2N+1$ 阶 KdV 型方程的 Adomian 近似解析解①

KdV 方程是数学物理领域内的一个典型的非线性方程，在对该方程的研究中，数学物理学家提出了许多新的数学思想和方法，由此推动了非线性科学的发展. 求解 KdV 方程的方法已有很多，特别是通过引入新的假设给出 $2N+1$ 阶 KdV 方程的特定精确解. 但是有些方法假设条件多，计算过程繁杂，对于解的精确度要求不高的非线性方程求解不太适用. 内蒙古师范大学数学科学学院的刘俊英，斯仁道尔吉两位教授在2010年利用

① 摘编自《内蒙古师范大学学报(自然科学版)》2010 年 5 月第 39 卷第 3 期.

Adomian(阿多米安)分解法给出 $2N+1$ 阶 KdV 方程的近似解析解,并将近似解析解与精确解进行了比较.

13.1 用 Adomian 分解法求解 2N+1 阶 KdV 方程

对于 $2N+1$ 阶 KdV 方程,考虑初值问题

$$u_t+\alpha_1 u^p u_s+\sum_{k=1}^{N}\alpha_{2k+1}+u_{2k+1,x}=0,u_{2k+1,x}=\frac{\partial^{2k+1}u}{\partial x^{2k+1}} \tag{1}$$

$$u(x,0)=a\operatorname{csch}^{\frac{2N}{p}}(\delta x+c_0)+b_1\mu \tag{2}$$

其中 $p>0$;$\alpha_i(i=1,3,5,\cdots)$ 为常数;N 为自然数;a,b,λ,δ 为待定常数.

记微分算子 L_t 为 $L_t=\frac{\partial}{\partial t}$,则方程(1)改写为

$$L_t u=-\alpha_1 u^p u_x-\sum_{k=1}^{N}\alpha_{2k+1}u_{2k+1,x} \tag{3}$$

定义逆算子 L_t^{-1} 为 $L_t^{-1}(\circ)=\int_0^t(\circ)\mathrm{d}t$,将 L_t^{-1} 作用于方程(3)的两端,并将方程(3)中的非线性部分 $\alpha_1 u^p u_x$ 记为 Nu,线性剩余部分 $\sum_{k=1}^{N}\alpha_{2k+1}u_{2k+1,x}$ 记为 Ru,则方程(3)约化为

$$u(x,t)=u(x,0)-L_t^{-1}Nu-L_t^{-1}Ru \tag{4}$$

令 $u=\sum_{n=0}^{+\infty}u_n$,$Nu=\sum_{n=0}^{+\infty}A_n$,代入方程(4)并将其参数化,得

$$\sum_{n=0}^{+\infty}\lambda^n u_n = u(x,0) - \lambda L_t^{-1}\sum_{n=0}^{+\infty}\lambda^n A_n - \lambda L_t^{-1}\Big[\sum_{k=1}^{N}\alpha_{2k+1}\Big(\sum_{n=0}^{+\infty}\lambda^n u_{n,(2k+1)x}\Big)\Big] \tag{5}$$

比较方程(5)两端关于 λ 的同次幂系数，得递推公式

$$u_0 = u(x,0) \tag{6}$$

$$u_{k+1} = -L_t^{-1}\Big(A_k + \sum_{l=1}^{N}\alpha_{2l+1}u_{k,(2l+1)x}\Big), k \geqslant 0 \tag{7}$$

对于非线性部分 $\alpha_1 u^p u_x = \sum_{n=0}^{+\infty}A_n$，将 $u = \sum_{n=0}^{+\infty}u_n$ 代入，并将其参数化，得

$$\alpha_1\Big(\sum_{n=0}^{+\infty}\lambda^n u_n\Big)^P\Big(\sum_{n=0}^{+\infty}\lambda^n u_{nx}\Big) = \sum_{n=0}^{+\infty}\lambda^n A_n$$

即

$$\begin{aligned}&\alpha_1(u_0 + \lambda u_1 + \lambda^2 u_2 + \lambda^3 u_3 + \cdots)^P\cdot\\&(u_{0x} + \lambda u_{1x} + \lambda^2 u_{2x} + \lambda^3 u_{3x} + \cdots)\\=\,&A_0 + \lambda A_1 + \lambda^2 A_2 + \lambda^3 A_3 + \cdots\end{aligned} \tag{8}$$

当 $\lambda = 0$ 时，方程(8)约化为

$$A_0 = \alpha_1 u_0 u_{0x} = -\alpha_1 a\delta\,\frac{2N}{p}\big[a\operatorname{csch}^{\frac{2N}{p}}(\delta x + C_0) + b\mu\big]\cdot \operatorname{csch}^{\frac{2N}{p}+1}(\delta x + C_0)\cos(\delta x + C_0)$$

由式(6)得

$$u_0 = a\operatorname{csch}^{\frac{2N}{p}}(\delta x + c_0) + b\mu \tag{9}$$

$$u_{0x} = -a\,\frac{2N}{p}\operatorname{csch}^{\frac{2N}{p}+1}(\delta x + C_0)\cos(\delta x + C_0)$$

代入式(7)得

$$u_1 = -\int_0^t\Big(A_0 + \sum_{l=1}^{N}\alpha_{2l+1}u_{0,(2l+1)x}\Big)\mathrm{d}t$$

$$=-(A_0+\sum_{l=1}^{N}\alpha_{2l+1}u_{0,(2l+1)x})t \qquad (10)$$

其中$\sum_{l=1}^{N}a_{2l+1}u_{0,(2l+1)}x$. 借助 Mathematica 可得如下递推关系

$$u_0=a\operatorname{csch}^{\frac{2N}{p}}\xi+b\mu(\xi=\delta x+C_0)$$

$$u_0^{(3)}=-\delta^3 an(n+1)(n+2)\operatorname{csch}^{n+3}\xi\cosh\xi-\delta^3 an^3\operatorname{csch}^{n+1}\xi\cosh\xi$$

$$\triangleq-\delta^3 a(C_{31}\operatorname{csch}^{n+3}\xi-n^3\operatorname{csch}^{n+1}\xi)\cosh\xi$$

$$u_0^{(5)}=-\delta^5 an(n+1)\cdots(n+4)\operatorname{csch}^{n+5}\xi\cosh\xi-\delta^5 an(n+1)(n+2)^3\operatorname{csch}^{n+3}\xi\cosh\xi-\delta^5 an^3(n+1)(n+2)\operatorname{csch}^{n+3}\xi\cosh\xi-\delta^5 n^5\operatorname{csch}^{n+1}\xi\cosh\xi-\delta^5 an(n+1)\cdots(n+4)\operatorname{csch}^{n+5}\xi\cosh\xi$$

$$=\delta^5 4an(n+1)^2(n+2)\operatorname{csch}^{n+3}\xi\cosh\xi \quad \delta^5 n^5\operatorname{csch}^{n+1}\xi\cosh\xi$$

$$\triangleq-\delta^5 a(C_{52}\operatorname{csch}^{n+5}\xi+C_{51}\operatorname{csch}^{n+3}\xi+n^5\operatorname{csch}^{n+1}\xi)\cosh\xi$$

$$u_0^{(7)}=-\delta^7 a[n(n+1)\cdots(n+6)\operatorname{csch}^{n+7}\xi+n(n+1)\cdots(n+2)^4(3n^2+12n+20)\operatorname{csch}^{n+5}\xi+n(n+1)(n+2)(3n^4+12n^3+28n^2+32n+16)\operatorname{csch}^{n+3}\xi+n^7\operatorname{csch}^{n+1}\xi]\cosh\xi$$

$$\triangleq-\delta^7 a(C_{73}\operatorname{csch}^{n+7}\xi+C_{72}\operatorname{csch}^{n+5}\xi+C_{71}\operatorname{csch}^{n+3}\xi+n^7\operatorname{csch}^{n+1}\xi)\cosh\xi$$

$$u_0^{(2N+1)}\triangleq-\delta^{(2N+1)}a[n(n+1)\cdots(n+2N)\operatorname{csch}^{n+(2N+1)}\xi+C_{(2N+1),(N-1)}\operatorname{csch}^{n+(2N-1)}\xi+C_{(2N+1),(N-2)}\operatorname{csch}^{n+(2N-3)}\xi+\cdots+C_{(2N+1),1}\operatorname{csch}^{n+3}\xi+$$

$$n^{(2N+1)}\operatorname{csch}^{n+1}\xi]\cosh\xi$$

对方程(8)两端求一阶导数,得

$$\begin{aligned}&\alpha_1 p(u_0+\lambda u_1+\lambda^2 u_2+\lambda^3 u_3+\cdots)^{P-1}\cdot\\&(u_1+2\lambda u_2+3\lambda^2 u_3+\cdots)\cdot\\&(u_{0x}+\lambda u_{1x}+\lambda^2 u_{2x}+\lambda^3 u_{3x}+\cdots)+\\&\alpha_1(u_0+\lambda u_1+\lambda^2 u_2+\lambda^3 u_3+\cdots)^P\cdot\\&(u_{1x}+2\lambda u_{2x}+3\lambda^2 u_{3x}+\cdots)\\=&A_1+2\lambda A_2+3\lambda^2 A_3+\cdots\end{aligned}$$

当 $\lambda=0$ 时

$$\begin{aligned}A_1&=\alpha_1 p u_0^{p-1}u_1 u_{0x}+\alpha_1 u_0^p u_{1x}\\&=\alpha_1 u_0^{p-1}(p u_1 u_{0x}+u_0 u_{1x})\end{aligned}$$

其中 $u_{1x}=-(A_{0x}+\sum\limits_{l=1}^{N}\alpha_{2l+1}u_{0,(2l+1)xx})t$,代入式(7)得

$$\begin{aligned}u_2&=-\int_0^t(A_1+\sum_{l=1}^{N}\alpha_{2l+1}u_{1,(2l+1)x})\mathrm{d}t\\&=-(\alpha_1 u_0^{p-1}(p u_1 u_{0x}+u_0 u_{1x})+\\&\quad\sum_{l=1}^{N}\alpha_{2l+1}u_{1,(2l+1)x})\frac{t}{2}\end{aligned}\tag{11}$$

对于 $\sum\limits_{l=1}^{N}\alpha_{2l+1}u_{1,(2l+1)x}$,同样可以借助 Mathematica 进行计算,这里不再赘述.

对方程(8)两端求二阶导数,得

$$\begin{aligned}&\alpha_1 p(p-1)(u_0+\lambda u_1+\lambda^2 u_2+\cdots)^{P-2}\cdot\\&(u_1+2\lambda u_2+3\lambda^2 u_3+\cdots)^2\cdot\\&(u_{0x}+\lambda u_{1x}+\lambda^2 u_{2x}+\cdots)+\\&\alpha_1 p(u_0+\lambda u_1+\lambda^2 u_2+\cdots)^{P-1}\cdot\\&(2u_2+6\lambda u_3+\cdots)\cdot\\&(u_{0x}+\lambda u_{1x}+\lambda^2 u_{2x}+\cdots)+\end{aligned}$$

$$2\alpha_1 p(u_0+\lambda u_1+\lambda^2 u_2+\cdots)^{P-1}\cdot$$
$$(u_1+2\lambda u_2+3\lambda^2 u_3+\cdots)\cdot$$
$$(u_{1x}+2\lambda u_{2x}+3\lambda^2 u_{3x}+\cdots)+$$
$$\alpha_1(u_0+\lambda u_1+\lambda^2 u_2+\cdots)^P\cdot$$
$$(2u_{2x}+6\lambda u_{3x}+\cdots)$$
$$=2A_2+6\lambda A_3+\cdots$$

当 $\lambda=0$ 时

$$A_2=\frac{1}{2}\alpha_1 p(p-1)u_0^{p-2}u_1^2 u_{0x}+\alpha_1 p u_0^{p-1}u_2 u_{0x}+\alpha_1 p u_0^{p-1}u_1 u_{1x}+\alpha_1 u_0^p u_{2x}$$

对于 $\sum_{l=1}^{N}\alpha_{2l+1}u_{2,(2l+1)x}$，同样可以借助 Mathematica 进行计算，这里不再赘述. 所以

$$\begin{aligned}u_3&=-\int_0^t\Big(A_2+\sum_{l=1}^{N}\alpha_{2l+1}u_{2,(2l+1)x}\Big)\mathrm{d}t\\&=-\Big[\frac{1}{2}\alpha_1 p(p-1)u_0^{p-2}u_1^2 u_{0x}+\\&\quad\alpha_1 p u_0^{p-1}u_2 u_{0x}+\alpha_1 p u_0^{p-1}u_1 u_{1x}+\alpha_1 u_0^p u_{2x}+\\&\quad\sum_{l=1}^{N}\alpha_{2l+1}u_{2,(2l+1)x}\Big]\frac{t}{3}\end{aligned}\tag{12}$$

于是，方程(1) 的近似解析解为

$$u(x,t)=u_0+u_1+u_2+u_3+\cdots$$

13.2 数值例子

当 $p=1,\mu=1,N=1,C_0=0$ 时，可确定 $b=0,\delta=1,\lambda=4,a=3$. 方程(1) 的精确解为

$$u(x,t)=3\operatorname{csch}^2(x-4t)$$

将以上数据代入(9) ~ (12) 各式,得方程(1) 的近似解析解为

$$u_I=\sum_{i=0}^{3}u_i(x,t)$$

$$u_0=3\operatorname{csch}^2 x$$

$$u_1=t(90\operatorname{csch}^5 x+24\operatorname{csch}^3 x)\cosh x$$

$$u_2=\frac{t^2}{2}(20\ 790\ \operatorname{csch}^8 x+26\ 820\operatorname{csch}^6 x+ 7\ 488\ \operatorname{csch}^4 x+192\ \operatorname{csch}^2 x)\cosh x$$

$$u_3=t^3(2\ 612\ 250\ \operatorname{csch}^{11} x+3\ 399\ 840\ \operatorname{csch}^9 x+ 1\ 142\ 640\ \operatorname{csch}^7 x+ 101\ 568\ \operatorname{csch}^5 x+256\operatorname{csch}^3 x)\cosh x$$

赋予不同的 x 和 t 值,计算近似解析解 u_I 和精确解 u,并计算误差值,结果见表 13.1.

表 13.1 方程(1) 的精确解 u 和近似解 u_I

(x,t)	u	u_I	$\lvert u_I-u\rvert$
(1,0.01)	2.415 670 24	5.927 715 607	3.512 045 36
(2,0.02)	0.269 378 6	0.291 937 368	0.022 558 77
(3,0.03)	0.038 052 78	0.038 650 078	0.000 597 3
(4,0.04)	0.005 548 82	0.005 563 769	$1.494\ 5\times 10^{-5}$
(5,0.05)	0.000 812 85	0.000 812 665	$1.895\ 6\times 10^{-7}$
(6,0.06)	0.000 119 16	0.000 118 987	$1.691\ 3\times 10^{-7}$
(7,0.07)	$1.746\ 9\times 10^{-5}$	$1.742\ 32\times 10^{-5}$	$4.567\ 1\times 10^{-8}$
(8,0.08)	$2.561\ 1\times 10^{-6}$	$2.550\ 27\times 10^{-6}$	$1.078\ 4\times 10^{-8}$
(9,0.09)	$3.754\ 7\times 10^{-7}$	$3.730\ 87\times 10^{-7}$	$2.380\ 3\times 10^{-9}$
(10,0.1)	$5.504\ 6\times 10^{-8}$	$5.454\ 64\times 10^{-8}$	4.998×10^{-10}

表 13.1 的计算结果表明,Adomian 分解法具有求

解过程简洁、计算量少的优点，得到的近似解的精度非常高，而且收敛速度也很快，在给定精度的条件下，用少数项即可代替方程(1)的精确解. 事实上，对其他非线性方程，如 sine-Gordon 方程、变系数方程，用 Adomian 分解法进行求解时，也可以得到相似的结果.

KdV 方程的一类近似解析解①

第 14 章

KdV 方程是 1895 年由 D.J. Korteweg 和 G. de Vries 研究浅水波运动，从流体力学出发建立的一个数学模型中得到的，其标准形式是 $u_t + 6uu_x + u_{xxx} = 0$，式中下标表示求导数，这就是通常见到的标准 KdV 方程（KdV 方程的解代表了一类长波长小振幅的表面波），KdV 方程的提出从理论上阐明了孤波的存在. 随着不断研究发现，相当广泛的一批描述非线性作用下的波动方程和方程组，均可归结为 KdV 方程；例如，浅水中的波，

① 摘编自《通化师范学院学报（自然科学版）》2013 年 4 月第 34 卷第 2 期.

弹性杆中纵向色散波的传播，固体中的热脉冲，等等.

但是实际中遇到的方程比标准的方程要复杂得多. 1992－1993 年，Grimshaw（格林肖）等[①]在研究深海的孤立波现象时，发现这类孤立波可以用如下的 KdV 方程来描述

$$u_t + 6uu_x + u_{xxx} = \varepsilon R(u)$$

其中 $\varepsilon \ll 1$ 是一个正数，$R(u)$ 是一个算子，其典型形式为

$$R(u) = \delta(\varepsilon t)u, R(u) = u_{xx}$$

$$R(u) = -\Delta(\varepsilon t)u_{xxx}$$

在 $R(u) = u_{xx}$ 的情况下，石家庄经济学院数理学院的李霞，刘晓珊二位教授在 2013 年运用多重尺度法解出该 KdV 方程的近似解.

1. 摄动法

对于非线性问题，最有效的方法主要有两种：一是利用计算机求其数值解；二是以摄动法为代表的求解析的近似解.

摄动方法在非线性振动理论中又称为小扰动法. 其主要思想就是将非线性的、高阶的或变系数的数学物理问题的解用所含某个小量的渐近近似式表示. 问题的解是用一个摄动展开式的前几项，一般用前两项表示. 尽管这种摄动展开式可能是发展的，但是作为解的一个定性的以及定量的表示，它们在实际中可能更

① Grimshaw R, Mitsudera H. Slowly varying Solitary wave solution of the perturbed Korteweg-de Vries equation revised[J]. Stud. Apple. Math. ,1993,90.

有用.多重尺度法是摄动方法中的一种.

多重尺度法是将两个或多个尺度混合到一个问题当中,从而将常微分方程转化为偏微分方程,最终得出该问题的解析近似解的一种解题方法.用该方法解得的结果与实际情况符合得比较好.

2.求解 $a(T)$

下面我们用多重尺度法来求如下的 KdV 方程

$$u_t+6uu_x+u_{xxx}=\varepsilon u_{xx}$$

$$u(x,0)=\alpha\operatorname{sech}^2(\gamma x)$$

$$c=2a=4\gamma^2$$

$$\varepsilon=0,u(x,t)=\alpha\operatorname{sech}^2(\gamma\xi)$$

其中

$$\xi=x-ct$$

$x\to\mp\infty$ 时,$u\to 0,u_x\to 0,u_{xx}\to 0,\cdots$ 的近似解析解具体形式.

令

$$u(\theta,T)=u_0(\theta,T)+\varepsilon u_1(\theta,T)+\varepsilon^2u_2(\theta,T)+\cdots \tag{1}$$

$$c(T)=c_0(T)+\varepsilon c_1(T)+\varepsilon^2c_2(T)+\cdots \tag{2}$$

下面仅用 $u=u_0+\varepsilon u_1$ 来近似方程的解,考虑方程

$$u_t=6uu_x+u_{xxx}=\varepsilon u_{xx} \tag{3}$$

且有当 $x\to\pm\infty$ 时,$u\to 0,u_x\to 0,\cdots$,因为

$$u_t=\varepsilon\partial_t-c\partial_\theta,u_x=u_\theta$$

$$u_{xx}=u_{\theta\theta},u_{xxx}=u_{\theta\theta\theta} \tag{4}$$

将式(1),(2),(4)代入方程式(3),展开比较 ε 的系数可得

$$O(1):c_0u_{0\theta}-6u_0u_{0\theta}-u_{0\theta\theta\theta}=0$$

$$O(\varepsilon): -c_0 u_{1\theta} + 6(u_0 u_1)_\theta + u_{1\theta\theta\theta} + f_1 = 0 \quad (5)$$

由分部积分法求(5) 的齐次方程的伴随方程,得

$$c_0 v_\theta - 6u_0 v_\theta - v_{\theta\theta\theta} = 0 \quad (6)$$

由 $O(1)$ 知 $v=u_0$ 是方程(6) 的解(当 $\theta \to \pm\infty$ 时,$u_0 \to 0$),另外 $1, \hat{\omega}$ 也是方程(6) 的解,且 $\hat{\omega}_\theta = \omega$

$$\omega = \gamma\theta \operatorname{sech}^2\{\gamma(T)\theta\} \tanh\{\gamma(T)\theta\} +$$

$$\frac{2}{15}\operatorname{sech}^{-2}\{\gamma(T)\theta\} + \frac{1}{3} - \operatorname{sech}^2\{\gamma(T)\theta\}$$

这样可得非齐次方程的解的相容性条件为

$$\int_{-\infty}^{+\infty} f_1 u_0 \, d\theta = 0$$

整理,得

$$\frac{\partial}{\partial T}\int_{-\infty}^{+\infty} \frac{1}{2}u_0^2 \, d\theta = \int_{-\infty}^{+\infty} u_{0\theta\theta} u_0 \, d\theta \quad (7)$$

由 $u_0 = a(T)\operatorname{sech}^2(\gamma(T)\theta), 2a = 4\gamma^2$ 得

$$\int_{-\infty}^{+\infty} u_0 u_{0T} \, d\theta = \frac{\partial}{\partial T}\int_{-\infty}^{+\infty} \frac{1}{2}u_0^2 \, d\theta = \frac{\partial a}{\partial T} \cdot \frac{a}{\gamma} \quad (8)$$

由式(7) 及式(8) 解得

$$a(T) = \frac{15a}{15 + 8aT} \quad (a \text{ 为常数})$$

3. **确定 c_1, u_1**

假设 $\theta \to +\infty$ 时,$u_1 \to 0$,对方程(5) 积分一次可得关于 u_1 的方程

$$u_{1\theta\theta} + 6u_0 u_1 - c_0 u_1 = c_1 u_0 + u_{0\theta} + \int_{\theta}^{+\infty} u_{0T} \, d\theta \quad (9)$$

下面我们来确定 c_1, u_1. 同样比较 ε^2 的系数得到方程

$$O(\varepsilon^2): -c_0 u_{2\theta} + 6(u_0 u_2)_\theta + u_{2\theta\theta\theta} + f_2 = 0 \quad (10)$$

非齐次方程(10) 的解的相容性条件为

$$\int_{-\infty}^{+\infty} f_2 u_0 \mathrm{d}\theta = 0$$

又由于 u_1 满足方程(5)，则有

$$\frac{\partial}{\partial T}\int_{-\infty}^{+\infty} u_0 u_1 \mathrm{d}\theta + \frac{1}{2}c_0 M_1^2$$

$$= \int_{-\infty}^{+\infty} (u_1 u_{0\theta\theta} + u_0 u_{1\theta\theta}) \mathrm{d}\theta \tag{11}$$

记

$$u_1 = \frac{1}{2}M_1 + u_1^e + u_1^o \tag{12}$$

其中 u_1^e 表示关于 θ 的偶函数，u_1^o 表示关于 θ 的奇函数，则有

$$\theta \to \pm\infty \text{ 时}, u_1^e \to 0, u_1^o \to \mp \frac{M_1}{2} \tag{13}$$

把式(11) 代入到方程(9)，整理得

$$u_1^e = \frac{1}{2}(c_1 - 3M_1)\cdot\frac{\partial u_0}{\partial a} \tag{14}$$

由式(11)，(12)，(13)，(14) 得

$$\frac{\partial}{\partial T}\int_{-\infty}^{+\infty} u_0 \left[\frac{1}{2}M_1 + \frac{1}{2}(c_1 - 3M_1)\frac{\partial u_0}{\partial a}\right] \mathrm{d}\theta$$

$$= -\frac{1}{2}c_0 M_1^2 +$$

$$\int_{-\infty}^{+\infty} \left[(\frac{1}{2}M_1 + \frac{1}{2}(c_1 - 3M_1)\frac{\partial u_0}{\partial a})\cdot u_{0\theta\theta} + u_0 u_{1\theta\theta}\right] \mathrm{d}\theta$$

解得

$$c_1 = \frac{4\sqrt{2}}{3(15+8aT)\sqrt{a}}\cdot$$

$$\left[(-15a)\sqrt{\frac{15}{15+8aT}} - 8a^2\sqrt{\frac{15}{15+8aT}}\cdot T + 15a\right]$$

其中 $a = a(0)$，为常数.

由方程(6) 知 $u_{0\theta}$,ω 是齐次方程

$$u_{1\theta\theta}^{o}+6u_0u_1^{o}-c_0u_1^{o}=0$$

的两个根,由常数变易公式

$$u_1^{o}=\frac{u_{0\theta}\int_0^{\theta}F_1^{o}\omega(\xi)\mathrm{d}\xi-\omega\int_0^{\theta}F_1^{o}u_{0\theta}(\xi)\mathrm{d}\xi}{W}$$

其中

$$u_{0\theta}=-2a\gamma\operatorname{sech}^2\{\gamma(T)\theta\}\tanh(\gamma(T)\theta)$$

$$W=\bar{\omega}u_{0\theta\theta}-u_{0\theta}\bar{\omega}_{\theta}=\frac{8a^2}{15}$$

$$\int_0^{\theta}F_1^{o}\omega(\xi)\mathrm{d}\xi=\frac{a^2}{15}(\theta^2\tanh^2\{\gamma(T)\theta\}+$$

$$\theta^2\tanh^2\{\gamma(T)_{\theta}\}\operatorname{sech}^2\{\gamma(T)\theta\})-$$

$$2a\gamma\left(\frac{\theta}{3}\tanh^3\{\gamma(T)\theta\}+\frac{1}{15\gamma}\tanh^2\{\gamma(T)_{\theta}\}-\right.$$

$$\left.\frac{\theta}{5}\tanh^5\{\gamma(T)\theta\}-\frac{1}{20\gamma}\tanh^4\{\gamma(T)\theta\}\right)+$$

$$\frac{8a^2}{225}\left(\frac{1}{2\gamma^2}\cdot\frac{\tanh^2(y(T)\theta)}{\operatorname{sech}^2(y(T)\theta)}+\frac{\theta^2}{2}\right)+$$

$$\frac{4a^2\theta}{45\gamma}\tanh\{\gamma(T)\theta\}-\frac{a}{3}\tanh^2\{y(T)_{\theta}\}-$$

$$\frac{4a^2}{15}\left(\frac{\tanh^2\{\gamma(T)\theta\}}{4\gamma^2}+\right.$$

$$\left.\frac{\theta}{2\gamma}\tanh\{\gamma(T)\theta\}\operatorname{sech}^2\{\gamma(T)\theta\}\right)+$$

$$\frac{a}{2}\tanh^2\{\gamma(T)\theta\}+\frac{a}{2}\operatorname{sech}^2\{\gamma(T)\theta\}\tanh^2\{\gamma(T)\theta\}$$

$$\int_0^{\theta}F_1^{o}u_{0\theta}(\xi)\mathrm{d}\xi=-\frac{4a^2\gamma}{5}\tanh^5\{\gamma(T)\theta\}+$$

$$\left(\frac{4a^2\gamma}{3}-\frac{8a^3}{45\gamma}\right)\tanh^3\{\gamma(T)\theta\}+$$

$$\frac{2a^3}{45\gamma}\tanh^2\{\gamma(T)\theta\}-$$

$$\frac{2a^3}{15\gamma}\tanh\{y(T)\theta\}+$$

$$\frac{2a^3\theta}{15}\operatorname{sech}^4\{\gamma(T)\theta\}$$

把 u_1^o 和 u_1^e 代入可得到 u_1. 因此

$$u=u_0+\varepsilon u_1=a(T)\operatorname{sech}^2\{\gamma(T)\theta\}+$$

$$\frac{\varepsilon M_1}{2}+\frac{\varepsilon}{2}(c_1-3M_1)\frac{\partial u_0}{\partial a}+$$

$$\varepsilon\cdot\frac{u_{0\theta}\int_0^\theta F_1^o\omega(\xi)\mathrm{d}\xi-\omega\int_0^\theta F_1^o u_{0\theta}(\xi)\mathrm{d}\xi}{W}$$

4. **小结**

我们用多重尺度法解出了该扰动 KdV 方程的近似解析解,该近似解析解在小时间范围内是一致有效的,在长时间范围内的一致有效性还有待我们进一步探讨!

第四编

KdV 方程的周期解

KdV 和二维 KdV 方程新的双 Jacobi 椭圆函数周期解[①]

第 15 章

随着科学技术的发展，非线性科学在自然科学、社会科学领域中的应用越来越广泛.各种非线性问题通常是用非线性发展方程来描述的，因而寻找非线性方程的显式精确解占有重要地位.近年来，涌现出一系列新的求解方法，如齐次平衡法，双曲正切函数展开法，试探函数法，非线性变换法和 sine-cosine 方法等.但是这些方法只能够求得非线性波动方程的冲击波解或孤立波解，或仅仅能够得到由初等函数构成的周期解，不能求得非线性

① 摘编自《安徽大学学报(自然科学版)》，2004 年 9 月第 28 卷第 5 期.

波动方程的广义上的周期解. 刘式达提出了 Jacobi 椭圆函数展开法[①],求得了一大类非线性波动方程的周期解.

安徽大学物理与材料科学学院的刘中飞,陈良,史良马,中国科学技术大学电子工程和信息科学系韩家骅,尹燕,安徽中医学院药学系钱天虹 6 位教授在 2004 年应用双 Jacobi 椭圆函数展开法,对 KdV 方程及 KP 方程进行求解,得到了若干新的用双椭圆函数表示的准确周期解,这些解在极限情况下可以退化为相应的孤立波解.

15.1 双 Jacobi 椭圆函数展开法

考虑非线性波方程

$$N(u, u_t, u_x, u_{xx}, u_{tt}, \cdots) = 0 \tag{1}$$

寻求其行波解为

$$u(x, t) = u(\xi), \xi = k(x - ct) \tag{2}$$

其中 k 和 c 分别为波数和波速.

将式(2) 代入方程(1) 求得非线性常微分方程

$$F\left[u, \frac{\mathrm{d}u}{\mathrm{d}\xi}, \frac{\mathrm{d}^2 u}{\mathrm{d}\xi^2}, \cdots\right] = 0 \tag{3}$$

---

① F T Fu, et al. New Jacobi elliptic function expansion and new periodic solutions of nonlinear wave equations[J]. Phys Lett, 2001, A290: 72-76.

Liu S K, Fu Z T, Liu S D, Zhao O. Expansion method about the Jacobi elliptic function and its applications to nonlinear wave equations[J]. Acta Phys, 2001, 50: 2068-2073.

设方程(3)有如下形式的解

$$u(\xi)=a_0+\sum_{j=1}^{n} f_i^{j-1}(\xi)[af_i(\xi)+b_jg_i(\xi)] \tag{4}$$

其中 f_i 和 g_i 为如下的 Jacobi 椭圆函数

$$\begin{cases} f_1(\xi)=\operatorname{sn}\xi, g_1(\xi)=\operatorname{cn}\xi \\ f_2(\xi)=\operatorname{sn}\xi, g_2(\xi)=\operatorname{dn}\xi \\ f_3(\xi)=\operatorname{cn}\xi, g_3(\xi)=\operatorname{dn}\xi \\ f_4(\xi)=\operatorname{ns}\xi=\dfrac{1}{\operatorname{sn}\xi} \\ g_4(\xi)=\operatorname{cs}\xi=\dfrac{\operatorname{cn}\xi}{\operatorname{sn}\xi} \end{cases} \tag{5}$$

其中 sn ξ,cn ξ 和 dn ξ 分别为 Jacobi 椭圆正弦函数、Jacobi 椭圆余弦函数和第三类 Jacobi 椭圆函数. 并且有如下关系

$$\begin{cases} \operatorname{cn}^2\xi=1-\operatorname{sn}^2\xi \\ \operatorname{dn}^2\xi=1-m^2\operatorname{sn}^2\xi \\ \dfrac{\mathrm{d}}{\mathrm{d}\xi}=\operatorname{sn}\xi=\operatorname{cn}\xi\operatorname{dn}\xi\dfrac{\mathrm{d}}{\mathrm{d}\xi}\operatorname{cn}\xi \\ \quad=-\operatorname{sn}\xi\operatorname{dn}\xi\dfrac{\mathrm{d}}{\mathrm{d}\xi}\operatorname{dn}\xi=-m^2\operatorname{sn}\xi\operatorname{cn}\xi \end{cases} \tag{6}$$

其中 $m(0<m<1)$ 为模数.

在式(4)中选择 n,使得方程(1)中的非线性项和最高阶导数项平衡. 另外,应该指出的是,当模数 $m\to 1$,则有 sn $\xi\to$ tanh ξ,cn $\xi\to$ sech ξ,dn $\xi\to$ sech ξ. 所以在极限条件下这些周期解可以退化为相应的孤波解.

15.2 KdV 方程的双椭圆函数周期解

$$\frac{\partial u}{\partial t}+u\frac{\partial u}{\partial x}+\beta\frac{\partial^3 u}{\partial x^3}=0 \tag{7}$$

将式(2)代入上式，求得

$$-c\frac{\mathrm{d}u}{\mathrm{d}\xi}+u\frac{\mathrm{d}u}{\mathrm{d}\xi}+\beta k^2\frac{\mathrm{d}^3 u}{\mathrm{d}\xi^3}=0 \tag{8}$$

积分一次，并取积分常数为零，得到

$$-cu+\frac{1}{2}u^2+\beta k^2\frac{\mathrm{d}^2 u}{\mathrm{d}\xi^2}=0 \tag{9}$$

显然

$$O(u)=n,O(u^2)=2n,O(\frac{\mathrm{d}^2 u}{\mathrm{d}\xi^2})=n+2 \tag{10}$$

两者平衡，有

$$n=2 \tag{11}$$

以下，我们将用各种不同的双 Jacobi 椭圆函数对方程(9)求解.

1. Jacobi **椭圆函数** sn ξ **和** cn ξ **展开**

取 $n=2,i=1$，代入式(4)，可知方程(9)有如下形式解

$$u(\xi)=a_0+a_1\mathrm{sn}\,\xi+b_1\mathrm{cn}\,\xi+a_2\mathrm{sn}^2\,\xi+b_2\mathrm{sn}\,\xi\mathrm{cn}\,\xi \tag{12}$$

将式(12)代入式(9)，得到

$$[-ca_0+\frac{1}{2}(a_0^2+b_1^2)+2\beta k^2 a_2]+$$

$$[-ca_1+(a_0a_1+b_1b_2)-(1+m^2)\beta k^2 a_1]\mathrm{sn}\,\xi+$$

$$(-c+a_0-\beta k^2)b_1\operatorname{cn}\xi+$$
$$[-cb_2+(a_0b_2+a_1b_1)-(4+m^2)\beta k^2b_2]\operatorname{sn}\xi\operatorname{cn}\xi+$$
$$[-ca_2+\frac{1}{2}(a_1^2-b_1^2+b_2^2+2a_0a_2)-$$
$$4(1+m^2)\beta k^2a_2]\operatorname{sn}^2\xi+$$
$$[(a_1b_2+a_2b_1)+2m^2\beta k^2b_1]\operatorname{sn}^2\xi\operatorname{cn}\xi+$$
$$[(a_1a_2-b_1b_2)+2m^2\beta k^2a_1]\operatorname{sn}^3\xi$$
$$[(a_2+6m^2\beta k^2)b_2]\operatorname{sn}^3\xi\operatorname{cn}\xi+$$
$$[\frac{1}{2}(a_2^2-b_2^2)+6m^2\beta k^2a_2]\operatorname{sn}^4\xi=0 \tag{13}$$

由此定得

$$a_1=0,b_1=0,b_2=0,a_0=c+4(1+m^2)\beta k^2$$
$$a_2=-12m^2\beta k^2,k^4=\frac{c^2}{16\beta^2(m^4-m^2+1)} \tag{14}$$
$$a_1=0,b_1=0,a_0=c+(4+m^2)\beta k^2,a_2=-6m^2\beta k^2$$
$$b_2=\pm\mathrm{i}\cdot 6m^2\beta k^2,k^4=\frac{c^2}{\beta^2(m^4-16m^2+16)} \tag{15}$$

代入式(12),最后求得

$$\begin{aligned}u_1&=c+4(1+m^2)\beta k^2-12m^2\beta k^2\operatorname{sn}^2\xi\\&=c+4(1-2m^2)\beta k^2+12m^2\beta k^2\operatorname{cn}^2\xi\end{aligned} \tag{16}$$
$$\begin{aligned}u_2&=c+(4+m^2)\beta k^2-6m^2\beta k^2\operatorname{sn}^2\xi\pm\\&\quad\mathrm{i}\cdot 6m^2\beta k^2\operatorname{sn}\xi\operatorname{cn}\xi\\&=c+(4-5m^2)\beta k^2+6m^2\beta k^2\operatorname{cn}^2\xi\pm\\&\quad\mathrm{i}\cdot 6m^2\beta k^2\operatorname{sn}\xi\operatorname{cn}\xi\end{aligned} \tag{17}$$

式(16)与刘式适等①得到的解的形式相同,式(17)是

---

① Liu S K, Fu Z T, Liu S D, Zhao Q. Expansion method about the Jacobi elliptic function and its applications to nonlinear wave equations[J]. Acta Phys, 2001,50:2068-2073.

KdV 方程式(7) 新的双椭圆函数准确周期解. 且当 $m \to 1$ 时,由式(16) 和式(17) 得到如下的孤波解

$$u'_1 = c - 4\beta k^2 + 12\beta k^2 \operatorname{sech}^2 \sqrt{\frac{c}{4\beta}}(x - ct) \tag{18}$$

$$u'_2 = c - \beta k^2 + 6\beta k^2 \operatorname{sech}^2 \sqrt{\frac{c}{\beta}}(x - ct) \pm \mathrm{i} \cdot 6\beta k^2 \tanh \sqrt{\frac{c}{\beta}}(x - ct) \operatorname{sech} \sqrt{\frac{c}{\beta}}(x - ct) \tag{19}$$

2. Jacobi **椭圆函数** $\operatorname{sn}\xi$ **和** $\operatorname{dn}\xi$ **展开**

设方程(9) 有如下形式解

$$u(\xi) = a_0 + a_1 \operatorname{sn} \xi + b_1 \operatorname{dn} \xi + a_2 \operatorname{sn}^2 \xi + b_2 \operatorname{sn} \xi \operatorname{dn} \xi \tag{20}$$

将式(20) 代入式(9),类似上一小节,可以得到 KdV 方程的解为

$$\begin{aligned} u_3 = {} & c + (1 + 4m^2)\beta k^2 - \\ & 6m^2 \beta k^2 \operatorname{sn}^2 \xi \pm \mathrm{i} \cdot 6m\beta k^2 \operatorname{sn} \xi \operatorname{dn} \xi = \\ & c + (1 - 2m^2)\beta k^2 + \\ & 6m^2 \beta k^2 \operatorname{cn}^2 \xi \pm \mathrm{i} \cdot 6m\beta k^2 \operatorname{sn} \xi \operatorname{dn} \xi \end{aligned} \tag{21}$$

式(21) 也是 KdV 方程式(7) 新的双椭圆函数准确周期解. 当 $m \to 1$ 时,由式(21) 得到与式(19) 完全相同的孤波解.

3. Jacobi **椭圆函数** $\operatorname{cn}\xi$ **和** $\operatorname{dn}\xi$ **展开**

设方程(9) 有如下形式解

$$u(\xi) = a_0 + a_1 \operatorname{cn} \xi + b_1 \operatorname{dn} \xi + a_2 \operatorname{cn}^2 \xi + b_2 \operatorname{cn} \xi \operatorname{dn} \xi \tag{22}$$

将式(22)代入式(9)，类似第 1 小节，可以得到 KdV 方程的解为

$$u_4=c+(1-5m^2)\beta k^2+6m^2\beta k^2\mathrm{cn}^2\,\xi\pm 6m\beta k^2\mathrm{cn}\,\xi\mathrm{dn}\,\xi \tag{23}$$

式(23)也是 KdV 方程(7)新的双椭圆函数准确周期解. 当 $m\to 1$ 时，由式(23)得到与式(18)完全相同的孤波解.

4. Jacobi **椭圆函数** $\mathrm{ns}\,\xi$ **和** $\mathrm{cs}\,\xi$ **展开**

设方程(9)有如下形式解

$$u(\xi)=a_0+a_1\mathrm{ns}\,\xi+b_1\mathrm{cs}\,\xi+a_2\mathrm{ns}^2\,\xi+b_2\mathrm{ns}\,\xi\mathrm{cs}\,\xi \tag{24}$$

将式(24)代入式(9)，类似第 1 小节，可以得到 KdV 方程的解为

$$u_5=c+4(1+m^2)\beta k^2-6\beta k^2\mathrm{ns}^2\,\xi \tag{25}$$

$$u_6=c+(1+4m^2)\beta k^2-6\beta k^2\mathrm{ns}^2\,\xi\pm 6\beta k^2\mathrm{ns}\,\xi\mathrm{cs}\,\xi \tag{26}$$

(25)，(26)两式也是 KdV 方程(7)新的双椭圆函数准确周期解. 当 $m\to 1$ 时，由式(25)和式(26)得到如下的孤波解

$$u'_5=c+8\beta k^2-6\beta k^2\coth^2\sqrt{\frac{c}{4\beta}}(x-ct) \tag{27}$$

$$u'_6=c+5\beta k^2-6\beta k^2\coth^2\sqrt{\frac{c}{\beta}}(x-ct)\pm 6\beta k^2\coth\sqrt{\frac{c}{\beta}}(x-ct)\mathrm{csch}\sqrt{\frac{c}{\beta}}(x-ct) \tag{28}$$

15.3 二维 KdV 方程(KP 方程)双椭圆函数周期解

$$\frac{\partial}{\partial x}\left(\frac{\partial u}{\partial t}+u\frac{\partial u}{\partial x}+\beta\frac{\partial^3 u}{\partial x^3}\right)+\frac{c_0}{2}\frac{\partial^2 u}{\partial y^2}=0 \tag{29}$$

寻求其行波解为

$$u=u(\xi),\xi=p(kx+ly-\omega t) \tag{30}$$

将式(30)代入式(29),求得

$$\frac{\mathrm{d}^3 u}{\mathrm{d}\xi^3}-\frac{k\omega-\frac{c_0}{2}l^2}{k^4p^2\beta}\frac{\mathrm{d}u}{\mathrm{d}\xi}+\frac{1}{k^2p^2\beta^u}\frac{\mathrm{d}u}{\mathrm{d}\xi}=0 \tag{31}$$

积分一次,并取积分常数为零,得到

$$\frac{\mathrm{d}^2 u}{\mathrm{d}\xi^2}-\frac{k\omega-\frac{c_0}{2}l^2}{k^4p^2\beta}u+\frac{1}{2k^2p^2\beta}u^2=0 \tag{32}$$

平衡非线性项和最高阶导数项,得

$$n=2 \tag{33}$$

通过上面提到的双 Jacobi 椭圆函数展开法,可得到如下的周期解

$$u_1=4(1+m^2)k^2p^2\beta+\frac{k\omega-\frac{c_0}{2}l^2}{k^2}-12m^2k^2p^2\beta\mathrm{sn}^2\xi$$

$$=4(1-2m^2)k^2p^2\beta+\frac{k\omega-\frac{c_0}{2}l^2}{k^2}+$$

$$12m^2k^2p^2\beta\mathrm{cn}^2\xi \tag{34}$$

$$u_2=4(1+m^2)k^2p^2\beta+\frac{k\omega-\frac{c_0}{2}l^2}{k^2}-$$

$$6m^2k^2p^2\beta\mathrm{sn}^2\xi\pm\mathrm{i}\cdot 6m^2k^2p^2\beta\mathrm{sn}\,\xi\mathrm{cn}\,\xi$$

$$=(4-5m^2)k^2p^2\beta+\frac{k\omega-\frac{c_0}{2}l^2}{k^2}+6m^2k^2p^2\beta\mathrm{sn}^2\xi\pm\mathrm{i}\cdot 6m^2k^2p^2\beta\mathrm{sn}\,\xi\mathrm{cn}\,\xi \quad (35)$$

$$u_3=(1+4m^2)k^2p^2\beta+\frac{k\omega-\frac{c_0}{2}l^2}{k^2}-6m^2k^2p^2\beta\mathrm{sn}^2\xi\pm\mathrm{i}\cdot 6mk^2p^2\beta\mathrm{sn}\,\xi\mathrm{dn}\,\xi$$

$$=(1-2m^2)k^2p^2\beta+\frac{k\omega-\frac{c_0}{2}l^2}{k^2}+6m^2k^2p^2\beta\mathrm{sn}^2\xi\pm\mathrm{i}\cdot 6mk^2p^2\beta\mathrm{sn}\,\xi\mathrm{dn}\,\xi \quad (36)$$

$$u_4=(1-5m^2)k^2p^2\beta+\frac{k\omega-\frac{c_0}{2}l^2}{k^2}+6m^2k^2p^2\beta\mathrm{cn}^2\xi\pm 6mk^2p^2\beta\mathrm{cn}\,\xi\mathrm{dn}\,\xi \quad (37)$$

$$u_5=4(1+m^2)k^2p^2\beta+\frac{k\omega-\frac{c_0}{2}l^2}{k^2}-12k^2p^2\beta\mathrm{ns}^2\xi$$

$$=4(1-2m^2)k^2p^2\beta+\frac{k\omega-\frac{c_0}{2}l^2}{k^2}-12k^2p^2\beta\mathrm{cs}^2\xi \quad (38)$$

$$u_6=4(1+4m^2)k^2p^2\beta+\frac{k\omega-\frac{c_0}{2}l^2}{k^2}-6k^2p^2\beta\mathrm{ns}^2\xi+6k^2p^2\beta\mathrm{ns}\,\xi\mathrm{cs}\,\xi$$

$$=(-5+4m^2)k^2p^2\beta+\frac{k\omega-\frac{c_0}{2}l^2}{k^2}-6k^2p^2\beta\mathrm{sn}^2\xi\pm 6k^2p^2\beta\mathrm{ns}\,\xi\mathrm{cs}\,\xi \quad (39)$$

当 $m \to 1$ 时，可以得到如下的孤波解

$$u'_1 = \frac{3\left(k\omega - \frac{c_0}{2}l^2\right)}{k^2} \cdot \operatorname{sech}^2\left[\frac{1}{2k^2}\sqrt{\frac{k\omega - \frac{c_0}{2}l^2}{\beta}}(kx + ly - \omega t)\right] \tag{40}$$

$$\begin{aligned} u'_2 = {} & \frac{6\left(k\omega - \frac{c_0}{2}l^2\right)}{k^2} \cdot \operatorname{sech}^2\left[\frac{1}{k^2}\sqrt{\frac{k\omega - \frac{c_0}{2}l^2}{\beta}}(kx + ly - \omega t)\right] \pm \\ & \mathrm{i} \cdot \frac{6\left(k\omega - \frac{c_0}{2}l^2\right)}{k^2} \cdot \tanh\left[\frac{1}{k^2}\sqrt{\frac{k\omega - \frac{c_0}{2}l^2}{\beta}}(kx + ly - \omega t)\right] \cdot \\ & \operatorname{sech}\left[\frac{1}{k^2}\sqrt{\frac{k\omega - \frac{c_0}{2}l^2}{\beta}}(kx + ly - \omega t)\right] \end{aligned} \tag{41}$$

$$u'_3 = -\frac{3\left(k\omega - \frac{c_0}{2}l^2\right)}{k^2} \cdot \operatorname{csch}^2\left[\frac{1}{2k^2}\sqrt{\frac{k\omega - \frac{c_0}{2}l^2}{\beta}}(kx + ly - \omega t)\right] \tag{42}$$

$$u'_4 = -\frac{6\left(k\omega - \frac{c_0}{2}l^2\right)}{k^2} \cdot$$

$$\operatorname{csch}^2\left[\frac{1}{k^2}\sqrt{\frac{k\omega-\frac{c_0}{2}l^2}{\beta}}(kx+ly-\omega t)\right]\pm$$

$$\frac{6\left(k\omega-\frac{c_0}{2}l^2\right)}{k^2}\cdot$$

$$\operatorname{ctoth}\left[\frac{1}{k^2}\sqrt{\frac{k\omega-\frac{c_0}{2}l^2}{\beta}}(kx+ly-\omega t)\right]\cdot$$

$$\operatorname{csch}\left[\frac{1}{k^2}\sqrt{\frac{k\omega-\frac{c_0}{2}l^2}{\beta}}(kx+ly-\omega t)\right] \tag{43}$$

15.4　结　　论

应用双 Jacobi 椭圆函数展开法对 KdV 方程及 KP 方程进行求解，得到了(17)，(21)，(23)，(25)，(26)，(35)，(36)，(37)，(38)和(39)各式表示的新的双椭圆函数准确周期解，有些周期解在极限情况下可以退化为相应的孤立波解. 这种方法也可以应用于求解其他非线性波方程，例如 Variant Boussnesq 方程组等.

一类耦合的 KdV 型方程的周期解[①]

第 16 章

水平底部的最简单经典浅水波耦合方程是

$$\begin{cases}u_t+uu_x+gv_x=0\\ v_t+(uv)_x=0\end{cases}$$

最早是由 Whitham[②] 提出的，其中 x 表示平面坐标，t 为时间，$u=u(x,t)$ 为 (x,t) 处的水平方面的运动速度，$v=v(x,t)$ 为时间 t 时 x 处的自由表面的高度. 之后出现了很多变形，如 Hirota 提出耦合方程

① 摘编自《上海理工大学学报》，2013 年第 35 卷第 6 期. 作者丁丽娟，魏公明.

② Whitham G B. Linear and nonlinear waves[M]. New York: Wiley，1974.

$$\begin{cases} u_t - 6\alpha u u_x - 2\beta v v_x - \alpha u_{xxx} = 0 \\ v_t + 3 u v_x + v_{xxx} = 0 \end{cases}$$

Ito 提出耦合非线性方程

$$\begin{cases} u_t - b u u_x - 2 v v_x - u_{xxx} = 0 \\ v_t + 2(uv)_x = 0 \end{cases}$$

Guo 等①讨论了具有耗散项的非线性耦合 KdV 方程

$$\begin{cases} u_t + f(u)_x - \alpha u_{xx} + \beta u_{xxx} + 2 v v_x = G_1(u,v) + h_1(x) \\ v_t - r u_{xx} + (2uv)_x = G_2(u,v) + h_2(x) \end{cases}$$

并且指出方程周期解全局吸引子的存在性，利用一致先验估计得到全局吸引子的 Hausdorff(豪斯道夫) 和 Fractal 维数的上界估计；在此基础上，房少梅等②讨论了此具有耗散项的非线性 KdV 方程的全局吸引子和整体周期解、整体边值解的存在性；Kuznetsov(库兹涅佐夫) 利用 Weirstrass(魏尔斯特拉斯) 椭圆函数求出它的周期解与孤波解.

本章研究一类耦合 KdV 型方程

$$u_t + G_1(v)_x + F_1(u)_x + \beta u_{xxx} = k_1 u_{xx} \tag{1}$$

$$v_t + \delta(uv)_x + G_2(v)_x + F_2(u)_x = k_2 v_{xx} \tag{2}$$

记号说明

$$G_1(v) = \frac{\alpha}{2} v^2 + g_1 v, g_1 = \alpha D$$

$$G_2(v) = \frac{\varepsilon}{2} v^2 + g_2 v, g_2 = \varepsilon D$$

---

① Guo B L, Yang L G. The global attractors for the periodic initial value problem for a coupled Non-linear wave equation[J]. Mathe-matical methods in the Applied Sciences, 1996(19):131-144.

② 房少梅，郭柏灵. 一类广义耦合的非线性波动方程组在无界区域上的整体吸引子[J]. 数学物理学报，2003，23A(4):464-473.

$$F_1(u)=\frac{\beta_1}{2}u^2+\frac{\beta_2}{3}u^3,F_2(u)=f_2u,f_2=\delta D$$

周期初始条件

$$\begin{cases}u\,|_{t=0}=u_0(x),v\,|_{t=0}=v_0(x),0\leqslant x\leqslant 1\\u(x+1,t)=u(x,t),v(x+1,t)=v(x,t),\forall\, x,t\end{cases}\tag{3}$$

式中 $\alpha,\varepsilon,D,\beta_1,\beta_2$ 为实常数;k_1,k_2 为耗散系数,且 $k_1>0,k_2>0$.

刘小华研究了此类方程的Cauchy问题,本章将从周期问题着手研究方程,此课题的研究方法来源于郭柏灵的研究成果①.

区间说明:$I=[0,1]$,$\mathbf{R}=(-\infty,+\infty)$.

本章的主要结论:

定理 16.1 若 $u_0(x),v_0(x)\in W^{3,2}(I)$,对于任意的正数 T,那么周期初值问题存在以 $u_0(x),v_0(x)$ 为初值的弱解,且满足 $u(x,t),v(x,t)\in W^{3,2}(I)(t\in[0,T],x\in[0,1])$.

16.1 积分估计

周期初值问题的解 $u=u(x,t),v=v(x,t)$ 满足式(1)和式(2),$u(x,t)\in C^2,v(x,t)\in C^2,u_{xxx}\in L^2$,$v_{xxx}\in L^2$ 满足周期初始条件(3).(由周期条件 $u(x,t)=u(x+1,t),v(x,t)=v(x+1,t)$ 可知,$\forall\, x$,

① 郭柏灵.一类更广泛的KDV方程的整体解[J].数学学报,1982,6(25):641-655.

t,初始函数 $u_0(x),v_0(x)$ 应要求为在$(-\infty,+\infty)$上具有周期 1 的函数). 下面的引理都是假设 $u(x,t)$, $v(x,t)$ 是以 $u_0(x),v_0(x)$ 为初值的光滑的整体周期解.

定义 16.1

$$\| u(t) \|_{L_\infty} = \sup_x | u(x,t) |$$

$$(f,g) = \int_0^1 f(x,t) g(x,t) \mathrm{d}x$$

$$\| u(t) \|_{L_2}^2 = \int_0^1 u^2(x,t) \mathrm{d}x$$

下面区间若没有特别说明,$x \in I[0,1]$,$t \in [0,T]$.

引理 16.1　(Sobolev 不等式)给定 $\varepsilon > 0, n$,存在常数 ε_0 依赖于 ε_1 和 n,使得

$$\left\| \frac{\partial^k u}{\partial x^k} \right\|_{L_\infty} \leqslant \varepsilon_0 \| u \|_{L_2} + \varepsilon_1 \left\| \frac{\partial^n u}{\partial x^n} \right\|_{L_2} \quad k < n$$

$$\left\| \frac{\partial^k u}{\partial x^k} \right\|_{L_2} \leqslant \varepsilon_0 \| u \|_{L_2} + \varepsilon_1 \left\| \frac{\partial^n u}{\partial x^n} \right\|_{L_2} \quad k \leqslant n$$

引理 16.2　对于任意 $T > 0, u_0(x), v_0(x) \in L^2$, a, δ 同号,则存在与 k_1, k_2 无关的常数 C,使得

$$\| u \|_{L_2}^2 + \| v \|_{L_2}^2 \leqslant C$$

其中 C 仅与 $\| u_0 \|_{L_2}, \| v_0 \|_{L_2}, \alpha, \delta, T$ 有关.

证明　对方程(1)在区间$[0,1]$对 u 积分,有

$$(u, u_t + G_1(v)_x + F_1(u)_x + \beta u_{xxx} - k_1 u_{xx}) = 0$$

且

$$(u, u_t) = \frac{1}{2} \frac{\mathrm{d}}{\mathrm{d}t} \| u \|_{L_2}^2$$

$$(u, F_1(u)_x) = 0, (u, \beta u_{xxx}) = 0$$

$$(u, u_{xx}) = - \| u_x \|_{L_2}^2, (u, G_1(v)_x) = -(u_x, G_1(v))$$

$$\frac{1}{2} \frac{\mathrm{d}}{\mathrm{d}t} \| u \|_{L_2}^2 + k_1 \| u_x \|_{L_2}^2 +$$

$$\alpha(u, vv_x) - \alpha D(u_x, v) = 0 \tag{4}$$

由于

$$(v, v_t + \delta(uv)_x + G_2(v)_x + F_2(u)_x - k_2 v_{xx}) = 0 \tag{5}$$

且

$$(v, v_t) = \frac{1}{2}\frac{\mathrm{d}}{\mathrm{d}t}\|v\|_{L_2}^2, (v, G_2(v)_x) = 0$$

$$(v, v_{xx}) = -\|v_x\|_{L_2}^2, (v, F_2(u)_x) = -(v_x, F_2(u))$$

所以 $$\frac{1}{2}\frac{\mathrm{d}}{\mathrm{d}t}\|v\|_{L_2}^2 + k_2\frac{1}{2}\frac{\mathrm{d}}{\mathrm{d}t}\|v\|_{L_2}^2 + \delta((uv)_x, v) - \delta D(v_x, u) = 0$$

利用式(4)和式(5)以及$((uv)_x, v) = -(u, vv_x)$, $(v_x, u) = -(v, u_x)$，不难得到

$$\frac{1}{2}\frac{\mathrm{d}}{\mathrm{d}t}\left[\|u\|_{L_2}^2 + \frac{\alpha}{\delta}\|v\|_{L_2}^2\right] + k_1\|u_x\|_{L_2}^2 + \frac{\alpha k_2}{\delta}\|v_x\|_{L_2}^2 = 0$$

对于任意 $T > 0$，将上式从 0 到 T 积分有

$$\|u\|_{L_2}^2 + \frac{\alpha}{\delta}\|v\|_{L_2}^2 + 2\int_0^T\left[k_1\|u_x\|_{L_2}^2 + \frac{\alpha k_2}{\delta}\|v_x\|_{L_2}^2\right]\mathrm{d}t = \|u_0\|_{L_2}^2 + \frac{\alpha}{\delta}\|v_0\|_{L_2}^2 < +\infty$$

所以 $\|u\|_{L_2}^2 + \frac{\alpha}{\delta}\|v\|_{L_2}^2 \leqslant \|u_0\|_{L_2}^2 + \frac{\alpha}{\delta}\|v_0\|_{L_2}^2 < +\infty$. 即结论成立，且 C 仅与 $\|u_0\|_{L_2}$, $\|v_0\|_{L_2}$, α, δ, T 有关.

引理 16.3　若满足引理 16.2 的条件，且对于任意的 $T > 0$, u_{0x}, $v_{0x} \in L_2$，则存在与 k_1, k_2 无关的常数

C,使得

$$\|u_x\|_{L_2}^2+\|v_x\|_{L_2}^2\leqslant C$$

其中C与$\|u_{0x}\|_{L_2}$,$\|v_{0x}\|_{L_2}$,$\|u\|_{L_2}$,$\|v\|_{L_2}$,α,δ,T,β,β_1,β_2,ε,ε_1,ε_0,D有关,ε_1,ε_0为引理 16.1 中的常数.

证明

$$(u_{xx},u_t+G_1(v)_x+F_1(u)_x+\beta u_{xxx}-k_1u_{xx})=0$$

且

$$(u_{xx},u_t)=-\frac{1}{2}\frac{\mathrm{d}}{\mathrm{d}t}\|u_x\|_{L_2}^2$$

$$(u_{xx},G_1(v)_x)=(u_{xx},\alpha vv_x)+(u_{xx},\alpha Dv_x)$$

又

$$\begin{aligned}&|(u_{xx},\alpha vv_x)|\\&\leqslant|\alpha|\ \|v_x\|_{L_\infty}\|u_{xx}\|_{L_2}\|v\|_{L_2}\\&\leqslant C|\alpha|\ \|u_{xx}\|_{L_2}(\varepsilon_0\|v\|_{L_2}+\varepsilon_1\|v_{xx}\|_{L_2})\\&\leqslant\varepsilon_0C|a|\ \|u_{xx}\|_{L_2}+\varepsilon_1C|a|\ \|u_{xx}\|_{L_2}^2+\\&\quad\varepsilon_1C|a|\ \|v_{xx}\|_{L_2}^2\\&\leqslant C(\varepsilon_1,\|v\|_{L_2}^2,\varepsilon_0)\cdot\\&\quad(\|u_{xx}\|_{L_2}^2+\|v_{xx}\|_{L_2}^2)+\frac{1}{2}\end{aligned}$$

$$\begin{aligned}|u_{xx},\alpha Dv_x|&\leqslant|\alpha||D|\ \|v_x\|_{L_2}^2\|u_{xx}\|_{L_2}\\&\leqslant C(a,D,\varepsilon_0,\varepsilon_1,\|u\|_{L_2}^2,\|v\|_{L_2}^2)\cdot\\&\quad(\|u_{xx}\|_{L_2}^2+\|v_{xx}\|_{L_2}^2)+\\&\quad\frac{1}{2}(u_{xx},F_1(u)_x)\\&=(u_{xx},\beta_1uu_x)+(u_{xx},\beta_2u^2u_x)\\&\leqslant C(\|u\|_{L_2},\beta_1,\beta_2,\varepsilon_0,\varepsilon_1)\|u_{xx}\|_{L_2}^2+1\end{aligned}$$

因为

$$|(u_{xx},\beta_1uu_x)|$$

$$\leqslant |\beta_1| \|u_x\|_{L_\infty} \|u\|_{L_2} \|u_{xx}\|_{L_2}$$
$$\leqslant C|\beta_1| \|u_{xx}\|_{L_2}(\varepsilon_0 \|u\|_{L_2} + \varepsilon_1 \|u_{xx}\|_{L_2})$$
$$\leqslant C(\varepsilon_1, \|u\|_{L_2}) \|u_{xx}\|_{L_2} + \frac{1}{2}$$

$$|(u_{xx}, \beta_2 uu_x)|$$
$$\leqslant |\beta_2| \|u_x\|_{L_\infty} \|u\|_{L_2}^2 \|u_{xx}\|_{L_2}$$
$$\leqslant C|\beta_2| \|u_{xx}\|_{L_2}(\varepsilon_0 \|u\|_{L_2} + \varepsilon_1 \|u_{xx}\|_{L_2})$$
$$\leqslant C(\varepsilon_1, \|u\|_{L_2}) \|u_{xx}\|_{L_2}$$

$$(u_{xx}, \beta u_{xxx}) = 0, (u_{xx}, -k_1 u_{xx}) = -k_1 \|u_{xx}\|_{L_2}^2$$

可以得到

$$\frac{1}{2}\frac{\mathrm{d}}{\mathrm{d}t}\|u_x\|_{L_2}^2 + k_1\|u_{xx}\|_{L_2}^2$$
$$\leqslant C(\varepsilon_1)(\|u_{xx}\|_{L_2}^2 + \|v_{xx}\|_{L_2}^2) + \frac{7}{2} \tag{6}$$

因为 $(v_{xx}, v_t + \delta(uv)_x + \varepsilon vv_x + \varepsilon Dv_x + \delta Du_x - k_2 v_{xx}) = 0$，且

$$(v_{xx}, v_t) = -\frac{1}{2}\frac{\mathrm{d}}{\mathrm{d}t}\|v_x\|_{L_2}^2$$
$$|(v_{xx}, \delta(uv)_x)| = |-\delta(v_{xxx}, uv)|$$
$$\leqslant |\delta| \|v\|_{L_\infty} |(v_{xx}, u_x)|$$
$$\leqslant C(\delta, \varepsilon_0, \varepsilon_1, \|v\|_{L_2}, \|u\|_{L_2}) \cdot$$
$$(\|u_{xx}\|_{L_2}^2 + \|v_{xx}\|_{L_2}^2) + \frac{1}{2}$$

$$|(v_{xx}, \varepsilon vv_x)| \leqslant C(\varepsilon, D, \varepsilon_0, \varepsilon_1, \|u\|_{L_2}, \|v\|_{L_2})$$
$$\|v_{xx}\|_{L_2}^2 + \frac{1}{2} |(v_{xx}, \delta Du_x)|$$
$$\leqslant |\delta||D| \|u_x\|_{L_2} \|v_{xx}\|_{L_2}$$
$$\leqslant C(\delta, D, \varepsilon_0, \varepsilon_1, \|u\|_{L_2}, \|v\|_{L_2}) \cdot$$
$$(\|u_{xx}\|_{L_2}^2 + \|v_{xx}\|_{L_2}^2) + \frac{1}{2}$$

又因为$(v_{xx},-k_2v_{xx})=-k_2\|v_{xx}\|_{L_2}^2$,可以得到

$$\frac{1}{2}\frac{\mathrm{d}}{\mathrm{d}t}\|v_x\|_{L_2}^2+k_2\|v_{xx}\|_{L_2}^2$$

$$\leqslant C(\varepsilon_1)(\|u_{xx}\|_{L_2}^2+\|v_{xx}\|_{L_2}^2)+\frac{3}{2} \tag{7}$$

式(6) 加式(7),有

$$\frac{1}{2}\frac{\mathrm{d}}{\mathrm{d}t}\|u_x\|_{L_2}^2+\frac{1}{2}\frac{\mathrm{d}}{\mathrm{d}t}\|v_x\|_{L_2}^2+$$

$$k_1\|u_{xx}\|_{L_2}^2+k_2\|v_{xx}\|_{L_2}^2$$

$$\leqslant C(\varepsilon_1)(\|u_{xx}\|_{L_2}^2+\|v_{xx}\|_{L_2}^2)+5$$

使$k_1>C(\varepsilon_1),k_2>C(\varepsilon_1)$,有

$$\frac{1}{2}\frac{\mathrm{d}}{\mathrm{d}t}(\|u_x\|_{L_2}^2+\|v_x\|_{L_2}^2)\leqslant 5 \tag{8}$$

所以,对任意的$T>0$,对式(8) 从 0 到 T 积分有

$$\|u_x\|_{L_2}^2+\|v_x\|_{L_2}^2\leqslant\|u_{0x}\|_{L_2}^2+\|v_{0x}\|_{L_2}^2+5T$$

知存在与k_1,k_2无关的常数C,使得

$$\|u_x\|_{L_2}^2+\|v_x\|_{L_2}^2\leqslant C$$

其中C仅与$\|u_{0x}\|_{L_2},\|v_{0x}\|_{L_2},\|u\|_{L_2},\|v\|_{L_2},\alpha,\delta,T,\beta,\beta_1,\beta_2,\varepsilon,\varepsilon_1,\varepsilon_0,D$有关,与$k_1,k_2$无关.

引理 16.4　若满足引理 16.3 的条件,且对于任意的$T>0,u_{0xxx},v_{0xxx}\in L_2$,则存在与$k_1,k_2$无关的常数$C$,使得

$$\|u_{xx}\|_{L_2}^2+\|v_{xx}\|_{L_2}^2\leqslant C$$

其中C仅与$\|u_0\|_{H^2},\|v_0\|_{H^2},\|u\|_{H^1},\|v\|_{H^1},\alpha,\delta,T,\beta_1,\beta_2,\varepsilon,\varepsilon_1,\varepsilon_0,D$有关,其中$\varepsilon_1,\varepsilon_0$为引理 16.1 中的常数.

证明　因为

$$(u_{4x},u_t+G_1(v)_x+F_1(u)_x+\beta u_{xxx}-k_1u_{xx})=0$$

其中$u_{4x}=u_{xxxx}$,由于

$$(u_{4x},u_t)=\frac{1}{2}\frac{\mathrm{d}}{\mathrm{d}t}\|u_{xx}\|_{L_2}^2$$

$$(u_{4x},G_1(v)_x)=(u_{4x},\alpha vv_x)+(u_{4x},\alpha Dv_x)\cdot$$

$$|(u_{4x},\alpha vv_x)|=|\alpha(v_x^2+vv_{xx},u_{xxx})|$$

$$\leqslant|\alpha||(v_x^2,u_{xxx})|+|\alpha||(vv_{xx},u_{xxx})|$$

$$\leqslant|\alpha|\|u_{xxx}\|_{L_2}\|v_x\|_{L_2}^2+|\alpha|\|u_{xxx}\|_{L_2}\|v\|_{L_\infty}\cdot\|v_{xx}\|_{L_2}$$

$$\leqslant C(\varepsilon_1)(\|u_{xxx}\|_{L_2}^2+\|v_{xxx}\|_{L_2}^2)+\frac{1}{2}\ |(u_{4x},\alpha Dv_x)|=|-\alpha D(u_{xxx},v_{xx})|$$

$$\leqslant|\alpha||D|\|u_{xxx}\|_{L_2}\|v_{xx}\|_{L_2}$$

$$\leqslant C(\varepsilon_1)(\|u_{xxx}\|_{L_2}^2+\|v_{xxx}\|_{L_2}^2)+\frac{1}{2}\ |(u_{4x},F_1(u)_x)|$$

$$=|(u_{xxx},F'_1(u)+F_1(u)u_{xx})|$$

$$\leqslant\|F'_1(u)\|_{L_\infty}\|u_{xxx}\|_{L_2}\|u_x\|_{L_2}^2+\|F'_1(u)\|_{L_\infty}\|u_x\|_{L_\infty}\|u_{xx}\|_{L_2}^2$$

$$\leqslant C(\varepsilon_1)\|u_{xxx}\|_{L_2}^2$$

又因为

$$\beta(u_{4x},u_{xxx})=0$$

$$-k_1(u_{4x},u_{xxx})=k_1\|u_{xxx}\|_{L_2}^2$$

所以

$$\frac{1}{2}\frac{\mathrm{d}}{\mathrm{d}t}\|u_{xx}\|_{L_2}^2+k_1\|u_{xxx}\|_{L_2}^2\leqslant C(\varepsilon_1)(\|u_{xxx}\|_{L_2}^2+\|v_{xxx}\|_{L_2}^2)+1\tag{9}$$

因为$(v_{4x},v_t+\delta(uv)_x+G_2(v)_x+F_2(u)_x-k_2v_{xx})=0$，由于

$$(v_{4x},v_t)=\frac{1}{2}\frac{\mathrm{d}}{\mathrm{d}t}\|v_{xx}\|_{L_2}^2,(v_{4x},\varepsilon Dv_x)=0$$

$$(v_{4x},G_2(v)_x)=(v_{4x},\varepsilon vv_x)+(v_{4x},\varepsilon Dv_x)$$

$$(v_{4x},\varepsilon vv_x)\leqslant C(\varepsilon_1)\|v_{xxx}\|_{L_2}^2+\frac{1}{2}$$

$$(v_{4x},F_2(u)_x)=(v_{4x},\delta Du_x)=(v_{xx},\delta Du_{xxx})$$

$$\leqslant C(\varepsilon_1)(\|u_{xxx}\|_{L_2}^2+\|v_{xxx}\|_{L_2}^2)+\frac{1}{2}$$

$$|(v_{4x},\delta(uv)_x)|\leqslant|\delta||(u_{xx}v+2u_xv_x+uv_{xx},v_{xxx})|$$
$$\leqslant C(\varepsilon_1)(\|u_{xxx}\|_{L_2}^2+\|v_{xxx}\|_{L_2}^2)+1$$

又因为 $-k_2(v_{4x},v_{xx})=k_2\|v_{xxx}\|_{L_2}^2$，故

$$\frac{1}{2}\frac{\mathrm{d}}{\mathrm{d}t}\|v_{xx}\|_{L_2}^2+k_2\|v_{xxx}\|_{L_2}^2$$
$$\leqslant C(\varepsilon_1)(\|u_{xxx}\|_{L_2}^2+\|v_{xxx}\|_{L_2}^2)+2 \tag{10}$$

式(9)加式(10)，有

$$\frac{1}{2}\frac{\mathrm{d}}{\mathrm{d}t}[\|v_{xx}\|_{L_2}^2+\|u_{xx}\|_{L_2}^2]+$$
$$k_1\|u_{xxx}\|_{L_2}^2+k_2\|v_{xxx}\|_{L_2}^2$$
$$\leqslant C(\varepsilon_1)(\|u_{xxx}\|_{L_2}^2+\|v_{xxx}\|_{L_2}^2)+3$$

使 $k_1>C(\varepsilon_1)$，$k_2>C(\varepsilon_1)$，有

$$\frac{1}{2}\frac{\mathrm{d}}{\mathrm{d}t}(\|u_{xx}\|_{L_2}^2+\|v_{xx}\|_{L_2}^2)\leqslant 3$$

对于任意的 $T>0$，对上式从 0 到 T 积分后，使得

$$\|u_{xx}\|_{L_2}^2+\|v_{xx}\|_{L_2}^2\leqslant C$$

其中 C 仅与 $\|u_0\|_{H^2}$，$\|v_0\|_{H^2}$，$\|u\|_{H^1}$，$\|v\|_{H^1}$，α，δ，T，β_1，β_2，ε，ε_1，ε_0，D 有关.

引理 16.5　若满足引理 16.4 的条件，则存在与 k_1，k_2 无关的常数 C，使得

$$\|u\|_{L_\infty}\leqslant C,\ \|v\|_{L_\infty}\leqslant C$$
$$\|u_x\|_{L_\infty}\leqslant C,\ \|v_x\|_{L_\infty}\leqslant C$$

证明　由引理 16.1、引理 16.2、引理 16.3 及引理

16.4 易得.

引理 16.6　若满足引理 16.5 的条件,且对于任意的 $T>0$, u_{0xxx}, $v_{0xxx}\in L_2$,则存在与 k_1, k_2 无关的常数 C,使得

$$\|u_{xxx}\|_{L_2}^2+\|v_{xxx}\|_{L_2}^2\leqslant C$$

其中 C 仅与 $\|u_0\|_{H^3}$, $\|v_0\|_{H^3}$, $\|u\|_{H^2}$, $\|v\|_{H^2}$, α, δ, T, β, β_1, β_2, ε, ε_1, ε_0, D 有关, ε_0, ε_1 为引理 16.1 中的常数.

证明　因为 $(u_{6x},u_t+G_1(v)_x+F_1(u)_x+\beta u_{xxx}-k_1u_{xx})=0$. 其中, $u_{6x}=u_{xxxxxx}$. 由于

$$(u_{6x},u_t)=-\frac{1}{2}\frac{\mathrm{d}}{\mathrm{d}t}\|u_{xxx}\|_{L_2}^2$$

$$(u_{6x},G_1(v)_x)=(u_{6x},\alpha vv_x)+(u_{6x},\alpha Dv_x)$$

$$\begin{aligned}&|\alpha(u_{6x},vv_x)|=|\alpha(u_{4x},(vv_x)_{xx})|\\&\leqslant C(\varepsilon_1)(\|u_{4x}\|_{L_2}^2+\|v_{4x}\|_{L_2}^2)+\\&\frac{1}{2}|(u_{6x},\alpha Dv_x)|=|(u_{xxx},\alpha Dv_{4x})|\\&\leqslant C(\varepsilon_1)(\|u_{4x}\|_{L_2}^2+\|v_{4x}\|_{L_2}^2)+\\&\frac{1}{2}|(u_{6x},F_1(u)_x)|=|(u_{4x},F_1(u)_{xxx})|\\&\leqslant C(\varepsilon_1)(\|u_{4x}\|_{L_2}^2+\frac{1}{2})\end{aligned}$$

又由于

$$|(u_{6x},\beta u_{xxx})|=0$$

$$-k_1(u_{6x},u_{xx})=-k_1(u_{4x},u_{4x})=-k_1\|u_{4x}\|_{L_2}^2$$

所以得到

$$\begin{aligned}&\frac{1}{2}\frac{\mathrm{d}}{\mathrm{d}t}\|u_{xxx}\|_{L_2}^2+k_1\|u_{4x}\|_{L_2}^2\\&\leqslant C(\varepsilon_1)(\|u_{4x}\|_{L_2}^2+\|v_{4x}\|_{L_2}^2)+\frac{3}{2}\qquad(11)\end{aligned}$$

$$(v_{6x}, v_t + \delta(uv)_x + G_2(v)_x + F_2(u)_x - k_2 v_{xxx}) = 0$$

$$(v_{6x}, v_t) = -\frac{1}{2}\frac{\mathrm{d}}{\mathrm{d}t}\| v_{xxx} \|_{L_2}^2$$

$$\begin{aligned}
&(v_{6x}, \delta(uv)_x) \\
&\leqslant |\delta| \, |(u_{xxx}v + 3u_{xx}v_x + 3uv_{xx} + uu_{xxx}, v_{4x})| \\
&\leqslant C(\varepsilon_1)(\| u_{4x} \|_{L_2}^2 + \| v_{4x} \|_{L_2}^2) + 2 \\
&(v_{6x}, G_2(v)_x) = (v_{6x}, \varepsilon vv_x) + (v_{6x}, \varepsilon Du_x)
\end{aligned}$$

$$|(v_{6x}, \varepsilon vv_x)| \leqslant C(\varepsilon_1)(\| u_{4x} \|_{L_2}^2 + \| v_{4x} \|_{L_2}^2) + \frac{1}{2}$$

$$(v_{6x}, \varepsilon Dv_x) = 0$$

$$\begin{aligned}
&|(v_{6x}, F_2(u)_x)| = |(v_{6x}, \delta Du_x)| \\
&\leqslant C(\varepsilon_1)(\| u_{4x} \|_{L_2}^2 + \| v_{4x} \|_{L_2}^2) + 3
\end{aligned}$$

$$(v_{6x}, -k_2 v_{xx}) = -k_2 \| v_{4x} \|_{L_2}^2$$

$$\begin{aligned}
&\frac{1}{2}\frac{\mathrm{d}}{\mathrm{d}t}\| v_{xxx} \|_{L_2}^2 + k_2 \| v_{4x} \|_{L_2}^2 \\
&\leqslant C(\varepsilon_1)(\| u_{4x} \|_{L_2}^2 + \| v_{4x} \|_{L_2}^2)
\end{aligned} \tag{12}$$

式(11) 加式(12),有

$$\begin{aligned}
&\frac{1}{2}\frac{\mathrm{d}}{\mathrm{d}t}(\| u_{xxx} \|_{L_2}^2 + \| v_{xxx} \|_{L_2}^2) + \\
&k_1 \| u_{4x} \|_{L_2}^2 + k_2 \| v_{4x} \|_{L_2}^2 \\
&\leqslant C(\varepsilon_1)(\| u_{4x} \|_{L_2}^2 + \| v_{4x} \|_{L_2}^2) + \frac{9}{2}
\end{aligned}$$

对于任意的 $T > 0$,对上式从 0 到 T 积分后,知存在与 k_1, k_2 无关的常数 C,使得

$$\| u_{xxx} \|_{L_2}^2 + \| v_{xxx} \|_{L_2}^2 \leqslant C$$

引理 16.7　若满足引理 16.6 的条件,存在与 k_1, k_2 无关的常数 C,使得 $\| u_{xx} \|_{L_\infty} \leqslant C$, $\| v_{xx} \|_{L_\infty} \leqslant C$

证明　由引理 16.1、引理 16.2 和引理 16.6 易得.

16.2 局部解的存在性

采用 Galerkin 有限元法来证明局部解的存在性. 设微分方程

$$\begin{cases} u_t + G_1(v)_x + F_1(u)_x + \beta u_{xxx} = k_1 u_{xx} \\ v_t + \delta(uv)_x + G_2(v)_x + F_2(u)_x = k_2 v_{xx} \end{cases} \tag{13}$$

周期条件

$$\begin{cases} u\mid_{t=0} = u_0(x), v\mid_{t=0} = v_0(x) \\ u(x+1,t) = u(x,t), v(x+1,t) = v(x,t) \end{cases} \tag{14}$$

考虑式(13) 和式(14) 的广义解.

广义解：寻求未知函数 $u(x,t) \in W^{1,2}(I)$, $v(x,t) \in W^{1,2}(I)$, $u_t \in L_2$, $v_t \in L_2$ 满足积分恒等式

$$\begin{cases} (u_t,\mu) - (G_1(v), D\mu) - (F_1(u), D\mu) + \\ \beta(Du, D^2\mu) + k_1(Du, D\mu) = 0 \\ (v_t,\mu) - \delta(uv, D\mu) - (G_2(v)_x, D\mu) - \\ (F_2(u), D\mu) + k_2(Dv, D\mu) = 0 \end{cases} \tag{15}$$

$$\forall \mu \in W^{2,2}(I)$$

$$\begin{cases} u(x+1,t) = u(x,t) \\ v(x+1,t) = v(x,t) \quad \forall x,t \end{cases} \tag{16}$$

$$\begin{cases} u(x,t) \to u_0(x) \quad (t \to 0) \\ v(x,t) \to v_0(x) \quad (t \to 0) \end{cases} \tag{17}$$

于此 $I=[0,1]$, $(u,v)=\int_0^1 u(x,t)v(x,t)\mathrm{d}x$, $\| u \|_{L_2}^2 = (u,u)$.

$W^{L,P}$ 表示一切具有 L 阶广义导数 $\in L_p$ 的函数所组成的 Sobolev 空间. 选取 $\{W_j^h\}$ 为 N 维子空间 $S^4 \subseteq$

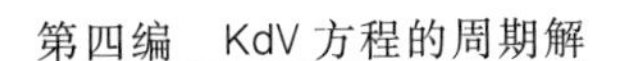

$W^{4,2}(R)$ 的基函数,这里 S^4 为$\{x(x),x\in I;x(x)$ 周期扩张 $C^3(R),x(x)$ 在区间$[ih,(i+1)h]$为 5 次多项式 $i=0,1,\cdots,N,Nh=1,R$ 为实轴$\}$

$$u^h=\sum_{i=1}^{n}a_j(t)w_j^h(x),v^h=\sum_{i=1}^{N}b_j(t)w_j^h(x)$$

Galerkin 有限元解:寻求 $u^h=\sum\limits_{i=1}^{N}a_j(t)w_j^h(x)$,$v^h=\sum\limits_{i=1}^{N}b_j(t)w_j^h(x)$,使之满足

$$(\frac{\partial u^h}{\partial t},\mu_j)+(DG_1(v),\mu_j)+(DF_1(u),\mu_j)+$$

$$(\beta u_{xxx},\mu_j)-(k_1u_{xx},\mu_j)=0 \tag{18}$$

$$(\frac{\partial v^h}{\partial t},\mu_j)+(\delta(uv)_x,\mu_j)+(DG_2(v),\mu_j)+$$

$$(DF_2(u),\mu_j)-(k_2v_{xx},\mu_j)=0 \tag{19}$$

式中,$\mu_j=w_j^h-D^2w_j^h\in W^{2,2}$,由$\{w_j^h\}$的线性无关性,导致$\{\mu_j\}$的线性无关性,由于 $w_j^h\in W^{4,2}(R)$ 在 $W^{1,2}(R)$ 中稠密,故存在实常数 c_j,d_j,使得

$$\begin{cases}\sum\limits_{i=1}^{N}c_jw_j^h\to u_0(x)\\ \sum\limits_{i=1}^{N}d_jw_j^h\to v_0(x)\quad(\text{依 } W^{1,2}(R)\text{ 模})\\ a_j(0)=c_j\\ b_j(0)=d_j\end{cases} \tag{20}$$

若 $u^h(a_j(t)),v^h(b_j(t))$ 满足式(18)～式(20),则称 u^h,v^h 为定解问题式(13)和式(14)的有限元解.

非线性常微分方程组 Cauchy 问题式(18)～(20)的解 $a_j(t),b_j(t)$ 是存在的,因为

$$\left(\frac{\partial u^h}{\partial t},\mu_j\right)=\left(\frac{\partial}{\partial t}\sum a_j w_j^h,w_j^h-D^2 w_j^h\right)$$

$$=\sum_{i=1}^{N} a_j'(t)[(w_j^h,w_j^h)+(Dw_j^h,Dw_j^h)]$$

$$\left(\frac{\partial v^h}{\partial t},\mu_j\right)=\left(\frac{\partial}{\partial t}\sum b_j w_j^h,w_j^h-D^2 w_j^h\right)$$

$$=\sum_{i=1}^{N} b_j'(t)[(w_j^h,w_j^h)+(Dw_j^h,Dw_j^h)]$$

由于$\{w_j^h\}$的线性无关性，故 $\det[(w_j^h,w_j^h)+(Dw_j^h,Dw_j^h)]\neq 0$，再由以下引理对 u^h,v^h 的先验估计，可知存在式(18)～(20)的解 $a_j(t),b_j(t)$.

引理 16.8　对任意的 $T>0,u_0^h(x),v_0^h(x)\in L_2$，则存在常数 C，使得

$$\| u^h \|_{L_2}^2+\| v^h \|_{L_2}^2\leqslant C$$

证明　用 $a_j(t)$ 乘以$(u_t^h+G_1(v^h)_x+F_1(u^h)_x+\beta u_{xxx}^h-k_1 u_{xx}^h,w_j^h)=0$，然后对 j 从 1 到 n 相加有$(u_t^h+G_1(v^h)_x+F_1(u^h)_x+\beta u_{xxx}^h-k_1 u_{xx}^h,u^h)=0$，用 $b_j(t)$ 乘以$(v_t^h+\delta(u^h v^h)_x+G_2(v^h)_x+F_2(u^h)_x-k_2 v_{xx}^h,w_j^h)=0$，然后对 j 从 1 到 n 相加有

$$(v_t^h+\delta(u^h v^h)_x+G_2(v^h)_x+F_2(u^h)_x-k_2 v_{xx}^h,v^h)=0$$

类似于引理 16.2，容易得到结论成立.

引理 16.9　对于任意的 $T>0,u_0^h(x),v_0^h(x)\in W^{1,2}$，则存在常数 C，使得

$$\| u_x^h \|^2+\| v_x^h \|^2\leqslant C$$

证明　用 $\alpha_{jn}(t)$ 乘以$(u_t^h+G_1(v^h)_x+F_1(u^h)_x+\beta u_{xxx}^h-k_1 u_{xx}^h,\omega_j(x))=0$，然后对 j 从 1 到 n 相加，有

$$(u_t^h+G_1(v^h)_x+F_1(u^h)_x+\beta u_{xxx}^h-k_1 u_{xx}^h,u_{xx}^h)=0$$

用 $\beta_{jn}(t)$ 乘以 $(v_t^h+\delta(u^h v^h)_x+G_2(v^h)_x+$

$F_2(u^h)_x - k_2 v^h_x, \omega_j(x)) = 0$，然后对 j 从 1 到 n 相加，有

$$(v^h_t + \delta(u^h v^h)_x + G_2(v^h)_x + F_2(u^h)_x - k_2 v^h_{xx}, v^h_{xx}) = 0$$

类似于引理 16.3，容易得到结论成立.

引理 16.10　对于任意的 $T > 0, u^h_0(x), v^h_0(x) \in W^{2,2}$，存在常数 C 使得

$$\| u^h_{xx} \|^2 + \| v^h_{xx} \|^2 \leqslant C$$

证明　用 $\alpha_{jn}(t)$ 乘以 $(u^h_t + G_1(v^h)_x + F_1(u^h)_x + \beta u^h_{xxx} - k_1 u^h_{xx}, \omega^{(4)}_j(x)) = 0$，然后对 j 从 1 到 n 相加，有

$$(u^h_t + G_1(v^h)_x + F_1(u^h)_x + \beta u^h_{xxx} - k_1 u^h_{xx}, u^h_{4x}) = 0$$

用 $\beta_{jn}(t)$ 乘以 $(v^h_t + \delta(u^h v^h)_x + G_2(v^h)_x + F_2(u^h)_x - k_2 v^h_x, \omega^{(4)}_j(x)) = 0$，然后对 j 从 1 到 n 相加，有

$$(v^h_t + \delta(u^h v^h)_x + G_2(v^h)_x + F_2(u^h)_x - k_2 v^h_{xx}, v^h_{4x}) = 0$$

类似于引理 16.4，容易得到结论成立.

引理 16.11　对于任意的 $T > 0, u^h_0(x), v^h_0(x) \in W^{3,2}$，存在常数 C 使得

$$\| u^h_{xxx} \|^2 + \| v^h_{xxx} \|^2 \leqslant C$$

证明　用 $\alpha_{jn}(t)$ 乘以 $(u^h_t + G_1(v^h)_x + F_1(u^h)_x + \beta u^h_{xxx} - k_1 u^h_{xx}, \omega^{(6)}_j(x)) = 0$，然后对 j 从 1 到 n 相加，有

$$(u^h_t + G_1(v^h)_x + F_1(u^h)_x + \beta u^h_{xxx} - k_1 u^h_{xx}, u^h_{6x}) = 0$$

用 $\beta_{jn}(t)$ 乘以 $(v^h_t + \delta(u^h v^h)_x + G_2(v^h)_x + F_2(u^h)_x - k_2 v^h_x, \omega^{(6)}_j(x)) = 0$，然后对 j 从 1 到 n 相加，有

$$(v^h_t + \delta(u^h v^h)_x + G_2(v^h)_x +$$

$$F_2(u^h)_x - k_2 v^h_{xx}, v^h_{6x}) = 0$$

类似于引理 16.5,容易得到结论成立.

引理 16.12　对于任意的 $T > 0, u^h_{0t}(x), v^h_{0t}(x) \in L_2$,存在常数 C,使得

$$\| u^h_t \|^2_{L_2} + \| v^h_t \|^2_{L_2} \leqslant C$$

证明　$(u^h_t + G_1(v^h)_x + F_1(u^h)_x + \beta u^h_{xxx} - k_1 u^h_{xx}, w^h_j) = 0$ 式两边对 t 微分一次,$u^h_t = E, v^h_t = F$,得到

$$\begin{aligned}&(E_t + \beta_1 E u^h_x + \beta_1 E_x u^h + 2\beta_2 E u^h u^h_x + \\&\beta_2 E_x (u^h)^2 + \alpha D F_x + \beta E_{xxx} + \\&\alpha F v^h_x + \alpha F v^h - k_1 E_{xx}, w_j(x)) = 0\end{aligned}$$

用 $a_j(t)$ 乘上式,然后对 j 从 1 到 n 相加,有

$$\begin{aligned}&(E_t + \beta_1 E u^h_x + \beta_1 E_x u^h + 2\beta_2 E u^h u^h_x + \\&\beta_2 E_x (u^h)^2 + \alpha D F_x + \beta E_{xxx} + \\&\alpha F v^h_x + \alpha F v^h - k_1 E_{xx}, E) = 0\end{aligned}$$

因为

$$(E_t, E) = \frac{1}{2} \frac{\mathrm{d}}{\mathrm{d}t} \| E \|^2_{L_2}$$

$$| (E, E u^h_x) | \leqslant \| u^h_x \|_{L_\infty} \| E \|^2_{L_2}$$

$$| (E, E_x u^h) | = \frac{1}{2} | (E^2, u^h_x) | \leqslant \| u^h_x \|_{L_\infty}$$

$$\| E \|^2_{L_2} \; | (E, E u^h u^h_x) | \leqslant \| u^h_x \|_{L_\infty} \| u^h \|_{L_\infty} \| E \|^2_{L_2}$$

$$\begin{aligned}| (E, E_x (u^h)^2) =& | (E^2, u^h u^h_x) | \\\leqslant& | u^h_x |_{L_\infty} \| u^h \|_{L_\infty} \| E \|^2_{L_2} (E, E_{xxx}) = 0\end{aligned}$$

$$\| F \|_{L_2} (E, E_{xx}) = -(E_x, E_x) = - \| E_x \|^2_{L_2}$$

$$\begin{aligned}| (E, F_x v^h) | \leqslant& \| v^h \|_{L_\infty} \| E \|_{L_2} \| F_x \|_{L_2} \\\leqslant& C(\varepsilon_1) \| F_x \|^2_{L_2} + C \| E \|^2_{L_2}\end{aligned}$$

$$(F_x, E) \leqslant \frac{1}{2} (\| F_x \|^2_{L_2} + \| E \|^2_{L_2})$$

故由引理 16.1,得

$$\frac{1}{2}\frac{\mathrm{d}}{\mathrm{d}t}\|E\|_{L_2}^2+k_1\|E_x\|_{L_2}^2$$
$$\leqslant C(\|E\|_{L_2}^2+\|E\|_{L_2}\|F\|_{L_2})+$$
$$C(\varepsilon_1)\|F_x\|_{L_2}^2 \tag{21}$$

对 $(v_t^h+\delta(u^hv^h)_x+G_2(v^h)_x+F_3(u^h)_x-k_2v_{xx}^h, w_j(w))=0$,式两边微分一次,可以得到

$$(F_t+\delta(E_xv^h+Fu_x^h+Ev_x^h+u^hF_x)+$$
$$\varepsilon(Fv_x^h+F_xv^h)-k_2F_{xx},F)=0$$

因为

$$(F,F_t)=\frac{1}{2}\frac{\mathrm{d}}{\mathrm{d}t}\|F\|_{L_2}^2$$
$$|(F,E_xv^h)|\leqslant\|v^h\|_{L_\infty}\|E_x\|_{L_2}\|F\|_{L_2}$$
$$\leqslant C(\varepsilon_1)\|E_x\|_{L_2}^2+C\|F\|_{L_2}^2$$
$$|(F,Fu_x^h)|\leqslant\|u_x^h\|_{L_2}^2\|F\|_{L_2}^2$$
$$|(F,Ev_x^h)|\leqslant\|v_x^h\|_{L_\infty}\|F\|_{L_2}\|E\|_{L_2}$$
$$|(F,F_xu^h)|\leqslant\|u_x^h\|_{L_\infty}\|F\|_{L_2}^2$$
$$|(F,Fv_x^h)|\leqslant\|v_x^h\|_{L_\infty}\|F\|_{L_2}^2$$
$$|(F,F_xv^h)|\leqslant\|v_x^h\|_{L_\infty}\|F\|_{L_2}^2$$
$$(F,F_{xx})=-(F_x,F_x)=-\|F_x\|_{L_2}^2$$
$$(E_x,F)=-(E,F_x),(F_x,F)=0$$

故由引理16.1,得

$$\frac{1}{2}\frac{\mathrm{d}}{\mathrm{d}t}\|F\|_{L_2}^2+k_2\|F_x\|_{L_2}^2$$
$$\leqslant C(\|F\|_{L_2}^2+\|E\|_{L_2}\|F\|_{L_2})+$$
$$C(\varepsilon_1)\|E_x\|_{L_2}^2 \tag{22}$$

式(21)加式(22),有

$$\frac{1}{2}\frac{\mathrm{d}}{\mathrm{d}t}(\|E\|_{L_2}^2+\|F\|_{L_2}^2)+$$
$$|k_2-C(\varepsilon_1)|\|F_x\|_{L_2}^2+$$

$$
\begin{aligned}
&|k_1 - C(\varepsilon_1)| \, \|E_x\|_{L_2}^2 \\
&\leqslant C(\|F\|_{L_2}^2 + \|E\|_{L_2}^2)
\end{aligned}
$$

有

$$
\begin{aligned}
&\frac{1}{2}\frac{\mathrm{d}}{\mathrm{d}t}(\|E\|_{L_2}^2 + \|F\|_{L_2}^2) \\
&\leqslant C(\|E\|_{L_2}^2 + \|F\|_{L_2}^2)
\end{aligned}
$$

所以,有

$$
\|E\|_{L_2}^2 + \|F\|_{L_2}^2 \leqslant C
$$

从上面的计算可以看出常数 C 满足条件.

定理 16.1　若 $u_0(x), v_0(x) \in W^{3,2}(I)$,对于任意的正数 T,则周期初值问题存在以 $u_0(x), v_0(x)$ 为初值的弱解,且满足 $u(x,t), v(x,t) \in W^{3,2}(I)(t \in [0,T], x \in [0,1])$.

证明　由引理 16.8 ~ 引理 16.12 可知,$\forall t \geqslant 0$,$\{u^h\}, \{v^h\}$ 在 $W^{3,2}$ 中一致有界,且上界连续依赖于初值,因此可选取子列(仍记为)$\{u^h\}, \{v^h\}$,在 L^2 中,有 $u_t^h \xrightarrow{\text{弱}} u_t, v_t^h \xrightarrow{\text{弱}} v_t, u_{xx}^h \xrightarrow{\text{弱}} u_{xx}, u_{xxx}^h \xrightarrow{\text{弱}} u_{xxx}$, $v_{xxx}^h \xrightarrow{\text{弱}} v_{xx}$. 特别地,在 L^2 中,$F_i(u^h)_x \xrightarrow{\text{弱}\,*} F_i(u)_x$, $(u^h v^h)_x \xrightarrow{\text{弱}\,*} (uv)_x, G_i(v^h)_x \xrightarrow{\text{弱}\,*} G_i(v)_x, i=1,2$. 那么在式(16.15) 中,令 $h \to +\infty$ 有

$$
(u_t + G_1(v)_x + F_1(u)_x + \beta u_{xxx} - k_1 u_{xx}, \omega_j) = 0
$$

$$
(v_t + \delta(uv)_x + G_2(v)_x + F_2(u)_x - k_2 v_{xx}, \omega_j) = 0
$$

满足广义解的定义,故结论成立.

第五编

KdV 方程的行波解

第 17 章 一类非线性 KdV 方程的有界行波解[①]

在非线性问题中，对非线性演化方程的求解和定性分析占有很重要的地位，已经发展了很多比较系统的求解方法和分析手段. 用微分方程定性理论结合数值模拟方法来寻找非线性方程的行波解也是一种有效的手段. 谢绍龙和蔡炯辉[②]研究了当 $\gamma < 0$ 时，KdV 方程

$$u_t = \alpha(u^2)_x + \beta u_x + \gamma u_{xxx} \quad (1)$$

的有界行波. 本章继续对方程(1) 的有界行波进行研究. 在 $\gamma > 0$ 的条件

① 摘编自《四川师范大学学报(自然科学版)》，2008 年 3 月第 31 卷第 2 期.

② 谢绍龙，蔡炯辉. 一类非线性波动方程的有界行波解[J]. 西北师范大学学报(自然科学版)，2006，42(1)：36-40.

下,给出了有界行波的存在条件,求出了有界行波的解.数学软件 Maple 对方程(1) 的数值模拟进一步验证了理论分析结果.玉溪师范学院数学系的谢绍龙和红河学院数学系的芮伟国二位教授在 2008 年的研究结果丰富了方程(1) 的研究内容.

17.1 行波方程和相图分支

设 $u(x,t)=\varphi(\xi)$,$\xi=x-ct$,常数 c 是波速,则方程(1) 变为

$$(c+\beta)\varphi'+2\alpha\varphi\varphi'+\gamma\varphi'''=0 \tag{2}$$

对式(2) 积分一次得行波方程

$$(c+\beta)\varphi+\alpha\varphi^2+\gamma\varphi''=g \tag{3}$$

其中 g 是积分常数.令 $\varphi'(\xi)=y$,得平面自治系统

$$\frac{\mathrm{d}\varphi}{\mathrm{d}\xi}=y,\frac{\mathrm{d}y}{\mathrm{d}\xi}=\frac{g-(c+\beta)\varphi-\alpha\varphi^2}{\gamma} \tag{4}$$

显然式(4) 是一个 Hamiltonian 系统,其中 Hamiltonian 函数是

$$H(\varphi,y)=\frac{\alpha}{3\gamma}\varphi^3+\frac{c+\beta}{2\gamma}\varphi^2-\frac{g}{\gamma}\varphi+\frac{1}{2}y^2=h \tag{5}$$

记

$$f_0(\varphi)=(c+\beta)\varphi+\alpha\varphi^2,\varphi_0^*=-\frac{c+\beta}{2\alpha}$$

容易看出,当 $\alpha\neq0$ 时,φ_0^* 是 $f_0(\varphi)$ 的极值点.

记 $g_0^*=f_0(\varphi_0^*)$,有 $g_0^*=-\dfrac{(c+\beta)^2}{4\alpha}$.记

$$f(\varphi)=\frac{1}{\gamma}(g-f_0(\varphi)),\Delta=(c+\beta)^2+4\alpha g$$

$$\varphi_{\pm}=\frac{-(c+\beta)\pm\sqrt{\Delta}}{2\alpha},\varphi_1^*=\frac{g}{c+\beta}$$

显然，当 $\alpha\neq 0$ 且 $\Delta>0$ 时，$f(\varphi)=0$ 有两个不等实根 $\varphi_{\pm}$；当 $\alpha\neq 0$ 且 $\Delta=0$ 时，$f(\varphi)=0$ 有两个相等实根 $\varphi_+=\varphi_-$；当 $\alpha=0$ 且 $c+\beta\neq 0$ 时，$f(\varphi)=0$ 仅有一个实根 φ_1^*.

设 $(\varphi^0,0)$ 是系统(4) 的奇点之一，则其特征值为 $\lambda_{1,2}=\pm\sqrt{-\frac{1}{\gamma}f_0'(\varphi^0)}$. 因此有：

(i) 若 $f_0'(\varphi^0)>0$，则 $(\varphi^0,0)$ 是中心点；

(ii) 若 $f_0'(\varphi^0)=0$，则 $(\varphi^0,0)$ 是退化鞍点；

(iii) 若 $f_0'(\varphi^0)<0$，则 $(\varphi^0,0)$ 是鞍点.

由 $f_0'(\varphi^0)=(c+\beta)+2\alpha\varphi^0$，有下列结论：

(1) 在满足下列 3 个条件之一时，$f_0'(\varphi^0)<0$.

(A)$\alpha>0,\varphi^0<\varphi_0^*$；

(B)$\alpha=0,c+\beta<0$；

(C)$\alpha<0,\varphi^0>\varphi_0^*$.

(2) 在满足下列 3 个条件之一时，$f_0'(\varphi^0)>0$.

(A)$\alpha>0,\varphi^0>\varphi_0^*$；

(B)$\alpha=0,c+\beta>0$；

(C)$\alpha<0,\varphi^0<\varphi_0^*$.

(3) 当 $\alpha\neq 0,\varphi^0=\varphi_0^*$ 时，$f_0'(\varphi^0)=0$.

根据上面的讨论，对于系统(4) 的奇点，有下列结论.

定理 17.1　(A) 当 $\alpha>0$ 且 $g>g_0^*$，或 $\alpha<0$ 且 $g<g_0^*$ 时，$(\varphi_-,0)$ 是系统(4) 的鞍点，$(\varphi_+,0)$ 是系统(4) 的中心点；

(B) 当 $\alpha\neq 0$ 且 $g=g_0^*$ 时，$(\varphi_0^*,0)$ 是系统(4) 的退化鞍点；

(C) 当 $\alpha=0$ 且 $c+\beta>0$ 时,$(\varphi_1^*,0)$ 是系统(4) 的中心点;

(D) 当 $\alpha=0$ 且 $c+\beta<0$ 时,$(\varphi_1^*,0)$ 是系统(4) 的鞍点.

利用上面的分析,可画出系统(4) 的相图分支,如图 17.1(a)-(h).

17.2 有界行波解

由于方程(1) 的有界行波对应于系统(4) 的有界积分曲线,而系统(4) 的周期轨线和同宿轨线将导致 $\varphi(\xi)$ 有界,因此周期轨线和同宿轨线对应的行波是有界行波,从而只要用式(5) 沿周期轨线和同宿轨线积分就可得到有界行波的解.

记

$$\varphi_+^*=\frac{-(c+\beta)+2\sqrt{\Delta}}{2\alpha}$$

$$\varphi_0^{\pm}=\frac{1}{2}[3\varphi_0^*-\varphi_0\pm 2\sqrt{3}\sqrt{\Delta-\alpha^2(\varphi_0^*-\varphi_0)^2}]$$

$$\varphi_2^*=-\varphi_0+\frac{2g}{c+\beta}$$

给出下列假设:

(H_1) 当 $\alpha>0$ 且 $g>g_0^*$ 时,$\varphi_-<\varphi_0<\varphi_+$ 或 $\varphi_+<\varphi_0<\varphi_+^*$ (图 17.1(a));

(H_2) 当 $\alpha<0$ 且 $g<g_0^*$ 时,$\varphi_+<\varphi_0<\varphi_-$ 或 $\varphi_+<\varphi_0<\varphi_+^*$ (图 17.1(d));

(H_3) 当 $\alpha=0$ 且 $c+\beta>0$ 时,$-\infty<\varphi_0<+\infty$ 且 $\varphi_0\neq\varphi_1^*$ (图 17.1(g));

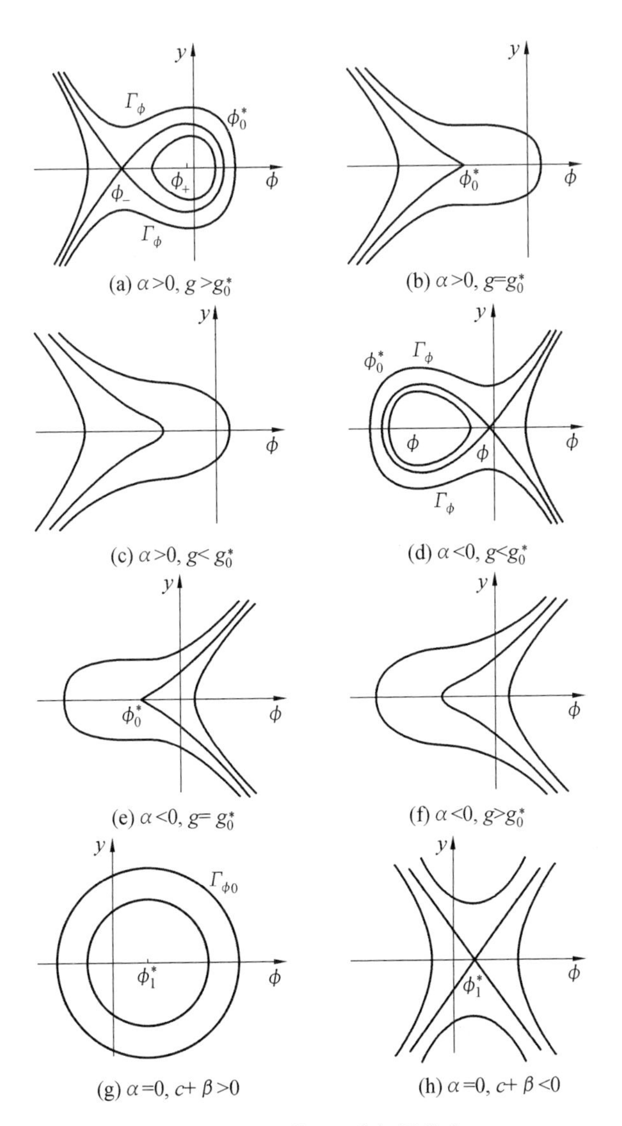

图 17.1　系统(4) 的相图分支

(H_4) 当 $\alpha>0$ 且 $g>g_0^*$ 时，$\varphi_0=\varphi_-$（图17.1(a)）；

(H_5) 当 $\alpha<0$ 且 $g<g_0^*$ 时，$\varphi_0=\varphi_-$ (图 17.1(d)).

定理 17.2　在满足条件 (H_1)，(H_2) 和 (H_3) 之一时，方程(1) 存在有界周期行波，且有：

(i) 在满足条件 (H_1) 或 (H_2) 时，方程(1) 的周期波解为

$$u(x,t)=\varphi(\xi)$$

$$\varphi(\xi)=\varphi_0-(\varphi_0-\varphi_0^+)\cdot \operatorname{sn}^2\left[\sqrt{\frac{\alpha(\varphi_0-\varphi_0^-)}{6\gamma}}\xi,\sqrt{\frac{\varphi_0-\varphi_0^+}{\varphi_0-\varphi_0^-}}\right] \tag{6}$$

(ii) 在满足条件 (H_3) 时，方程(1) 的周期波解为

$$u(x,t)=\varphi(\xi)$$

$$\varphi(\xi)=\frac{\varphi_2^*+\varphi_0}{2}-\frac{\varphi_2^*-\varphi_0}{2}\cos\sqrt{\frac{c+\beta}{\gamma}}\xi \tag{7}$$

证明　从图 17.1(a)，(d) 和(g) 中可以看出，在满足条件 (H_1)，(H_2) 和 (H_3) 之一时，系统(4) 有一条周期轨线 Γ_{φ_0} 过点 $(\varphi_0,0)$.

(i) 在满足条件 (H_1) 或 (H_2) 时，Γ_{φ_0} 的表达式为

$$y^2=\frac{2\alpha}{3\gamma}(\varphi_0-\varphi)(\varphi-\varphi_0^+)(\varphi-\varphi_0^-) \tag{8}$$

其中，在条件 (H_1) 下，$\varphi_0^-<\varphi_0^+\leqslant\varphi\leqslant\varphi_0$，在条件 (H_2) 下，$\varphi_0\leqslant\varphi\leqslant\varphi_0^+<\varphi_0^-$.

将式(8) 代入系统(4) 的第一个方程沿 Γ_{φ_0} 积分，在条件 (H_1) 下有

$$\int_{\varphi}^{\varphi_0}\frac{ds}{\sqrt{(\varphi_0-s)(s-\varphi_0^+)(s-\varphi_0^-)}}=\sqrt{\frac{2\alpha}{3\gamma}}\int_{\xi}^{0}ds \tag{9}$$

$$-\int_{\varphi_0}^{\varphi}\frac{ds}{\sqrt{(\varphi_0-s)(s-\varphi_0^+)(s-\varphi_0^-)}}=\sqrt{\frac{2\alpha}{3\gamma}}\int_{0}^{\xi}ds \tag{10}$$

在条件(H_2)下有

$$\int_{\varphi_0}^{\varphi}\frac{\mathrm{d}s}{\sqrt{(\varphi_0^- - s)(\varphi_0^+ - s)(s-\varphi_0)}}=\sqrt{-\frac{2\alpha}{3\gamma}}\int_0^{\xi}\mathrm{d}s \tag{11}$$

$$-\int_{\varphi}^{\varphi_0}\frac{\mathrm{d}s}{\sqrt{(\varphi_0^- - s)(\varphi_0^+ - s)(s-\varphi_0)}}=\sqrt{-\frac{2\alpha}{3\gamma}}\int_{\xi}^{0}\mathrm{d}s \tag{12}$$

从式(9)和式(10),得式(6),从式(11)和式(12),也得式(6).

(ii) 在满足条件(H_3)时,Γ_{φ_0}的表达式为

$$y^2=\frac{c+\beta}{\gamma}(\varphi_2^* - \varphi)(\varphi-\varphi_0) \tag{13}$$

其中$\varphi_0\leqslant\varphi\leqslant\varphi_2^*$.

将式(13)代入系统(4)的第一个方程沿Γ_{φ_0}积分,有

$$\int_{\varphi_0}^{\varphi}\frac{\mathrm{d}s}{\sqrt{(\varphi_2^* - s)(s-\varphi_0)}}=\sqrt{\frac{c+\beta}{\gamma}}\int_0^{\xi}\mathrm{d}s \tag{14}$$

$$-\int_{\varphi}^{\varphi_0}\frac{\mathrm{d}s}{\sqrt{(\varphi_2^* - s)(s-\varphi_0)}}=\sqrt{\frac{c+\beta}{\gamma}}\int_{\xi}^{0}\mathrm{d}s \tag{15}$$

从式(14)和式(15),得式(7).

定理 17.3　在满足条件(H_4)或(H_5)时,方程(1)的有界行波是孤立波,且解为

$$u(x,t)=\varphi(\xi)$$

$$\varphi(\xi)=\varphi_- + (\varphi_+^* - \varphi_-)\operatorname{sech}^2\sqrt{\frac{\alpha(\varphi_+^* - \varphi_-)}{6\gamma}}\xi \tag{16}$$

证明　从图 17.1(a)和(d)中可以看出,在满足条件(H_4)或(H_5)时,系统(4)有一条同宿轨线Γ_{φ_-}过点$(\varphi_-,0)$,其表达式是

$$y^2=\frac{2\alpha}{3\gamma}(\varphi-\varphi_-)^2(\varphi_+^*-\varphi) \tag{17}$$

其中,在条件(H_4)下,$\varphi_-<\varphi\leqslant\varphi_+^*$,在条件($H_5$)下,$\varphi_+^*\leqslant\varphi<\varphi_-$.

将式(17)代入系统(4)的第一个方程,沿 Γ_{φ_-} 积分,在条件(H_4)下,有

$$\int_{\varphi}^{\varphi_+^*}\frac{ds}{(s-\varphi_-)\sqrt{\varphi_+^*-s}}=\sqrt{\frac{2\alpha}{3\gamma}}\int_{\xi}^{0}ds \tag{18}$$

$$-\int_{\varphi_+^*}^{\varphi}\frac{ds}{(s-\varphi_-)\sqrt{\varphi_+^*-s}}=\sqrt{\frac{2\alpha}{3\gamma}}\int_{0}^{\xi}ds \tag{19}$$

在条件(H_5)下,有

$$\int_{\varphi_+^*}^{\varphi}\frac{ds}{(\varphi_--s)\sqrt{s-\varphi_+^*}}=\sqrt{-\frac{2\alpha}{3\gamma}}\int_{0}^{\xi}ds \tag{20}$$

$$-\int_{\varphi}^{\varphi_+^*}\frac{ds}{(\varphi_--s)\sqrt{s-\varphi_+^*}}=\sqrt{-\frac{2\alpha}{3\gamma}}\int_{\xi}^{0}ds \tag{21}$$

从式(18)和式(19),得式(16),从式(20)和式(21),也得式(16).

17.3 数值模拟

用数学软件 Maple 对行波方程(3)的有界积分曲线进行数值模拟,模拟结果即为方程(1)的有界行波平面图.

例 17.1 当 $\alpha=1,\beta=2,c=2,\gamma=1$ 和 $g=1$ 时,分别取 $\varphi_0=2.1,2.4,2.4721$ 和 2.472135954 就得有界行波的数值模拟图(图 17.2).从图 17.2 中可以看出,当 φ_0 趋近于 φ_+^* 时,周期波变为凸形孤立波.

例 17.2　当 $\alpha=-1,\beta=2,c=2,\gamma=1$ 和 $g=1$ 时，分别取 $\varphi_0=-1.1,-1.4,-1.464$ 和 $-1.464\ 104\ 614$ 就得有界行波的数值模拟图(图 17.3). 从图 17.3 中可以看出，当 φ_0 趋近于 φ_+^* 时，周期波变为凹形孤立波.

注 1　分别在例 17.1 和例 17.2 的条件下，用(6)和(16) 两式进行数值模拟也能得到图 17.2 和图 17.3，因此，数值模拟和理论分析结果相互验证.

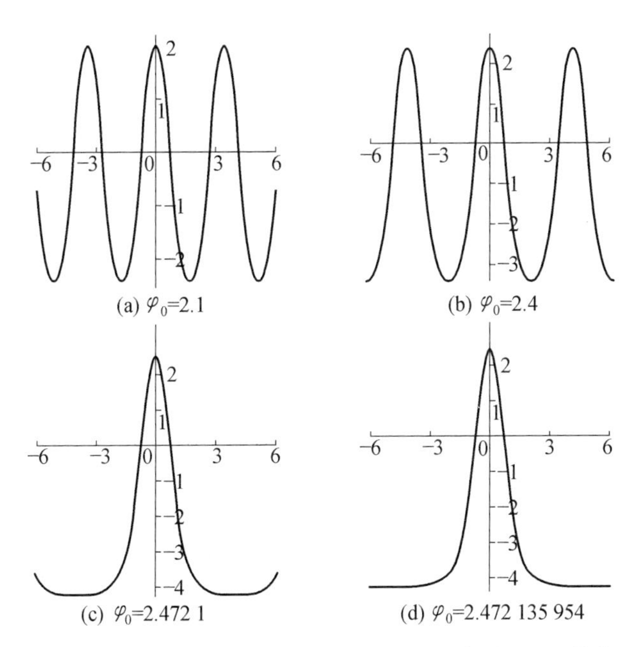

图 17.2　当 $\alpha=1,\beta=2,c=2,\gamma=1$ 和 $g=1$ 时，方程(1)的有界行波的数值模拟曲线

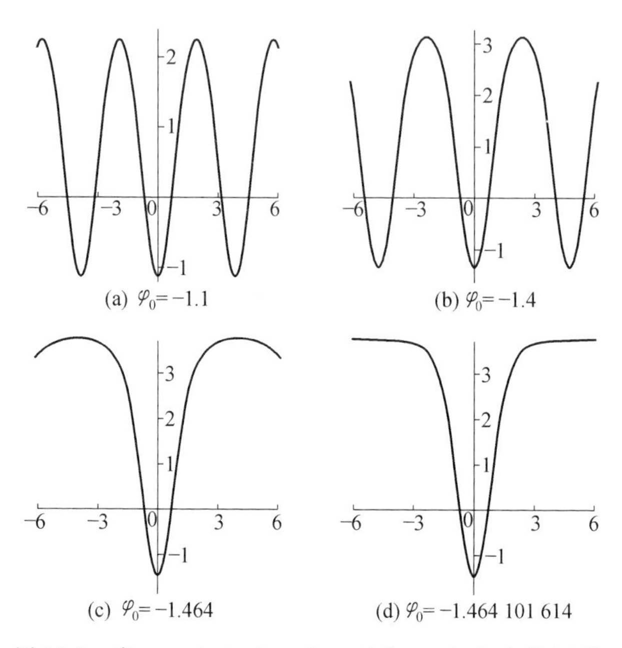

(a) $\varphi_0=-1.1$　(b) $\varphi_0=-1.4$

(c) $\varphi_0=-1.464$　(d) $\varphi_0=-1.464\ 101\ 614$

图 17.3　当 $\alpha=-1,\beta=2,c=2,\gamma=1$ 和 $g=1$ 时，方程(1)的有界行波的数值模拟曲线

KdV 方程的显式行波解[①]

第 18 章

非线性 KdV 方程现已成为数学物理的基本方程之一，KdV 方程最初应用于浅水波的研究. 随后相继都引出 KdV方程，如文[1－3]用齐次平衡法和椭圆函数法得到了 KdV 方程的一组解，文[4] 和[5] 用散射反演法给出了 KdV 方程的单孤子解和双孤解，文[6] 和[7] 由试探函数法为 KdV 方程的求解给出了新的思路. 文[8] 给出了 KdV 方程的一个差分格式，由于非线性方程问题的复杂性和特殊性，非线性方程没有统一的求解办法，因

① 摘编自《海南师范大学学报(自然科学版)》，2010 年 6 月第 23 卷第 2 期.

而出现求解非线性方程的各种方法,所有这些方法都有一定的局限性.

南通大学理学院的赵长海教授在 2010 年借助 Mathematica 软件,采用双函数法和吴文俊消元法[9-12],获得了非线性发展方程 KdV 的多组行波解.

18.1 KdV 方程的行波解

KdV 方程可表示为

$$\phi_t - 6\phi\phi_x + \phi_{xxx} = 0 \tag{1}$$

现在用双函数法来求解上述 KdV 方程,为了求解方程(1),可以先设行波解,令

$$\phi = \phi(\xi), \xi = kx - \omega t \tag{2}$$

代入方程(1) 可得常微分方程

$$-\omega\phi' - 6k\phi\phi' + k^3\phi''' = 0 \tag{3}$$

对式(2) 积分一次,并取积分常数为零,可得

$$-\omega\phi - 3k\phi^2 + k^3\phi''' = 0 \tag{4}$$

方法 1:

由双函数法设方程(4) 有如下形式的行波解

$$\phi(\xi) = \sum_{i=1}^{n} \sinh^{i-1}\omega(B_i \sinh\omega + A_i \cosh\omega)A_0 \tag{5}$$

并且通过平衡方程(4) 线性最高阶导数项和非线性的次数易知 n 为 2,所以

$$\begin{aligned}\phi(\xi) = A_2 \sinh\omega\cosh\omega + B_2 \sinh^2\omega + \\ B_1 \sinh\omega + A_1 \cosh\omega + A_0\end{aligned} \tag{6}$$

其中 A_0,A_1,A_2,B_1,B_2 为待定系数,而$\frac{d\phi}{d\xi}$可以有多种选法,令

$$\frac{\mathrm{d}\phi}{\mathrm{d}\xi}=\sinh\omega \tag{7}$$

将式(6),(7) 代入式(4),并令其中的常数项以及各次项的系数为零,得到如下线性方程组

$$-\omega A_0-3kA_0^2-3kA_1^2=0$$

$$-6kA_1A_2+k^3B_1-\omega B_1-6kA_0B_1=0$$

$$-3kA_1^2-3kA_2^2-3kB_1^2+4k^3B_2+\omega B_2-6kA_0B_2=0$$

$$-6kA_1A_2+2k^3B_1-6kB_1B_2=0$$

$$-3kA_2^2+6k^3B_2-3kB_2^2=0$$

$$-\omega A_1-6kA_0A_1=0$$

$$k^3A_2-\omega A_2-6kA_0A_2-6kA_1B_1=0$$

$$2k^3A_1-6kA_2B_1-6kA_1B_2=0$$

$$6k^3A_2-6kA_2B_2=0$$

利用吴消元法解上述关于 A_0,A_1,A_2,B_1,B_2 的超待定代数方程组得

$$A_0=0,A_1=0,A_2=\pm k^2,B_1=0,B_2=k^2,\omega=k^3$$

$$A_0=0,A_1=0,A_2=0,B_1=0,B_2=2k^2,\omega=4k^3$$

$$A_0=\frac{k^2}{3},A_1=0,A_2=\pm k^2,B_1=0,B_2=k^2,\omega=-k^3$$

$$A_0=\frac{4}{3}k^2,A_1=0,A_2=0,B_1=0,B_2=2k^2,\omega=-4k^3$$

对式(7) 分离变量并且两边积分,积分常数取为零得

$$\sinh\omega=-\csc h\xi,\cosh\omega=-\coth\omega\xi$$

于是方程(4) 有如下形式的解

$$\phi(\xi)=k^2\operatorname{csch}^2\xi\pm k^2\coth\xi\operatorname{csch}\xi$$

$$\phi(\xi)=2k^2\operatorname{csch}^2\xi$$

$$\phi(\xi)=\frac{1}{3}k^2\pm k^2\coth\xi\operatorname{csch}\xi+k^2\operatorname{csch}^2\xi$$

$$\phi(\xi)=\frac{4}{3}k^2+2k^2\operatorname{csch}^2\xi$$

进一步由式(2)可得方程(1)的解为

$$\phi(x,t)=k^2\operatorname{csch}^2(kx-\omega t)\pm k^2\cdot \coth(kx-\omega t)\operatorname{csch}(kx-\omega t) \tag{8}$$

$$\phi(x,t)=2k^2\operatorname{csch}^2(kx-\omega t) \tag{9}$$

$$\phi(x,t)=\frac{1}{3}k^2\pm k^2\coth(kx-\omega t)\operatorname{csch}(kx-\omega t)+k^2\operatorname{csch}^2(kx-\omega t) \tag{10}$$

$$\phi(x,t)=\frac{4}{3}k^2+2k^2\operatorname{csch}^2(kx-\omega t) \tag{11}$$

如令

$$\frac{\mathrm{d}\phi}{\mathrm{d}\xi}=\cosh\omega \tag{12}$$

图 18.1　结果(9)中当 $k=\dfrac{1}{6}$ 时的孤子解

将式(6),(12)代入式(4),并令其中的常数项以及各次项的系数为零,得到如下线性方程组

$$-\omega A_0-3kA_0^2-3kA_1^2+2k^3B_2=0$$

$$-6kA_1A_2+2k^3B_1-\omega B_1-6kA_0B_1=0$$

$$-3kA_1^2-3kA_2^2-3kB_1^2+8k^3B_2-\omega B_2-6kA_0B_2=0$$

$$-6kA_1A_2+2k^3B_1-6kB_1B_2=0$$

$$-3kA_2^2+6k^3B_2-3kB_2^2=0$$

$$k^3A_1-\omega A_1-6kA_0A_1=0$$

$$5k^3A_2-\omega A_2-6kA_0A_2-6kA_1B_1=0$$

$$2k^3A_1-6kA_2B_1-6kA_1B_2=0$$

$$6k^3A_2-6kA_2B_2=0$$

利用吴消元法解上述关于 A_0,A_1,A_2,B_1,B_2 的超待定代数方程组得

$$A_0=2k^2,A_1=0,A_2=0,B_1=0,B_2=2k^2,\omega=-4k^3$$

$$A_0=k^2,A_1=0,A_2=\pm k^2,B_1=0,B_2=k^2,\omega=-k^3$$

$$A_0=\frac{2}{3}k^2,A_1=0,A_2=\pm k^2,B_1=0,B_2=k^2,\omega=k^3$$

$$A_0=\frac{2}{3}k^2,A_1=0,A_2=0,B_1=0,B_2=2k^2,\omega=4k^3$$

对式(12)分离变量并且两边积分,积分常数取为零得

$$\sinh\omega=-\cot\xi,\cosh\omega=-\csc\xi$$

于是方程(4)有如下形式的解

$$\phi(\xi)=2k^2+2k^2\cot^2\xi$$

$$\phi(\xi)=k^2+k^2\cot^2\xi\pm k^2\cot\xi\csc\xi$$

$$\phi(\xi)=\frac{2}{3}k^2+k^2\cot^2\xi\pm k^2\cot\xi\csc\xi$$

$$\phi(\xi)=\frac{2}{3}k^2+2k^2\cot^2\xi$$

进一步,由式(2)可得方程(1)的解为

$$\phi(x,t)=2k^2+2k^2\cot^2(kx-\omega t)\qquad(13)$$

$$\phi(x,t)=k^2+k^2\cot^2(kx-\omega t)\pm k^2\cdot\cot(kx-\omega t)\csc(kx-\omega t)\qquad(14)$$

$$\phi(x,t)=\frac{2}{3}k^2+k^2\cot^2(kx-\omega t)\pm$$

$$k^2 \cdot \cot(kx-\omega t)\csc(kx-\omega t) \tag{15}$$

$$\phi(x,t)=\frac{2}{3}k^2+2k^2\cot^2(kx-\omega t) \tag{16}$$

方法 2：

设方程(4)有如下形式的行波解

$$\begin{aligned}\phi(\xi)=A_2\sin\omega\cos\omega+B_2\sin^2\omega+\\ B_1\sin\omega+A_1\cos\omega+A_0\end{aligned} \tag{17}$$

如令

$$\frac{\mathrm{d}\omega}{\mathrm{d}\xi}=\sin\omega \tag{18}$$

将式(17),(18)代入式(4),并令其中的常数项以及各次项的系数为零,得到如下线性方程组

$$-\omega A_0-3kA_0^2-3kA_1^2=0$$

$$-6kA_1A_2+k^3B_1-\omega B_1-6kA_0B_1=0$$

$$-3kA_1^2-3kA_2^2-3kB_1^2+4k^3B_2+\omega B_2-6kA_0B_2=0$$

$$-6kA_1A_2+2k^3B_1-6kB_1B_2=0$$

$$3kA_2^2-6k^3B_2-3kB_2^2=0$$

$$-\omega A_1-6kA_0A_1=0$$

$$k^3A_2-\omega A_2-6kA_0A_2-6kA_1B_1=0$$

$$-2k^3A_1-6kA_2B_1-6kA_1B_2=0$$

$$-6k^3A_2-6kA_2B_2=0$$

利用吴消元法解上述关于 A_0,A_1,A_2,B_1,B_2 的超待定代数方程组得

$$A_0=\frac{4}{3}k^2,A_1=0,A_2=0,B_1=0,B_2=-2k^2,\omega=-4k^3$$

$$A_0=\frac{1}{3}k^2,A_1=0,A_2=\pm\mathrm{i}k^2,B_1=0,B_2=-k^2,\omega=-k^3$$

$$A_0=0,A_1=0,A_2=\pm\mathrm{i}k^2,B_1=0,B_2=-k^2,\omega=k^3$$

$$A_0=0,A_1=0,A_2=0,B_1=0,B_2=-2k^2,\omega=4k^3$$

对式(18)分离变量并且两边积分,积分常数取为零得

$$\sin\omega=\operatorname{sech}\xi,\cos\omega=\pm\tanh\xi$$

于是方程(4)有如下形式的解

$$\phi(\xi)=\frac{4}{3}k^2-2k^2\operatorname{sech}^2\xi$$

$$\phi(\xi)=\frac{1}{3}k^2-k^2\operatorname{sech}^2\xi\pm \mathrm{i}k^2\tanh\xi\operatorname{sech}\xi$$

$$\phi(\xi)=-k^2\operatorname{sech}^2\xi\pm \mathrm{i}k^2\tanh\xi\operatorname{sech}\xi$$

$$\phi(\xi)=-2k^2\operatorname{sech}^2\xi$$

进一步由式(2)可得方程(1)的解为

$$\phi(x,t)=\frac{4}{3}k^2-2k^2\operatorname{sech}^2(kx-\omega t)\tag{19}$$

$$\phi(x,t)=\frac{1}{3}k^2-k^2\operatorname{sech}^2(kx-\omega t)\pm \mathrm{i}k^2\cdot\tanh(kx-\omega t)\operatorname{sech}(kx-\omega t)\tag{20}$$

$$\phi(x,t)=-k^2\operatorname{sech}^2(kx-\omega t)\pm \mathrm{i}k^2\cdot\tanh(kx-\omega t)\operatorname{sech}(kx-\omega t)\tag{21}$$

$$\phi(x,t)=-2k^2\operatorname{sech}^2(kx-\omega t)\tag{22}$$

如令

$$\frac{\mathrm{d}\omega}{\mathrm{d}\xi}=\cos\omega\tag{23}$$

将式(17),(23)代入式(4),并令其中的常数项以及各次项的系数为零,得到如下线性方程组

$$-\omega A_0-3kA_0^2-3kA_1^2+2k^3B_2=0$$

$$-6kA_1A_2-2k^3B_1-\omega B_1-6kA_0B_1=0$$

$$3kA_1^2-3kA_2^2-3kB_2^2+8k^3B_2+\omega B_2-6kA_0B_2=0$$

$$6kA_1A_2+2k^3B_1-6kB_1B_2=0$$

$$3kA_2^2-6k^3B_2-3kB_2^2=0$$

$$-k^3A_1-\omega A_1-6kA_0A_1=0$$
$$-5k^3A_2-\omega A_2-6kA_0A_2-6kA_1B_1=0$$
$$2k^3A_1-6kA_2B_1-6kA_1B_2=0$$
$$6k^3A_2-6kA_2B_2=0$$

利用吴消元法解上述关于 A_0, A_1, A_2, B_1, B_2 的超待定代数方程组得

$$A_0=-\frac{2}{3}k^2, A_1=0, A_2=0, B_1=0, B_2=2k^2, \omega=-4k^3$$

$$A_0=-\frac{2}{3}k^2, A_1=0, A_2=\pm ik^2, B_1=0, B_2=k^2, \omega=-k^3$$

$$A_0=-k^2, A_1=0, A_2=\pm ik^2, B_1=0, B_2=k^2, \omega=k^3$$

$$A_0=-2k^2, A_1=0, A_2=0, B_1=0, B_2=2k^2, \omega=4k^3$$

对式(23)分离变量并且两边积分，积分常数取为零.

于是方程(4)有如下形式的解

$$\phi(\xi)=-\frac{2}{3}k^2+2k^2\tanh^2\xi$$

$$\phi(\xi)=-\frac{2}{3}k^2+k^2\tanh^2\xi\pm ik^2\tanh\xi\operatorname{sech}\xi$$

$$\phi(\xi)=-k^2+k^2\tanh^2\xi\pm ik^2\tanh\xi\operatorname{sech}\xi$$

$$\phi(\xi)=-2k^2+2k^2\tanh^2\xi$$

进一步由式(2)可得方程(1)的解为

$$\phi(x,t)=-\frac{2}{3}k^2+2k^2\tanh^2(kx-\omega t) \tag{24}$$

$$\phi(x,t)=-\frac{2}{3}k^2+k^2\tanh^2(kx-\omega t)\pm ik^2\cdot\tanh(kx-\omega t)\operatorname{sech}(kx-\omega t) \tag{25}$$

$$\phi(x,t)=-k^2+k^2\tanh^2(kx-\omega t)\pm ik^2\cdot\tanh(kx-\omega t)\operatorname{sech}(kx-\omega t) \tag{26}$$

$$\phi(x,t)=-2k^2+2k^2\tanh^2(kx-\omega t) \tag{27}$$

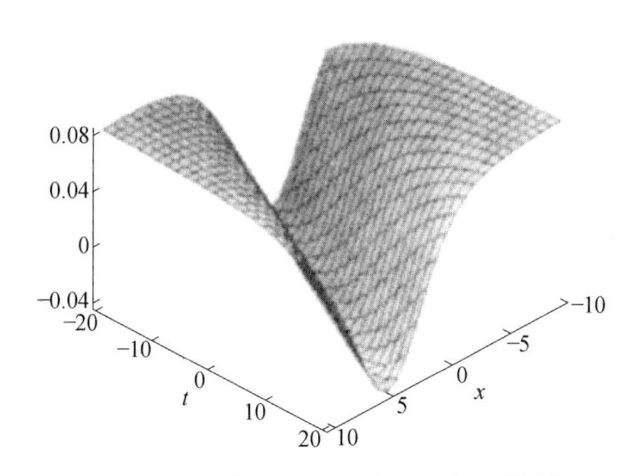

图 18.2　结果(24) 中当 $k=1/4$ 时的孤波解,是“暗”孤子

方法 3:

又由双函数法设方程(8) 有如下形式的行波解

$$\phi(\xi)=A_2 f(\xi)g(\xi)+B_2 f^2(\xi)+B_1 f(\xi)+A_1 g(\xi)+A_0 \tag{28}$$

若取 $f(\xi)$ 和 $g(\xi)$ 为修正的双函数如下

$$f(\xi)=\frac{1}{r+\sinh\xi}, g(\xi)=\frac{\cosh\xi}{r+\sinh(\xi)} \tag{29}$$

其中 ξ 为行波变量,r 为参数,可以调整波行的变化.则易知

$$g^2(\xi)=f^2(\xi)+(1-rf(\xi))^2$$

又易知

$$f'(\xi)=-f(\xi)g(\xi)$$

$$g'(\xi)=-f^2(\xi)+rf(\xi)-r^2 f^2(\xi) \tag{30}$$

将式(28)、(30) 代入式(4) 中,并令其中的常数以及各次项的系数为零,得到如下线性代数方程

$$-\omega A_0-3kA_0^2-3kA_1^2=0$$

$$-\omega A_1-6kA_0A_1=0$$

$$-6krA_1^2-6kA_1A_2+k^3B_1-\omega B_1-6kA_0B_1=0$$

$$-3k^3rA_1+k^3A_2-\omega A_2-6kA_0A_2-6kA_1B_1=0$$

$$-3kA_1^2-3kr^2A_1^2+12krA_1A_2-3kA_2^2-3k^3rB_1-$$
$$3B_1^2+4k^3B_2-\omega B_2-6kA_0B_2=0$$

$$2k^3A_1+2k^3r^2A_1-6kr^2A^2-6kA_1B_2-6kA_1B_2=0$$

$$6k^3A_2+6k^3r^2A_2-6kA_2B_2=0$$

$$-6kA_1A_2-6kr^2A_1A_2+6krA_2^2+2k^3B_1+$$
$$2k^3r^2B_1-10k^3rB_2-6kB_1B_2=0$$

$$-3kA_2^2-3kr^2A_2^2+6k^3B_2+6k^3r^2B_2-3kB_2^2=0$$

利用吴消元法解上述关于 A_0, A_1, A_2, B_1, B_2 的超待定代数方程组得(舍去和前面计算相同的答案)

$A_0=0, A_1=0, A_2=0, B_1=\pm \mathrm{i}k^2, B_2=0, r=\mp \mathrm{i}, \omega=k^3$;

$A_0=\dfrac{1}{3}k^2, A_1=0, A_2=0, B_1=\pm \mathrm{i}k^2, B_2=0, r=\mp \mathrm{i}, \omega=-k^3$;

$A_0=0, A_1=0, A_2=\pm k^2\sqrt{1+r^2}, B_1=-k^2r, B_2=k^2(1+r^2), \omega=k^3$;

$A_0=\dfrac{1}{3}k^2, A_1=0, A_2=\pm k^2\sqrt{1+r^2}, B_1=-k^2r, B_2=k^2(1+r^2), \omega=-k^3$.

将以上结果及式(29)代入式(28)得

$$\phi(\xi)=\frac{\mp \mathrm{i}k^2}{\mp \mathrm{i}+\sinh \xi}, \phi(\xi)=\frac{k^2}{3}\pm\frac{\mathrm{i}k^2}{\mp \mathrm{i}+\sinh \xi}$$

$$\phi(\xi)=\frac{k^2(1+r^2)}{(r+\sinh \xi)^2}\pm\frac{k^2\sqrt{1+r^2}\cosh \xi}{(r+\sinh \xi)^2}-\frac{k^2r}{r+\sinh \xi}$$

$$\phi(\xi)=\frac{k^2}{3}+\frac{k^2(1+r^2)}{(r+\sinh \xi)^2}\pm\frac{k^2\sqrt{1+r^2}\cosh \xi}{(r+\sinh \xi)^2}-\frac{k^2r}{r+\sinh \xi}$$

进一步由式(2) 可得方程(1) 的解为

$$\phi(x,t)=\frac{\pm \mathrm{i}k^2}{\mp \mathrm{i}+\sinh(kx-\omega t)} \tag{31}$$

$$\phi(x,t)=\frac{k^2}{3}\pm\frac{\mathrm{i}k}{\mp \mathrm{i}+\sinh(kx-\omega t)} \tag{32}$$

$$\phi(x,t)=\frac{k^2(1+r^2)}{(r+\sinh(kx-\omega t))^2}\pm \frac{k^2\sqrt{1+r^2}\cosh(1+r^2)}{(r+\sinh(kx-\omega t))^2}-\frac{k^2 r}{r+\sinh(kx-\omega t)} \tag{33}$$

$$\phi(x,t)=\frac{k^2}{3}+\frac{k^2(1+r^2)}{(r+\sinh(kx-\omega t))^2}\pm \frac{k^2\sqrt{1+r^2}\cosh(kx-\omega t)}{(r+\sinh(kx-\omega t))^2}-\frac{k^2 r}{r+\sinh(kx-\omega t)} \tag{34}$$

其中式(31)、(32) 为复标量场中的解

18.2　结　　语

本章采用双函数法和吴消元法，获得了 KdV 方程的多组孤波解，其中一些为复标量场中的解，丰富了 KdV 方程解的结果，将有助于我们对 KdV 方程所描述的物理现象进一步了解和研究. 双函数法不仅可以用于求解一元非线性可积方程，而且可以用来求解非线性方程的各种解. 其中双函数可以选择双曲函数，也可以选择三角函数等.

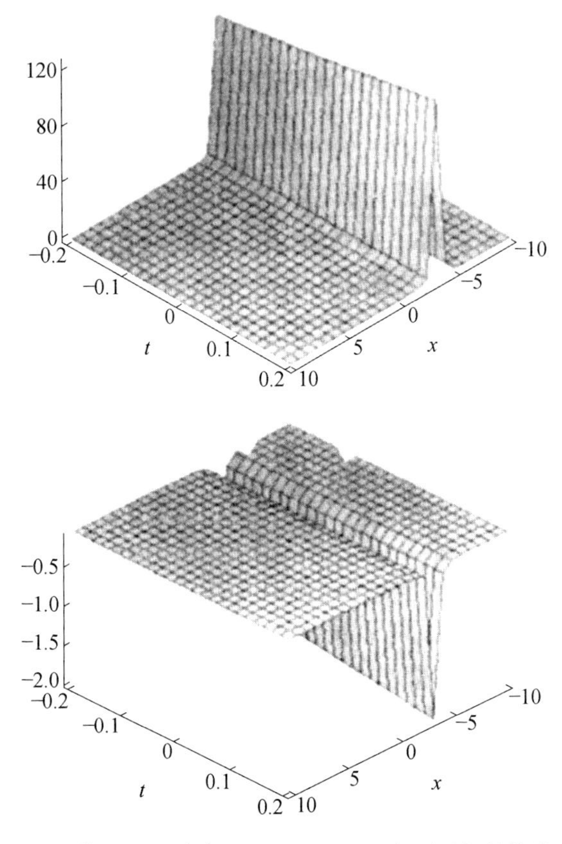

图 18.3　结果(33) 中当 $k = 1/4, r = 1$ 时,孤子解的情况

参考文献

[1] WANG M L. Solitary Wave Solution for Varian Boussinesq equations[J]. Phys Lett, 1995, A199: 169-172.

[2] FAN E G. Extended tanh—function method and its applications to nonlinear equations[J]. Phys Lett, 2000, A277: 212-218.

[3] KUDRYASHOW N A. Exact Solutions of the generalized Kuramo-

to-Sivashinsky equation[J]. Phys Lett,1990,A147 :287.

[4] LIN R L, ZENG Y B, MA W Y. Solving the KdV Hierarchy with Self-Consistent Sources by Inverse Scatterin Method[J]. Physica A, 2001,291:287-298.

[5] ZENG Y B, LIN R L, CAO X. The Relation Between the Toda Hierarchy and the KdV Hierarchy[J]. Phys Lett A, 1998,251(3):177-183.

[6] 韩家骅,陈良.关于一类非线性波动方程的准确周期解[J]. 安徽大学学报:自然科学版,2003,27(3):45-49.

[7] 谢元喜,唐驾时.求一类非线性偏微分方程解析解的一种简洁方法[J]. 物理学报,2004,53(9):2828-2830.

[8] 黎益,黎薰.解 KdV 方程的一个隐式差分格式[J]. 四川大学学报:自然科学版,1995,32(6):632-634.

[9] 石玉仁,段文山,洪学仁,等.组合 KdV 方程的显示精确解[J]. 物理学报,2003,52(2):267-270.

[10] 赵长海.盛正卯. Zakharov 方程的显式行波解[J]. 物理学报,2004,53(6):1629-1634.

[11] 赵长海.非线性 NLS 方程的新显式精确行波解[J]. 南通大学学报:自然科学版,2007,6(3):12-15.

[12] 关霭云.吴消元法讲义[M]. 北京:北京理工大学出版社,1994.

KdV 方程的简单行波解研究[①]

第19章

云南大学数学与统计学院的罗广辉和楚雄师范学院数学与统计学院的黄英二位教授在 2015 年根据 KdV 方程关于行波解的经典研究成果，通过合理猜测，利用待定系数法求出了一系列结构简单的精确行波解.

1895 年，荷兰著名的数学家 Korteweg 和他的学生 de Vries 在对孤波进行全面分析后建立了 KdV 方程

$$u_t + 6uu_x + u_{xxx} = 0 \qquad (1)$$

随着非线性现象研究的深入，人们发现有一大类描述非线性作用下的波动

① 选自《安阳师范学院学报》，2015 年第 5 期.

方程或方程组，在长波近似和小振幅假定下，均可归纳为著名的 KdV 方程(1)，例如等离子体的磁流波、离子声波、非谐振晶格的振动、液气混合物中的压力波以及低温下非线性晶格的声子波包的热激发等. 1965 年，美国数学家 Kruskal 和 Zabusky 利用先进的计算机通过数值计算详细研究了 KdV 方程两波相互作用的全过程，发现孤波的形状和速度保持不变而具有弹性散射性质，并将这种稳定的孤波称为孤子，从此，一个研究非线性发展方程精确波解的热潮在学术界蓬勃地开展起来. 方程(1) 作为一个典型的孤子方程，它的精确解自然会引起研究者的极大关注. 然而，这些解都是通过非常复杂的方法计算出来的，它们的结构都比较复杂，如果把这些解作为计算多波解的初始解的话，计算量会非常大，使我们下一步的研究工作无法进行，所以，我们不禁把目光投向结构简单的两个经典行波解.

根据研究资料[①]，我们知道，1895 年，Korteweg 和 de Vries 用直接积分法建立起 KdV 方程(1) 的 Jacobi 椭圆余弦波解

$$u(x,t)=b+(c-b)\mathrm{cn}^2\left\{\frac{1}{2}\sqrt{c-a}\cdot\left[x-(a+b+c)t+x_0\right];\frac{c-b}{c-a}\right\} \tag{2}$$

其中，a,b,c,x_0 为常数，到了 1972 年，Abramowitz 和 Stegun 提出，当 $b\to a$ 时，椭圆余弦波解(2) 退化为著名的钟状孤立波解

---

① M. J. Aldowitz, P. A. Clarkson, Solitons, Nonlinear Evolution Equations and Inverse Seattering, Cambridge University press 1991.

$$u(x,t)=a+(c-a)\operatorname{sech}^2\{\frac{1}{2}\sqrt{c-a}\cdot[x-(2a+c)t+x_0]\} \tag{3}$$

根据研究经验[①]，我们知道双曲正割函数 sech 与双曲余割函数 csch 相伴出现的频率非常高，于是，我们猜测 KdV 方程(1) 可能会有 $u=a+b\operatorname{csch}^2\xi$ 形式的解，其中 $\xi=\alpha x+\beta t+\xi_0$，$\xi_0$ 为任意常数，a,b,α,β 待定. 因为该行波解结构简单，直接计算比较方便，所以我们把

$$u=a+b\operatorname{csch}^2\xi,\ u_x=-2b\alpha\operatorname{csch}^2\xi\coth\xi$$

以及

$$u_t=-2b\beta\operatorname{csch}^2\xi\coth\xi$$

$$u_{xxx}=-8b\alpha^3\operatorname{csch}^2\xi\coth^3\xi-16b\alpha^3\operatorname{csch}^4\xi\coth\xi$$

代入方程(1) 中得到

$$-2b\beta\operatorname{csch}^2\xi\coth\xi+$$
$$6(a+b\operatorname{csch}^2\xi)(-2b\alpha\operatorname{csch}^2\xi\coth\xi)-$$
$$8b\alpha^3\operatorname{csch}^2\xi\coth^3\xi-16b\alpha^3\operatorname{csch}^4\xi\coth\xi\equiv 0$$

进一步整理得

$$(-12b^2\alpha-24b\alpha^3)\coth^5\xi+$$
$$(-2b\beta-12ab\alpha+24b^2\alpha+40b\alpha^3)\coth^3\xi+$$
$$(2b\beta+12ab\alpha-12b^2\alpha-16b\alpha^3)\coth\xi\equiv 0$$

---

① 黄英，杨波，马祖彦. MKdV 方程的新精确孤立波解[J]. 河南城建学院学报，2010，(1).

黄英，马瑶，李保荣. Skill application of the theory: New Solitary Wave Solutions and Periodie Solutions of the modified KdV equation, International journal of Functional Analysis, Operator Theory and Applieations (2011), 3(1).

黄英. New no-traveling wave solutions for the Liouville equation hy Bälund transformation method, Nonlinear Dyn, (2013)72(1-2).

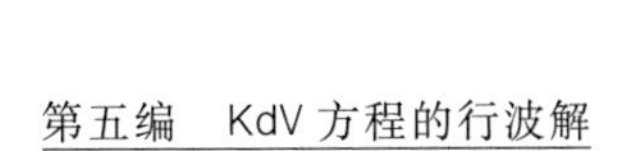

从而有

$$\begin{cases}-12b^2a-24b\alpha^3=0\\-2b\beta-12ab\alpha+24b^2\alpha+40b\alpha^3=0\\2b\beta+12ab\alpha-12b^2\alpha-16b\alpha^3=0\end{cases}$$

当 b,α 不为零时，上述方程组简化为

$$\begin{cases}b+2\alpha^2=0\\\beta+6a\alpha-12b\alpha-20\alpha^3=0\\\beta+6a\alpha-6b\alpha-8\alpha^3=0\end{cases}$$

最后，我们得到 $a=-\dfrac{\beta+4\alpha^3}{6\alpha}$，$b=-2\alpha^2$，故

$$u_1=-\frac{\beta+4\alpha^3}{6\alpha}-2\alpha^2\operatorname{csch}^2(\alpha x+\beta t+\xi_0)$$

是方程(1)的行波解，其中 α 为任意的非零常数，β 为任意常数．通过类似的猜测——待定系数法，我们还得到 KdV 方程(1)的精确解

$$u_2=\frac{4\alpha^3-\beta}{6\alpha}-2\alpha^2\sec^2(\alpha x+\beta t+\xi_0)$$

和

$$u_3=\frac{4\alpha^3-\beta}{6\alpha}-2\alpha^2\operatorname{cec}^2(\alpha x+\beta t+\xi_0)$$

特别的，在上述三个解中，当 $\beta=0$ 时，我们得到 KdV 方程(1)的静态解

$$u_4=-\frac{2}{3}\alpha^2-2\alpha^2\operatorname{csch}^2(\alpha x+\xi_0)$$

$$u_5=\frac{2}{3}\alpha^2-2\alpha^2\sec^2(\alpha x+\xi_0)$$

和

$$u_6=\frac{2}{3}\alpha^2-2\alpha^2\csc^2(\alpha x+\xi_0)$$

此外，当 $a=0$ 时，式(3)变为

$$u(x,t)=c\operatorname{sech}^2\left[\frac{1}{2}\sqrt{c}(x-ct+x_0)\right]$$

于是，我们猜测 $u=k\operatorname{csch}^2\xi$，$u=k\tan^2\xi$，$u=k\cot^2\xi$，$u=k\sec^2\xi$，$u=k\operatorname{scs}^2\xi$，$u=k\tanh^2\xi$ 及 $u=k\coth^2\xi$ 也有可能是方程(1) 的解. 有趣的是，我们的猜测是对的，当我们把它们一一代入方程(1) 后，经过类似的计算，我们最终得到

$$u_7=-2\alpha^2\operatorname{csch}^2(\alpha x-4\alpha^3t+\xi_0)$$

$$u_8=-2\alpha^2\tan^2(\alpha x-8\alpha^3t+\xi_0)$$

$$u_9=-2\alpha^2\cot^2(\alpha x-8\alpha^3t+\xi_0)$$

$$u_{10}=-2\alpha^2\sec^2(\alpha x+4\alpha^3t+\xi_0)$$

$$u_{11}=-2\alpha^2\csc^2(\alpha x+4\alpha^3t+\xi_0)$$

$$u_{12}=-2\alpha^2\tanh^2(\alpha x+8\alpha^3t+\xi_0)$$

和

$$u_{13}=-2\alpha^2\coth^2(\alpha x+8\alpha^3t+\xi_0)$$

其中 α 为非零常数.

对于上述行波解，我们不敢断言它们是新的，毕竟 KdV 方程(1) 是著名的孤子方程，关于它的研究很多，但这些解可能会随着不同的研究方法零星地出现在各种研究资料中，而我们却通过简单直接的猜测 —— 待定系数法把它们集中展现给感兴趣的研究者，如果把它们作为初始解去研究多重波解的话，这将会是一个好的开始，因为这些行波解的结构很简单.

第六编

KdV 方程的孤波解

第 20 章　具有高阶非线性项的广义 KdV 方程的精确孤波解[①]

2005 年，四川师范大学数学与软件科学学院的刘研丽，张健二位教授讨论了具有高阶非线性项的广义 KdV 方程

$$u_t + \alpha u u_x + \beta u_{3x} + \gamma u_{5x} = 0 \quad (1)$$

其中 $u = u(x, t)$，$x, t \in \mathbf{R}$，α, β, γ 为常数，且 $\alpha\beta\gamma \neq 0$.

该方程具有广泛的物理背景，如在研究冷等离子体中的磁声波，在研究传输线中的孤波和分层流体中界面孤波都可以导出该方程. W. Malfliet

① 选自《四川师范大学学报(自然科学版)》，2005 年 3 月第 28 卷第 2 期.

利用 tanh 函数法构造了该方程三阶解析孤波解，陈德芳和楼森岳利用形变理论推导出了该方程一些特殊意义的孤波解，之后楼森岳又利用 Bargmannrvyl 势方法求出了该方程三阶的多孤子解. 最近，范恩贵利用推广的 tanh 函数法求解了一类非线性方程的精确孤波解. 本章也利用推广的 tanh 函数法，并运用数学软件 Matlab，Mathematica，针对方程(1) 求出其精确孤波解，从其参数符号判断孤波解个数，给出孤立波形. 这些结果发展并补充了楼森岳的研究.

20.1 预备知识

广义 tanh 函数方法的关键思想是充分利用带有一个参数的 Riccati 方程

$$\varphi' = b + \varphi^2 \tag{2}$$

其中 $\varphi' := \dfrac{d\varphi}{d\xi}, \varphi = \varphi(x,t) = \varphi(\xi), \xi = x + ct, x \in \mathbf{R}$, $t \in \mathbf{R}$, b 为待定参数. 反复利用式(2)，可将 φ 的所有导数转化为 φ 的多项式来表示. 而 Riccati 方程具有 3 种类型的一般解

$$\varphi = \begin{cases} -\sqrt{-b}\tanh\sqrt{-b}\xi \\ -\sqrt{-b}\coth\sqrt{-b}\xi \end{cases}, b < 0 \tag{3}$$

$$\varphi = -\frac{1}{\xi}, b = 0 \tag{4}$$

$$\varphi = \sqrt{b}\tan\sqrt{b}\xi, -\sqrt{b}\cot\sqrt{b}\xi, b > 0 \tag{5}$$

利用 Riccati 方程，可以根据参数 b 的符号判断所得孤波解的数量和形状，利用 Matlab 和 Mathematica

在计算机上让运算实现方便.

20.2　孤　波　解

我们利用如上引进的广义 tanh 函数方法讨论具有高阶非线性项的广义 KdV 方程

$$u_t + \alpha u u_x + \beta u_{3x} + \gamma u_{5x} = 0 \tag{6}$$

其中 $u=u(x,t)$, $x,t\in\mathbf{R}$, α,β,γ 为常数，且 $\alpha\beta\gamma\neq 0$.

令 $u(x,t)=U(z)$, $z=x+ct$, c 为待定参数，方程(6) 转化为

$$cU' + \alpha UU' + \beta U^{(3)} + \gamma U^{(5)} = 0 \tag{7}$$

用齐次平衡法，平衡方程(7) 的非线性项 UU' 和最高阶导数项 $U^{(5)}$，得到平衡系数 $n=4$，根据 tanh 函数法，方程(6) 的解 u 可表示为

$$u(x,t)=U(z)=a_0+a_1\varphi+a_2\varphi^2+a_3\varphi^3+a_4\varphi^4 \tag{8}$$

其中 $\varphi=\varphi(x,t)$, $x,t\in\mathbf{R}$, a_0,a_1,a_2,a_3,a_4 为待定参数.

将式(8) 代入式(7)，结合式(2)，并令得到 φ^i 的系数为零，可得到关于 b,c,a_0,a_1,a_2,a_3,a_4 的多项式方程组，为了在计算机上实现运算，故令 $\alpha=m$, $\beta=n$, $\gamma=s$, $a_0=a0$, $a_1=a1$, $a_2=a2$, $a_3=a3$, $a_4=a4$ 符号 * 表示乘法，符号 ^ 表示乘方.

60 * n * a3 + 120 * s * a1 + 5 * m * a2 * a3 +
7 * m * a3 * b * a4 + 6600 * s * a3 * b +
5 * m * a1 * a4 = 0,
6 * n * a3 * b^3 + c * a1 * b + 2 * n * a1 * b^2 +

16 * s * a1 * b^3 + m * a1 * b * a0 +
120 * s * a3 * b^4 = 0,
c * a1 + 3 * c * a3 * b3 * m * a2 * b * a1 +
3 * m * a3 * b * a0 + 60 * n * a3 * b^2 +
8 * n * a1 * b + 136 * s * a1 * b^2 +
1848 * s * a3 * b^3 + m * a1 * a0 = 0,
2 * c * a2 + m * a1^2 + 4 * c * a4 * b +
4 * m * a3 * b * a1 + 4 * m * a4 * b * a0 +
152 * n * a4 * b^2 + 40 * n * a2 * b +
1232 * s * a2 * b^2 + 7744 * s * a4 * b^3 +
2 * m * a2 * a0 + 2 * m * a2^2 * b = 0,
3 * c * a3 + 6 * n * a1 + 5 * m * a2 * b * a3 +
114 * n * a3 * b + 240 * s * a1 * b +
5808 * s * a3 * b^2 + 3 * m * a1 * a2 +
3 * m * a3 * a0 + 5 * m * a4 * b * a1 = 0,
4 * c * a4 + 2 * m * a2^2 + 24 * n * a2 +
6 * m * a2 * b * a4 + 4 * m * a4 * a0 +
248 * n * a4 * b + 1680 * s * a2 * b +
19264 * s * a4 * b^2 + 4 * m * a1 * a3 +
3 * m * a3^2 * b = 0,
3 * m * a3^2 + 120 * n * a4 + 720 * s * a2 +
19200 * s * a4 * b + 4 * m * a4^2 * b +
6 * m * a2 * a4 = 0,
4 * m * a4^2 + 6720 * s * a4 = 0,
2520 * s * a3 + 7 * m * a3 * a4 = 0,
2 * c * a2 * b + m * a1^2 * b + 2 * m * a2 * b * a0 +
24 * n * a4 * b^3 + 16 * n * a2 * b^2 +
272 * s * a2 * b^3 + 960 * s * a4 * b^4 = 0

运用 Mathematica，找到如下的解：

(i) $n=-\frac{a_2 m}{12}, c=-\frac{(3a_0-2a_2 b)m}{3}, s=0, a_1=0$, $a_3=0, a_4=0, b, m, a_2, a_0$ 为任意常数；

(ii) $n=-\frac{13a_4 bm}{420}, c=\frac{-35a_0 m+23a_4 b^2 m}{35}, s=-\frac{a_4 m}{1\,680}, a_1=0, a_2=2a_4 b, a_3=0, b, m, a_4, a_0$ 为任意常数；

(iii)
$$n=\frac{13(31a_4 bm-3\sqrt{31}\,Ia_4 bm)}{26\,040}$$
$$c=\frac{-2\,170a_0 m+155a_4 b^2 m+57\sqrt{31}\,Ia_4 b^2 m}{2\,170}$$
$$s=-\frac{a_4 m}{1\,680}, a_1=0, a_2=\frac{31a_4 b+\sqrt{31}\,Ia_4 b}{31}$$
$$a_3=0$$
b, m, a_4, a_0 为任意常数；

(iv)
$$n=\frac{13(31a_4 bm+3\sqrt{31}\,Ia_4 bm)}{26\,040}$$
$$c=\frac{-2\,170a_0 m+155a_4 b^2 m-57\sqrt{31}\,Ia_4 b^2 m}{2\,170}$$
$$s=-\frac{a_4 m}{1\,680}, a_1=0, a_2=\frac{31a_4 b-\sqrt{31}\,Ia_4 b}{31}$$
$$a_3=0, b=0$$
m, a_4, a_0 为任意常数；

(v) $n=0, c=-a_0, s=-\frac{a_4 m}{1\,680}, a_1=0, a_2=0, a_3=0, b=0, m, a_4, a_0$ 为任意常数；

(vi) $n=-\frac{a_2 m}{12}, c=-a_0 m, a_1=0, s=0, a_3=0$,

$a_4=0, b=0, m, a_2, a_0$ 为任意常数.

由式(3) ~ (5),式(8)结合以上参数值,根据 b 的符号,整理得到方程(6)的多孤波解情况.

第一种情况:由于在(i) ~ (iii)中 b 为任意常数,根据式(3) ~ (5)得到相应的孤波解为

$$u_1(x,t)=a_0-a_2 b\tanh^2[\sqrt{-b}\xi], b<0$$

$$u_2(x,t)=a_0-a_2 b\coth^2[\sqrt{-b}\xi], b<0$$

$$u_3(x,t)=a_0+\frac{a_2}{\xi_2}, b=0$$

$$u_4(x,t)=a_0+a_2 b\tan^2[\sqrt{b}\xi], b>0$$

$$u_5(x,t)=a_0+a_2 b\cot^2[\sqrt{b}\xi], b>0$$

其中

$$\xi=x-\frac{(3a_0-2a_2 b)\alpha}{3}t, \beta=-\frac{a_2\alpha}{12}, \gamma=0$$

α, a_2, a_0 为任意常数;

$$u_6(x,t)=a_0-2a_4 b^2\tanh^2[\sqrt{-b}\xi]+a_4 b^2\tanh^4[\sqrt{-b}\xi], b<0$$

$$u_7(x,t)=a_0-2a_4 b^2\coth^2[\sqrt{-b}\xi]+a_4 b^2\coth^4[\sqrt{-b}\xi], b<0$$

$$u_8(x,t)=a_0+\frac{2a_4 b}{\xi^2}+\frac{a_4}{\xi^4}, b=0$$

$$u_9(x,t)=a_0+2a_4 b^2\tan^2[\sqrt{b}\xi]+a_4 b^2\tan^4[\sqrt{b}\xi], b>0$$

$$u_{10}(x,t)=a_0+2a_4 b^2\cot^2[\sqrt{b}\xi]+a_4 b^2\cot^4[\sqrt{b}\xi], b>0$$

其中

$$\xi = x + \frac{(-35a_0 + 23a_4b^2)\alpha}{35}t$$

$$\beta = -\frac{13a_4b\alpha}{420}, \gamma = -\frac{a_4\alpha}{1\ 680}$$

α, a_4, a_0 为任意常数；

$$u_{11}(x,t) = a_0 - a_2 b\tanh^2[\sqrt{-b}\xi] + a_4b^2\tanh^4[\sqrt{-b}\xi], b < 0$$

$$u_{12}(x,t) = a_0 - a_2 b\coth^2[\sqrt{-b}\xi] + a_4b^2\coth^4[\sqrt{-b}\xi], b < 0$$

$$u_{13}(x,t) = a_0 + \frac{a_2}{\xi^2} + \frac{a_4}{\xi^4}, b = 0$$

$$u_{14}(x,t) = a_0 + a_2 b\tan^2[\sqrt{b}\xi] + a_4b^2\tan^4[\sqrt{b}\xi], b > 0$$

$$u_{15}(x,t) = a_0 + a_2 b\cot^2[\sqrt{b}\xi] + a_4b^2\cot^2[\sqrt{b}\xi], b > 0$$

其中

$$\xi = x + \frac{(-2\ 170a_0 + 155a_4b^2 + 57\sqrt{31}\,Ia_4b^2)a}{2\ 170}$$

$$\beta = \frac{13(31a_4b - 3\sqrt{31}\,Ia_4b)\alpha}{26\ 040}$$

$$\gamma = -\frac{a_4\alpha}{1\ 680}, a_2 = \frac{31a_4b + \sqrt{31}\,Ia_4b}{31}$$

α, a_4, a_0 为任意常数；

第二种情况：由于在(iv) ~ (vi) 中 $b=0$，根据式(4) 得到相应的有理形式为孤波解

$$u_{16}(x,t) = a_0 + \frac{a_2}{\xi^2} + \frac{a_4}{\xi^4}$$

其中

$$\xi = x + \frac{(-2\ 170a_0 + 155a_4b^2 - 57\sqrt{31}\,Ia_4b^2)\alpha}{2\ 170}$$

$$\beta = \frac{13(31a_4b + 3\sqrt{31}\,Ia_4b)\alpha}{26\ 040}$$

$$\gamma = -\frac{a_4\alpha}{1\ 680}, a_2 = \frac{31a_4b - \sqrt{31}\,Ia_4b}{31}$$

α, a_4, a_0 为任意常数；

$$u_{17}(x,t) = a_0 + \frac{a_4}{\xi^4}$$

其中，$\xi = x - a_0\alpha t, \beta = 0, \gamma = -\frac{a_4\alpha}{1\ 680}, \alpha, a_4, a_0$ 为任意常数；

$$u_{18}(x,t) = a_0 + \frac{a_2}{\xi^2}$$

其中，$\xi = x - a_0\alpha t, \beta = -\frac{a_2\alpha}{12}, \gamma = 0, \alpha, a_4, a_0$ 为任意常数. 当 $\gamma = 0$ 时，方程(6) 转变为

$$u_t + \alpha u u_x + \beta u_{3x} = 0$$

该方程为典型的 KdV 方程. 当 $\beta = 0$ 时，方程(6) 转变为

$$u_t + \alpha u u_x + \gamma u_{5x} = 0$$

20.3 孤立波形

本章推导出方程(6) 的精确孤波解，可以利用 Mathematica，在一定的参数条件下，做出其孤波解图形.

现在，以 $u_{11}(x,t) - u_{15}(x,t)$ 为例，其他解类似.

当 $c\to\frac{1}{4}, b\to-1, a_0\to1, a_2\to1, a_4\to1$ 时，可得到钟状孤立子图形. 当 $c\to\frac{1}{4}, b\to1, a_0\to1, a_2\to1, a_4\to1$ 时，可得到奇异孤立子图形. 解在有限点上出现奇点，即当 $t=t_0$ 时，存在点 x_0，在该点上，这些解爆破，目前，解的爆破或热点的研究正是热门课题. 实验也显示奇异解是物理现象可以导出的.

20.4　附　　注

给出一个小的 Matlab 程序去验证所求的孤波解是否是方程(6)的解. 我们只取 $u_9(x,t)=a_0+2a_4b^2\tan^2[b\xi]+a_4b^2\tan^4[\sqrt{b}\xi]$，其他解类似验证.

首先，找到参数的值，代入与参数有关的函数 $\varphi(x,t)$，$u(x,t)$，找到方程的解，再代入原方程进行检验. 定义 $u=u_6(x,t)$，$\alpha=m$，$\beta=n$，$\gamma=s$，$a_0=a0$，$a_1=a1$，$a_2=a2$，$a_3=a3$，$a_4=a4$.

```
syms x t s m n c b a0 a1 a2 a3 a4
c=(-35*a0*m+23*a4*b^2*m)/35
n=-13*a4*b*m/420
s=-a4*m/1680
a1=0
a2=2*a4*b
a3=0
h=b^(1/2)*tan(b^(1/2)*(x+c*t))
u=a0+a1*h+a2*h^2+a3*h^3+a4*h^4
```

```
simple(diff(u,t) + m * u * diff(u,x) +
n * diff(u,x,3) + s * diff(u,x,5))
```

最终的结果如预期的一样为零.

关于 KdV 方程孤子解的研究[①]

第 21 章

KdV 方程的多孤子解很难直接验证，华中科技大学数学系的何进春，武汉大学物理学院的黄念宁二位教授在 2007 年通过证明 GLM 反散射变换方程导出的 Jost 解满足两个 Lax 方程的方法，解决了这个问题.

21.1　预备知识

在 KdV 方程用反散射法(inverse scattering method)成功实现求解后，Lax 引入一对线性算子，即后来通

① 选自《应用数学》，2007 年第 20 卷第 1 期.

称的 Lax 算子

$$\hat{L} = -\partial_x^2 + u \tag{1}$$

$$\hat{M}_3 = -4\partial_x^3 + 6u\partial_x + 3u_x \tag{2}$$

由这对线性算子所构成两个线性方程的相容性条件

$$L_t = [\hat{M}_3, \hat{L}] \tag{3}$$

就给出 KdV 方程

$$u_t - 6uu_x + u_{xxx} = 0 \tag{4}$$

KdV 方程的相容性方程分别为

$$\hat{L}\psi(x, \kappa) = \kappa^2 \psi(x, \kappa) \tag{5}$$

$$\partial_t \psi(x, \kappa) = \hat{M}\psi(x, \kappa) \tag{6}$$

其中 κ 是谱参数. 从第一个相容性方程出发,利用渐近行为定义的解(通称为 Jost 解)的解析性, 可以由 Cauchy 积分导出一个方程(称为 Gelfand－Levitan－Marchenko 方程,简称 GLM 方程)

$$K(x,y) + F(x,y) + \int_x^{+\infty} K(x,y)F(z+y)\mathrm{d}y = 0 \tag{7}$$

其中

$$F(x,y) = \sum_{n=1}^{N} c_t \mathrm{e}^{\mathrm{i}\kappa_n x} + \frac{1}{2}\int_{-\infty}^{+\infty} r(\kappa)\mathrm{e}^{\mathrm{i}\kappa x}\,\mathrm{d}\kappa \tag{8}$$

在无反散射条件下,GLM 方程化为一线性代数方程组,从所得的解即可定出 KdV 方程解的函数形式. 随后再从第二个 Lax 方程在 $|x| \to +\infty$ 时的渐近形式,就确定了解对时间的相依,这样就完整地导出了 KdV 方程的 N－孤子解

$$u_N = -2\frac{\mathrm{d}^2}{\mathrm{d}x^2}\ln \det(\boldsymbol{I} + \boldsymbol{B}) \tag{9}$$

其中 $\boldsymbol{I}$ 是 N 阶单位矩阵,$\boldsymbol{B} = (B_{nm})$

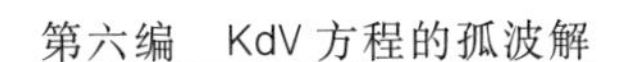

$$B_{nm}=f_n\frac{1}{\kappa_n+\kappa_m}f_m,f_n=\bar{c}_n\mathrm{e}^{-\kappa_n x}\tag{10}$$

特别地，KdV 方程的 1－孤子解和 2－孤子解分别是

$$u_1(x,t)=-2\kappa_1^2\operatorname{sech}^2\{\kappa_1(x-x_1-4\kappa_1^2t)\}\tag{11}$$

$$u_2(x,t)=-2(\kappa_1^2-\kappa_2^2)\frac{\kappa_1^2\operatorname{csch}^2\theta_1+\kappa_2^2\operatorname{sech}^2\theta_2}{(\kappa_1\coth\theta_1-\kappa_2\tanh\theta_2)^2}\tag{12}$$

其中 $\theta_1=\kappa_1(x-x_1-4\kappa_1^2t)$，$\theta_2=\kappa_2(x-x_2-4\kappa_2^2t)$，1－孤子解和 2－孤子解可以通过直接代入 KdV 方程(4)得到验证，而 N－孤子解的验证就不是简单明了的. 本章的目的是，从 GLM 方程出发，证明由反散射法得到的任何孤子解都满足 KdV 方程(4). 我们相信，我们所用的方法可以推广到高阶 KdV 方程的求解与验证.

21.2　原　　理

从反散射法知道，Jost 解 $j(x,t,\kappa)$ 在渐近行为 $\psi(x,t,\kappa)=\mathrm{e}^{\mathrm{i}\kappa x}$，$|x|\to+\infty$ 下有如下的积分表达式

$$\psi(x,t,\kappa)=E(x,t,\kappa)+\int_x^{+\infty}\mathrm{d}yK(x,y,t)E(y,t,\kappa),$$

$$E(x,t,\kappa)=\mathrm{e}^{\mathrm{i}\kappa x+\mathrm{i}4\kappa^3t}\tag{13}$$

如果 $\psi(x,t,\kappa)$ 的积分核 $K(x,y)$ 由 GLM 方程定出，则 KdV 方程(4)的解 $u(x,t)$ 由 Jost 解(13)在谱参数 $|\kappa|\to+\infty$ 时的渐近行为给出

$$u(x,t)=2\mathrm{i}\lim_{|\kappa|\to+\infty}\kappa\frac{\mathrm{d}}{\mathrm{d}x}(\psi(x,t,\kappa)\mathrm{e}^{\mathrm{i}\kappa x}-1)\tag{14}$$

对式(13)分部积分得

$$\psi(x,t,\kappa)=\mathrm{e}^{\mathrm{i}\kappa x}-\frac{1}{\mathrm{i}\kappa}K(x,x,t)E(x,t,\kappa)+O(|\kappa|^{-2}) \tag{15}$$

代入式(14)得

$$u(x,t)=-2\frac{\mathrm{d}}{\mathrm{d}x}K(x,x,t) \tag{16}$$

定理 21.1　如果由GLM方程定出的Jost解(13)满足两个Lax方程(5),(6),那么由Jost解(13)在谱参数 $|\kappa|\to+\infty$ 时的渐近行为给出的 $u(x,t)$ 满足KdV方程(4).

这是本章的主要结果.

21.3　两个引理

为了证明定理21.1,我们先证明两个引理.

引理 21.1　如果

$$u(x,t)=-2\frac{\mathrm{d}}{\mathrm{d}x}K(x,x,t) \tag{17}$$

$$K_{xx}(x,y,t)-K_{yy}(x,y,t)-u(x,t)K(x,y,t)=0 \tag{18}$$

那么Jost解(13)满足第一个Lax方程(5)

证明　由于第一个Lax算子不涉及对时间变量的演化,故在证明过程中,所有的表达式都略去了时间变量.从反散射变换知,Jost解 $\psi(x,\kappa)$ 的积分表述为

$$\begin{cases}\psi(x,\kappa)=E(x,\kappa)+\displaystyle\int_x^{+\infty}\mathrm{d}yK(x,y)E(y,\kappa)\\ E(x,\kappa)=\mathrm{e}^{\mathrm{i}\kappa x}\end{cases} \tag{19}$$

且有边界条件

$$K(x,y)\mid_{y=+\infty}=0,K_y(x,y)\mid_{y=+\infty}=0 \quad (20)$$

将 Jost 解(19) 代入第一个 Lax 方程(5) 得

$$(-\partial_x^2+u(x))\left(E(x,\kappa)+\int_x^{+\infty}\mathrm{d}yK(x,y)E(y,\kappa)\right)-$$

$$\kappa^2\left(E(x,\kappa)+\int_x^{+\infty}\mathrm{d}yK(x,y)E(y,\kappa)\right)=0 \quad (21)$$

式(21) 左边等于

$$E(x,\kappa)+\frac{\mathrm{d}}{\mathrm{d}x}[K(x,x)E(x,\kappa)]+$$

$$K_x(x,y)\mid_{y=x}E(x,\kappa)-$$

$$\int_x^{+\infty}\mathrm{d}yK_{xx}(x,y)E(y,\kappa)+$$

$$u(x)E(x,\kappa)u(x)\int_x^{+\infty}\mathrm{d}yK(x,y)E(y,\kappa)-$$

$$\kappa^2E(x,\kappa)-\kappa^2\int_x^{+\infty}\mathrm{d}yK(x,y)E(y,\kappa)$$

由于

$$-\kappa^2\int_x^{+\infty}\mathrm{d}yK(x,y)E(y,\kappa)$$

$$=-\mathrm{i}\kappa K(x,x)E(x,\kappa)+K_y(x,y)\mid_{y=x}E(x,\kappa)+$$

$$\int_x^{+\infty}\mathrm{d}yK_{yy}(x,y)E(y,\kappa) \quad (22)$$

式(22) 中的分部积分用到了边界条件(20)，故式(21) 就是

$$\left(\frac{\mathrm{d}}{\mathrm{d}x}K(x,x)+(K_x(x,y)+K_y(x,y))\mid_{y=x}+u(x)\right)\cdot$$

$$E(x,\kappa)-\int_x^{+\infty}\mathrm{d}y(K_{xx}(x,y)-K_{yy}(x,y)-$$

$$u(x)K(x,y))E(y,\kappa)=0 \quad (23)$$

注意到

$$\frac{\mathrm{d}}{\mathrm{d}x}K(x,x)=(K_x(x,y)+K_y(x,y))\big|_{y=x} \tag{24}$$

所以当式(17)和(18)成立时，式(23)成立，即 Jost 解(13)满足第一个 Lax 方程(5).

引理 21.2　如果 $K_3(x,y,t)=0$，其中

$$\begin{aligned}K_3(x,y,t)=&K_t(x,y,t)+4(K_{xxx}(x,y,t)+\\&K_{yyy}(x,y,t))-\\&6u(x,t)K_x(x,y,t)-\\&3u_x(x,t)K(x,y,t)\end{aligned} \tag{25}$$

那么 Jost 解(13)满足第二个 Lax 方程(6).

证明　把 Jost 解(13)代入第二个 Lax 方程(6)，记 $E^{(n)}=\partial_x^n E(x,t,\kappa)$，$n=1,2,3$，并注意到 $\partial_t E(x,t,\kappa)=-4\partial_x^2 E(x,t,\kappa)=-4E^{(3)}$，得

$$\begin{aligned}&4E^{(3)}-\int_x^{+\infty}\mathrm{d}yK_t(x,y,t)E(y,t,\kappa)-\\&4\int_x^{+\infty}\mathrm{d}yK(x,y,\kappa)\partial_y^3E(y,t,\kappa)-\\&\hat{M}E(x,t,\kappa)-\hat{M}\int_x^{+\infty}\mathrm{d}yK(x,y,t)E(y,t,\kappa)=0\end{aligned} \tag{26}$$

上式经过分部积分，并整理得

$$\begin{aligned}&a_0E^{(3)}+a_1E^{(2)}+a_{(1)}E^{(1)}+a_3E(x,t,\kappa)-\\&\int_x^{+\infty}\mathrm{d}y\Omega_3(x,y,t)E(y,t,\kappa)=0\end{aligned} \tag{27}$$

$$a_0=-4+4=0 \tag{28}$$

$$a_1=4K(x,x,t)-4K(x,x,t)=0 \tag{29}$$

$$\begin{aligned}a_2=&-4K_y(x,y,t)\big|_{y=x}-6u(x,t)-\\&4(2K_x(x,x,t)+K_x(x,y,t)\big|_{y=x})\end{aligned} \tag{30}$$

$$\begin{aligned}a_3=&4K_{yy}(x,y,t)\big|_{y=x}-3u_x(x,t)+\\&6u(x,t)K(x,x,t)-\end{aligned}$$

$$4\left[\frac{\mathrm{d}^2}{\mathrm{d}x^2}K(x,x,t)+(K_x(x,y,t)\mid_{y=x})_x+K_{xx}(x,y,t)\mid_{y=x}\right] \quad (31)$$

$$\begin{aligned}\Omega_3(x,y)=&K_t(x,y,t)+4(K_{xxx}(x,y,t)+\\&K_{yyy}(x,y,t))-\\&6u(x,t)K_x(x,y,t)-\\&3u_x(x,t)K(x,y,t)\end{aligned} \quad (32)$$

由式(16)和(24)有

$$a_2=-4\frac{\mathrm{d}}{\mathrm{d}x}K(x,x,t)+4(K_x(x,y,t)\mid_{y=x}+K_y(x,y,t)\mid_{y=x})=0 \quad (33)$$

由式(24)容易验证

$$\frac{\mathrm{d}^2}{\mathrm{d}x^2}K(x,x,t)=2(K_x(x,y,t)\mid_{y=x})_x+K_{yy}(x,y,t)\mid_{y=x}-K_{xx}(x,y,t)\mid_{y=x} \quad (34)$$

利用(16)和(34)两式,再考虑式(18)取 $y=x$ 的情形,则有

$$a_3=2\frac{\mathrm{d}^2}{\mathrm{d}x^2}K(x,x,t)-4(K_x(x,y)\mid_{y=x})_x-2K_{yy}(x,y)\mid_{y=x}+2K_{xx}(x,y)\mid_{y=x}=0 \quad (35)$$

故式(27)变为

$$\int_x^{+\infty}\mathrm{d}y\Omega_3(x,y,t)E(y,t,\kappa)=0 \quad (36)$$

所以当 $\Omega_3(x,y,t)=0$ 时,Jost 解(13)满足第二个 Lax 方程(6).

21.4　定理 21.1 的证明

根据引理 21.1 和引理 21.2，我们只需从 GLM 方程出发，证明式(18) 和式(25)，而式(17) 可直接由反散射变换推得. 我们先证明式(18). GLM 方程为

$$K(x,y)+F(x,y)+\int_{x}^{+\infty}\mathrm{d}zK(x,z)F(z+y)=0 \tag{37}$$

在无反散射时

$$F(x)=\sum_{n}c_{n}\mathrm{e}^{\mathrm{i}\kappa_{n}x},c_{n}(t)=c_{n}(0)\mathrm{e}^{\mathrm{i}8\kappa^{3}{}_{n}t} \tag{38}$$

$c_n(0)$ 是常数. 式(37) 对 x 和 y 分别求二阶偏导数并相减，再考虑式(17)，式(24)，式(37) 可得

$$\Xi(x,y)+\int_{x}^{+\infty}\mathrm{d}z\Xi(x,z)F(z+y)=0 \tag{39}$$

其中

$$\Xi(x,y)=K_{xx}(x,y)-K_{yy}(x,y)-u(x)K(x,y) \tag{40}$$

在无反射时有

$$F(z+y)=\sum_{n}c_{n}\mathrm{e}^{-k_{n}(z+y)},k_{n}=-\mathrm{i}\kappa_{n}>0 \tag{41}$$

这时，$K(x,y)$ 取如下形式

$$K(x,y)=\sum_{n}K(x,k_{n})\mathrm{e}^{-k_{n}y} \tag{42}$$

于是

$$\Xi(x,y)=\sum_{n}\Xi(x,k_{n})\mathrm{e}^{-k_{n}y}$$

$$\Xi(x,k_{n})=K_{xx}(x,k_{n})-K(x,k_{n})k_{n}^{2}-u(x)K(x,k_{n}) \tag{43}$$

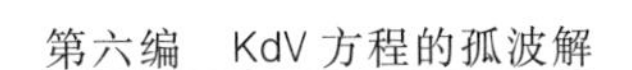

代入式(39)得

$$\sum_{n}\Xi(x,k_n)\mathrm{e}^{-k_n y}+\int_x^{+\infty}\mathrm{d}z\sum_{n,m}\Xi(x,k_m)\mathrm{e}^{-k_m z}c_n\mathrm{e}^{k_n(z+y)}=0 \tag{44}$$

即

$$\Xi(x,k_n)+\sum_{m}\Xi(x,k_m)\frac{c_n}{k_m+k_n}\mathrm{e}^{-(k_m+k_n)x}=0 \tag{45}$$

考虑到判别行列式非退化

$$\det\left(\delta_{mn}+\frac{c_n}{k_m+k_n}\mathrm{e}^{-(k_m+k_n)x}\right)\neq 0 \tag{46}$$

就得到

$$\Xi(x,k_n)=0 \tag{47}$$

即

$$\Xi(x,y)=0 \tag{48}$$

故式(18)得证.

然后证明式(25).由 $F(x)$ 的定义式(38)可得

$$F_t(x+y)=-8F_{xxx}(x+y)=-8F_{yyy}(x+y) \tag{49}$$

将 GLM 方程(37)对 t 和 y 分别求偏导,得

$$\begin{aligned}&K_t(x,y,t)-8F_{xxx}(x+y)+\\&\int_x^{+\infty}\mathrm{d}zK_t(x,z,t)F(z+y)-\\&8\int_x^{+\infty}\mathrm{d}zK(x,z,t)F_{zzz}(z+y)=0\end{aligned} \tag{50}$$

和

$$\begin{aligned}&K_{yyy}(x,y)+F_{xxx}(x+y)+\\&\int_x^{+\infty}\mathrm{d}zK(x,z)F_{zzz}(z+y)=0\end{aligned} \tag{51}$$

由此两式可得

$$K_t(x,y,t)+4K_{yyy}(x,y)-4F_{xxx}(x+y)+\int_x^{+\infty}\mathrm{d}zK_t(x,z,t)F(z+y)-4\int_x^{+\infty}\mathrm{d}zK(x,z,t)F_{zzz}(z+y)=0 \tag{52}$$

再加上

$$-\hat{M}K(x,y)=\hat{M}F(x+y)+\hat{M}\int_x^{+\infty}\mathrm{d}zK(x,z)F(z+y) \tag{53}$$

有

$$\begin{aligned}&K_t(x,y,t)+4K_{yyy}(x,y)-\hat{M}K(x,y,t)\\&=4F_{xxx}(x+y)-\int_x^{+\infty}\mathrm{d}zK_t(x,z,t)F(z+y)+\\&\quad 4\int_x^{+\infty}\mathrm{d}zK(x,z)F_{zzz}(z+y)+\hat{M}F(x+y)+\\&\quad \hat{M}\int_x^{+\infty}\mathrm{d}zK(x,z)F(z+y)\end{aligned} \tag{54}$$

由方程(2) 易知

$$-\hat{M}K(x,y)=4K_{xxx}(x,y)-6uK_x(x,y)-3u_xK(x,y) \tag{55}$$

代入式(54) 左边，和式(32) 比较可得式(54) 左边等于 Ω_3，而右边和式(26) 一致，只是 $F(x,y,t)$ 取代了 $E(x,y,t)$，由于从式(26) 到式(27) 的推导与 $E(x,y,t)$ 具体表达式无关，故式(54) 的右边也应得到类似的结果. 式(54) 也即

$$\Omega_3(x,y)+\int_x^{+\infty}\mathrm{d}z\Omega_3(x,z)F(z+y)=0 \tag{56}$$

用类似于证明式(48) 的方法可得 $\Omega_3(x,y)=0$. 至此，我们证明了定理 21.1.

用同伦分析法求解 KdV 方程的孤波解[①]

第 22 章

同伦分析法(Homotopy analysis method)是一种新的,一般性地求解强非线性问题的解析近似方法.它在方法上彻底抛弃了小参数假设,从根本上克服了传统摄动法的局限性;在逻辑上包含了其他"非摄动方法",从而更具一般性.同伦分析法以其思想的广泛性与方法的灵活性,在科学研究的众多领域发挥着越来越重要的作用,成功用于解决工程技术中的许多非线性问题,如非线性振动、边界层流动、多孔介质中的黏性流动、非牛顿磁

① 摘自《西北师范大学学报(自然科学版)》,2009 年第 45 卷第 5 期.

流体流动、深水中的非线性波、Thomas-Fermi 方程、Lane-Emden 方程、非线性演化方程的周期解等. 但截至目前,用同伦分析法求解非线性演化方程孤立波解的报道很少. 西北师范大学物理与电子工程学院的杨红娟,石玉仁两位教授在 2009 年用同伦分析法求解 KdV 方程,得到了其孤立波的近似解析解. 该解与精确解比较两者非常接近,说明同伦分析法在求解非线性演化方程的孤立波解时仍十分有效.

22.1 同伦分析法求解 KdV 方程

考虑一般形式的 KdV 方程

$$u_t + \alpha u u_x + \beta u_{xxx} = 0 \tag{1}$$

其中 α,β 为常数,分别表征非线性作用和色散效应. 考虑其行波解

$$u(x,t) = f(\xi), \xi = kx - \omega t + \xi_0 \tag{2}$$

其中 k 是波数,ω 是波的圆频率,均未知;ξ_0 是任意常数,影响波的相位. 此时式(1) 变为

$$-cf' + \alpha f f' + \beta\lambda f''' = 0 \tag{3}$$

其中 $c = \dfrac{\omega}{k}$(为波速),$\lambda = k^2$. 下面利用同伦分析法求解方程(3) 的钟形孤立波解.

不失一般性,假设 $\xi = 0$ 时波达到峰值,其幅值为 A,则 $f(\xi)$ 满足条件

$$f(0) = A, f'(0) = 0 \tag{4}$$

由于波具有对称性,故只需考虑 $\xi \geqslant 0$ 的范围. 另外,当 $|\xi| \to +\infty$ 时,$f(\xi)$ 及其各阶导数均趋于 0,故可设想

$$f(\xi)=\sum_{m=1}^{+\infty}B_m \mathrm{e}^{-m\xi}\quad(\xi\geqslant 0)\tag{5}$$

其中 $B_m(m=1,2,\cdots)$ 是系数.式(5)提供了同伦分析法中的解表达.

定义线性微分算符

$$L=\frac{\partial^3}{\partial\xi^3}-\frac{\partial}{\partial\xi}\tag{6}$$

构造下列同伦(称为零阶形变方程)

$$\begin{aligned}&(1-q)L[F(\xi,q)-f_0(\xi)]\\&=qhN[F(\xi,q),C(q),\Lambda(q)]\end{aligned}\tag{7}$$

其中 $q\in[0,1]$,为一重要可变参数;h 是一个非零辅助参数;$f_0(\xi)=F(\xi,0)=2A\mathrm{e}^{-\xi}-A\mathrm{e}^{-2\xi}$,且

$$\begin{aligned}N[F(\xi,q),C(q),\Lambda(q)]=-C(q)\frac{\partial F(\xi,q)}{\partial\xi}+\\ \alpha F(\xi,q)\frac{\partial F(\xi,q)}{\partial\xi}+\beta\Lambda(q)\frac{\partial^3 F(\xi,q)}{\partial\xi^3}\end{aligned}\tag{8}$$

$F(\xi,q)$ 满足约束条件

$$F(0,q)=A,\left.\frac{\partial F(\xi,q)}{\partial\xi}\right|_{\xi=0}=0\tag{9}$$

当 $|\xi|\to+\infty$ 时,$F(\xi,q)$ 及 F 对 ξ 的各阶导数均趋于 0.

由(7)、(8)两式可以看出,当参量 q 从 0 变到 1 时,$F(\xi,q)$ 从 $f_0(\xi)$ 变为方程(3)的解 $f(\xi)$,同时 $C(q)$,$\Lambda(q)$ 也从某个初始猜测值 c_0,λ_0 变为方程(3)中的 c 和 λ.若变化过程足够光滑,则 $F(\xi,q)$,$C(q)$ 和 $\Lambda(q)$ 可以展开为 q 的 Maclaurin 级数.若这 3 个级数在 $q=1$ 点都收敛,则有

$$f(\xi)=F(\xi,q)\big|_{q=1}=F(\xi,0)+\sum_{m=1}^{+\infty}\frac{1}{m!}\left.\frac{\partial^m F(\xi,q)}{\partial q^m}\right|_{q=0}$$

$$= f_0(\xi) + \sum_{m=1}^{+\infty} f_m(\xi) \tag{10}$$

$$c = C(q)\mid_{q=1} = C(0) + \sum_{m=1}^{+\infty} \frac{1}{m!} \frac{\mathrm{d}^m C(q)}{\mathrm{d}q^m}\bigg|_{q=0}$$

$$= c_0 + \sum_{m=1}^{+\infty} c_m \tag{11}$$

$$\lambda = \Lambda(q)\mid_{q=1} = \Lambda(0) +$$

$$\sum_{m=1}^{+\infty} \frac{1}{m!} \frac{\mathrm{d}^m \Lambda(q)}{\mathrm{d}q^m}\bigg|_{q=0} = \lambda_0 + \sum_{m=1}^{+\infty} \lambda_m \tag{12}$$

其中

$$\begin{cases} f_m(\xi) = \dfrac{1}{m!} \dfrac{\partial^m F(\xi,q)}{\partial q^m}\bigg|_{q=0} \\ c_m = \dfrac{1}{m!} \dfrac{\mathrm{d}^m C(q)}{\mathrm{d}q^m}\bigg|_{q=0} \\ \lambda_m = \dfrac{1}{m!} \dfrac{\mathrm{d}^m \Lambda(q)}{\mathrm{d}q^m}\bigg|_{q=0} \end{cases} \tag{13}$$

称为 m 阶形变导数.

方程(7)两边同时对 q 求导 m 次,然后同除以 $m!$ 且取 $q=0$,可得如下关于 $f_m(\xi)$ 的 m 阶形变方程

$$L[f_m(\xi) - \chi_m f_{m-1}(\xi)] = hR_m(\xi), m \geqslant 1 \tag{14}$$

其中

$$\chi_m = \begin{cases} 0, m \leqslant 1 \\ 1, m > 1 \end{cases} \tag{15}$$

$$R_m(\xi) = \frac{1}{(m-1)!} \cdot$$

$$\frac{\partial^{m-1} N[F(\xi,q), C(q), \Lambda(q)]}{\partial q^{m-1}}\bigg|_{q=0}$$

$$= -\sum_{n=0}^{m-1} c_n f'_{m-1-n}(\xi) + \alpha \sum_{n=0}^{m-1} f_n(\xi) f'_{m-1-n}(\xi) +$$

$$\beta\sum_{n=0}^{m-1}\lambda_n f'''_{m-1-n}(\xi) \tag{16}$$

值得说明的是，方程(14)是“递推”型方程，即当求解 $f_m(\xi)$ 时，除 c_{m-1} 和 λ_{m-1} 外，其他量如 c_k,λ_k，$f_k(\xi)(k=0,1,2,\cdots,m-2)$，$f_{m-1}(\xi)$ 前面已经解出. 而且方程(14)是关于 $f_m(\xi)$ 的线性微分方程，很容易解出.

进一步，发现 $R_m(\xi)$ 可表示为

$$R_m(\xi)=\sum_{n=1}^{2(m+1)}\mu_{m,n}e^{-n^{\xi}} \tag{17}$$

其中 $\mu_{m,n}$ 是系数. 考虑到方程(15)的特点，$R_m(\xi)$ 中 $e^{-\xi}$ 的系数 $\mu_{m,1}$ 应该为 0，否则 $f_m(\xi)$ 中会出现形如 $\xi e^{-\xi}$ 的项，不符合解表达式(5). 即有

$$\mu_{m,1}=0 \tag{18}$$

用该式可以确定 c_{m-1}. 对方程(3)，计算结果给出

$$c_{m-1}=\beta\lambda_{m-1}\quad(m=1,2,\cdots) \tag{19}$$

将式(17)代入式(14)解得

$$f_m(\xi)=-h\sum_{n=2}^{2(m+1)}\frac{\mu_{m,n}e^{-n^{\xi}}}{n(n^2-1)}+\chi_m f_{m-1}(\xi)+$$
$$C_{1,m}+C_{2,m}e^{\xi}+C_{3,m}e^{-\xi} \tag{20}$$

其中 $C_{1,m},C_{2,m},C_{3,m}$ 是积分常数. 由式(5)可知

$$C_{1,m}=C_{2,m}=0 \tag{21}$$

由式(9)，可得

$$f_0(0)=A,f'_0(0)=0$$
$$f_m(0)=f'_m(0)=0\quad(m>0) \tag{22}$$

用式(22)可以确定 $C_{3,m}$ 和 λ_{m-1}. 前面确定 $f_0(\xi)$ 时，已经使其满足了约束条件式(22).

由式(17)可看出，$\mu_{m,n}$ 为 $R_m(\xi)$ 中 $e^{-n^{\xi}}$ 项的系数，而 $R_m(\xi)$ 已由式(16)给出. 所以借助计算机代数系统

如 Mathematic 或 Maple 等可轻易确定 $\mu_{m,n}$.

在实际计算中,最终得方程(3) 的 M 阶近似解析解

$$f(\xi) \approx \widetilde{f}(\xi) = \sum_{m=0}^{M} f_m(\xi)$$

$$c \approx \tilde{c} = \sum_{m=0}^{M-1} c_m, \lambda \approx \tilde{\lambda} = \sum_{m=0}^{M-1} \lambda_m \tag{23}$$

返回到原变量 x,t,就得到方程(1) 的近似解析解,这里为近似孤立波解.

22.2 收敛定理

定理 22.1 若级数 $f_0(\xi) + \sum_{m=1}^{+\infty} f_m(\xi)$, $c_0 + \sum_{m=1}^{+\infty} c_m$, $\lambda_0 + \sum_{m=1}^{+\infty} \lambda_m$ 均收敛,记其和分别为

$$\hat{f}(\xi) = f_0(\xi) + \sum_{m=1}^{+\infty} f_m(\xi)$$

$$\hat{c} = c_0 + \sum_{m=1}^{+\infty} c_m, \hat{\lambda} = \lambda_0 + \sum_{m=1}^{+\infty} \lambda_m$$

如果 $f_m(\xi)$ 满足式(14),线性算子 L 定义为式(6),则 $f(\xi) = \hat{f}(\xi)$ 必为方程(3) 当 $c = \hat{c}, \lambda = \hat{\lambda}$ 时的解.

证明 若级数收敛,则必有 $\lim_{m \to +\infty} f_m(\xi) = 0$. 由式(14),得

$$\begin{aligned} h\sum_{m=1}^{+\infty} R_m(\xi) &= \sum_{m=1}^{+\infty} L[f_m(\xi) - \chi_m f_{m-1}(\xi)] \\ &= L\sum_{m=1}^{+\infty} [f_m(\xi) - \chi_m f_{m-1}(\xi)] \end{aligned}$$

$$=L[\lim_{m\to+\infty} f_m(\xi)]=0$$

由于 $h\neq 0$，故

$$\sum_{m=1}^{+\infty} R_m(\xi)=0$$

将式(16) 代入上式，得

$$\begin{aligned}\sum_{m=1}^{+\infty} R_m(\xi)=&-\sum_{m=1}^{+\infty}\sum_{n=0}^{m-1} c_n f'_{m-1-n}(\xi)+\\&\alpha\sum_{m=1}^{+\infty}\sum_{n=0}^{m-1} f_n(\xi) f'_{m-1-n}(\xi)+\\&\beta\sum_{m=1}^{+\infty}\sum_{n=0}^{m-1}\lambda_n f'''_{m-1-n}(\xi)\\=&-\left(\sum_{m=0}^{+\infty} c_m\right)\left(\sum_{m=0}^{+\infty} f'_m(\xi)\right)+\alpha\left(\sum_{m=0}^{+\infty} f_m(\xi)\right)\cdot\\&\left(\sum_{m=0}^{+\infty} f'_m(\xi)\right)+\beta\left(\sum_{m=0}^{+\infty}\lambda_m\right)\left(\sum_{m=0}^{+\infty} f'''_m(\xi)\right)\\=&-\left(\sum_{m=0}^{+\infty} c_m\right)\left(\sum_{m=0}^{+\infty} f_m(\xi)\right)'+\\&\alpha\left(\sum_{m=0}^{+\infty} f_m(\xi)\right)\cdot\left(\sum_{m=0}^{+\infty} f_m(\xi)\right)'+\\&\beta\left(\sum_{m=0}^{+\infty}\lambda_m\right)\left(\sum_{m=0}^{+\infty} f_m(\xi)\right)'''\\=&-\hat{c}\hat{f}'+\alpha\hat{f}\hat{f}'+\beta\hat{\lambda}\hat{f}'''=0\end{aligned}$$

与方程(3) 对比可知，取 $c=\hat{c},\lambda=\hat{\lambda}$，则 $f(\xi)=\hat{f}(\xi)$ 就是方程(3) 的解.

22.3　对解的检验

在实际计算中，用前述方法得到在某一阶截断的解，一般是方程(1)的近似解析解. 为了解该解的近似程度，可与精确解作比较. 在变换(2)下，方程(1)的精确解可用双曲函数法得到，为

$$u(x,t)=f(\xi)=\frac{3k^2\beta}{\alpha}\operatorname{sech}^2\frac{\xi}{2}$$

$$\xi=kx-\omega t+\xi_0 \tag{24}$$

其中 $\omega=\beta k^3$，k 为任意非零常数. 波的振幅 $A=\frac{3k^2\beta}{\alpha}$，波速 $c=\frac{\omega}{k}=\beta k^2=\frac{\alpha}{3}A$，可见振幅大的孤立波速度也快. 同时，式(19)也表明，若级数(12)收敛，则级数(11)也收敛. 进一步的计算表明，此时同伦分析法给出的 ω 与精确解给出的一致.

根据前面的收敛定理，应确保级数式(10)～(12)收敛，一般可通过调节辅助参数 h 的值达到此目的. 但直到目前为止，在同伦分析法框架内仍无法在理论上选择合适的 h 值以保证级数收敛. 一般做法是通过观察所谓的 h 曲线来选择合适的 h 值以保证级数收敛. 图 22.1 显示了 $\alpha=1$，$\beta=2$，$A=2$，$M=15$ 时的 $\lambda-h$ 曲线图. 此时虚线所示为 $\lambda(=k^2)$ 的精确值，为 $\frac{1}{3}$. 可以看出，大约在 $-5<h<-1$ 范围内，所得解非常接近于 λ 的精确值. 如当 $h=-3$ 时，式(23)给出 $\lambda\approx 0.333\,334$，与精确值差别很小. 当 $h=-3$，$M=40$ 时，同伦分析法给出 $\lambda\approx 0.333\,333\,333\,9$，与精确值更为接近. 这也从另一个侧面反映了 $h=-3$ 时级数确实收敛. 我们发现，当选择合适的 h 保证级数(11)收敛时，级数(10)也收敛($\xi\geqslant 0$). 但这一点尚没有理论上的严格证明.

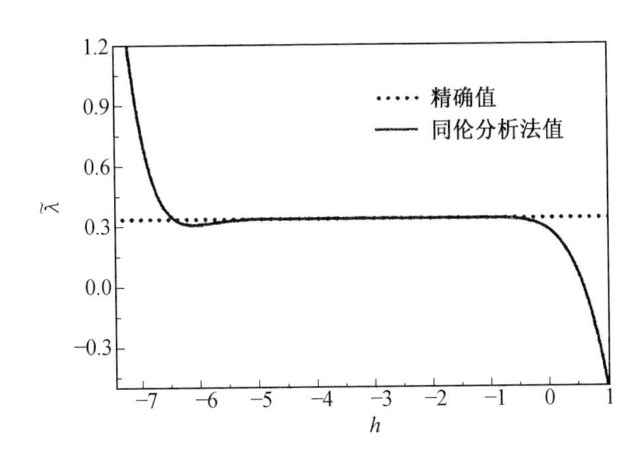

图 22.1　$\lambda - h$ 曲线($\alpha = 1, \beta = 2, A = 2, M = 15$)

图 22.2(a) 显示了取 $\alpha = 1, \beta = 2, A = 2, M = 20$，$h = -3$ 时，$\tilde{f}(\xi)$ 与精确解 $f(\xi)$ 的比较；图 22.2(b) 显示此时绝对误差 $\varepsilon(\xi) = f(\xi) - \tilde{f}(\xi)$ 随 ξ 的变化，最大误差数量级为 10^{-6}. 说明同伦分析法给出的解与精确解吻合得非常好.

当 $\alpha = 6, \beta = 2, A = 2, M = 15$ 时，$\tilde{\lambda} - h$ 曲线图(图略)表明 h 的收敛范围大约为 $-0.8 < h < 0.2$. 此时 λ 的精确值为 2；$h = -0.5$ 时同伦分析法给出 $\lambda \approx 2.000\ 007$，两者差别很小. 对解的比较也表明同伦分析法给出的近似解和精确解符合得非常好($M = 20$，$h = -0.5$ 时误差 $\sim 10^{-6}$).

比较上两例也可发现，当 $|\alpha|$ 增大时，h 的收敛范围变小. 实际计算表明：当 $|A|$ 增大时，h 的收敛范围也变小；但 β 的变化对 h 的收敛范围影响不大.

前面介绍的方法适合于求解 $\xi \geqslant 0$ 的范围. 对区域 $\xi \leqslant 0$，完全可以用同伦分析法进行类似的求解. 但由于所考虑的解为偶函数，故无须另外求解 $\xi \leqslant 0$ 的区

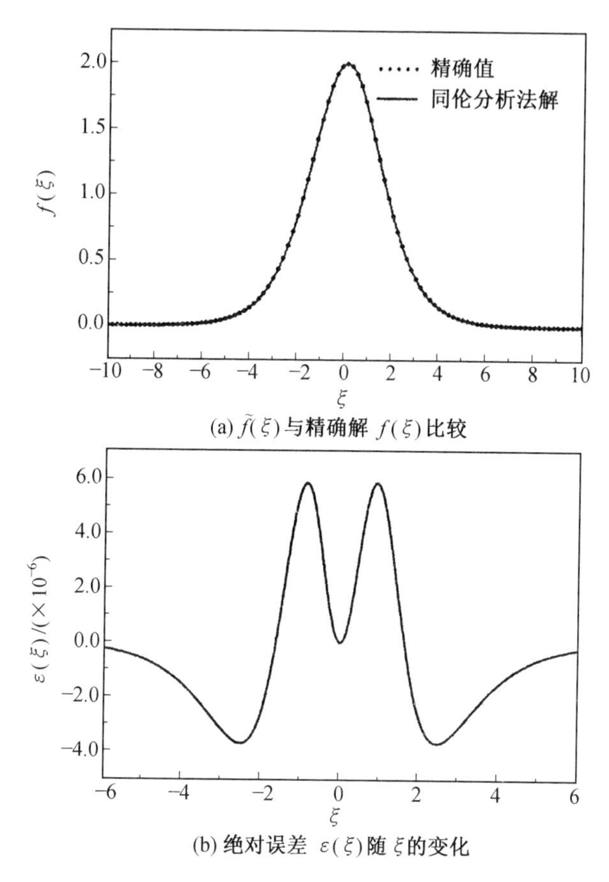

(a) $\tilde{f}(\xi)$ 与精确解 $f(\xi)$ 比较

(b) 绝对误差 $\varepsilon(\xi)$ 随 ξ 的变化

图 22.2　方程(3) 近似解与精确解的比较

域. 上面作图时利用了这一点.

据笔者所知,同伦分析法对所得近似解与精确解之间的误差目前尚缺乏严格的理论分析,一般做法是把所得解与实际结果或数值解或已知的精确解作比较. 在精确解未知的情况下,可用下列方法来验证解的有效性.

记残差

$$T(\xi;h)=-\tilde{c}\tilde{f}'+\alpha\tilde{f}^2\tilde{f}'+\beta\tilde{\lambda}\tilde{f}''' \qquad (25)$$

则当 $T(\xi;h)\equiv 0$ 时,$\tilde{f}(\xi)$ 就是方程(3)的精确解.一般情况下 $T(\xi;h)\neq 0$ 时,$\max|T(\xi;h)|$ 越小,说明所得解越接近方程(3)的精确解.图 22.3 为 $\alpha=6,\beta=2$, $A=2,M=30,h=-0.5$ 时 $T(\xi)$ 的图像,可见 $\max|T(\xi;h)|\sim 10^{-6}$,仍表明 $\tilde{f}(\xi)$ 是方程(3)的一个好的近似解.

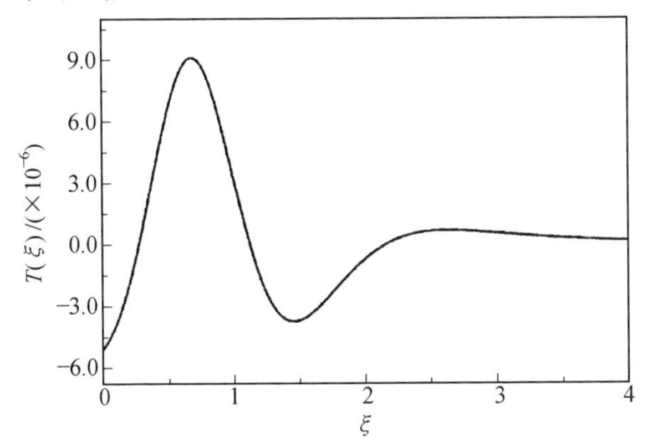

图 22.3　$T(\xi)$ 图像($\alpha=6,\beta=2,A=2,M=30,h=-0.5$)

前面介绍的方法借助计算机代数系统如 Mathematica 或 Maple 等可以在很短时间内得到高精度结果.笔者在配置为 Pentium(R)4 CPU 2.4 GHz,内存为 512 Mb 的计算机上计算 $M=50$ 时的解析解,计算过程中保留有效数字 128 位,只用 30 s 即计算完毕.这说明前面介绍的方法在实践中是切实可行的.

利用残差判断所得解精度,也为理论上寻找辅助参数 h 提供了一种方法.具体说来,可用下述方法确定"最优"参数 h.定义范数

$$\varepsilon(h)=\|T(\xi;h)\|_2^2=\int_{-\infty}^{+\infty}T(\xi;h)^2\mathrm{d}\xi \qquad (26)$$

上式表明，$\varepsilon(h)$ 越小，说明整体上的残差越小，所得近似解越接近于原方程的精确解. 取合适的 h，使 $\varepsilon(h)$ 取最小值，即令

$$\frac{\mathrm{d}\varepsilon(h)}{\mathrm{d}h}=0,\frac{\mathrm{d}^2\varepsilon(h)}{\mathrm{d}h^2}>0 \tag{27}$$

利用式(27)找到“最优”的辅助参数 h 后，一般在式(23)中取较低的阶数就能得到较好的近似解.

22.4 结　论

本章利用同伦分析法求解 KdV 方程，得到了其孤立波的近似解析解，该解与精确解吻合得非常好. 研究发现，用同伦分析方法可以求解一大批非线性演化方程，如 mKdV，KP(mKP)，ZK(mZK) 方程等的孤立波解，说明同伦分析法在求解非线性演化方程的孤立波解时，仍然是一种行之有效的方法. 随着研究的深入，同伦分析法的理论体系必将日臻完善，从而对非线性科学的研究与发展发挥愈加重要的作用.

KdV 方程纯孤立子解的整体渐近性质[①]

第 23 章

23.1　主要结果

Korteweg－de Vries(KdV) 方程是描述弱非线性长水波的经典方程. KdV 方程的各种性质被广泛地研究，而诸如孤立子解，positon－解，complexiton－解等多种具有物理意义的精确解则能显式地表示出来. 复旦大学的何忆捷教授(曾经的 IMO 金牌得主) 在 2009 年研究了 KdV 方程的孤立子解及其整体渐近性态.

① 摘编自《数学年刊》2009，30A(5).

考察了具有如下形式的 KdV 方程

$$u_t - 6uu_x + u_{xxx} = 0 \tag{1}$$

其初值为 $u(0,x)=u_0(x)$. 本章对解空间进行限制，只考虑 u(关于 x) 速降的情况. 对每个固定的时间 t，可将 $u=u(\cdot,t)$ 视为一维定态 Schrodinger 方程

$$-\psi_{xx} + u\psi = \lambda\psi \quad (x \in \mathbf{R}) \tag{2}$$

的势函数.

使方程(2) 存在有界解 ψ 的 λ 称作谱点，其中特征值为有限多个：$\lambda=\lambda_p=-\kappa_p^2$，$p=1,2,\cdots,N$，使对应的特征函数 $\psi_p(x)$ 具有有界的 L^2 − 范数(不失一般性，不妨设)

$$\kappa_1 > \kappa_1 > \cdots > \kappa_N > 0 \tag{3}$$

以及 $\|\psi_p(x)\|_{L^2}=1$)，而 $c_p=\lim\limits_{x\to+\infty} e^{\kappa_p x}\psi_p(x)$ 存在，称为归一化系数. 另外，对每个 $\lambda=k^2>0(k>0)$，存在如下有界解 $\psi_k(x)$

$$\psi_k(x) \sim \begin{cases} e^{-ikx} + b(k)e^{ikx}, & x \to +\infty \\ a(k)e^{-ikx}, & x \to -\infty \end{cases} \tag{4}$$

其中 $a(k)$ 称为透射系数，$b(k)$ 称为反射系数(满足守恒关系 $|a|^2+|b|^2=1$). 以上所提到的 c_p，$a(k)$，$b(k)$ 连同方程(2) 的谱，称作位势 u 的散射数据.

当 u 按 KdV 方程进行演化时，散射数据对 t 的依赖如下

$$\begin{cases} \kappa_p(t) = \kappa_p(0) = \kappa_p \\ c_p(t) = c_p(0)e^{4\kappa_p^3 t} \\ b(k,t) = b(k,0)e^{8ik^3 t} \\ a(k,t) = a(k,0) = a(k) \end{cases} \tag{5}$$

其中 $\kappa_p(0)$，$c_p(0)$，$a(k,0)$，$b(k,0)$ 为初始时刻的散射

数据. 利用散射数据给出了一般速降解 u 所满足的一个守恒律

$$\int_{-\infty}^{+\infty} u\mathrm{d}s = -4\sum_{p=1}^{N}\kappa_p + \frac{4}{\pi}\int_0^{+\infty}\log|T(k)|\mathrm{d}k \quad (6)$$

其中 $T(k)=\dfrac{1}{a(k)}$ 关于 k 是上半平面的解析函数.

当 $b(k,t)\equiv 0$ 时，上述位势 u 称为 N − 孤立子解. GGKM 得到了表示 N − 孤立子解的一个优美的公式

$$u=-2\frac{\partial^2}{\partial x^2}\log(\det(\boldsymbol{I}+\boldsymbol{C})) \quad (7)$$

其中 $\boldsymbol{C}=\left(c_m(t)c_n(t)\dfrac{\mathrm{e}^{-\kappa_m+\kappa_n x}}{\kappa_m+\kappa_n}\right)_{N\times N}$，$\boldsymbol{I}$ 为 N 阶单位阵. 对任意给定的紧区间 $I_X=[-X,X]$，u 满足

$$\lim_{t\to+\infty}\left(\sup_{x-4\kappa_p^2 t\in I_X}\{|u(x,t)-u_p(x,t)|\}\right)=0 \quad (8)$$

对任意 $p=1,2,\cdots,N$ 成立，其中

$$u_p=u_p(x,t)=-2\kappa_p^2\operatorname{sech}^2[\kappa_p(x-4\kappa_p^2 t-\xi_p)] \quad (9)$$

是方程(1) 的单孤立子，而

$$\xi_p=\frac{1}{2\kappa_p}\left(\log\frac{c_p^2(0)}{2\kappa_p}+2\sum_{m=1}^{p-1}\log\frac{\kappa_m-\kappa_p}{\kappa_m+\kappa_p}\right) \quad (10)$$

本章研究 N − 孤立子解 u 的整体渐近性质，为此记

$$u^*=u^*(x,t)=\sum_{p=1}^{N}u_p(x,t) \quad (11)$$

尽管由于 KdV 方程的非线性，以上单孤立子的叠加表达式 u^* 一般不再是方程(1) 的解，但仍可借之研究 u 的性质. 本章主要结果为下述定理：

定理 23.1　对方程(1)，由式(7) 给出的 N − 孤立子解满足

$$\lim_{t\to+\infty}\|u(\cdot,t)-u^*(\cdot,t)\|_{C^0}=0 \tag{12}$$

定理 23.2　对方程(1),由式(7)给出的 $N-$孤立子解满足

$$\lim_{t\to+\infty}\|u(\cdot,t)-u^*(\cdot,t)\|_{L^1}=0 \tag{13}$$

注 1　本章只对 $t\to+\infty$ 的情形作讨论,$t\to-\infty$ 的情形是类似的.

相比于已有结果,定理 23.1 对 $N-$孤立子解的渐近性态给出了更精确更直观的描述. 从式(12)可知,当时间趋于无穷时,u 仅存在 N 个峰 $u_p(p=1,2,\cdots,N)$,而式(8)只说明了有这 N 个以固定速度移动的峰,而未排除存在变速峰的可能. 定理 23.2 给出了 $N-$孤立子解在 L^1-收敛方面的特殊性质,而方程(1)的一般速降解并不满足该性质.

本章第 23.2 节做若干准备工作,第 23.3 节与第 23.4 节中分别证明定理 23.1 与定理 23.2,而纯孤立子解与一般速降解在 L^1-收敛意义下所显示的差异也将在第 23.4 节中进行讨论.

23.2　准备工作

首先我们列出与矩阵有关的下述性质.

引理 23.1　设式(3)成立,则 $\left(\dfrac{1}{\kappa_m+\kappa_n}\right)_{N\times N}$ 为正定阵.

引理 23.2　对给定 N 阶正定阵 $\boldsymbol{A}$,存在一个正数 M,使得对任意 N 阶正定对角阵 $\boldsymbol{B}$,$(\boldsymbol{A}+\boldsymbol{B})^{-1}$ 中每个元素的绝对值都不超过 M.

注　通过一定的行列式运算表明，引理 23.2 中 M 的选取只需依赖于 $\boldsymbol{A}$ 的所有主子式中的最大值和最小值（细节从略）.

对于 N－孤立子解（7），我们先回到反散射问题. 当 $K(x,y;t)$ 满足如下（退化的）GLM 积分方程

$$K(x,y;t)+\sum_{p=1}^{N}c_p^2(t)\mathrm{e}^{-\kappa_p(x+y)}+\sum_{p=1}^{N}c_p^2(t)\mathrm{e}^{-\kappa_p y}\int_x^{+\infty}\mathrm{e}^{-\kappa_p z}K(x,z;t)\mathrm{d}z=0\quad(y\geqslant x)\tag{14}$$

时（其中 t 为参数），反散射问题的解可由 $u(x,t)=-2\frac{\partial}{\partial x}K(x,x;t)$ 表示. 值得注意的是

$$K(x,y;t)=-\sum_{p=1}^{N}c_p(t)\psi_p(x,t)\mathrm{e}^{-\kappa_p y}\tag{15}$$

其中 $\psi_p(\cdot,t)$ 恰是第 23.1 节中提到的（已归一化的）特征函数.

为满足方程（14），令每个 $\mathrm{e}^{-\kappa_p y}$ 系数都等于零，得到

$$\psi_m(x,t)+\sum_{n=1}^{N}c_m(t)c_n(t)\frac{\mathrm{e}^{-(\kappa_m+\kappa_n)x}}{\kappa_m+\kappa_n}\psi_n(x,t)=c_m(t)\mathrm{e}^{-\kappa_m x},m=1,2,\cdots,N\tag{16}$$

令

$$f_m(x,t)=c_m(t)\psi_m(x,t)\mathrm{e}^{-\kappa_m x},m=1,2,\cdots,N$$

注意到式（15），有

$$\begin{aligned}u(x,t)&=-2\frac{\partial}{\partial x}K(x,x;t)\\&=2\frac{\partial}{\partial x}\Big(\sum_{n=1}^{N}c_m(t)\psi_m(x,t)\mathrm{e}^{-\kappa_m x}\Big)\end{aligned}$$

$$=2\sum_{n=1}^{N} f'_m(x,t) \tag{17}$$

其中 f' 表示$\frac{\partial f}{\partial x}$，下同.

根据 f_m 的定义，式(16) 可改写成

$$\frac{1}{c_m^2(t)}\mathrm{e}^{2\kappa_m x} f_m(x,t)+\sum_{n=1}^{N}\frac{f_n(x,t)}{\kappa_m+\kappa_n}=1, m=1,2,\cdots,N \tag{18}$$

对式(18) 两边关于 x 求偏导，得

$$\frac{1}{c_m^2(t)}\mathrm{e}^{2\kappa_m x} f'_m(x,t)+\sum_{n=1}^{N}\frac{f'_n(x,t)}{\kappa_m+\kappa_n} =-2\kappa_m\frac{1}{c_m^2(t)}\mathrm{e}^{2\kappa_m x} f_m(x,t), m=1,2,\cdots,N \tag{19}$$

引理 23　设式(18) 与(19) 成立，则 f_m 与 $f'_m(m=1,2,\cdots,N)$ 均为 $\mathbf{R}^2$ 上的有界函数.

证明　设

$$K=\left(\frac{1}{\kappa_i+\kappa_j}\right)_{N\times N} \tag{20}$$

$$\boldsymbol{D}=D(x,t)=\mathrm{diag}\left\{\frac{1}{c_1^2(t)}\mathrm{e}^{2\kappa_1 x},\frac{1}{c_2^2(t)}\mathrm{e}^{2\kappa_2 x},\cdots,\frac{1}{c_N^2(t)}\mathrm{e}^{2\kappa_N x}\right\} \tag{21}$$

$$P=\mathrm{diag}\{-2\kappa_1,-2\kappa_2,\cdots,-2\kappa_N\} \tag{22}$$

则式(18) 和(19) 可进一步改写为

$$(\boldsymbol{K}+\boldsymbol{D})(f_1\quad f_2\quad \cdots\quad f_N)^{\mathrm{T}}=(1\quad 1\quad \cdots\quad 1)^{\mathrm{T}} \tag{23}$$

和

$$(\boldsymbol{K}+\boldsymbol{D})(f'_1\quad f'_2\quad \cdots\quad f'_N)^{\mathrm{T}} =PD(f_1\quad f_2\quad \cdots\quad f_N)^{\mathrm{T}}$$

$$=P((1\quad 1\quad \cdots\quad 1)^{\mathrm{T}}-K(f_1\quad f_2\quad \cdots\quad f_N)^{\mathrm{T}}) \tag{24}$$

注意式(3)的假定，由引理23.1和引理23.2知，可以找到只依赖于矩阵$\boldsymbol{K}$的某个常数M来控制$(\boldsymbol{K}+\boldsymbol{D})^{-1}$中每个元素的绝对值. 这样，观察式(23)，对每个m，有

$$|f_m|\leqslant NM \tag{25}$$

进一步地，结合式(24)和(25)来看，我们可选取只依赖于N,M及矩阵$\boldsymbol{K}$的常数L，使得对每个m成立$|f'_m|\leqslant L$.

23.3　C^0－模渐近性态

本节中我们分两步证明定理23.1.

第1步　GGKM的局部渐近结果(8)描述了u在移动紧区间$I_x+4\kappa_p^2t=[-X+4\kappa_p^2t, X+4\kappa_p^2t]$上的渐近性态. 以下我们略作推广以阐明：当$t$变得充分大以后，对每个$p\in\{1,2,\cdots,N\}$，在以$4\kappa_p^2t$为中心且长度趋于无穷大的区间内，$|u-u_p|$亦能受控于任意小的给定正数$\varepsilon$.

任意取定一个正数ε.

对每个$p\in\{1,2,\cdots,N\}$，由GGKM的局部渐近结果知，存在一个递增至无穷的序列$\{T_n^p\}$，使得对每个正整数n，$|u-u_p|<\varepsilon$在$\{(x,t)\mid t\geqslant T_n^p, x-4\kappa_p^2t\in[-n,n]\}$中成立. 于是我们分段地定义$\alpha_p(t)$如下

$$\alpha_p(t)=n, t\in[T_n^p, T_{n+1}^p), n=1,2,\cdots \tag{26}$$

可见$\alpha_p(t)$为定义在$[T_1^p,+\infty)$上递增至无穷的正值

函数. 设 $T=\max\{T_1^1,T_1^2,\cdots,T_1^N\}$,并在 $t\geqslant T$ 时定义

$$X_p^t=[4\kappa_p^2t-\alpha_p(t),4\kappa_p^2t+\alpha_p(t)] \qquad (27)$$

根据上述定义直接得到如下引理:

引理 23.4　对每个 $p\in\{1,2,\cdots,N\}$,不等式 $|u-u_p|<\varepsilon$ 在 $\{(x,t)\mid t\geqslant T,x\in X_p^t\}$ 中成立.

不失一般性,设所取的序列 $\{T_n^p\}$ 都增长得充分快,从而 $\alpha_p(t)$ 的增长速度远慢于 $\beta t(\beta=\min\limits_{1\leqslant p\leqslant N-1}\{2\kappa_p^2-2\kappa_{p+1}^2\})$(参考式(13)),故约定

$$\alpha_p(t)+\alpha_{p+1}(t)<4(\kappa_p^2-\kappa_{p+1}^2)t$$
$$(p=1,2,\cdots,N-1,t\geqslant T) \qquad (28)$$

从而由式(27)所定义的 X_p^t 这些区间在任何时间 t 总是两两不重叠的.

当 $t\geqslant T,x\in X_p^t$ 时,为对 $|u-u^*|$ 作估计,再考虑 $u_q(x,t)(q\neq p)$. 由式(27),(28)以及 $\alpha_p(t)$ 的定义知,此时成立

$$\lim_{t\to+\infty}(x-4\kappa_q^2t-\xi_q)=\begin{cases}-\infty,q<p\\+\infty,q>p\end{cases} \qquad (29)$$

从而当 $q\neq p$ 时

$$\lim_{t\to+\infty}(\sup_{x\in X_p^t}\{|u_q(x,t)|\})$$
$$=2\kappa_q^2\lim_{t\to+\infty}(\sup_{x\in X_p^t}\{\mathrm{sech}^2[\kappa_q(x-4\kappa_q^2t-\xi_q)]\})=0$$
$$(30)$$

由于 $|u-u^*|\leqslant|u-u_p|+\sum\limits_{\substack{q=1\\q\neq p}}^{N}|u_q|$,故结合引理 23.4 和式(30),知

$$\overline{\lim_{t\to+\infty}}(\sup_{x\in X_p^t}\{|u(x,t)-u^*(x,t)|\})<2\varepsilon,p=1,2,\cdots,N$$
$$(31)$$

借此,我们已在随 N 个孤立子移动并缓慢伸长的 N 个紧区间上做出了有效的估计.

第 2 步 记 $Y_j^t(t\in[T,+\infty),j=0,1,\cdots,N)$ 为剩下的 $N+1$ 个区间(其中以 t 为参数作移动)

$$\begin{cases}Y_0^t=[4\kappa_1^2t+\alpha_1(t),+\infty)\\ Y_N^t=(-\infty,4\kappa_N^2t-\alpha_N(t)]\\ Y_p^t=[4\kappa_{p+1}^2t+\alpha_{p+1}(t),4\kappa_p^2t-\alpha_p(t)]\\ \quad p=1,2,\cdots,N-1\end{cases}\tag{32}$$

显然,对任何 $t\geqslant T$,有

$$(\bigcup_{p=1}^{N}X_p^t)\cup(\bigcup_{j=0}^{N}Y_j^t)=\mathbf{R}\tag{33}$$

现在提出如下引理:

引理 23.5 设 $T<T_1<T_2<\cdots$,且 $\lim\limits_{s\to+\infty}T_s=+\infty$.若对某个 $j\in\{0,1,\cdots,N\}$,有 $x_s\in Y_j^{T_s}$ 对所有正整数 s 成立,则

$$\lim_{s\to+\infty}|u(x_s,T_s)|=0\tag{34}$$

证明 在式(18),(19)中用 (x_s,T_s) 代替 (x,t),结合式(5)中的第 2 式,可知

$$c_m^{-2}(0)\mathrm{e}^{2\kappa_m(x_s-4\kappa_m^2T_s)}f_m+\sum_{n=1}^{N}\frac{f_n}{\kappa_m+\kappa_n}=1\tag{35}$$

及

$$c_m^{-2}(0)\mathrm{e}^{2\kappa_m(x_s-4\kappa_m^2T_s)}f'_m+\sum_{n=1}^{N}\frac{f'_n}{\kappa_m+\kappa_n}$$
$$=-2\kappa_mc_m^{(-2)}(0)\mathrm{e}^{2\kappa_m(x_s-4\kappa_m^2T_s)}f_m\tag{36}$$

其中 $m=1,2,\cdots,N$(此处省略了 f_m 与 f'_m 的自变量 (x_s,T_s)).

接下来的证明过程中,引理 23.5 起了重要的作用.

回顾诸 $\alpha_p(t)$ 所满足的性质(28),以下分 3 类情形讨论:

情形 1 $j=0$,即

$$x_s \geqslant 4\kappa_1^2 T_s + \alpha_1(T_s), s=1,2,\cdots$$

令 $s \to +\infty$. 由引理 23.3 结合式(35) 可得

$$f_m \to 0, m=1,2,\cdots,N$$

类似地,再次运用引理 23.3,结合式(35) 可得 $f'_m = -2\kappa_m f_m$,从而

$$f'_m \to 0, m=1,2,\cdots,N$$

情形 2 $j=N$,即

$$x_s \leqslant 4\kappa_N^2 T_s - \alpha_N(T_s), s=1,2,\cdots$$

在式(36) 中令 $s \to +\infty$. 由诸 f_m 与 f'_m 的有界性,得

$$\sum_{n=1}^{N} \frac{f'_n}{\kappa_m+\kappa_n} \to 0, m=1,2,\cdots,N \tag{37}$$

再由矩阵 $\left(\dfrac{1}{\kappa_m+\kappa_n}\right)_{N\times N}$ 的可逆性(见引理 23.1) 可知,对任何 $n\in\{1,2,\cdots,N\}$,当 $s\to+\infty$ 时,成立 $f'_n\to 0$.

情形 3 $j\in\{1,2,\cdots,N-1\}$,即

$$4\kappa_{j+1}^2 T_s + \alpha_{j+1}(T_s) \leqslant x_s \leqslant 4\kappa_j^2 T_s - \alpha_j(T_s), s=1,2,\cdots$$

当 $s\to+\infty$ 时,与情形 1 类似,可推得

$$f'_m \to 0, m=j+1,\cdots,N \tag{38}$$

此时式(37) 对 $m=1,2,\cdots,j$ 仍是成立的,注意到式(38),这等价于 $\sum_{n=1}^{j} \dfrac{f'_n}{\kappa_m+\kappa_n} \to 0$. 再由 $\left(\dfrac{1}{\kappa_m+\kappa_n}\right)_{p\times p}$ 的可逆性推得,对任何 $n\in\{1,2,\cdots,j\}$,当 $s\to+\infty$ 时,成立 $f'_n\to 0$.

综上所述,当 $s\to+\infty$ 时,有 $f'_1, f'_2,\cdots,f'_N\to 0$,从而由式(17) 知,式(34) 成立. 引理 23.5 证毕.

进一步可知，对任意 $j\in\{0,1,\cdots,N\}$，有

$$\lim_{t\to+\infty}(\sup_{x\in Y_j^t}\{|u(x,t)|\})=0 \tag{39}$$

如若不然，假设存在一列递增至无穷的序列 $\{T_s\}$（不妨设 $T_1>T$），使

$$\sup_{x\in Y_j^{T_s}}\{|u(x,T_s)|\}\geqslant\varepsilon_0>0,s=1,2,\cdots$$

则对每个 s，在 $Y_j^{T_s}$ 中取一点 x_s，使 $|u(x_s,T_s)|\geqslant\frac{\varepsilon_0}{2}$，令 $s\to+\infty$，即与式(34)矛盾.

再考虑 $u_q(x,t)(q=1,2,\cdots,N)$. 按照式(32)以及诸 $\alpha_p(t)$ 的定义知，当 $x\in Y_j^t$ 时

$$\lim_{t\to+\infty}(x-4\kappa_q^2t-\xi_q)=\begin{cases}-\infty,q\leqslant j\\+\infty,q\geqslant j+1\end{cases} \tag{40}$$

从而

$$\begin{aligned}&\lim_{t\to+\infty}(\sup_{x\in Y_j^t}\{|u_q(x,t)|\})\\&=2\kappa_q^2\lim_{t\to+\infty}(\sup_{x\in Y_j^t}\{\operatorname{sech}^2[\kappa_q(x-4\kappa_q^2t-\xi_q)]\})=0\end{aligned} \tag{41}$$

结合式(39)，(41)和(11)，得到了另一个重要的估计式

$$\lim_{t\to+\infty}(\sup_{x\in Y_j^t}\{|u(x,t)-u^*(x,t)|\})=0,j=0,1,\cdots,N \tag{42}$$

这样就完成了第 2 步.

最后由(31)，(42)和(33)三式得到如下结论

$$\overline{\lim_{t\to+\infty}}(\sup_{x\in\mathbf{R}}\{|u(x,t)-u^*(x,t)|\})<2\varepsilon \tag{43}$$

由 ε 的任意性，定理 23.1 证毕.

23.4 L^1-模渐近性态

对于GGKM还有结论：若 u 是方程(1)的 N-孤立子解(7)，则可用 κ_p 和 $\psi_p(p=1,2,\cdots,N)$ 将 u 表示为

$$u=-4\sum_{p=1}^{N}\kappa_p\psi_p^2 \tag{44}$$

对任意固定的 t(下文在没有歧义的前提下将 t 略去不写)，有

$$\int_{-\infty}^{+\infty}u\mathrm{d}x=\int_{-\infty}^{+\infty}u^*\,\mathrm{d}x=-4\sum_{p=1}^{N}\kappa_p \tag{45}$$

事实上，这只需对式(44)和式(11)(参考式(9))分别直接积分即可.

对任意 t 和 $F(F>0)$，设

$$\Gamma^t(F)=\bigcup_{p=1}^{N}[4\kappa_p^2t+\xi_p-F,4\kappa_p^2t+\xi_p+F] \tag{46}$$

记 $U_p(x,t)=2\kappa_p\tanh[\kappa_p(x-4\kappa_p^2t-\xi_p)]$，则 U_p 关于 x 为增函数，且 $U_p(\pm\infty,t)=\pm 2\kappa_p$. 此外，由式(9)和式(46)可知

$$\begin{aligned}\int_{\mathbf{R}\backslash\Gamma^t(F)}|u_p|\,\mathrm{d}x&\leqslant U_p(+\infty,t)-U_p(4\kappa_p^2t+\xi_p+F,t)+\\&\quad U_p(4\kappa_p^2t+\xi_p-F,t)-U_p(-\infty,t)\\&=4\kappa_p(1-\tanh(\kappa_pF))\end{aligned} \tag{47}$$

从而对任意给定的 $\varepsilon>0$，存在充分大的 F，使得对任何 t，有

$$\int_{\mathbf{R}\backslash\Gamma^t(F)}|u^*|\,\mathrm{d}x<\varepsilon \tag{48}$$

另外，由定理 23.1，可以取正数 T，使得对任意 t

$> T$,有 $\sup\limits_{x\in\mathbf{R}} | u - u^* | < \frac{\varepsilon}{2NF}$,于是

$$\int_{\Gamma^t(F)} | u - u^* | \mathrm{d}x < \frac{\varepsilon}{2NF} \cdot N \cdot 2F = \varepsilon \quad (49)$$

鉴于式(44),u 显然是非负的. 定义

$$\begin{cases} \Gamma_1^t(F) = \{x \mid u(x,t) < u^*(x,t)\} \cap \Gamma^t(F) \\ \Gamma_2^t(F) = \{x \mid u(x,t) < u^*(x,t)\} \backslash \Gamma^t(F) \\ \Gamma_3^t(F) = \{x \mid 0 \geqslant u(x,t) \geqslant u^*(x,t)\} \cap \Gamma^t(F) \\ \Gamma_4^t(F) = \{x \mid 0 \geqslant u(x,t) \geqslant u^*(x,t)\} \backslash \Gamma^t(F) \end{cases} \quad (50)$$

其中对任何固定的 t,$\Gamma_i^t(F)(i=1,2,3,4)$ 为 $\mathbf{R}$ 的一个划分. 由此

$$\int_{\Gamma_4^t(F)} | u - u^* | \mathrm{d}x \leqslant \int_{\Gamma_4^t(F)} | u^* | \mathrm{d}x \leqslant \int_{\mathbf{R}\backslash\Gamma^t(F)} | u^* | \mathrm{d}x < \varepsilon \quad (51)$$

$$\int_{\Gamma_3^t(F)} | u - u^* | \mathrm{d}x \leqslant \int_{\Gamma^t(F)} | u - u^* | \mathrm{d}x < \varepsilon \quad (t > T) \quad (52)$$

且

$$-\int_{\Gamma_1^t(F)\cup\Gamma_2^t(F)} | u - u^* | \mathrm{d}x + \int_{\Gamma_3^t(F)\cup\Gamma_4^t(F)} | u - u^* | \mathrm{d}x = \int_{-\infty}^{+\infty} (u - u^*) \mathrm{d}x = 0 \quad (53)$$

最后一个等号源于式(45).

结合式(51) ~ (53) 可知,当 $t > T$ 时,有

$$\| u - u^* \|_{L^1} = 2\int_{\Gamma_3^t(F)\cup\Gamma_4^t(F)} | u - u^* | \mathrm{d}x < 4\varepsilon \quad (54)$$

令 $\varepsilon \to 0$ 即证明了定理 23.2 的结论.

最后利用定理 23.2 和式(6) 的结果,我们对 KdV 方程(1) 纯孤立子解与一般速降解在 L^1 - 收敛性质上的差异略作讨论.

对一般速降解 v,式(6) 给出如下守恒律

$$\int_{-\infty}^{+\infty} v\mathrm{d}x = -4\sum_{p=1}^{N}\kappa_p + \frac{4}{\pi}\int_0^{+\infty} \log|T(k)|\mathrm{d}k \tag{55}$$

其中 $T(k) = \dfrac{1}{\alpha(k)}$. 当 v 不是纯孤立子解时,$b(k,t)$ 不恒为零,由于 $|a|^2 + |b|^2 = 1$,必存在某个 $k' > 0$,使得 $\log|T(k')| = -\log|a(k')| > 0$. 又显然 $\log|T(k)|$ 是非负的. 从而由 $T(k)$ 在 k 的上半平面内的解析性可得 $\int_0^{+\infty}\log|T(k)|\mathrm{d}k > 0$.

我们再引入与 v 具有相同散射数据 $\kappa_1,\kappa_2,\cdots,\kappa_N$ 的 N - 孤立子解 u. 注意到式(45) 和式(55),令 $t \to +\infty$,有

$$\begin{aligned}\int_{-\infty}^{+\infty}|v-u^*|\mathrm{d}x &\geqslant \left|\int_{-\infty}^{+\infty}v\mathrm{d}x - \int_{-\infty}^{+\infty}u\mathrm{d}x\right| - \\ &\quad \int_{-\infty}^{+\infty}|u-u^*|\mathrm{d}x \\ &\geqslant \frac{4}{\pi}\int_0^{+\infty}\log|T(k)|\mathrm{d}k - \varepsilon\end{aligned} \tag{56}$$

其中最后一个不等号源于定理 23.2. 这说明当考察 L^1 - 模渐近性态时,式(1) 的一般速降解并不收敛到 N 个单孤立子解的叠加式,除非它是纯孤立子解.

第 24 章　KdV 方程孤子解行列式表示的简易证明[①]

众所周知，KdV 方程现已成为数学物理的基本方程之一. 1895 年荷兰数学家 Korteweg 和他的学生 de Vries 在讨论无黏滞不可压缩液体表面波动力学时引入此方程，随后在物理学与工程学的许多问题中，相继引出 KdV 方程.

关于 KdV 方程的研究十分活跃，特别对它作为精确解的一种孤子解，长期以来一直受到数学家和物理学家的关注. 陈登远[②]利用日本数学家 Hirota

① 摘编自《北京联合大学学报(自然科学版)》2011 年 6 月第 25 卷第 2 期.

② 陈登远. 孤子引论[M]. 北京：科学出版社，2006：15-20.

提出的双线性导数方法给出 KdV 方程的 n 孤子解公式,并证明此公式可以通过 n 阶行列式表示.金华职业技术学院师范学院的程丽和浙江师范大学数理与信息工程学院金利刚两位教授在 2011 年在此基础上,利用矩阵和的行列式公式,对 KdV 方程 n 孤子解公式的行列式表示给出一种较为简易的证明方法.

24.1 预备知识

为了证明的需要,先给出以下几个引理.

引理 24.1 (Laplace(拉普拉斯) 定理) 设在 n 阶行列式 D 中任意取定了 $k(1 \leqslant k \leqslant n-1)$ 个行,由这 k 行元素所组成的一切 k 级子式与它们的代数余子式的乘积的和等于行列式 D.

引理 24.2 设 $\boldsymbol{A}$ 和 $\boldsymbol{B}$ 是两个 n 阶矩阵,则

$$|\boldsymbol{A}+\boldsymbol{B}|=\sum_{k=0}^{n} \sum_{\substack{1 \leqslant i_1<\cdots<i_k \leqslant n \\ 1 \leqslant j_1<\cdots<j_k \leqslant n}} \boldsymbol{A}\begin{bmatrix} i_1 & \cdots & i_k \\ j_1 & \cdots & j_k \end{bmatrix} \hat{\boldsymbol{B}}\begin{bmatrix} i_1 & \cdots & i_k \\ j_1 & \cdots & j_k \end{bmatrix}$$

其中 $\boldsymbol{A}\begin{bmatrix} i_1 & \cdots & i_k \\ j_1 & \cdots & j_k \end{bmatrix}$ 表示 $\boldsymbol{A}$ 中行取 $i_1, i_2, \cdots, i_k$,列取 $j_1, j_2, \cdots, j_k$ 的 k 级子式,$\hat{\boldsymbol{B}}\begin{bmatrix} i_1 & \cdots & i_k \\ j_1 & \cdots & j_k \end{bmatrix}$ 表示 $\boldsymbol{B}$ 中行取 $i_1, i_2, \cdots, i_k$,列取 $j_1, j_2, \cdots, j_k$ 的子式的代数余子式,$\sum\limits_{\substack{1 \leqslant i_1<\cdots<i_k \leqslant n \\ 1 \leqslant j_1<\cdots<j_k \leqslant n}}$ 表示对 $1 \leqslant i_1<\cdots<i_k \leqslant n, 1 \leqslant j_1<\cdots<j_k \leqslant n$ 所有可能的组合求和,且规定:当 $k=0$ 时,$\boldsymbol{A}\begin{bmatrix} i_1 & \cdots & i_k \\ j_1 & \cdots & j_k \end{bmatrix}=1, \hat{\boldsymbol{B}}\begin{bmatrix} i_1 & \cdots & i_k \\ j_1 & \cdots & j_k \end{bmatrix}=|\boldsymbol{B}|$;当 $k=n$ 时,

$$\boldsymbol{A}\begin{bmatrix} i_1 & \cdots & i_k \\ j_1 & \cdots & j_k \end{bmatrix}=|\boldsymbol{A}|,\hat{\boldsymbol{B}}\begin{bmatrix} i_1 & \cdots & i_k \\ j_1 & \cdots & j_k \end{bmatrix}=1.$$

证明　设 n 阶矩阵 $\boldsymbol{A}=(a_{ij})$，$\boldsymbol{B}=(b_{ij})$，则

$$|\boldsymbol{A}+\boldsymbol{B}|=|(a_{ij}+b_{ij})|$$

利用行列式的性质把 $|\boldsymbol{A}+\boldsymbol{B}|$ 表示成 2^n 个行列式的和. 这 2^n 个行列式又可分成 n 类：第 1 类不含 $\boldsymbol{A}$ 中的任一行元素，即为 $|\boldsymbol{B}|$；第 2 类只含 $\boldsymbol{A}$ 某一行的元素，其余行是 $\boldsymbol{B}$ 的相应行，这样的行列式有 C_n^1 个；如此继续下去，第 k 类只含 $\boldsymbol{A}$ 某 k 行的元素，其余行是 $\boldsymbol{B}$ 的相应行，这样的行列式共有 C_n^k 个；最后第 n 类含 $\boldsymbol{A}$ 中所有行的元素，即为 $|\boldsymbol{A}|$. 在第 $k(1\leqslant k\leqslant n-1)$ 类的 C_n^k 个行列式中取定 $\boldsymbol{A}$ 中的 k 个行，而由这 k 行元素所组成的一切 k 级子式的代数余子式即是 $\boldsymbol{B}$ 中相应 k 级子式的代数余子式，根据 Laplace 定理，可得这 C_n^k 个行列式的和是

$$\sum_{\substack{1\leqslant i_1<\cdots<i_k\leqslant n \\ 1\leqslant j_1<\cdots<j_k\leqslant n}} \boldsymbol{A}\begin{bmatrix} i_1 & \cdots & i_k \\ j_1 & \cdots & j_k \end{bmatrix}\hat{\boldsymbol{B}}\begin{bmatrix} i_1 & \cdots & i_k \\ j_1 & \cdots & j_k \end{bmatrix}$$

再由引理 24.2 中的规定就有这 n 类 2^n 个行列式的和是 $\sum\limits_{k=0}^{n}\sum\limits_{\substack{1\leqslant i_1<\cdots<i_k\leqslant n \\ 1\leqslant j_1<\cdots<j_k\leqslant n}} \boldsymbol{A}\begin{bmatrix} i_1 & \cdots & i_k \\ j_1 & \cdots & j_k \end{bmatrix}\hat{\boldsymbol{B}}\begin{bmatrix} i_1 & \cdots & i_k \\ j_1 & \cdots & j_k \end{bmatrix}$，所以

$$|\boldsymbol{A}+\boldsymbol{B}|=\sum_{k=0}^{n}\sum_{\substack{1\leqslant i_1<\cdots<i_k\leqslant n \\ 1\leqslant j_1<\cdots<j_k\leqslant n}} \boldsymbol{A}\begin{bmatrix} i_1 & \cdots & i_k \\ j_1 & \cdots & j_k \end{bmatrix}\hat{\boldsymbol{B}}\begin{bmatrix} i_1 & \cdots & i_k \\ j_1 & \cdots & j_k \end{bmatrix}$$

引理 24.3　设 n 阶行列式

$$\Delta(k_1,k_2,\cdots,k_n)=\begin{vmatrix}\frac{1}{2k_1} & \frac{1}{k_1+k_2} & \cdots & \frac{1}{k_1+k_n}\\ \frac{1}{k_2+k_1} & \frac{1}{2k_2} & \cdots & \frac{1}{k_2+k_n}\\ \vdots & \vdots & & \vdots\\ \frac{1}{k_n+k_1} & \frac{1}{k_n+k_2} & \cdots & \frac{1}{2k_n}\end{vmatrix}$$

则 $\Delta(k_1,k_2,\cdots,k_n)=\dfrac{1}{2^n k_1 k_2\cdots k_n}\prod\limits_{1\leqslant j<l}\left(\dfrac{k_j-k_l}{k_j+k_l}\right)^2$.

24.2 主要结果

对于 KdV 方程

$$u_t+u_{xxx}+6uu_x=0 \tag{1}$$

若设 $\xi_j=\omega_j t+k_j x+\xi_j^{(0)},\omega_j=-\kappa_j^3(j=1,2,\cdots,n)$,利用双线性导数方法获得此方程的 n 孤子解,它可表示为

$$u=2[\ln(\sum_{\mu=0,1}e^{\sum\limits_{j=1}^{n}\mu_j\xi_j+\sum\limits_{1\leqslant j<l}^{n}\mu_j\mu_l A_{jl}})]_{xx}$$

$$e^{A_{jl}}=\left(\frac{k_j-k_l}{k_j+k_l}\right)^2\quad(j<l,j,l=1,2,\cdots,n) \tag{2}$$

其中对数记号 ln 后对 μ 的求和应取 $\mu_j=0,1(j=1,2,\cdots,n)$ 的所有可能的组合,它表示 2^n 项相加. 当 μ_j 全为零时,对应项为1;当 μ_1 取零,其余 μ_j 取1时,对应项为 $e^{\sum\limits_{j=2}^{n}\xi_j+\sum\limits_{2\leqslant j<l}^{n}A_{jl}}$. 式(2) 可以通过 n 阶行列式表示为

$$u=2\left[\ln\det\left(\delta_{jl}+\frac{2k_j}{k_j+k_l}e^{\frac{\xi_j+\xi_l}{2}}\right)\right] \tag{3}$$

其中 $\delta_{jl}=0,j\neq l;\delta_{jl}=1,j=l$. 下面就利用给出的引理

来证明这一论断.

设 n 阶矩阵 $\boldsymbol{A}=\left(\frac{2k_j}{k_j+k_l}\mathrm{e}^{\frac{\xi_j+\xi_l}{2}}\right)$,$\boldsymbol{E}$ 是 n 阶单位矩阵,且由引理 24.2 有

$$\det\left(\delta_{jl}+\frac{2k_j}{k_j+k_l}\mathrm{e}^{\frac{\xi_j+\xi_l}{2}}\right)=|\boldsymbol{A}+\boldsymbol{E}|$$

$$=\sum_{k=0}^{n}\sum_{\substack{1\leqslant i_1<\cdots<i_k\leqslant n\\1\leqslant j_1<\cdots<j_k\leqslant n}}\boldsymbol{A}\begin{bmatrix}i_1&\cdots&i_k\\j_1&\cdots&j_k\end{bmatrix}\hat{\boldsymbol{E}}\begin{bmatrix}i_1&\cdots&i_k\\j_1&\cdots&j_k\end{bmatrix}\tag{4}$$

又因为当 $i_1=j_1,i_2=j_2,\cdots,i_k=j_k$ 时,$\hat{\boldsymbol{E}}\begin{bmatrix}i_1&\cdots&i_k\\j_1&\cdots&j_k\end{bmatrix}=1$,而其余情况 $\hat{\boldsymbol{E}}\begin{bmatrix}i_1&\cdots&i_k\\j_1&\cdots&j_k\end{bmatrix}=0$,故式(4)有

$$\det\left(\delta_{jl}+\frac{2k_j}{k_j+k_l}\mathrm{e}^{\frac{\xi_j+\xi_l}{2}}\right)=\sum_{k=0}^{n}\sum_{1\leqslant i_1<\cdots<i_k\leqslant n}\boldsymbol{A}\begin{bmatrix}i_1&\cdots&i_k\\i_1&\cdots&i_k\end{bmatrix}\tag{5}$$

现在考察 n 阶行列式 $|\boldsymbol{A}|$,事实上

$$|\boldsymbol{A}|=\begin{vmatrix}\mathrm{e}^{\xi_1}&\frac{2k_1}{k_1+k_2}\mathrm{e}^{\frac{\xi_1+\xi_2}{2}}&\cdots&\frac{2k_1}{k_1+k_2}\mathrm{e}^{\frac{\xi_1+\xi_n}{2}}\\\frac{2k_1}{k_1+k_2}\mathrm{e}^{\frac{\xi_1+\xi_2}{2}}&\mathrm{e}^{\xi_2}&\cdots&\frac{2k_2}{k_2+k_n}\mathrm{e}^{\frac{\xi_2+\xi_n}{2}}\\\vdots&\vdots&&\vdots\\\frac{2k_n}{k_n+k_1}\mathrm{e}^{\frac{\xi_n+\xi_1}{2}}&\frac{2k_n}{k_n+k_2}\mathrm{e}^{\frac{\xi_1+\xi_2}{2}}&\cdots&\mathrm{e}^{\xi_n}\end{vmatrix}$$

在提出行与列的公因式后有

$$|\boldsymbol{A}|=2^nk_1k_2\cdots k_n\mathrm{e}^{\xi_1+\xi_2+\cdots+\xi_n}\Delta(k_1,k_2,\cdots,k_n)$$

注意到引理 24.3 即得

$$|\boldsymbol{A}|=\prod_{1\leqslant j<l}^{n}\left(\frac{k_j-k_l}{k_j+k_l}\right)^2\mathrm{e}^{\xi_1+\xi_2+\cdots+\xi_n}\tag{6}$$

于是,由式(6)有

$$\boldsymbol{A}\begin{bmatrix} i_1 & \cdots & i_k \\ i_1 & \cdots & i_k \end{bmatrix} = \prod_{i_1\leqslant j<l\leqslant i_k}^{n}\left(\frac{k_j-k_l}{k_j+k_l}\right)^2 \mathrm{e}^{\xi_{i_1}+\xi_{i_2}+\cdots+\xi_{i_k}} =$$

$$\mathrm{e}^{\xi_{i_1}+\xi_{i_2}+\cdots+\xi_{i_k}+\sum\limits_{i_1\leqslant j<l\leqslant i_k}A_{jl}}, j,l\in\{i_1,\cdots,i_k\}$$

因此,式(5)为

$$\det\left(\delta_{jl}+\frac{2k_j}{k_j+k_l}\mathrm{e}^{\frac{\xi_j+\xi_l}{2}}\right)$$

$$=\sum_{k=0}^{n}\sum_{1\leqslant i_1<\cdots<i_k\leqslant n}\mathrm{e}^{\xi_{i_1}+\xi_{i_2}+\cdots+\xi_{i_k}+\sum\limits_{i_1\leqslant j<l\leqslant i_k}A_{jl}} \tag{7}$$

其中 $j,l\in\{i_1,\cdots,i_k\}$.

最后说明式(7)的右端是 n 孤子解公式(2)的另一等价表示形式.

当 $k=0$ 时,式(7)右端中的

$$\sum_{k=0}^{n}\sum_{1\leqslant i_1<\cdots<i_k\leqslant n}\mathrm{e}^{\xi_{i_1}+\xi_{i_2}+\cdots+\xi_{i_k}+\sum\limits_{i_1\leqslant j<l\leqslant i_k}A_{jl}}=1$$

它恰是式(2)的和式中 μ_j 全取零的项. 当 $k=1$ 时

$$\sum_{1\leqslant i_1<\cdots<i_k\leqslant n}\mathrm{e}^{\xi_{i_1}+\xi_{i_2}+\cdots+\xi_{i_k}+\sum\limits_{i_1\leqslant j<l\leqslant i_k}A_{jl}}=\mathrm{e}^{\xi_1}+\mathrm{e}^{\xi_2}+\cdots+\mathrm{e}^{\xi_n}$$

它恰是式(2)的和式中除一 μ_j 为 1 外,其余 μ_j 为零的所有项之和. 当 $k=2$ 时

$$\begin{aligned}&\sum_{1\leqslant i_1<\cdots<i_k\leqslant n}\mathrm{e}^{\xi_{i_1}+\xi_{i_2}+\cdots+\xi_{i_k}+\sum\limits_{i_1\leqslant j<l\leqslant i_k}A_{jl}}\\ &=\mathrm{e}^{\xi_1+\xi_2+A_{1,2}}+\mathrm{e}^{\xi_1+\xi_3+A_{1,3}}+\cdots+\\ &\quad\mathrm{e}^{\xi_1+\xi_n+A_{1,n}}+\mathrm{e}^{\xi_2+\xi_3+A_{2,3}}+\cdots+\\ &\quad\mathrm{e}^{\xi_2+\xi_n+A_{2,n}}+\cdots+\mathrm{e}^{\xi_{n-1}+\xi_n+A_{n-1,n}}\end{aligned}$$

它恰是式(2)的和式中除两个 μ_j 为 1 外,其余 μ_j 为零的所有项之和. 由此可见, 当 $k=j$ 时, $\sum\limits_{1\leqslant i_1<\cdots<i_k\leqslant n}\mathrm{e}^{\xi_{i_1}+\xi_{i_2}+\cdots+\xi_{i_k}+\sum\limits_{i_1\leqslant j<l\leqslant i_k}A_{jl}}$ 恰是式(2)的和式中

除 j 个 μ_j 为 1 外，其余 μ_j 为零的所有项之和.

而当 $k=n$ 时

$$\sum_{1\leqslant i_1<\cdots<i_k\leqslant n} e^{\xi_{i_1}+\xi_{i_2}+\cdots+\xi_{i_k}+\sum\limits_{i_1\leqslant j<l\leqslant i_k} A_{jl}}$$
$$=e^{\xi_1+\cdots+\xi_n+A_{1,2}+\cdots+A_{1,n}+A_{2,3}+\cdots+A_{2,n}+\cdots+A_{n-1,n}}$$

它即是式(2)的和式中 μ_j 全取 1 的项. 这样一来，就证明

$$\det\left(\delta_{jl}+\frac{2k_j}{k_j+k_l}e^{\frac{\xi_j+\xi_l}{2}}\right)$$
$$=\sum_{k=0}^{n}\sum_{1\leqslant i_1<\cdots<i_k\leqslant n} e^{\xi_{i_1}+\xi_{i_2}+\cdots+\xi_{i_k}+\sum\limits_{i_1\leqslant j<l\leqslant i_k} A_{jl}}$$
$$=\sum_{\mu=0,1} e^{\sum\limits_{j=1}^{n}\mu_j\xi_j+\sum\limits_{1\leqslant j<l}^{n}\mu_j\mu_l A_{jl}}$$

其中 $j,l\in\{i_1,\cdots,i_k\}$，所以 n 孤子解式(2)即为公式(3).

24.3 结 束 语

本章应用矩阵和的行列式公式，对 KdV 方程 n 孤子解公式的行列式表示给出一种证明方法. 此方法比陈登远构造含参数 λ 的 n 阶行列式，然后根据行列式的求导规则来证明要简易，并且在证明过程中不给出 n 孤子解公式的另一等价表示形式，此形式可推广到其他孤子方程的孤子解中.

二维 KdV 方程的二重孤立波解①

第 25 章

在流体力学等领域中,遇到了大量的非线性偏微分方程.如描述浅水波运动规律的 KdV 方程和推广到 2+1 维空间中的 KP 方程等.这些具有强烈应用背景的方程的求解问题一直受到了物理、数学和工程领域的广泛关注.因为非线性方程求解问题技巧性强,难度大,因此,近年来提出了一系列新的求解方法,如双曲正切函数法,齐次平衡法,辅助方程法,Jacobi 椭圆函数展开法,试探函数法,Backlund

① 摘编自《绵阳师范学院学报》,2012 年 2 月第 31 卷第 2 期.

变换等.

考虑二维 KdV 方程(或 KP 方程)

$$u_{xt}+u_{yy}+6(uu_x)_x+u_{xxxx}=0 \tag{1}$$

上述方程同样可以用于研究由热离子组成的无碰撞等离子体中二维离子声孤波传播的相对论效应. 刘中飞等讨论了 KdV 和二维 KdV 方程新的双 Jacobi 椭圆函数周期解,E. Infeld 推出了二维 KdV 方程的不变量,另有一些学者对此方程的解进行过研究.

绵阳师范学院数学与计算机科学学院的杨琼芬和绵阳中学的何虎两位老师在 2012 年利用 Hirota 提出的双线性算子和试探函数法,得到二维 KdV 方程(1)的二重孤立波解. 这些孤立波解有助于人们认识波的传播性质.

25.1　二维 KdV 方程的精确解

下面我们将利用双线性算子讨论二维 KdV 方程的孤立波解.

令

$$u=2(\ln f)_{xx} \tag{2}$$

其中 f 为待定函数.

将式(2) 代入式(1) 得到双线性形式

$$(D_tD_x+D_y^2+D_x^4)f\cdot f=0 \tag{3}$$

其中双线性算子的定义为

$$D_x^mD_t^na\cdot b=\left(\frac{\partial}{\partial x}-\frac{\partial}{\partial x'}\right)^m\left(\frac{\partial}{\partial t}-\frac{\partial}{\partial t'}\right)^n a(x,t)\cdot b(x',t')\Big|_{x=x',t=t'}$$

设 $f=1+e^{\eta_1}+e^{\eta_2}+be^{\eta_1+\eta_2}$，则

$$\begin{aligned}D_x^4(f\cdot f)=&2l_1^4e^{\eta_1}+2l_2^4e^{\eta_2}+[2b(l_1+l_2)^4+\\&2l_2^4+2l_1^4-8l_1l_2^3+12l_1^2l_2^2]e^{\eta_1+\eta_2}+\\&[2b(l_1+l_2)^4+2bl_1^4-8bl_1^3(l_1+l_2)-\\&8bl_1(l_1+l_2)^3+12bl_1^2(l_1^2+l_2^2)]e^{2\eta_1+\eta_2}+\\&[2b(l_1+l_2)^4+2bl_2^4-8bl_2^3(l_1+l_2)-\\&8bl_2(l_1+l_2)^3+12bl_2^2(l_1^2+l_2^2)]e^{\eta_1+2\eta_2}\end{aligned}\tag{5}$$

$$\begin{aligned}D_y^2(f\cdot f)=&2\beta_1^2e^{\eta_1}+2\beta_2^2e^{\eta_2}+[2b(\beta_1+\beta_2)^2+\\&2\beta_1^2+2\beta_2^2-4\beta_1\beta_2]e^{\eta_1+\eta_2}+\\&[2b(\beta_1+\beta_2)^2+2b\beta_1^2-\\&4b\beta_1(\beta_1+\beta_2)]e^{2\eta_1+\eta_2}+\\&[2b(\beta_1+\beta_2)^2+2b\beta_2^2-\\&4b\beta_2(\beta_1+\beta_2)]e^{\eta_1+2\eta_2}\end{aligned}\tag{6}$$

$$\begin{aligned}D_xD_t(f\cdot f)=&2l_1w_1e^{\eta_1}+2l_2w_2e^{\eta_2}+\\&[2b(l_1+l_2)(w_1+w_2)+\\&2l_2w_2+2l_1w_1-\\&2l_2w_1-2l_1w_2]e^{\eta_1+\eta_2}+\\&[2b(l_1+l_2)(w_1+w_2)+\\&2bl_1w_1-2bw_1(l_1+l_2)-\\&2bl_2(w_1+w_2)]e^{2\eta_1+\eta_2}+\\&[2b(l_1+l_2)(w_1+w_2)+\\&2bl_2w_2-2bw_2(l_1+l_2)-\\&2bl_2(w_1+w_2)]e^{2\eta_1+2\eta_2}\end{aligned}\tag{7}$$

将式(5),(6),(7)代入式(3),使 $e^{j\xi}(j=-1,0,1)$ 的系数为零,得下列方程

$$l_1^4+\beta_1^2+l_1w_1=0,\ l_2^4+\beta_2^2+l_2w_2=0$$

$$\begin{aligned}&b(l_1+l_2)^4+l_2^4+l_1^4-4l_1^3l_2-4l_1l_2^3+\\&6l_1^2l_2^2+b(\beta_1+\beta_2)^2+\beta_1^2+\beta_2^2-2\beta_1\beta_2+\end{aligned}$$

$$b(l_1+l_2)(w_1+w_2)+l_2w_2+l_1w_1-l_2w_1-l_1w_2=0$$

$$b(l_1+l_2)^4+bl_1^4-4bl_1^3(l_1+l_2)-4bl_1(l_1+l_2)^3+6bl_1^2(l_1^2+l_2^2)+b(\beta_1+\beta_2)^2+b\beta_1^2-2b\beta_1(\beta_1+\beta_2)+b(l_1+l_2)(w_1+w_2)+bl_1w_1-bw_1(l_1+l_2)-bl_1(w_1+w_2)=0$$

$$b(l_1+l_2)^4+bl_2^4-4bl_2^3(l_1+l_2)-4bl_2(l_1+l_2)^3+6bl_2^2(l_1^2+l_2^2)+b(\beta_1+\beta_2)^2+b\beta_2^2-2b\beta_2(\beta_1+\beta_2)+b(l_1+l_2)(w_1+w_2)+bl_2w_2-bw_2(l_1+l_2)-bl_2(w_1+w_2)=0$$

解上述方程所组成的方程组，得

$$w_1=-\frac{l_1^4+\beta_1^2}{l_1},w_2=-\frac{l_2^4+\beta_2^2}{l_2} \tag{8}$$

$$b=\frac{(l_1-l_2)^4+(\beta_1-\beta_2)^2+(l_1-l_2)(w_1-w_2)}{(l_1+l_2)^4+(\beta_1+\beta_2)^2+(l_1+l_2)(w_1+w_2)} \tag{9}$$

再将式(4)代入(2)得到原方程(1)的二重孤波解

$$u=\frac{2l_1^2\mathrm{e}^{\eta_1}+2l_2^2\mathrm{e}^{\eta_2}+[2b(l_1+l_2)^2+2l_1^2+2l_2^2-4l_1l_2]\mathrm{e}^{\eta_1+\eta_2}}{(1+\mathrm{e}^{\eta_1}+\mathrm{e}^{\eta_2}+b\mathrm{e}^{\eta_1+\eta_2})^2}+\frac{[2b(l_1+l_2)^2+2bl_1^2-4bl_1(l_1+l_2)]\mathrm{e}^{2\eta_1+\eta_2}}{(1+\mathrm{e}^{\eta_1}+\mathrm{e}^{\eta_2}+b\mathrm{e}^{\eta_1+\eta_2})^2}+\frac{[2b(l_1+l_2)^2+2bl_2^2-4bl_2(l_1+l_2)]\mathrm{e}^{\eta_1+2\eta_2}}{(1+\mathrm{e}^{\eta_1}+\mathrm{e}^{\eta_2}+b\mathrm{e}^{\eta_1+\eta_2})^2} \tag{10}$$

特别：(1) 如果取 $l_1=\beta_1=1,l_2=\sqrt{2},\beta_2=-2\sqrt{2}$ 代入(8)，(9)两式得到 $b=-1$. 再代入式(10)得到原方程(1)的二重孤立波精确解(图1)

$$u=\frac{2\mathrm{e}^{\eta_1}+4\mathrm{e}^{\eta_2}-8\sqrt{2}\,\mathrm{e}^{\eta_1+\eta_2}-4\mathrm{e}^{2\eta_1+\eta_2}-2\mathrm{e}^{\eta_1+2\eta_2}}{(1+\mathrm{e}^{\eta_1}+\mathrm{e}^{\eta_2}-\mathrm{e}^{\eta_1+\eta_2})^2}$$

其中 $\eta_1=x+y-2t,\eta_2=\sqrt{2}x-2\sqrt{2}y-6\sqrt{2}$.

(2) 若令 $\eta_1=\eta_2=\eta(\eta=lx+\beta y+wt)$，则 $b=0$，

代入式(10)得到原方程(1)的一重孤立波解

$$u=\frac{4l^2\mathrm{e}^\eta}{(1+2\mathrm{e}^\eta)^2}\quad (l^4+\beta^2+lw=0)$$

如果令 $\eta=x+y-2t$,代入式(12)得到原方程(1)的一重孤立波精确解(图 25.2)

$$u=\frac{4\mathrm{e}^\eta}{(1+2\mathrm{e}^\eta)^2}$$

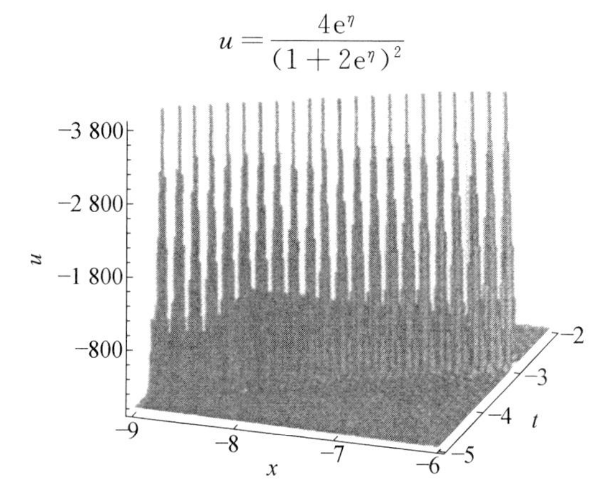

图 25.1　二重孤立波精确解

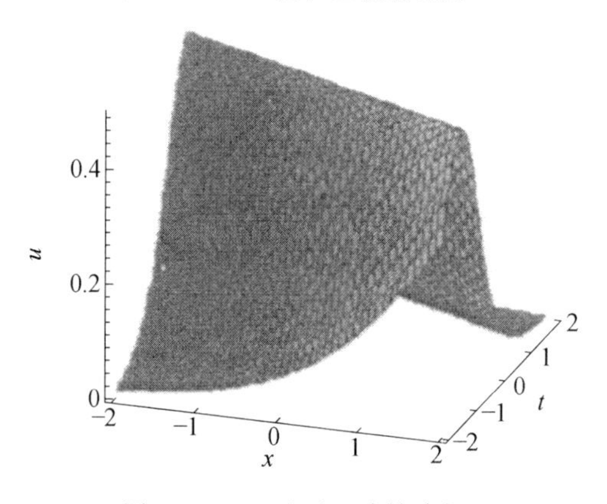

图 25.2　一重孤立波精确解

25.2　结　　论

本章根据齐次平衡原则，试探函数法并利用双线性形式推出二维 KdV 方程的二重孤立波解. 用类似的方法还可以推出 $n(n>2)$ 重波孤立解，据我们所知，这些解都是新解，且这些解对于解释一些物理现象有一定的意义.

二维 KdV 方程的三重孤立子解①

第 26 章

非线性发展方程广泛应用于物理、化学、生命科学、环境科学和工程等各个领域. 求非线性发展方程的精确解特别是孤立子解便成为一个重要课题. 近年来发展了一些行之有效的求解方法,如双曲正切函数法,齐次平衡法,辅助方程法,Jacobi 椭圆函数展开法,试探函数法,Backlund 变换等. 1971 年,Hirota 提出一种获得非线性偏微分方程孤立子解的简单而直接的方法. 绵阳师范学院数学与计算机科学学院的杨琼芬,唐再良,杨立娟三位

① 摘编自《西南师范大学学报(自然科学版)》,2013 年 11 月第 38 卷第 11 期.

教授在 2013 年利用 Hirota 提出的双线性算子和试探函数法，计算了二维 KdV 方程的三重孤立子解.

26.1　二维 KdV 方程的精确解

考虑二维 KdV 方程(或 KP 方程)

$$u_{xt}+u_{yy}+6(uu_x)_x+u_{xxxx}=0 \tag{1}$$

令

$$u=2(\ln f)_{xx} \tag{2}$$

其中 f 为待定函数. 将式(2)代入式(1)，得到双线性形式

$$(D_tD_x+D_y^2+D_x^4)f\cdot f=0 \tag{3}$$

$$D_x^mD_t^na\cdot b=\left(\frac{\partial}{\partial x}-\frac{\partial}{\partial x'}\right)^m\left(\frac{\partial}{\partial t}-\frac{\partial}{\partial t'}\right)^n\cdot$$
$$a(x,t)\cdot b(x',t')\mid_{x=x',t=t'}$$

令

$$f=1+e^{\xi_1}+e^{\xi_2}+e^{\xi_3}+a_{12}e^{\xi_1+\xi_2}+$$
$$a_{13}e^{\xi_1+\xi_3}+a_{23}e^{\xi_2+\xi_3}+De^{\xi_1+\xi_2+\xi_3} \tag{4}$$

其中双线性算子的定义为

$$\xi_i=l_ix+\beta_iy+w_it\quad(i=1,2,3)$$

则

$$D_x^4(f\cdot f)=2l_1^4e^{\xi_1}+2l_2^4e^{\xi_2}+2l_3^4e^{\xi_3}$$
$$[2a_{12}(l_1+l_2)^4+2(l_1-l_2)^4]e^{\xi_1+\xi_2}+$$
$$[2a_{13}(l_1+l_2)^4+2(l_1-l_3)^4]e^{\xi_1+\xi_3}+$$
$$[2a_{23}(l_2+l_3)^4+2(l_2-l_3)^4]e^{\xi_2+\xi_3}+$$
$$[2D(l_1+l_2+l_3)^4+2a_{23}(l_2+l_3-l_1)^4+$$
$$2a_{13}(l_1+l_3-l_2)^4+$$

$$
\begin{aligned}
&2a_{12}(l_1+l_2-l_3)^4]e^{\xi_1+\xi_2+\xi_3}+\\
&2a_{12}l_2^4e^{2\xi_1+\xi_2}+2a_{13}l_3^4e^{2\xi_1+\xi_3}+\\
&2a_{12}l_1^4e^{\xi_1+2\xi_2}+2a_{23}l_3^4e^{2\xi_2+\xi_3}+\\
&2a_{13}l_1^4e^{\xi_1+2\xi_3}+2a_{23}l_3^4e^{\xi_2+2\xi_3}+\\
&[2D(l_2+l_3)^4+\\
&2a_{12}a_{13}(l_2-l_3)^4]e^{2\xi_1+\xi_2+\xi_3}+\\
&[2D(l_1+l_3)^4+\\
&2a_{12}a_{23}(l_1-l_3)^4]e^{\xi_1+2\xi_2+\xi_3}+\\
&[2D(l_1+l_2)^4+\\
&2a_{13}a_{23}(l_1-l_2)^4]e^{\xi_1+\xi_2+2\xi_3}+\\
&2Da_{12}l_3^4e^{2\xi_1+2\xi_2+\xi_3}+\\
&2Da_{13}l_2^4e^{2\xi_1+\xi_2+2\xi_3}+2Da_{23}l_1^4e^{\xi_1+2\xi_2+2\xi_3}
\end{aligned}
\tag{5}
$$

$$
\begin{aligned}
D_y^2(f\cdot f)=&2\beta_1^2e^{\xi_1}+2\beta_2^2e^{\xi_2}+2\beta_3^2e^{\xi_3}+\\
&[2a_{12}(\beta_1+\beta_2)^2+2(\beta_1-\beta_2)^2]e^{\xi_1+\xi_2}+\\
&[2a_{13}(\beta_1+\beta_3)^2+2(\beta_1-\beta_3)^2]e^{\xi_1+\xi_3}+\\
&[2a_{23}(\beta_2+\beta_3)^2+2(\beta_2-\beta_3)^2]e^{\xi_2+\xi_3}+\\
&[2D(\beta_1+\beta_2+\beta_3)^2+2a_{23}(\beta_2+\beta_3-\beta_1)^2+\\
&2a_{13}(\beta_1+\beta_3-\beta_2)^2+\\
&2a_{12}(\beta_1+\beta_2-\beta_3)^2]e^{\xi_1+\xi_2+\xi_3}+\\
&2a_{12}\beta_2^2e^{2\xi_1+\xi_2}+2a_{13}\beta_3^2e^{2\xi_1+\xi_3}+\\
&2a_{12}\beta_1^2e^{\xi_1+2\xi_2}+2a_{13}\beta_1^2e^{\xi_1+2\xi_3}+\\
&2a_{23}\beta_2^2e^{\xi_2+2\xi_3}+2a_{23}\beta_3^2e^{2\xi_2+\xi_3}+\\
&[2D(\beta_2+\beta_3)^2+\\
&2a_{12}a_{13}(\beta_2-\beta_3)^2]e^{2\xi_1+\xi_2+\xi_3}+\\
&[2D(\beta_1+\beta_3)^2+\\
&2a_{12}a_{23}(\beta_1-\beta_3)^2]e^{\xi_1+2\xi_2+\xi_3}+\\
&[2D(\beta_1+\beta_2)^2+\\
&2a_{13}a_{23}(\beta_1-\beta_2)^2]e^{\xi_1+2\xi_2+\xi_3}+
\end{aligned}
$$

$$
\begin{aligned}
&[2D(\beta_1+\beta_2)^2+2a_{13}a_{23}(\beta_1-\beta_2)^2]e^{\xi_1+\xi_2+2\xi_3}+\\
&2Da_{12}\beta_3^2e^{2\xi_1+2\xi_2+\xi_3}+\\
&2Da_{13}\beta_2^2e^{2\xi_1+\xi_2+2\xi_3}+2Da_{23}\beta_1^2e^{\xi_1+2\xi_2+\xi_3} \quad (6)
\end{aligned}
$$

$$
\begin{aligned}
D_xD_t(f\cdot f)=&2l_1w_1e^{\xi_1}+2l_2w_2e^{\xi_2}+2l_3w_3e^{\xi_3}+\\
&[2a_{12}(l_1+l_2)(w_1+w_2)+\\
&2(l_1-l_2)(w_1-w_2)]e^{\xi_1+\xi_2}+\\
&[2a_{13}(l_1+l_3)(w_1+w_3)+\\
&2(l_1-l_3)(w_1-w_3)]e^{\xi_1+\xi_3}+\\
&[2a_{23}(l_2+l_3)(w_2+w_3)+\\
&2(l_2-l_3)(w_2-w_3)]e^{\xi_2+\xi_3}+\\
&[2D(l_1+l_2+l_3)(w_1+w_2+w_3)+\\
&2a_{23}(l_2+l_3-l_1)(w_2+w_3-w_1)+\\
&2a_{13}(l_1+l_3-l_2)(w_1+w_3-w_2)+\\
&2a_{12}(l_1+l_2-l_3)\cdot\\
&(w_1+w_2-w_3)]e^{\xi_1+\xi_2+\xi_3}+\\
&2a_{12}l_2w_2e^{2\xi_1+\xi_2}+2a_{13}l_3w_3e^{2\xi_1+\xi_3}+\\
&2a_{12}l_1w_1e^{\xi_1+2\xi_2}+2a_{23}l_3w_3e^{2\xi_2+\xi_3}+\\
&2a_{13}l_1w_1e^{\xi_1+2\xi_3}+2a_{23}l_2w_2e^{\xi_2+2\xi_3}+\\
&[2D(l_2+l_3)(w_2+w_3)+\\
&2a_{12}a_{13}(l_2-l_3)(w_2-w_3)]e^{2\xi_1+\xi_2+\xi_3}+\\
&[2D(l_1+l_3)(w_1+w_3)+\\
&2a_{12}a_{23}(l_1-l_3)(w_1-w_3)]e^{\xi_1+2\xi_2+\xi_3}+\\
&[2D(l_1+l_2)(w_1+w_2)+\\
&2a_{13}a_{23}(l_1-l_2)(w_1-w_2)]e^{\xi_1+\xi_2+2\xi_3}+\\
&2Da_{12}l_3w_3e^{2\xi_1+2\xi_2+\xi_3}+\\
&2Da_{13}l_2w_2e^{2\xi_1+\xi_2+2\xi_3}+\\
&2Da_{23}l_1w_1e^{\xi_1+2\xi_2+2\xi_3}
\end{aligned}
$$

将(5),(6),(7)三式代入式(3),使 e^{η_i} 的系数为零,得

下列方程

$$l_1^4+\beta_1^2+l_1w_1=0$$
$$l_2^4+\beta_2^2+l_2w_2=0$$
$$l_3^4+\beta_3^2+l_3w_3=0$$

$$a_{12}(l_1+l_2)^4+(l_1-l_2)^4+a_{12}(\beta_1+\beta_2)^2+(\beta_1-\beta_2)^2+a_{12}(l_1+l_2)(w_1+w_2)+(l_1-l_2)(w_1-w_2)=0$$

$$a_{13}(l_1+l_3)^4+(l_1-l_3)^4+a_{13}(\beta_1+\beta_3)^2+(\beta_1-\beta_3)^2+a_{13}(l_1+l_3)(w_1+w_3)+(l_1-l_3)(w_1-w_3)=0$$

$$a_{23}(l_2+l_3)^4+(l_2-l_3)^4+a_{23}(\beta_2+\beta_3)^2+(\beta_2-\beta_3)^2+a_{23}(l_2+l_3)(w_2+w_3)+(l_2-l_3)(w_2-w_3)=0$$

$$\begin{aligned}&D[(l_1+l_2+l_3)^4+(\beta_1+\beta_2+\beta_3)^2+(l_1+l_2+l_3)(w_1+w_2+w_3)]+\\&a_{23}[(l_2+l_3-l_1)^4+(\beta_2+\beta_3-\beta_1)^2+(l_2+l_3-l_1)\cdot(w_2+w_3-w_1)]+\\&a_{13}[(l_1+l_3-l_2)^4+(\beta_1+\beta_3-\beta_2)^2+(l_1+l_3-l_2)\cdot(w_1+w_3-w_2)]+\\&a_{12}[(l_1+l_2-l_3)^4+(\beta_1+\beta_2-\beta_3)^2+(l_1+l_2-l_3)(w_1+w_2-w_3)]=0\end{aligned} \tag{8}$$

$$D[(l_2+l_3)^4+(\beta_2+\beta_3)^2+(l_2+l_3)(w_2+w_3)]+a_{12}a_{13}[(l_2-l_3)^4+(\beta_2-\beta_3)^2+(l_2-l_3)(w_2-w_3)]=0$$

$$D[(l_1+l_3)^4+(\beta_1+\beta_3)^2+(l_1+l_3)(w_1+w_3)]+a_{12}a_{23}[(l_3-l_1)^4+(\beta_3-\beta_1)^2+(l_3-l_1)(w_3-w_1)]=0$$

$$D[(l_1+l_2)^4+(\beta_1+\beta_2)^2+(l_1+l_2)(w_1+w_2)]+$$
$$a_{13}a_{23}[(l_2-l_1)^4+(\beta_2-\beta_1)^2+(l_2-l_1)(w_2-w_1)]=0$$

解上述方程组成的方程组，得

$$w_1=-\frac{l_1^4+\beta_1^2}{l_1},w_2=-\frac{l_2^4+\beta_2^2}{l_2},w_3=-\frac{l_3^4+\beta_3^2}{l_3}$$

$$a_{12}=-\frac{(l_1-l_2)^4+(\beta_1-\beta_2)^2+(l_1-l_2)(w_1-w_2)}{(l_1+l_2)^4+(\beta_1+\beta_2)^2+(l_1+l_2)(w_1+w_2)}$$

$$a_{13}=-\frac{(l_1-l_3)^4+(\beta_1-\beta_3)^2+(l_1-l_3)(w_1-w_3)}{(l_1+l_3)^4+(\beta_1+\beta_3)^2+(l_1+l_3)(w_1+w_3)}$$

$$a_{23}=-\frac{(l_2-l_3)^4+(\beta_2-\beta_3)^2+(l_2-l_3)(w_2-w_3)}{(l_2+l_3)^4+(\beta_2+\beta_3)^2+(l_2+l_3)(w_2+w_3)}$$

且同时满足式(8)，这样就得到原方程的三重孤立波解

$$\begin{aligned}
u=\{&2l_1^2e^{\xi_1}+2l_2^2e^{\xi_2}+2l_3^2e^{\xi_3}+\\
&[2a_{12}(l_1+l_2)^2+2(l_1-l_2)^2]e^{\xi_1+\xi_2}+\\
&[2a_{13}(l_1+l_3)^2+2(l_1-l_3)^2]e^{\xi_1+\xi_3}+\\
&[2a_{23}(l_2+l_3)^2+2(l_2-l_3)^2]e^{\xi_2+\xi_3}+\\
&[2D(l_1+l_2+l_3)^2+2a_{23}(l_2+l_3-l_1)^2\cdot\\
&2a_{13}(l_1+l_3-l_2)^2+\\
&2a_{12}(l_1+l_2-l_3)^2]e^{\xi_1+\xi_2+\xi_3}+\\
&2a_{12}l_2^2e^{2\xi_1+\xi_2}+2a_{13}l_3^2e^{2\xi_1+\xi_3}+\\
&2a_{12}l_1^2e^{\xi_1+2\xi_2}+2a_{13}l_1^2e^{\xi_1+2\xi_3}+\\
&2a_{23}l_2^2e^{\xi_2+2\xi_3}+2a_{23}l_3^2e^{2\xi_2+\xi_3}+\\
&[2D(l_2+l_3)^2+2a_{12}a_{13}(l_2-l_3)^2]e^{2\xi_1+\xi_2+\xi_3}+\\
&[2D(l_1+l_3)^2+2a_{12}a_{23}(l_1-l_3)^2]e^{\xi_1+2\xi_2+\xi_3}+\\
&[2D(l_1+l_2)^2+2a_{13}a_{23}(l_1-l_2)^2]e^{\xi_1+\xi_2+2\xi_3}+\\
&2Da_{12}l_3^2e^{2\xi_1+2\xi_2+\xi_3}+2Da_{13}l_2^2e^{2\xi_1+\xi_2+2\xi_3}+\\
&2Da_{23}l_1^2e^{\xi_1+2\xi_2+2\xi_3}\}/\\
&(1+e^{\xi_1}+e^{\xi_2}+e^{\xi_3}+a_{12}e^{\xi_1+\xi_2}+\\
&a_{13}e^{\xi_1+\xi_3}+a_{23}e^{\xi_2+\xi_3}+De^{\xi_1+\xi_2+\xi_3})^2
\end{aligned}\tag{9}$$

现在分析 3 种特殊情况：

(a) 令

$$\xi_1 = x + y - 2t, \xi_2 = x - y - 2t$$

$$\xi_3 = \frac{3+\sqrt{3}}{3}x - \frac{18+10\sqrt{3}}{9}t$$

$$a_{12} = -\frac{1}{2}, a_{13} = a_{23} = 0, D = 0$$

代入式(9)则得到原方程的三重孤立波特解

$$u = \left[2e^{\xi_1} + 2e^{\xi_2} + \frac{8+4\sqrt{3}}{3}e^{\xi_3} - 4e^{\xi_1+\xi_2} + \frac{2}{3}e^{\xi_1+\xi_3} + \frac{2}{3}e^{\xi_2+\xi_3} - \frac{4-2\sqrt{3}}{3}e^{\xi_1+\xi_2+\xi_3} - e^{2\xi_1+\xi_2} - e^{\xi_1+2\xi_2}\right] / \left(1 + e^{\xi_1} + e^{\xi_2} + e^{\xi_3} - \frac{1}{2}e^{\xi_1+\xi_2}\right)^2 \tag{10}$$

见图 26.1.

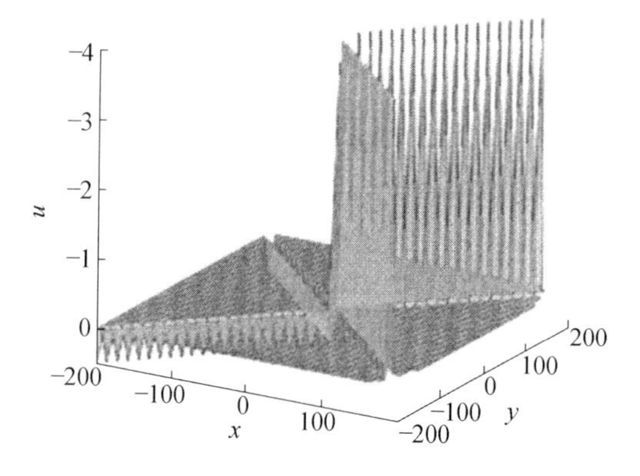

图 26.1　三重孤立波精确解

(b) 当 $\xi_2 = \xi_3$，即 $a_{23} = 0, D = 0, a_{12} = a_{13}$，代入式(9)得到原方程(1)的二重孤立波解

$$u = \{2l_1^2 e^{\xi_1} + 2l_2^2 e^{\xi_2} + 4[a_{12}(l_1 + l_2)^2 + (l_1 -$$

$l_2)^2]e^{\xi_1+\xi_2} + 8a_{12}l_1^2e^{\xi_1+2\xi_2} + 4a_{12}l_2^2e^{2\xi_1+\xi_2}\}(1 + e^{\xi_1} + 2e^{\xi_2} + 2a_{12}e^{\xi_1+\xi_2})^{-2}$

令

$$\xi_1 = x + y - 2t, \xi_2 = x - y - 2t$$

就得到原方程(1) 的二重孤立波精确解(图 26.2)

$$u = \frac{2e^{\xi_1} + 4e^{\xi_2} - 8e^{\xi_1+\xi_2} - 4e^{\xi_1+2\xi_2} - 2e^{2\xi_1+\xi_2}}{(1 + e^{\xi_1} + 2e^{\xi_2} - e^{\xi_1+\xi_2})^2} \quad (11)$$

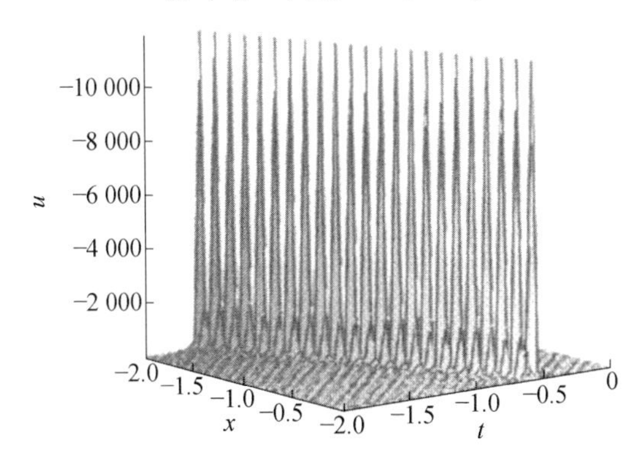

图 26.2　二重孤立波精确解

(c) 当 $\xi_1 = \xi_2 = \xi_3 = \xi, \xi = lx + \beta y + wt, l^4 + \beta^2 + lw = 0$,代入式(9) 得到原方程(1) 的一重孤立波解

$$u = \frac{6l^2 e^{\xi}}{(1 + 3e^{\xi})^2}$$

取 $\xi = x + y - 2t$ 就得到原方程(1) 的一重孤立波精确解(图 26.3)

$$u = \frac{6e^{\xi}}{(1 + 3e^{\xi})^2} \quad (12)$$

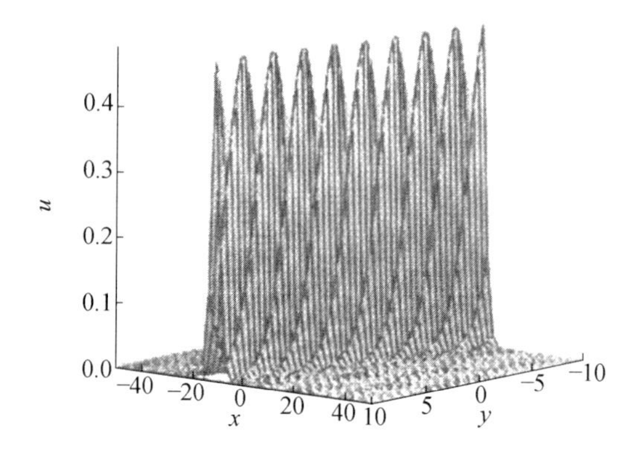

图 26.3　一重孤立波精确解

26.2　结　　论

本章利用 Hirota 双线性算子的方法和试探函数法，得到了二维 KdV 方程三重孤立子解，并利用 maple 软件画出了部分孤子解的波形图. 用同样的方法还可以推出二维 KdV 方程的 $n(n>3)$ 重孤立子解. 这种方法也可用于寻找其他非线性发展方程的多孤子解.

第七编

KdV 方程的对称与不变性

广义 KdV 方程的对称[①]

第 27 章

对称理论对数学、物理、力学和工程等现代科学有着巨大而深远的影响，它是处理非线性问题的重要数学方法，因为由微分方程的对称可将方程进行化简，进而求出其解析解.本章讨论广义 KdV 方程

$$u_t + uu_x - au_{xx} + \beta u_{xxx} = 0 \quad (1)$$

是同时包含耗散、色散和非线性效应的波动方程，相当广泛的物理现象都归结为这一方程，因而多年来一直受到数学物理工作者的关注，内蒙古工业大学基础部数学教研室的郑丽霞教授在 2000 年用 Lie(李) 变换群的无

① 摘编自《内蒙古工业大学学报》，2000 年第 19 卷第 3 期.

穷小方法,求出了方程(1)的全部对称,并将其约化为 ODE.

27.1 对　　称

设有使式(1)形式不变的变换群

$$\begin{cases} x_1 = x + \varepsilon\xi(x,t,u) \\ t_1 = t + \varepsilon\tau(x,t,u) \\ u_1 = u + \varepsilon\eta(x,t,u) \end{cases}$$

它的算子形式

$$U = \xi\frac{\partial}{\partial x} + \tau\frac{\partial}{\partial t} + \eta\frac{\partial}{\partial u} \tag{2}$$

式(2)的一阶延拓

$$U^{(1)} = U + [\eta_x]\frac{\partial}{\partial u_x} + [\eta_t]\frac{\partial}{\partial u_t}$$

二阶延拓

$$U^{(2)} = U^{(1)} + [\eta_{xx}]\frac{\partial}{\partial u_{xx}} + [\eta_{xt}]\frac{\partial}{\partial u_{xt}} + [\eta_{tt}]\frac{\partial}{\partial u_{tt}}$$

三阶延拓

$$U^{(3)} = U^{(2)} + [\eta_{xxx}]\frac{\partial}{\partial u_{xxx}} + [\eta_{xxt}]\frac{\partial}{\partial u_{xxt}} + [\eta_{xtt}]\frac{\partial}{\partial u_{xt}} + [\eta_{ttt}]\frac{\partial}{\partial u_{ttt}}$$

由不变性得

$$U^{(3)}[u_t + uu_x - au_{xx} + \beta u_{xxx}] = 0$$

$$[\eta_t] + u_x\eta + [\eta_x]u - a[\eta_{xx}] + \beta[\eta_{xxx}] = 0 \tag{3}$$

其中

$$[\eta_t] = \eta_t + (\eta_u - \tau_t)u_t - \xi_t u_x - \tau_u u_t^2 - \xi_u u_t u_x$$

$$\begin{aligned}[\eta_x] = {} & \eta_v + (\eta_u - \xi_x)u_x - \tau_x u_t - \xi_u u_x^2 - \\ & \tau_u u_t u_x \\ [\eta_{xx}] = {} & \eta_{xx} + (2\eta_{xu} - \xi_{xx})u_x - \tau_{xx}u_t + \\ & (\eta_{uu} - 2\xi_{xu})u_x^2 - 2\tau_{xu}u_x u_t - \xi_{uu}u_x^3 - \\ & \tau_{uu}u_x^2 u_t + (\eta_a - 2\xi_x)u_{xx} - 2\tau_x u_{xt} - \\ & 3\xi_u u_x u_{xx} - \tau_u u_t u_{xx} - 2\tau_u u_x u_{xt} \\ [\eta_{xxx}] = {} & D_x^3\eta - u_x D_x^3 a - u_t D_x^3\tau - 3u_{xx}D_x^2\xi - \\ & 3u_{xt}D_x^2\tau - 3u_{xxx}D_x\xi - 3u_{xxt}D_x\tau = \\ & \eta_{xxx} + (3\eta_{xxu} - \xi_{xxx})u_x + \\ & (3\eta_{xuu} - 3\xi_{xxu})u_x^2 + (3\eta_{xu} - 3\xi_{xx})\xi_{xx} + \\ & (\eta_{uuu} - 3\xi_{xuu})u_x^3 + (3\eta_{uu} - 6\xi_{xu})u_x u_{xx} + \\ & (\eta_u - 3\xi_x)u_{xxx} - \xi_{uuu}u_x^4 - 6\xi_{uu}u_x^2 u_{xx} - \\ & 4\xi_u u_x u_{xxx} - 3\tau_u u_{xxt}u_x - 3\tau_x u_{xxt} - \\ & \tau_{xxx}u_t - 3\tau_{xxu}u_t u_x - 3\tau_{xuu}u_t u_x^2 - \\ & 3\tau_{xu}u_t u_{xx} - \tau_{uuu}u_t u_x^3 - 3\tau_{uu}u_t u_x u_{xx} - \\ & \tau_u u_t u_{xxx} - 3\xi_u u_{xx}^2 - 3\tau_{xx}u_{xt} - 3\tau_{xu}u_x u_{xt} - \\ & 3\tau_{uu}u_{xt}u_x^2 - 3\tau_{xu}u_{xt}u_x - 3\tau_u u_{xt}u_{xx}\end{aligned}$$

将$[\eta_t]$,$[\eta_{xx}]$,$[\eta_x]$,$[\eta_{xxx}]$代入式(3),u_t 用 $au_{xx} - \beta u_{xxx} - uu_x$ 代替,比较 u 及其各阶导数的系数,我们从 u 的最高阶导数幂次的系数开始,可得简化的超定方程组.

$u_x u_{xxt}$ 的系数　　$\tau_u = 0$

u_{xxt} 的系数　　$\tau_x = 0$

故

$$\tau = \tau(t) \tag{4}$$

u_{xx}^2 的系数

$$\xi_u = 0 \tag{5}$$

u_{xxx} 的系数

$$-\beta(\eta_u-\tau_t)+\beta(\eta_u-3\xi_x)=0 \tag{6}$$

由式(6)可得

$$\tau_t=3\xi_x \tag{7}$$

再由式(4),(5),(7)有

$$\xi=\frac{1}{3}\tau'(t)x+\sigma(t) \tag{8}$$

其中 $\sigma(t)$ 是 t 的任意函数.

u_{xx} 的系数

$$a(\eta_u-\tau_t)-a(\eta_u-2\xi_x)+\beta(3\eta_{xu}-3\xi_{xx})=0 \tag{9}$$

由式(9)及(8)可得

$$\eta_{xu}=\frac{a}{3\beta}\xi_x \tag{10}$$

$$u_x u_{xx}:\eta_{xu}=0$$

$$\begin{aligned}u_x:&-u(\eta_u-\tau_t)-\xi_t+\eta+(\eta_u-\xi_x)u-\\&a(2\eta_{xu}-\xi_{xx})+\beta(3\eta_{xxu}-\xi_{xxx})=0\end{aligned} \tag{11}$$

u 及 u^0

$$\eta_t+\beta\eta_{xxx}+\eta_x u-a\eta_{xx}=0 \tag{12}$$

由式(8),(10),(11),(12)可得

$$\begin{cases}\xi=c_1t+c_2\\ \tau=c_3\\ \eta=c_1\end{cases} \tag{13}$$

其中 c_1,c_2,c_3 是任意常数.故广义 KdV 方程的点对称

$$K_1=\frac{\partial}{\partial x}\quad \text{空间平移不变性}$$

$$K_2=\frac{\partial}{\partial t}\quad \text{时间平移不变性}$$

$$K_3=t\frac{\partial}{\partial x}+\frac{\partial}{\partial u}\quad \text{Galiean 变换不变性}$$

27.2　约化的 ODE

K_3 对应的特征方程是$\frac{dx}{t}=\frac{dt}{0}=\frac{du}{1}$，由此得相似变量和相似解形式（用 y 表示相似变量）

$$y=t,u=\frac{x}{y}+f(y) \tag{14}$$

将式(14)代入式(1)得约化的 ODE

$$f'(y)+\frac{1}{y}f(y)=0$$

解之得

$$f(y)=\frac{c}{y}$$

从而式(1)的相似解为

$$u=\frac{x+c}{t}(c\text{ 为积分常数})$$

类似地有 K_2+K_3 对应的相似变量和相似解形式

$$y=x-\frac{t^2}{2},u=t+f(y)$$

将其代入式(1)得约化的 ODE

$$\beta f'''(y)-af''(y)+f'(y)f(y)+1=0$$

两边积分进一步化简为

$$\beta f''(y)-af'(y)+\frac{1}{2}f^2(y)+y+k=0$$

其中 k 为积分常数.

一个有关 KdV 方程的不变性[①]

第 28 章

孤立子的研究随着反散射方法的提出与推广有了突飞猛进的发展，大批具有孤子解的非线性波动方程在物理的各个领域不断被揭示出来. 在此期间求解技术也取得长足的发展，除了反散射方法外，还产生出 Hirota 双线性导数方法、Backlund 变换与 Wronskian 技巧. KdV 方程作为孤立子中一个非常重要的方程，一直是孤立子理论的一个研究热点，KdV 方程有四个熟知的不变性，除此之外，有关 KdV方程的不变性不容易求得. 田

① 摘编自《嘉兴学院学报》，2011 年 11 月第 23 卷第 6 期.

畴，等[①]，运用"不变性理论"求解了五阶 MKdV 方程的一个不变性，嘉兴学院数理与信息工程学院的南志杰，余立海二位教授在 2011 年将此理论应用于 KdV 方程，从而寻找它的不变性.

Wahlquist 和 Estabrook 发现，对于 KdV 方程

$$u_t + 6uu_x + u_{xxx} = 0 \tag{1}$$

也具有 Backlund 变换，令 $\omega = \int_{-\infty}^{x} u\mathrm{d}x$，则它满足

$$\omega_t + 3\omega_x^2 + \omega_{xxx} = 0 \tag{2}$$

可以证明：对式(2)两边关于 x 求导，再利用 $\omega = \int_{-\infty}^{x} u\mathrm{d}x$ 即可得到式(1).

28.1　主要结论

1. KdV 方程的可积系数

作方程组

$$\tilde{\omega}_x = \beta - \omega_x - \frac{1}{2}(\omega - \tilde{\omega})^2 \tag{3}$$

$$\tilde{\omega}_t = -\omega_t + (\omega - \tilde{\omega})(\omega_{xx} - \tilde{\omega}_{xx}) - 2(\omega_x^2 + \omega_x\tilde{\omega}_x + \tilde{\omega}_x^2) \tag{4}$$

可以验证，当 u 满足 KdV 方程(1)，ω，$\tilde{\omega}$ 满足式(2)时，式(3)，(4)组成一个可积系统. 取可积系统(3)，

① TIAN YONG-BO, NAN ZHI-JIE, TIAN CHOU. An invariance of the potential fifth-order MKdV equation[J]. Appl. Math. J. Chinese Univ. Ser. B, 2006, 21: 152-156.

(4) 的一对特解$(\omega,\tilde{\omega}_0)$，则满足

$$\tilde{\omega}_{0x}=\beta-\omega_x-\frac{1}{2}(\omega-\tilde{\omega}_0)^2 \tag{5}$$

因为式(3) 是一个 Ricatti 方程，通过作变换

$$\tilde{\omega}=H+\tilde{\omega}_0 \tag{6}$$

将式(6) 代入式(3)，可得

$$\tilde{\omega}_x=-\frac{1}{2}(H^2+2H\tilde{\omega}_0+\tilde{\omega}_0^2)+\omega(H+\tilde{\omega}_0)+\beta-\omega_x-\frac{1}{2}\omega^2 \tag{7}$$

结合式(5) 和式(7)，经过简单的计算，我们得到

$$H_x+(\tilde{\omega}_0-\omega)H=-\frac{1}{2}H^2 \tag{8}$$

显然，式(8) 是一个 Bernoulli(伯努利) 方程，它的解为

$$H=\frac{1}{\mathrm{e}^{-\int(\omega-\tilde{\omega}_0)\mathrm{d}x}\left(M(t)+\int\frac{1}{2}\mathrm{e}^{\int(\omega-\tilde{\omega}_0)\mathrm{d}x}\mathrm{d}x\right)} \tag{9}$$

其中 $M(t)$ 是关于 t 的待定函数. 把式(9) 代入式(6)，再代入式(4) 中，整理后可以得到一个关于 $M(t)$ 的微分方程

$$M'(t)+PM(t)+Q=0 \tag{10}$$

这里

$$P=2(\tilde{\omega}_0-\omega)(\beta+\tilde{\omega}_{0x})+2\tilde{\omega}_{0xx}-\left(\int(\omega-\tilde{\omega}_0)\mathrm{d}x\right)_t \tag{11}$$

$$Q=\frac{P}{2}\int\mathrm{e}^{-\int(\omega-\tilde{\omega}_0)\mathrm{d}x}\mathrm{d}x+(\beta+\tilde{\omega}_{0x})\mathrm{e}^{-\int(\omega-\tilde{\omega}_0)\mathrm{d}x}+\frac{1}{2}\left(\int\mathrm{e}^{\int(\omega-\tilde{\omega}_0)\mathrm{d}x}\mathrm{d}x\right)_t \tag{12}$$

引理 28.1　$P_x=Q_x=0$，这里的 P 和 Q 由式(11)

以及式(12) 给出.

证明 因为

$$P_x=2(\tilde{\omega}_{0x}-\omega_x)(\beta+\tilde{\omega}_{0x})+2(\tilde{\omega}_0-\omega)\tilde{\omega}_{0xx}+2\tilde{\omega}_{0xxx}-(\omega_t-\tilde{\omega}_{0t})$$

由于 $\tilde{\omega}_0$ 满足方程(2),即 $\tilde{\omega}_{0xxx}=-\tilde{\omega}_{0t}-3\tilde{\omega}_{0x}^2$. 代入上式,得

$$P_x=2(\tilde{\omega}_{0x}-\omega_x)(\beta+\tilde{\omega}_{0x})+2(\tilde{\omega}_0-\omega)\tilde{\omega}_{0xx}-(\omega_t+\tilde{\omega}_{0t})-6\tilde{\omega}_{0x}{}^2$$

再根据式(4)

$$\omega_t+\tilde{\omega}_{0t}=(\omega-\tilde{\omega}_0)(\omega_{xx}-\tilde{\omega}_{0xx})-2(\omega_x^2+\omega_x\tilde{\omega}_{0x}+\tilde{\omega}_{0x}^2)$$

代入上式,得

$$\begin{aligned}P_x=&2(\tilde{\omega}_{0x}-\omega_x)(\beta+\tilde{\omega}_{0x})+2(\tilde{\omega}_0-\omega)\tilde{\omega}_{0xx}-\\&(\omega-\tilde{\omega}_0)(\omega_{xx}-\tilde{\omega}_{0xx})+2(\omega_x^2+\omega_x\tilde{\omega}_{0x}+\tilde{\omega}_{0x}^2)-6\tilde{\omega}_{0x}^2\\=&2(\tilde{\omega}_{0x}-\omega_x)\beta+2\tilde{\omega}_{0x}^2-2\omega_x\tilde{\omega}_{0x}+\\&2(\tilde{\omega}_0-\omega)\tilde{\omega}_{0xx}-(\omega-\tilde{\omega}_0)(\omega_{xx}-\tilde{\omega}_{0xx})+\\&2\omega_x^2+2\omega_x\tilde{\omega}_{0x}+2\tilde{\omega}_{0x}^2-6\tilde{\omega}_{0x}^2\\=&2(\tilde{\omega}_{0x}-\omega_x)\beta+2\omega_x^2-2\tilde{\omega}_{0x}^2+2(\tilde{\omega}_0-\omega)d_{0xx}-\\&(\omega-\tilde{\omega}_0)(\omega_{xx}+\tilde{\omega}_{0xx})\\=&2(\tilde{\omega}_{0x}-\omega_x)(\beta-\omega_x-\tilde{\omega}_{0x})+(\tilde{\omega}_0-\omega)(\omega_{xx}+\tilde{\omega}_{0xx})\end{aligned}$$

再由式(3),可得

$$\beta-\omega_x-\tilde{\omega}_{0x}=\frac{1}{2}(\omega-\tilde{\omega}_0)^2$$

$$\omega_{xx}+\tilde{\omega}_{0xx}=-(\tilde{\omega}_0-\omega)(\tilde{\omega}_{0x}-\omega_x)$$

将其代入上式,得

$$P_x=2(\tilde{\omega}_{0x}-\omega_x)\ \frac{1}{2}(\omega-\tilde{\omega}_0)^2-(\tilde{\omega}_0-\omega)^2(\tilde{\omega}_{0x}-\omega_x)=0$$

另外

$$Q_x = P_x\int \frac{1}{2}e^{\int(\omega-\tilde{\omega}_0)dx}dx +$$
$$P\cdot\frac{1}{2}e^{\int(\omega-\tilde{\omega}_0)dx} + (\frac{1}{2}e^{\int(\omega-\tilde{\omega}_0)dx}((\tilde{\omega}_0-\omega)^2 +$$
$$2\tilde{\omega}_{0x}+4\omega_x))_x + (\int\frac{1}{2}e^{\int(\omega-\tilde{\omega}_0)dx}dx)_t$$
$$=\frac{1}{2}e^{\int(\omega-\tilde{\omega}_0)dx}[P+(\omega-\tilde{\omega}_0)((\tilde{\omega}_0-\omega)^2+2\tilde{\omega}_{0x}+4\omega_x)+$$
$$2(\tilde{\omega}_0-\omega)(\tilde{\omega}_{0x}-\omega_x)+2\tilde{\omega}_{0xx}+$$
$$4\omega_{xx}+(\int(\omega-\tilde{\omega}_0)dx)_t]$$
$$=\frac{1}{2}e^{\int(\omega-\tilde{\omega}_0)dx}(P-P)=0$$

因此，$M(t)=e^{-\int Pdt}(c_1-\int Qe^{\int Pdt}dt)$，其中 c_1 是任意常数. 把式(9) 代入式(6)，于是我们得到以下定理.

定理 28.1　如果 $\tilde{\omega}_0$ 是方程(2) 的一个解，则

$$\tilde{\omega}=\frac{1}{e^{-\int(\omega-\tilde{\omega}_0)dx}(e^{-\int Pdt}(c_1-\int Qe^{\int Pdt}dt)+\int\frac{1}{2}e^{\int(\omega-\tilde{\omega}_0)dx}dx)} \tag{13}$$

也是方程(2) 的解，从而得出 $\tilde{\omega}_x$ 是 KdV 方程(1) 的解.

2. **可积系统的变形**

可积系统(3)，(4) 通过两个参量互换可以变形为

$$\omega_x=\beta-\tilde{\omega}_x-\frac{1}{2}(\tilde{\omega}-\omega)^2 \tag{14}$$

$$\omega_t=-\tilde{\omega}_t+(\tilde{\omega}-\omega)(\tilde{\omega}_{xx}-\omega_{xx})-2(\tilde{\omega}_x^2+\tilde{\omega}_x\omega_x+\omega_x^2) \tag{15}$$

根据定理 1，我们把系统(3)，(4) 的一对特解$(\omega,\tilde{\omega}_0)$ 延伸到另一对解$(\omega,\tilde{\omega})$，其中 $\tilde{\omega}$ 由式(13) 给出. 因

为$(\tilde{\omega},\omega)$是新可积系统(14),(15)的一对解,再通过一次变换

$$\tilde{\omega}=\widetilde{H}+\omega \tag{16}$$

同样可以得到

$$\widetilde{H}=\frac{1}{\mathrm{e}^{-\int(\tilde{\omega}-\omega)\mathrm{d}x}(\widetilde{M}(t)+\int\frac{1}{2}\mathrm{e}^{-\int(\tilde{\omega}-\omega)\mathrm{d}x})\mathrm{d}x} \tag{17}$$

$$\widetilde{M}'(t)+\widetilde{P}\widetilde{M}(t)+\widetilde{Q}=0 \tag{18}$$

而

$$\begin{aligned}\widetilde{P}=&(\omega-\tilde{\omega})[(\omega-\tilde{\omega})^2+4\omega_x+2\tilde{\omega}_x]-\\&[(\omega-\tilde{\omega})(\omega_x-\tilde{\omega}_x)-(\omega_{xx}-\tilde{\omega}_{xx})]-\\&(\int(\tilde{\omega}-\omega)\mathrm{d}x)_t\end{aligned}$$

$$\begin{aligned}\widetilde{Q}=&\widetilde{P}\int\frac{1}{2}\mathrm{e}^{-\int(\tilde{\omega}-\omega)\mathrm{d}x}\mathrm{d}x+\frac{(\omega-\tilde{\omega})^2+2\omega_x+4\tilde{\omega}_x}{2\mathrm{e}^{-\int(\tilde{\omega}-\omega)\mathrm{d}x}}+\\&(\int\frac{1}{2}\mathrm{e}^{\int(\tilde{\omega}-\omega)\mathrm{d}x}\mathrm{d}x)_t\end{aligned}$$

利用变形后可积系统中的式(14)对$\widetilde{P}_x$和$\widetilde{Q}_x$进行简化,得到

$$\widetilde{P}=2(\omega-\tilde{\omega})(\beta+\omega_x)+2\omega_{xx}-(\int(\tilde{\omega}-\omega)\mathrm{d}x)_t \tag{19}$$

$$\begin{aligned}\widetilde{Q}=&\frac{\widetilde{P}}{2}\int\mathrm{e}^{\int(\tilde{\omega}-\omega)\mathrm{d}x}\mathrm{d}x+(\beta+\omega_x)\mathrm{e}^{\int(\tilde{\omega}-\omega)\mathrm{d}x}+\\&\frac{1}{2}(\int\mathrm{e}^{\int(\tilde{\omega}-\omega)\mathrm{d}x}\mathrm{d}x)_t\end{aligned} \tag{20}$$

引理 28.2　$\widetilde{P}_x=\widetilde{Q}_x=0$,这里的$\widetilde{P}_x$和$\widetilde{Q}_x$由式(19)以及式(20)给出.

引理28.2的证明和引理28.1的类似.因此,$\widetilde{M}(t)=\mathrm{e}^{-\int\widetilde{P}\mathrm{d}t}(c_2-\int\widetilde{Q}\mathrm{e}^{-\int\widetilde{P}\mathrm{d}t}\mathrm{d}t)$,其中$c_2$是任意常数.把

式(17) 代入式(16),得到定理 28.2.

定理 28.2　如果 ω 是方程(2) 的解,那么

$$\tilde{\omega}=\frac{1}{\mathrm{e}^{-\int(\tilde{\omega}-\omega)\mathrm{d}x}\left(\mathrm{e}^{-\int\tilde{P}\mathrm{d}t}\left(c_2-\int\tilde{Q}\mathrm{e}^{-\int\tilde{P}\mathrm{d}t}\mathrm{d}t\right)+\int\frac{1}{2}\mathrm{e}^{\int(\tilde{\omega}-\omega)\mathrm{d}x}\mathrm{d}x\right)}+\omega \tag{21}$$

也是方程(2) 的解,从而 $\tilde{\omega}_x$ 是 KdV 方程(1) 的解.

28.2　实　　例

取方程(2) 的两个显然解 $\omega=0$ 和 $\tilde{\omega}_0=\sqrt{2\beta}$,利用式(11) 及式(12),可以得到

$$P=2\beta\sqrt{2\beta},Q=0$$

应用定理 28.1,取 $c_1=-\dfrac{1}{2\sqrt{2\beta}}$,则

$$\tilde{\omega}=\sqrt{2\beta}\tanh\left\{-\beta\sqrt{2\beta}t+\frac{1}{2}\sqrt{2\beta}x\right\}$$

故 KdV 方程(1) 的一个解为

$$\tilde{\omega}_x=\beta\cosh^{-2}\left\{\sqrt{\frac{\beta}{2}}(x-2\beta t)\right\}$$

继续计算

$$\tilde{P}=0,\tilde{Q}=\frac{3}{2}\beta$$

根据定理 28.2,取 $c_2=-\dfrac{1}{4\sqrt{2\beta}}$,得到

$$\tilde{\omega}=2\sqrt{2\beta}\,\frac{\cosh\{\sqrt{2\beta}(x-2\beta t)\}+1}{\sinh\{\sqrt{2\beta}(x-2\beta t)\}-6\sqrt{2\beta}\beta t-1}$$

因此,KdV 方程(1) 的另一个解为

$$\tilde{\omega}_x=\frac{4\beta^{\frac{3}{2}}\sinh\{\sqrt{2}\beta(x-2\beta t)\}}{\sinh\{\sqrt{2}\beta(x-2\beta t)\}-6\sqrt{2}\beta^{\frac{3}{2}}t-1}-$$

$$\frac{4\beta^{\frac{3}{2}}(\cosh\{\sqrt{2}\beta(x-2\beta t)\}+1)\cosh\{\sqrt{2}\beta(x-2\beta t)\}}{(\sinh\{\sqrt{2}\beta(x-2\beta t)\}-6\sqrt{2}\beta^{\frac{3}{2}}t-1)^2}$$

如图 28.1 所示,我们可以得到

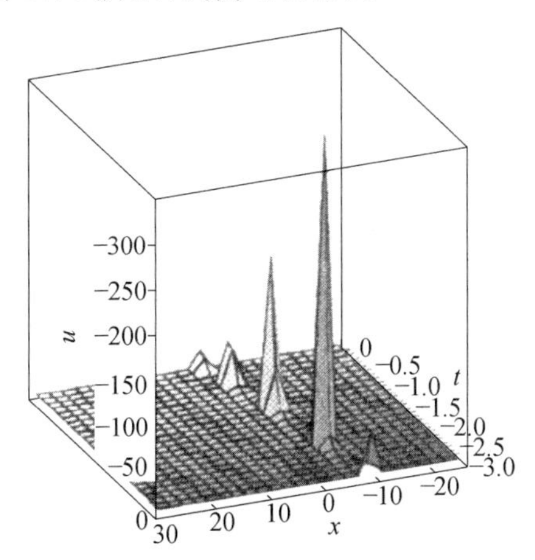

图 28.1 当 $\beta=1$ 时,KdV 方程(1) 的解 $\tilde{\omega}_x$ 图

(1) 此解具有部分的孤子性质,在 $x\in[-10,0]$ 之间具有孤子单波.

(2) 此解在部分点存在激波,不同于一般的孤子解,有助于我们从侧面了解 KdV 方程的孤子性状.

KdV 方程的二次 B 样条有限元孤立子模拟[①]

第 29 章

KdV 方程：$U_t + UU_x + U_{xxx} = 0$ 是由 Korteweg 和 de Vries 第一次提出的[②]，用来描述潜水波的无损耗传播. KdV 方程演示了非线性扩散波的一个主要规律. 它的非线性项和扩散项保持平衡，使稳定的孤立子波能够形成，这些孤波即孤立子. 它的明显特征是在相互碰撞后能保持原来的大小，形状和速度，因此，在许多考虑简单非线性和简单扩散影响的研究中，它是一个有用的逼近. 实际上，KdV

① 摘编自《济南大学学报(自然科学版)》，2001 年 12 月第 15 卷第 4 期.

② GODA K. On stability of some finite different schemes for the Korteweg-De Vries equation[J]. Phys Soc Japan，1975，39：229-236.

方程的建立可描述一大批重要的物理现象，而其中的两个典型例子是浅水波和等离子区的离子声波.

KdV 方程的局部问题的解析解、用反散射方法求解 KdV 方程及 KdV 方程的相似解[①]都已实现. 在此前一些论文中，也有用三次样条建立了 KdV 方程的一种三次样条有限元解[②]，而且得到了比其他方法有更小误差的解. 那种选择是由于样条具有的特殊性质和知识制定的，但他对初等连续性要求较高，然而，如采用低阶多项式型函数表示将得到许多优点，例如，对初等连续有最低的要求，计算量相对较少等. 而对初等连续有最低要求的低阶函数是二次样条函数. 济南大学信息工程学院的曹爱增，蔡卫东和济南大学土木建筑学院的王兵三位教授在 2001 年采用 Galerkin 逼近[③]结合二次 B 样条有限元建立一种有限元解法. 在应用有限元法得到一矩阵方程组后，我们用 Doolittle 三角分解法[④]对矩阵进行分解，得到两个三角矩阵. 而后再用追赶法解这个矩阵方程，然后编写详细过程及解决这个问题的程序. 最后再对格式进行稳定性分析.

---

① 李翊神. 非线性科学选讲[M]. 合肥：中国科学技术大学出版社. 1994.

② GARDNER A, ALI A H A, GARDNER L R T. A finite element solution using cubic B-spline shape functions[M]. ISNME～89, Vol 2, Berlin Springer, 1989:565-570.

③ SCHOOMBIE S W. Spline Petrow-Galerkin methods for the numerical solution of the Kroteweg-de Vries equation[J]. IMA J Numer Anal, 1982, (2):95-109.

④ 孙澈. 数值线性代数讲义[M]. 天津：南开大学出版社，1987，144-151.

29.1　问题的描述

KdV 方程

$$U_1 + \varepsilon U U_x + \mu U_{xxx} = 0, a \leqslant x \leqslant b \tag{1}$$

在这里 μ, ε 是正参数，下标 x, t 代表对 x, t 的微分，边界条件将从下面的条件中选择

$$\begin{cases} U(a,t) = U(b,t) = 0 \\ U_x(a,t) = U_x(b,t) = 0 \end{cases} \tag{2}$$

再加上初值条件

$$U(x,0) = f(x) \tag{3}$$

根据给定的方程和初边值条件，我们可以选择比较好的方法来进行计算，进而得到较为满意的结果.

29.2　数值方法的选择、描述和特点

由上面给出的方程和条件，我们应用 Galerkin 方法结合权函数 $V(x)$，并且分步积分得

$$\int_a^b [V(U_1 + \varepsilon U U_x) - \mu V_x U_{xx}] \mathrm{d}x = 0 \tag{4}$$

在被积函数中二阶空间导数的出现要求插值函数和它们的一阶导数在整个区域内必须连续，而二次 B 样条函数正好满足这个要求，因此我们选择二次 B 样条有限元这种方法.

我们建立一个这样的二次 B 样条有限元，取

$$a < x_0 < \cdots < x_N = b$$

的分割. 在单元$[x_l, x_{l+1}]$上,U 的值由

$$U=\delta_{l-1}Q_{l-1}+\delta_l Q_l+\delta_{l+1}Q_{l+1} \tag{5}$$

给出.

在这里,量 $\delta_{l-1}, \delta_l, \delta_{l+1}$ 表示区间型函数 Q_{l-1}, Q_l, Q_{l+1} 的区间参数,它们是 t 的函数. 令 $h=x_{l+1}-x_l$,由关系 $\xi=x-x_l(0\leqslant\xi\leqslant h)$ 定义一个局部坐标系,型函数 Q_{l-1}, Q_l, Q_{l+1} 具有下列形式

$$\begin{cases}Q_{l-1}=(1/h^2)(h-\xi)^2\\ Q_l=(1/h^2)(h^2+2h\xi-2\xi^2) \quad (0\leqslant\xi\leqslant h)\\ Q_{l+1}=(1/h^2)\xi^2\end{cases} \tag{6}$$

结点值这里表示差分,由 δ_l 的下列关系给出

$$U_l=\delta_{l-1}+\delta_l \tag{7}$$

$$U'_l=(2/h)(\delta_{l-1}-\delta_l) \tag{8}$$

这里我们发现二次 B 样条有限元的一个重要优点,即它拥有象三次 Hermite(埃尔米特) 元一样的 4 个节点参数 $U_l, U'_l, U_{l+1}, U'_{l+1}$,然后结合这种二次 B 样条元,我们对二次元有相同的连续性.

而对型函数,在每个单元区间,这些型函数都有一样的形式,即见图 29.1.

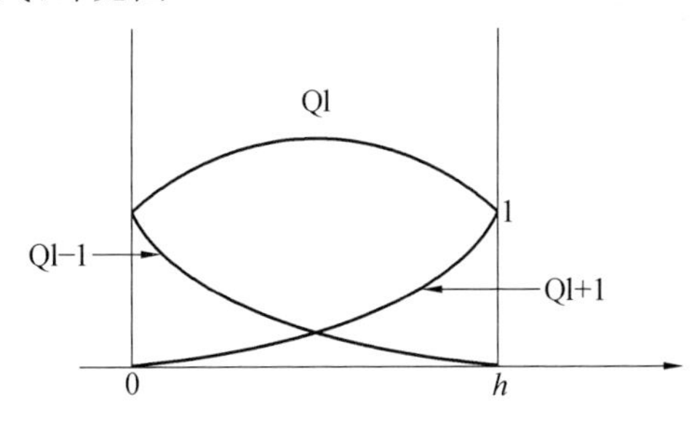

图 29.1　型函数图

每个单元对方程(4) 的贡献由如下积分给出

$$\int_{x_l}^{x_{l+1}} [V(U_1 + \varepsilon U U_x) - \mu V_x U_{xx}] \mathrm{d}x = 0 \tag{9}$$

所以认为权函数 V 与样条 Q_j 一致，而且由式(5)及(6)，我们得出单元上的贡献(积分). 叠加所有单元上的积分，得到矩阵方程

$$\boldsymbol{Ad} + \varepsilon \boldsymbol{Bd} - \mu \boldsymbol{Cd} = 0 \tag{10}$$

在这里

$$\boldsymbol{d} = (\delta_{-1}, \delta_0, \delta_1, \cdots, \delta_N) \tag{11}$$

其中矩阵 $\boldsymbol{A}, \boldsymbol{B}, \boldsymbol{C}$ 是这样得出的：在每个单元$[x_l, x_{l+1}]$上，令 $V(x)$ 依次取 Q_{l-1}, Q_l, Q_{l+1}，而且U 由关系(5)给出，其中

$$\begin{cases} U_x = (2/h^2)[(\xi - h)\delta_{l-1} + (2h - 4\xi)\delta_l + \xi\delta_{l-1}] \\ U_{xx} = (2/h^2)(\delta_{l-1} - 2\delta_l + \delta_{l+1}) \end{cases} \tag{12}$$

而

$$\begin{cases} Q_{l-1} = -(2/h^2)(h - \xi) \\ Q_l = (2/h^2)(2h - 4\xi) \\ Q_{l+1} = (2/h^2)\xi \end{cases} \tag{13}$$

$\boldsymbol{A}$ 是由积分项：$\int_{x_l}^{x_{l+1}} VU_l \mathrm{d}x$ 给出的. 在单元$[x_l, x_{l+1}]$上

$$\int_{x_l}^{x_{l+1}} \begin{pmatrix} Q_{l-1} \\ Q_l \\ Q_{l+1} \end{pmatrix} (Q_{l-1} \quad Q_l \quad Q_{l+1}) \begin{pmatrix} \delta_{l-1} \\ \delta_l \\ \delta_{l+1} \end{pmatrix} \mathrm{d}x$$

$$= h \begin{pmatrix} \frac{1}{5} & \frac{13}{30} & \frac{1}{30} \\ \frac{13}{30} & \frac{54}{30} & \frac{13}{30} \\ \frac{1}{30} & \frac{13}{30} & \frac{1}{5} \end{pmatrix} \begin{pmatrix} \delta_{l-1} \\ \delta_l \\ \delta_{l+1} \end{pmatrix}$$

$\boldsymbol{B}$ 是由积分项：$\int_{x_l}^{x_{l+1}} \varepsilon VUU_x \mathrm{d}x$ 给出的，同 $\boldsymbol{A}$ 一样，得出 $\boldsymbol{B}$ 在单元$[x_l, x_{l+1}]$上的表达式

$$(\boldsymbol{B}_1 \quad \boldsymbol{B}_2 \quad \boldsymbol{B}_3)$$

其中

$$\boldsymbol{B}_1 = \begin{pmatrix} -(\frac{1}{3} \cdot \delta_{l-1} + \frac{19}{30} \cdot \delta_l + \frac{1}{30} \cdot \delta_{l+1}) \\ -(\frac{19}{30} \cdot \delta_{l-1} + \frac{9}{5} \cdot \delta_l + \frac{7}{30} \cdot \delta_{l+1}) \\ -(\frac{1}{30} \cdot \delta_{l-1} + \frac{7}{30} \cdot \delta_l + \frac{2}{30} \cdot \delta_{l+1}) \end{pmatrix}$$

$$\boldsymbol{B}_2 = \begin{pmatrix} \frac{8}{30} \cdot \delta_{l-1} + \frac{12}{30} \cdot \delta_{l+1} \\ \frac{12}{30} \cdot \delta_{l-1} - \frac{12}{30} \cdot \delta_{l+1} \\ -(\frac{12}{30} \cdot \delta_{l-1} + \frac{8}{30} \cdot \delta_{l+1}) \end{pmatrix}$$

$$\boldsymbol{B}_3 = \begin{pmatrix} \frac{2}{30} \cdot \delta_{l-1} + \frac{7}{30} \cdot \delta_l + \frac{1}{30} \cdot \delta_{l+1} \\ \frac{7}{30} \cdot \delta_{l-1} + \frac{9}{5} \cdot \delta_l + \frac{19}{30} \cdot \delta_{l+1} \\ \frac{1}{30} \cdot \delta_{l-1} + \frac{19}{30} \cdot \delta_l + \frac{1}{3} \cdot \delta_{l+1} \end{pmatrix}$$

同理，可知 $\boldsymbol{C}$ 由积分项：$\int_{x_l}^{x_{l+1}} \mu V_x U_{xx} \mathrm{d}x$ 给出，得 $\boldsymbol{C}$ 在单元$[x_l, x_{l+1}]$上的表达式

$$(2/h^2)\begin{pmatrix} -1 & 2 & -1 \\ 0 & 0 & 0 \\ 1 & -2 & 1 \end{pmatrix}$$

各个单元叠加以后得 2 个五对角矩阵

$$\boldsymbol{A}:\left(\frac{h}{30}\right)\begin{pmatrix} 6 & 13 & 1 & & & & & & \\ 13 & 60 & 26 & 1 & & & & & \\ 1 & 26 & 66 & 26 & 1 & & & & \\ & 1 & 26 & 66 & 26 & 1 & & & \\ & & \cdots & & & & & & \\ & & & & 1 & 26 & 66 & 26 & 1 \\ & & & & & 1 & 26 & 60 & 13 \\ & & & & & & 1 & 13 & 6 \end{pmatrix}$$

$$\boldsymbol{C}:\left(\frac{2}{h^2}\right)\begin{pmatrix} -1 & 2 & -1 & & & & & \\ 0 & -1 & 2 & -1 & & & & \\ 1 & -2 & 0 & 2 & -1 & & & \\ & \cdots & & & & & & \\ & & 1 & -2 & 0 & 2 & -1 \\ & & & 1 & -2 & 1 & 0 \\ & & & & 1 & -2 & 1 \end{pmatrix}$$

由方程

$$\boldsymbol{Ad}+\varepsilon\boldsymbol{Bd}-\mu\boldsymbol{Cd}=0 \tag{14}$$

我们应用时间上的 Grank-Nickolson 差分格式，有

$$\boldsymbol{A}\left(\frac{\boldsymbol{d}^{n+1}-\boldsymbol{d}^{n}}{\Delta t}\right)+(\varepsilon\boldsymbol{B}-\mu\boldsymbol{C})\left(\frac{\boldsymbol{d}^{n+1}+\boldsymbol{d}^{n}}{2}\right)=0$$

$$\left(\boldsymbol{A}+\frac{1}{2}\varepsilon\Delta t\boldsymbol{B}-\frac{1}{2}\mu\Delta t\boldsymbol{C}\right)\boldsymbol{d}^{n+1}$$

$$=\left(\boldsymbol{A}-\frac{1}{2}\varepsilon\Delta t\boldsymbol{B}+\frac{1}{2}\mu\Delta t\boldsymbol{C}\right)\boldsymbol{d}^{n} \tag{15}$$

因此，我们得到一个 $\boldsymbol{d}^n$ 的循环关系，这里 Δt 是时间步长，因此只要 $\boldsymbol{d}^0$（即初值）知道，就可以得到 $\boldsymbol{d}^n$，因而，可以由关系(5) 方便地得到 $U_l(x,t)$.

在这里，解每个时间层的五对角矩阵方程，我们采用数值线代数方法中的 Doolittle 三角分解法. 即把矩

阵分解成为 2 个三角方阵

$$\left(\boldsymbol{A}+\frac{1}{2}\varepsilon\Delta t\boldsymbol{B}-\frac{1}{2}\mu\Delta t\boldsymbol{C}\right)=\boldsymbol{D}=\boldsymbol{L}\boldsymbol{U}$$

其中 $\boldsymbol{L}$ 是下三角矩阵，$\boldsymbol{U}$ 是上三角矩阵. 而令

$$\boldsymbol{y}=\left(\boldsymbol{A}+\frac{1}{2}\varepsilon\Delta t\boldsymbol{B}-\frac{1}{2}\mu\Delta t\boldsymbol{C}\right)\boldsymbol{d}^{n}$$

其中 $\boldsymbol{y}$ 表示矩阵$(y_{-1},\cdots,y_N)^{\mathrm{T}}$.

则有：$\boldsymbol{LUd}^{n+1}=\boldsymbol{y}$.

如若令：$\boldsymbol{x}=\boldsymbol{Ud}^{n+1}$，则有关系式：$\boldsymbol{Lx}=\boldsymbol{y}$.

在这里：$\boldsymbol{x}=(x_{-1},\cdots,x_N)^{\mathrm{T}}$.

而 $\boldsymbol{x}$ 很容易求出，再由关系式：$\boldsymbol{x}=\boldsymbol{Ud}^{n+1}$ 可以方便地求出 $\boldsymbol{d}^{n+1}$. 因此，依此关系，在知道 $\boldsymbol{d}^0$ 后，可以方便地依次迭代求出 $\boldsymbol{d}^{n+1}$ 来. 而这种迭代使用计算机来运算是非常方便且容易的，我们选择 C 语言来编写程序进行计算，因为它的运算速度和精度都比较好.

线性稳定性分析显示数值 Fourier 模 k 的增长因子是

$$g=(a-\mathrm{i}b)/(a+\mathrm{i}b)$$

$$a=h^3(33+\cos 2kh+26\cos kh)$$

在这里

$$b=s\Delta t(\varepsilon h^2+6\mu)2\sin kh+5\Delta t(5\varepsilon h^2-12\mu)\sin kh$$

因此 $|g|=1$，而且格式是无条件稳定的.

29.3　程序组织

我们用 Borland C ++ 3.0 语言编写程序实现算法，并上机调试成功.

29.4 数值结果分析

由上面以单个孤立子作为例子组织的程序看出，用这种方法做出的结果还是比较令人满意的，可以由图 29.2 在 $t=0.5$ s时的计算解的图示及数据对比看出这种方法的优劣.

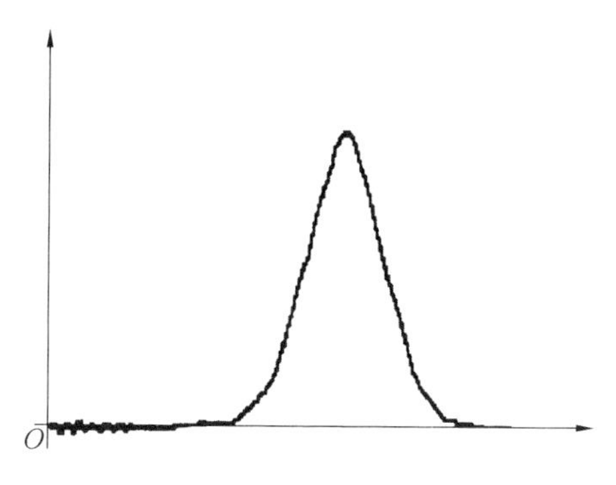

图 29.2 计算解示意图

从上面的图中可以看出，除了在边界附近有些震荡之外，在孤立子波峰上计算解与初始真值重合得很好.

29.5 结束语

上面介绍了用二次 B 样条有限元法解 KdV 方程的过程，并且用 Doolittle 方法解了用这种方法得出的矩阵方程，然后用一个孤立子模型作为例子编写了一个解 KdV 方程的程序，并且在程序中编写了与初始真

值进行比较的模型,结果显示这种做法做出的结果效果良好,而且稳定性分析显示这种方法是无条件稳定的.它的优点是由于使用二次 B 样条作基,与三次样条相比,对初边值函数的光滑性要求较低,而且计算量较小,而与线性基相比,可以得到较小误差的解.此种方法与求相似解及用反射法等方法求解析解比较,计算过程简单,适合用计算机进行求解,因此这种做法有比其他方法比较明显的优点.

广义变系数 KdV 方程的对称及其群不变解[①]

第 30 章

随着现代科学技术的发展和线性理论研究的日趋完善,非线性理论的研究在自然科学的所有领域,也包括一些社会科学,正在蓬勃发展.几十年来人们对于低维完全可积的非线性模型的研究已经取得非常丰富的成果,发表了很多高水平的文章,然而人们以往的研究重点主要限制于不明显依赖于时空坐标的常系数可积非线性模型,近十多年来,变系数非线性演化方程的研究也引起了数学家和物理学家

① 摘编自《大学数学》,2008 年 12 月第 24 卷第 6 期.

的高度关注，已经有许多文献报道了相关的研究成果. Sophus Lie 在 19 世纪末提出了寻找非线性偏微分方程显式解的新方法，这种方法主要是利用对称将方程约化从而求得方程的解，关于讲述对称算法的论著很多，通常在符号计算系统上也有很多软件包用来计算对称的，如 Mumath，Maple，Mathematic 等. 然而它们只能够在一些简单的情况下给出决定方程的一般解，有一定的应用局限性，江苏大学理学院的蔡国梁，中国人民解放军镇江船艇学院数学系的凌旭东，以及广州大学纺织服装学院基础部的王庆超三位教授在 2008 年利用对称的方法对方程进行分析，这种方法具有广泛的适用性，适合于求一大类变系数非线性演化方程的解.

本章以广义变系数 KdV 方程

$$u_t + 2\beta(t)u + [\alpha(t) + \beta(t)x]u_x - 3c\gamma(t)uu_x + \gamma(t)u_{xxx} = 0 \tag{1}$$

为例进行讨论，当变系数取不同值时，方程(1) 可以化为如下 5 种不同形式的方程：

变系数非均匀谱 KdV 方程

$$u_t = k_0(t)(u_{xxx} + 6uu_x) + 4k_1(t)u_x - h(t)(2u + xu_x) \tag{2}$$

柱 KdV 方程

$$u_t + \frac{1}{2t}u + 6uu_x + u_{xxx} = 0 \tag{3}$$

具有弛豫效应的非均匀介质的 KdV 方程

$$u_t + \gamma(t)u + [(c_0 + \gamma(t)x)u]_x + 6uu_x + u_{xxx} = 0 \tag{4}$$

广义 KdV 方程

$$u_t + u_{xxx} + 6uu_x + 6f(t)u - x(f' + 12f^2) = 0 \tag{5}$$

带外力项的广义 KdV 方程

$$u_t + 6uu_x + u_{xxx} + 6f(t)u = g(t) + x(f' + 12f^2) \tag{6}$$

30.1　广义 KdV 方程的对称

考察

$$\Delta(x, u^{(n)}) = 0 \tag{7}$$

是一个 n 阶偏微分方程组，其中 $\Delta = (\Delta_1, \cdots, \Delta_l)$，它含有 p 个自变量和 q 个因变量，分别表示为

$$\boldsymbol{x} = (x^1, \cdots, x^p) \in X \subseteq \mathbf{R}^p$$

$$\boldsymbol{u} = (u^1, \cdots, u^1) \in U \subseteq \mathbf{R}^q$$

这里 X 是自变量空间，U 是因变量空间.

定义 30.1　n 阶微分方程组

$$\Delta(x, u^{(n)}) = 0$$

称为具有最大秩的，如果

$$\operatorname{rank}\left(\frac{\partial \Delta}{\partial x^i}, \frac{\partial \Delta}{\partial u_j^\alpha}\right) = l$$

其中 $\Delta(x, u^{(n)}) = 0$.

由方程组(7)定义的一个子流形

$$S_\Delta = \{(x, u^{(n)}) : \Delta(x, u^{(n)}) = 0\} \subseteq X \times U^{(n)}$$

集合 S_Δ 包含方程组(7)的所有解析解.

偏微分方程组(7)的对称群构成作用于一个开子集 $M \subseteq X \times U$ 上的一个单参数变换群 G，S_Δ 在 G 的作用下是不变的，与单参数变换群 G 相应的有一个无穷

小生成元

$$\underline{v}=\sum_{i=1}^{p}\xi^{i}(x,u)\frac{\partial}{\partial x^{i}}+\sum_{\alpha=1}^{q}\varphi^{\alpha}(x,u)\frac{\partial}{\partial u^{\alpha}}\tag{8}$$

定理 30.1　设偏微分方程组(7)的单参数变换群 G 的无穷小生成元

$$\underline{v}=\sum_{i=1}^{p}\xi^{i}(x,u)\frac{\partial}{\partial x^{i}}+\sum_{\alpha=1}^{q}\varphi^{\alpha}(x,u)\frac{\partial}{\partial u^{\alpha}}$$

是定义于 $X\times U$ 的开集 M 上的向量场，则它的第 n 阶延拓是定义于 $M^{(n)}$ 的向量场

$$pr^{(n)}\underline{v}=\underline{v}+\sum_{\alpha=1}^{q}\sum_{J}\varphi_{\alpha}^{J}(x,u^{n})\frac{\partial}{\partial u_{J}^{\alpha}}\tag{9}$$

其中

$$\varphi_{\alpha}^{J}(x,u^{n})=D_{J}\left[\varphi_{\alpha}-\sum_{i=1}^{p}\xi^{i}u_{J}^{\alpha}\right]+\sum_{i=1}^{q}\xi^{i}u_{J_{i}}^{\alpha}$$

$$J=(j_{1},\cdots,j_{l}),1\leqslant j_{k}\leqslant p,1\leqslant k\leqslant n.$$

定理 30.2　设

$$\Delta_{v}(x,u^{(n)})=0,v=1,\cdots,l$$

是定义 $X\times U$ 的开集 M 上的微分方程组，且具有最大秩，G 是作用于 M 的局部变换群，且当 $(x,u^{(n)})\in\varphi_{\Delta}$ 时

$$pr^{(n)}\underline{v}(\Delta_{v}(x,u^{(n)}))=0,v=1,\cdots,l\tag{10}$$

对 G 的任一生成元 $\underline{v}$ 都成立，则 G 是这个方程组的不变群.

定理 30.2 给出求偏微分方程的无穷小生成元的方法，我们先找出 $\underline{v}$ 的 n 阶延拓向量场，然后把式(8)，(9)代入到式(10)中，通过计算我们可以得到 ξ,τ,φ，因此我们得到该方程的对称，然后利用对称将方程约化，求出方程的解.

为了得到广义变系数 KdV 方程(1) 的对称,我们假设

$$\underline{v}=\xi(x,t,u)\frac{\partial}{\partial x}+\tau(x,t,u)\frac{\partial}{\partial \tau}+\varphi(x,t,u)\frac{\partial}{\partial u}$$

是方程(1) 的一个 Lie 点对称,当且仅当它满足下式

$$pr^{(3)}\underline{v}(u_t+2\beta(t)u+[\alpha(t)+\beta(t)x]u_x-3c\gamma(t)uu_x+\gamma(t)u_{xxx})\,|_{\Delta=0}=0 \tag{11}$$

其中

$$pr^{(3)}\underline{v}=\underline{v}+\varphi^x\frac{\partial}{\partial u_x}+\varphi^t\frac{\partial}{\partial u_t}+\varphi^{xx}\frac{\partial}{\partial u_{xx}}+\varphi^{xt}\frac{\partial}{\partial u_{xt}}+\varphi^{tt}\frac{\partial}{\partial u_{tt}}+\varphi^{xxx}\frac{\partial}{\partial u_{xxx}}+\varphi^{xxt}\frac{\partial}{\partial u_{xxt}}+\varphi^{xtt}\frac{\partial}{\partial u_{xtt}} \tag{12}$$

结合式(12),式(11) 可以化简为

$$\varphi^t+[2\beta(t)-3c\gamma(t)u_x]\varphi+[\alpha(t)+\beta(t)x-3c\gamma(t)u]\varphi^x+\gamma(t)\varphi^{xxx}=0 \tag{13}$$

其中

$$\varphi^t=\varphi_t-\xi_t u_x+(\varphi_u-\tau_t)u_t-\xi_u u_x u_t-\tau_u u_t^2$$

$$\varphi^x=\varphi_x+(\varphi_u-\xi_u)u_x-\tau_x u_t-\xi_u u_x^2-\tau_u u_x u_t$$

$$\begin{aligned}\varphi^{xxx}=\;&\varphi_{xxx}+(3\varphi_{xxu}-\xi_{xxx})u_x+(3\varphi_{xuu}-3\xi_{xxu})u_x^2+\\&(3\varphi_{xu}-3\xi_{xx})u_{xx}+(\varphi_{uuu}-3\xi_{xuu})u_x^3+\\&(3\varphi_{uu}-6\xi_{xu})u_x u_{xx}+(\varphi_x-3\xi_x)u_{xxx}-\\&\xi_{uuu}u_x^4-6\xi_{uu}u_x^2u_{xx}-4\xi_u u_x u_{xxx}-3\tau_u u_{xxt}u_x-\\&3\tau_x u_{xxt}-\tau_{xxx}u_t-3\tau_{xxu}u_x u_t-\\&3\tau_{xuu}u_t u_x^2-3\tau_{xu}u_t u_{xx}-\\&\tau_{uuu}u_t u_x^3-3\tau_{uu}u_x u_t u_{xx}-\tau_u u_t u_{xxx}-3\xi_u u_{xx}^2-\\&3\tau_{xx}u_{xt}-3\tau_{xu}u_x u_{xt}-3\tau_{uu}u_{xt}u_x^2-\end{aligned}$$

$3\tau_{xu}u_{xt}u_{x}-3\tau_{u}u_{xt}u_{xx}$

把 $\varphi^{t},\varphi^{x},\varphi^{xxx}$ 代入到式(13)，u_t 用

$-2\beta(t)u-[\alpha(t)+\beta(t)x]u_x+3c\gamma(t)uu_x-\gamma(t)u_{xxx}$

代入，注意到 u 的各阶导数前面的系数均为零，为此我们得到一个由 37 个方程组成的决定方程组，化简这个方程组我们得到如下的式子

$$\xi=\xi(t),\varphi=\varphi(t),\tau=c_2 \tag{14}$$

$$\varphi_t+2\beta_t\varphi=0,\xi_t+3c\gamma(t)\varphi=0 \tag{15}$$

联合式(14)，(15)，经过复杂的计算我们得到如下解

$$\begin{cases}\xi=-3cc_1\int\gamma(t)\mathrm{e}^{\int-2\beta(t)\mathrm{d}t}\mathrm{d}t\\ \tau=c_2\\ \varphi=c_1\mathrm{e}^{\int-2\beta(t)\mathrm{d}t}\end{cases}$$

其中 c_1,c_2 是任意常数，故广义变系数 KdV 方程(1) 的点对称为

$$K_1=\frac{\partial}{\partial x},K_2=\frac{\partial}{\partial t}$$

$$K_3=\int-3c\gamma(t)\mathrm{e}^{\int-2\beta(t)\mathrm{d}t}\frac{\partial}{\partial x}+\mathrm{e}^{\int-2\beta(t)\mathrm{d}t}\frac{\partial}{\partial u}$$

30.2　约化方程求解

寻找对称的目的是获得方程的对称约化和得到精确解，这一部分就是用前面获得的对称来约化广义变系数 KdV 方程(1) 和求出方程的精确解.

选取 K_3 来寻找方程的不变解，与 K_3 对应的不变量为

$$\zeta=t, w=\mathrm{e}^{\int -2\beta(t)\mathrm{d}t}\cdot x+\int 3c\gamma(t)\mathrm{e}^{\int -2\beta(t)\mathrm{d}t}\mathrm{d}t\cdot u$$

于是方程(1) 的不变解可以表示为 $w=f(\zeta)$,即

$$u=\frac{f(\zeta)-\mathrm{e}^{\int -2\beta(t)\mathrm{d}t}\cdot x}{\int 3c\gamma(t)\cdot \mathrm{e}^{\int -2\beta(t)\mathrm{d}t}\mathrm{d}t} \tag{16}$$

把式(16) 代入到方程(1),得

$$(f'(\zeta)+2\beta(t)\cdot \mathrm{e}^{\int -2\beta(t)\mathrm{d}t}\cdot x)\cdot \int 3c\gamma(t)\mathrm{e}^{\int -2\beta(t)\mathrm{d}t}\mathrm{d}t-$$

$$[f(\zeta)-\mathrm{e}^{\int -2\beta(t)\mathrm{d}t}x]\cdot$$

$$3c\gamma(t)\cdot \mathrm{e}^{\int -2\beta(t)\mathrm{d}t}/\left(\int 3c\gamma(t)\mathrm{e}^{\int -2\beta(t)\mathrm{d}t}\mathrm{d}t\right)^2+$$

$$\frac{2\beta(t)[f(\zeta)-\mathrm{e}^{\int -2\beta(t)\mathrm{d}t}\cdot x]}{\int 3c\gamma(t)\mathrm{e}^{\int -2\beta(t)\mathrm{d}t}\mathrm{d}t}+$$

$$[\alpha(t)+\beta(t)x]\frac{-\mathrm{e}^{\int -2\beta(t)\mathrm{d}t}}{\int 3c\gamma(t)\mathrm{e}^{\int -2\beta(t)\mathrm{d}t}\mathrm{d}t}-$$

$$3c\gamma(t)\cdot \frac{f(\zeta)-\mathrm{e}^{\int -2\beta(t)\mathrm{d}t}\cdot x}{\int 3c\gamma(t)\mathrm{e}^{\int -2\beta(t)\mathrm{d}t}\mathrm{d}t}\cdot \frac{-\mathrm{e}^{\int -2\beta(t)\mathrm{d}t}}{\int 3c\gamma(t)\mathrm{e}^{\int -2\beta(t)\mathrm{d}t}\mathrm{d}t}=0$$

化简得

$$f'(\zeta)+2\beta(t)f(\zeta)=(\alpha(t)+\beta(t)x)\mathrm{e}^{\int -2\beta(t)\mathrm{d}t}$$

解之得

$$f(\xi)=\left(\int(\alpha(t)+\beta(t)\cdot x)\mathrm{d}t+c_1\right)\cdot \mathrm{e}^{\int -2\beta(t)\mathrm{d}t}$$

所以方程(1) 的群不变解为

$$u=\frac{\left(\int(\alpha(t)+\beta(t)\cdot x)\mathrm{d}t+c_1-x\right)\cdot \mathrm{e}^{\int -2\beta(t)\mathrm{d}t}}{\int 3c\gamma(t)\cdot \mathrm{e}^{\int -2\beta(t)\mathrm{d}t}\mathrm{d}t}$$

我们第一次得到这个解，是一个新解.

30.3　结　　论

本章求出了广义变系数 KdV 方程的对称，然后利用对称将该方程约化，求出了方程的群不变解，这种方法具有普遍性，其他类型的非线性偏微分方程也可以通过这种方法得到对称，进而求出方程的群不变解，这对解非线性偏微分方程，进一步揭示新的物理规律提供了一种新的途径，并有一定的实际意义. 这种方法显得简单直观，虽然我们只能够得到一些简单的对称，不过在利用对称求方程的解时，也只有那些简单的对称才有用.

第八编

KdV 方程解的结构

第 31 章 高阶 KdV 方程的复化解结构[①]

上海震旦职业学院基础部的柏玲玲教授，韶关学院韶州师范分院的吴奇峰教授及广州大学数学与信息科学学院的袁文俊教授在 2010 年通过行波变换将高阶 KdV 方程转换成复域的常微分方程，以 Nevanlinna 值分布理论的有关知识为基础，研究了复化的高阶 KdV 方程 $w^{(4)}+w''+\frac{1}{2}w^2-cw-b=0$（其中 c,b 为复常数）的亚纯解结构，确定了可能的三种形式的亚纯解. 对于两类高阶方程 $({}_n\mathrm{KdV})_1$ 和 $({}_m\mathrm{KdV})_2$，当 $n=2,3$ 和 $m=3$ 时，不能

① 摘编自《应用数学学报》，2010 年 7 月第 33 卷第 4 期.

确定相应的复化方程有类似亚纯解结构；当 $m=2$ 时，相应复化方程具有具体形式的亚纯解.

31.1 引言与结果

1895 年，荷兰著名数学家 Korteweg 和他的学生 de Vries 在对孤波进行全面分析后，建立了浅水波运动方程

$$\frac{\partial \eta}{\partial \tau}=\sqrt{\frac{g}{h}}\ \frac{\partial}{\partial \xi}\left(\frac{3}{4}\eta^{2}+\alpha\eta+\frac{\sigma}{2}\ \frac{\partial^{2}\eta}{\partial \xi^{2}}\right) \tag{1}$$

$$\sigma=\frac{1}{3}h^{3}-\frac{Th}{\rho g}$$

其中 η 为波面高度，h 为水深，g 为重力加速度，ρ 是水密度，α 是与水的匀速流动有关的小常数，T 是水的表面张力.

如果作变换

$$t=\frac{1}{2}\sqrt{\frac{g}{h\sigma}}\tau, x=-\frac{\xi}{\sqrt{\sigma}}, u=\frac{1}{2}\eta+\frac{1}{3}\alpha$$

那么方程(1) 可写成标准形式

$$u_{t}+u_{xxx}+\sigma u u_{x}=0 \tag{2}$$

后人为纪念这两位伟大的学者对孤波做出的贡献，将方程(1) 或(2) 称为 KdV 方程. 此后，更多的学者对 KdV 方程进行广泛的研究，并得出一系列的相关方程. 例如，在发现 KdV 方程的 n 孤子解后，人们开始转向其他非线性波动方程的研究，其中之一就是广义 KdV 方程

$$u_{t}+u_{xxx}+\sigma u^{\alpha}u_{x}=0 \tag{3}$$

这里 α 为正整数. 当 $\alpha=2$ 时,以 v 代 u 后方程(3)化为

$$v_t+v_{xxx}+\sigma v^2v_x=0 \tag{4}$$

称此方程为修正的 KdV 方程. 1976 年,Driscoll 和 O'Neil 就对方程(4)做过研究. 近年,人们对高阶 KdV 方程的关注越来越密切. 1978 年,Kodama 和 Taniuti 研究了高阶 KdV 方程

$$u_t+uu_x+u_{xxx}+u_{xxxxx}=0 \tag{5}$$

本章主要研究复化的高阶 KdV 方程的亚纯解问题,这里的亚纯函数是指在整个复平面 C 上除了极点外处处解析的函数. 我们假定读者熟悉 Nevanlinna 理论的基本知识及标准记号,并记集合

$W=\{$椭圆函数,有理函数,$e^{az}(a\in C)$ 的有理函数$\}$

最近,人们已经将部分偏微分方程的研究与复常微分方程的研究紧密结合起来. 2005 年,A. Eremenko 研究了复化的 Kuramoto-Sivashinsky 方程

$$\nu w'''+bw''+\mu w'+\frac{w^2}{2}+A=0,\nu\neq 0 \tag{6}$$

其中 ν,μ,b 和 A 是复常数的亚纯解结构,即方程(6)的所有亚纯解 $w\in W$. 1986 年,A. Eremenko 就 k 阶的 Briot-Bouquet 微分方程

$$F(w^{(k)},w)=\sum_{i=0}^{n}P_i(w)(w^{(k)})^i=0 \tag{7}$$

其中 $P_i(w)$ 是关于 w 的常系数多项式,进行了研究,他证明当 k 为奇数时,方程(7)所有的亚纯解 $w\in W$. 2007 年,A. Eremenko, Liao L W 和 Ng T W 证明了当 k 为偶数时,方程(7)所有的亚纯解 $w\in W$. 因此,关于高阶 Briot-Bouquet 微分方程(7)的亚纯解结构已经清楚了.

通过对方程(5)作行波变换

$$u(x,t)=w(z),z=x-\lambda t$$

并对 z 积分一次,便得到下列形式的非线性微分方程

$$w^{(4)}+w''+\frac{1}{2}w^2-cw-b=0 \tag{8}$$

其中 c,b 为复常数.

本章主要考虑在参数任意选择的情况下,方程(8)的亚纯解结构.我们证明方程(8)的所有亚纯解或者是常数,或者是椭圆函数,或者是 $e^{az}(a\in C)$ 的有理函数,因而方程(8)的所有亚纯解也都属于 W.

首先给出方程(8)的一个重要性质:

唯一性性质 恰有一个以 $z=0$ 为极点的亚纯 Laurent 级数满足方程(8).

为验证唯一性,只需将级数

$$w(z)=\sum_{k=m}^{+\infty}c_kz^k,m<0,c_m\neq 0 \tag{9}$$

代入方程(8),得到 $m=-4,c_m=-1\ 680$,且其他的系数 c_k 也都会被唯一确定.展式(9)的主要部分为

$$w(z)=-1\ 680z^{-4}-\frac{280}{13}z^{-2}+c+\frac{31}{507}+\cdots \tag{10}$$

本章的主要结果如下:

定理 31.1 方程(8)的所有亚纯解 $w\in W$.进一步地,其亚纯解只能是下列三种情形:

(1)w 为常数.

(2)w 为椭圆函数,此时每个周期格内有一个四重极点.

(3)w 为 $e^{az}(a\in C)$ 的有理函数.

31.2　定理 31.1 的证明

为证明定理 31.1,我们需要下面的两个引理.

引理 31.1　(Clunie 引理) 设 w 是方程 $w^n P(z,w)=Q(z,w)$ 的超越亚纯解,其中 $P(z,w)$ 和 $Q(z,w)$ 是关于 w 和 w 的导数的多项式,其系数为亚纯函数 $\{\alpha_\lambda \mid \lambda \in I\}$,且满足 $m(r,a_\lambda) = S(r,w)$. 若 $Q(z,w)$ 关于 w 和 w 的导数的多项式的全次数小于或等于 n,那么

$$m(r,P(z,w))=S(r,w)$$

引理 31.2　(Mohon'ko 引理) 设 w 为亚纯函数,若关于 w 的不可约有理函数

$$R(z,w)=\frac{P(z,w)}{Q(z,w)}=\frac{\sum_{i=0}^{p} a_i(z)w^i}{\sum_{j=0}^{q} b_j(z)w^j}$$

的系数 $a_i(z)$,$b_j(z)$ 亚纯,且

$$\begin{cases}T(r,a_i)=S(r,w),i=0,\cdots,p\\T(r,b_j)=S(r,w),j=0,\cdots,q\end{cases}$$

则

$$T(r,R(z,w))=dT(r,w)+S(r,w)$$

其中 $d=\max\{p,q\}$.

现在给出定理 31.1 的证明如下:

定理 31.1 的证明　设 w 是方程(8) 的亚纯解,下面分三种情形进行讨论.

情形 1　w 为整函数. 首先证明 w 不可能为超越整函数. 若 w 为一超越整函数,那么将方程(8) 改写为

$$\frac{1}{2}w \cdot w = -w^{(4)} - w'' + cw + b$$

由引理 31.1 知

$$m(r,w) = S(r,w)$$

又 $N(r,w) = 0$,因此

$$T(r,w) = m(r,w) = S(r,w) = o(T(r,w))$$

矛盾.故 w 不可能为超越整函数.

设 w 是一个 $k(k \geqslant 1)$ 次多项式,即

$$w = a_k z^k + a_{k-1} z^{k-1} + \cdots + a_0 \quad (a_k \neq 0)$$

将 w 代入方程(8) 知:方程的最高次项 z^{2k} 的系数为 $\frac{1}{2}a_k^2$ 不等于零,所以 w 不可能为 $k(k \geqslant 1)$ 次多项式.

因此 w 只能为常数,代入方程(8) 得

$$\frac{w^2}{2} - cw - b = 0$$

为代数方程,此时可解出 w. 这就证明了第(1) 种情形.

情形 2　w 为只有有限多个极点的亚纯函数. 此时将方程(8) 改写成

$$L(w) = -\frac{w^2}{2} + b \tag{11}$$

其中 $L(w) = w^{(4)} + w'' - cw$.

由 Nevanlinna 特征函数的性质及对数导数引理知

$$\begin{aligned} T(r,L(w)) &= m(r,L(w)) + O(\log r) \\ &\leqslant m\left(r,\frac{L(w)}{w}\right) + m(r,w) + O(\log r) \\ &\leqslant m\left(r,\frac{w^{(4)}}{w}\right) + m\left(r,\frac{w''}{w}\right) + \\ &\quad\ m(r,w) + O(\log r) \\ &\leqslant (1 + o(1))T(r,w) + O(\log r) \end{aligned}$$

又由引理31.2知，$T\left(r,-\frac{w^2}{2}+b\right)=2T(r,w)+O(1)$.所以$T(r,w)=O(\log r)$,故$w$是有理函数.

又设z_0,z_1为w在C平面上的两个不同极点，则$w(z+z_0)$和$w(z+z_1)$都为方程(8)的以$z=0$为极点的解.故由唯一性性质可知：$w(z+z_0)\equiv w(z+z_1)$，即$w(z)\equiv w(z-z_0+z_1)$，所以w为周期函数.而周期有理函数只能为常数，没有极点，矛盾.

所以w在C平面上只有一个极点，记为z_0，且记w在$z=z_0$的去心邻域内的Laurent展式为

$$w(z)=\sum_{n=0}^{+\infty}c_n(z-z_0)^{p+n},p<0 \tag{12}$$

将式(12)代入方程(8)可得

$$\begin{aligned}&[p(p-1)(p-2)(p-3)c_0(z-z_0)^{p-4}+\cdots]+\\&[p(p-1)c_0(z-z_0)^{p-2}+\cdots]\\=&-\frac{1}{2}[c_0^2(z-z_0)^{2p}+\cdots]+c[c_0(z-z_0)^p+\cdots]+b\end{aligned}$$

由于上式左、右两边$z-z_0$的最低次幂分别为$p-4$和$2p$且相等，因此

$$p-4=2p\Rightarrow p=-4$$

再比较方程两边$(z-z_0)^{-8}$的系数，可得$c_0=-1\ 680$.依次类推，可得$c_1=0,c_2=-\frac{280}{13},c_3=0$.故

$$w=c_0(z-z_0)^{-4}+c_2(z-z_0)^{-2}+P(z) \tag{13}$$

其中$c_0=-1\ 680,c_2=-\frac{280}{13}$，$P(z)$为多项式.

将式(13)代入方程(8)可得

$$\begin{aligned}&840c_0(z-z_0)^{-8}+120c_2(z-z_0)^{-6}+P^{(4)}(z)+\\&20c_0(z-z_0)^{-6}+6c_2(z-z_0)^{-4}+\end{aligned}$$

$$P''(z)+\frac{1}{2}c_0^2(z-z_0)^{-8}+$$

$$c_0c_2(z-z_0)^{-6}+c_0P(z)(z-z_0)^{-4}+$$

$$\frac{1}{2}c_2^2(z-z_0)^{-4}+c_2P(z)(z-z_0)^{-2}+$$

$$\frac{1}{2}P^2(z)-cc_0(z-z_0)^{-4}-$$

$$cc_2(z-z_0)^{-2}-cP(z)-b=0 \tag{14}$$

由式(14)易知，$P(z)$ 只可能为常数，不妨设为 p_0. 再比较项 $(z-z_0)^{-4}$ 与 $(z-z_0)^{-2}$ 的系数得联立方程组

$$\begin{cases}6c_2+c_0p_0+\dfrac{1}{2}c_2^2-cc_0=0\\ c_2p_0-cc_2=0\end{cases}$$

解之得 $c_2=0$ 或 $c_2=-12$. 这与 $c_2=-\dfrac{280}{13}$ 相矛盾. 故此时方程(8)不存在有理解.

情形 3　w 有无穷多个极点.

由上面的讨论，我们知道对于每一对极点 z_0 和 z_1，它们的差 z_0-z_1 都是 w 的一个周期. 所以 w 所有极点的集合可以表示成 $z_0+\Gamma$，其中 Γ 是 $(C,+)$ 上的一个非平凡离散子群，则 Γ 或者同构于 Z 或者同构于 $Z\times Z$. 下面我们分别讨论之：

若 Γ 同构于 $Z\times Z$，则 w 是椭圆函数，且在每个周期格内仅有一个极点. 又由式(10)可知所有极点的级为 4. 这就证明了第(2)种情形.

若 Γ 同构于 Z，则 $C/\Gamma=C^*=C\backslash\{0\}$，且 w 是单周期亚纯函数，所以 w 可以用 $R(\exp(az))(a\in C)$ 来表示，其中 R 是 C^* 上的亚纯函数，且在 C^* 上仅有一个

极点. 下面证明 R 为有理函数.

令 $\xi=\exp(az)$，则将 $w=R(\xi)$ 代入方程(8)得

$$a^4\xi^4R^{(4)}+6a^4\xi^3R'''+(7a^4+a^2)\xi^2R''+$$

$$(a^4+a^2)\xi R'-cR=-\frac{R^2}{2}+b \tag{15}$$

如同情形二的讨论，令方程(15)的左边为 $L(R)$. 由于 R 仅有一个极点，则由对数导数引理知

$$T(r,L(R))\leqslant(1+o(1))T(r,R)+O(\log r)$$

又由引理 31.2 知，$T\left(r,-\frac{R^2}{2}+b\right)=2T(r,R)+O(1)$. 所以 $T(r,R)=O(\log r)$. 故 R 为有理函数，即此时 w 为关于 $\exp(az)$ 的有理函数. 这就证明了第(3)种情形. 证毕.

31.3　注　　记

我们知道，一般还有下述两类高阶 KdV 方程

$$\frac{\partial u}{\partial t}+\frac{\partial}{\partial x}B^{n+1}(u)=0 \qquad ({}_n\mathrm{KdV})_1$$

其中 $\frac{\partial}{\partial x}B^{n+1}(u):=(D_x^3+2uD_x+u_x)B^n(u)$，$D_x=\frac{\partial}{\partial x}$，$B_u^1=u$，$n=1,2,\cdots$.

$$(2m-1)u_t=X_mu \qquad ({}_m\mathrm{KdV})_2$$

其中 $u=u(x,t)$，且算子 $L_u:=2(u+D_xuD_x^{-1})-D_x^2$，$D_x:=\frac{\partial}{\partial x}$，$D_x^{-1}$ 为其逆，即 $D_x^{-1}=\int\cdot\,\mathrm{d}x$，$u_t=\frac{\partial u}{\partial t}$，$X_mu=L_uX_{m-1}u=D_x\frac{\partial H_m}{\partial u}$，$H_m$ 为 Hamilton 系统，$X_1u=$

$D_x u = D_x \dfrac{\partial H_1}{\partial u}, m = 2, 3, \cdots$.

自然要问：这两类$({}_n\mathrm{KdV})_1$ 方程和$({}_m\mathrm{KdV})_2$ 方程的行波复化亚纯解是否有类似的结构？由于还没有找到一般规律，目前只能研究低阶情形，结果表明，可能出现不能确定的情形.

当 $n=2,3$ 时，$({}_n\mathrm{KdV})_1$ 方程分别为

$$u_t + u_{xxxxx} + 5uu_{xxx} + 10u_x u_{xx} + \frac{15}{2}u^2 u_x = 0 \tag{16}$$

和

$$u_t + u_{xxxxxxx} + 7uu_{xxxxx} + 21u_x u_{xxxx} + 35u_{xx}u_{xxx} + \frac{35}{2}u^2 u_{xxx} + 70uu_x u_{xx} + \frac{35}{2}u^3 u_x + \frac{35}{2}(u_x)^3 = 0 \tag{17}$$

对方程(16) 和(17) 分别作行波变换

$$u(x,t) = w(z), z = x - \lambda t$$

并对 z 积分一次，便分别得到下列形式的非线性微分方程

$$w^{(4)} + 5ww'' + \frac{5}{2}(w')^2 + \frac{5}{2}w^3 - cw - b = 0 \tag{18}$$

和

$$w^{(6)} + 7ww^{(4)} + 14w'w^{(3)} + \frac{21}{2}(w'')^2 + \frac{35}{2}w^2 w'' + \frac{35}{2}w(w')^2 + \frac{35}{8}w^4 - cw - b = 0 \tag{19}$$

其中 c,b 为复常数.

将级数(9) 代入方程(18)，通过计算，得 $m=-2$，$c_m=-4$ 或 $c_m=-12$；同样将级数(9) 代入方程(19)，得 $m=-2$，$c_m=-4$ 或 $c_m=-12$ 或 $c_m=-24$. 因此，方程(18) 和(19) 皆不具有唯一性性质，故无法得到相

类似的亚纯解结构.

同样，考虑 $({}_m\mathrm{KdV})_2$ 方程，当 $m=2,3$ 时，$({}_m\mathrm{KdV})_2$ 方程通过行波变换后所得方程的亚纯解结构.

当 $m=2,3$ 时，$({}_m\mathrm{KdV})_2$ 方程分别为

$$3u_t+u_{xxx}-6uu_x=0 \tag{20}$$

$$5u_t-30u^2u_x+10uu_{xxx}+20u_xu_{xx}-u_{xxxxx}=0 \tag{21}$$

对方程(20),(21)作行波变换

$$u(x,t)=w(z),z=x-ct$$

并对 z 积分一次，便分别得到下列形式的非线性微分方程

$$3w^2+3cw-w''-b=0 \tag{22}$$

$$w^4-10ww''-5(w')^2+10w^3+5cw-b=0 \tag{23}$$

将级数(9)代入方程(22)，通过计算，得 $m=-2,c_m=2$，故方程(22)具有唯一性性质；同样将级数(9)代入方程(23)得 $m=-2,c_m=2$ 或 $c_m=6$，因此，方程(23)不具有唯一性性质，无法得到相类似的亚纯解结构.类似地，通过对方程(22)的亚纯解研究，我们得到下面的结论：

定理 31.2 方程(22)的所有亚纯解 $w\in W$.进一步，其亚纯解只能是下列四种情形：

(1) w 为常数.

(2) w 为有理函数，当且仅当 $b=-\dfrac{3c^2}{4}$.

(3) w 为椭圆函数，此时每个周期格内有一个二重极点.

(4) w 为 $\mathrm{e}^{az}(a\in C)$ 的有理函数.

KdV 方程的延拓结构[①]

第 32 章

青海师范大学民族师范学院数学系的张黎明和加羊杰二位教授在 2011 年利用外微分形式系统和 Lie 代数表示理论提出了求解非线性波方程 Lax 对的延拓结构理论，该方法是构造非线性波方程 Lax 对的系统最有效的方法. 其关键在于如何给出延拓代数的具体表示，如微分算子表示或矩阵表示. 如果一个非线性波方程具有非平凡的延拓代数，则称其延拓代数可积，本章主要利用延拓结构理论，讨论 KdV 方程的解，同时给出了带一个

① 摘编自《纯粹数学与应用数学》，2011 年 2 月第 27 卷第 1 期.

参数的特殊 KdV 方程的线性谱问题.

32.1　引　　言

1975 年,Wohlquist 和 Estabrook 首先提出外延拓概念,并应用到 KdV 方程.他们把 KdV 方程表现为一组等价的外微分形式的闭理想.并将这个闭理想延拓,成功地找到了非线性方程的散射反演化问题,对自对偶 Yang-Mills 方程的外延拓结构做了讨论.可以看出,延拓结构法不仅适用于大量的非线性进化方程,而且由它能比较自然地推广到高维空间中去,因此,在这方面它比散射反演化法具有更大的优越性,而且这种微分几何法有可能成为散射反演法的理论基础.

32.2　主要定理

定理 32.1　设 $\boldsymbol{X}$ 和 $\boldsymbol{Y}$ 是 Lie 代数 $g=Sl(n+1,\mathbf{C})$ 的两个元素,满足 $[\boldsymbol{X},\boldsymbol{Y}]=a\boldsymbol{Y}(a\neq 0)$ 和 $\boldsymbol{X}\in ad\boldsymbol{Y}$,则有 $\boldsymbol{Y}=\boldsymbol{e}_{\pm}$ 且 $\boldsymbol{X}=\pm\frac{1}{2}a\boldsymbol{h}$,这里 $e_{\pm}$ 是 g 的幂零元素,h 是 g 的中心元素.

32.3　KdV 方程的延拓结构

设有 KdV 方程

$$u_t - \frac{1}{4}u_{xxx} + \frac{3}{2}uu_x = 0 \tag{1}$$

为讨论其延拓结构，我们首先引进如下新的独立变量 $u_x = p, u_{xx} = p_x = q$，这样式(1)可写成如下与之等价的一阶偏微分方程组

$$\begin{cases} u_x = p \\ u_{xx} = p_x \\ u_t = \frac{1}{4}q_x - \frac{3}{2}up \end{cases} \tag{2}$$

我们可以在流形 $M=\{x,t,u,p,q\}$ 上定义一组外微分 2－形式

$$\begin{cases} \alpha_1 = \mathrm{d}t \wedge \mathrm{d}u + \mathrm{d}x \wedge \mathrm{d}tp \\ \alpha_2 = \mathrm{d}t \wedge \mathrm{d}p + \mathrm{d}x \wedge \mathrm{d}tq \\ \alpha_3 = \mathrm{d}x \wedge \mathrm{d}u - \mathrm{d}t \wedge \mathrm{d}q(\frac{1}{4}) + \mathrm{d}x \wedge \mathrm{d}t(\frac{3}{2}up) \end{cases} \tag{3}$$

其中 d 表示外导数，∧ 表示外积. 式(3) 前 2 项对应于引入新变元的项，后一项则对应于原始方程的项. 对式(3) 外微分，可得

$$\begin{cases} \mathrm{d}\alpha_1 = \mathrm{d}x \wedge \alpha_2 \\ \mathrm{d}\alpha_2 = \mathrm{d}x \wedge \alpha_3 \\ \mathrm{d}\alpha_3 = -\frac{3}{2}\mathrm{d}x \wedge (\alpha_1 p + \alpha_2 u) \end{cases} \tag{4}$$

因此 $I=\{\alpha_1,\alpha_2,\alpha_3\}$ 在流形 M 上构成闭理想. 当 $\alpha_i(i=1,2,3)$ 限制到解流形 $U=\{u(x,t),p(x,t),q(x,t)\}$ 上为零时，则可以回到方程(1).

我们现在引进 n 个 1－形式 w^k

$$w^k = \mathrm{d}y^k + F^k(x,t,u,p,q,y^i)\mathrm{d}x + G^k(x,t,u,p,q,y^i)\mathrm{d}t, k=1,\cdots,n \tag{5}$$

其中 y^i 为延拓变量，并要求其与 α_i 构成一个新的闭理想，即要求 w^k 满足条件

$$\mathrm{d}\omega^k = \sum_{j=1}^{3} f_j^i \alpha^j + \sum_{j=1}^{n} \eta_j^i \wedge w^j \tag{6}$$

其中 f_j^i 为 0－形式，η_j^i 为 1－形式. 由(3)，(6) 两式可得 F^k 和 G^k 的一阶偏微分方程组

$$\begin{cases} \boldsymbol{F}_p = \boldsymbol{F}_q = \boldsymbol{0}, \boldsymbol{G}_q = \dfrac{1}{4}\boldsymbol{F}_u \\ p\boldsymbol{G}_u + q\boldsymbol{G}_p + \dfrac{3}{2}up\boldsymbol{F}_u + [\boldsymbol{G}, \boldsymbol{F}] = \boldsymbol{0} \end{cases} \tag{7}$$

对方程(7) 中第二个方程关于 q 积分，就得到

$$\boldsymbol{G} = \frac{1}{4}q\boldsymbol{F}_u + \boldsymbol{G}_1(u, p, y^i) \tag{8}$$

对式(8) 分别关于 u 和 p 求导，可得

$$\begin{cases} \boldsymbol{G}_u = \dfrac{1}{4}q\boldsymbol{F}_{uu} + \boldsymbol{G}_1 u \\ \boldsymbol{G}_p = \boldsymbol{G}_1 p \end{cases} \tag{9}$$

将式(9) 代入到式(7) 中，可得

$$\frac{1}{4}pq\boldsymbol{F}_{uu} + p\boldsymbol{G}_{1u} + q\boldsymbol{G}_{1p} + \frac{3}{2}up\boldsymbol{F}_u + \frac{1}{4}q[\boldsymbol{F}_u, \boldsymbol{F}] + [\boldsymbol{G}_1, \boldsymbol{F}] = \boldsymbol{0} \tag{10}$$

然后将上式对 q 求导，可得

$$\frac{1}{4}p\boldsymbol{F}_{uu} + \boldsymbol{G}_{1p} + \frac{1}{4}[\boldsymbol{F}_u, \boldsymbol{F}] = \boldsymbol{0} \tag{11}$$

把式(11) 代入式(10)，可得

$$\boldsymbol{G}_1 = -\frac{1}{8}p^2\boldsymbol{F}_{uu} - \frac{1}{4}p[\boldsymbol{F}_u, \boldsymbol{F}] + \boldsymbol{G}_2(u, y^i) \tag{12}$$

对 $\boldsymbol{G}_1$ 关于 u 求导得

$$\boldsymbol{G}_{1u} = -\frac{1}{8}p^2\boldsymbol{F}_{uuu} - \frac{1}{4}p[\boldsymbol{F}_{uu}, \boldsymbol{F}] + \boldsymbol{G}_{2u} \tag{13}$$

把式(12) 代入式(10) 中,可得

$$\begin{cases} \boldsymbol{F}_{uuu}=\boldsymbol{0},[\boldsymbol{F}_{uu},\boldsymbol{F}]=\boldsymbol{0} \\ \boldsymbol{G}_{2u}=-\dfrac{3}{2}u\boldsymbol{F}_u+\dfrac{1}{4}[[\boldsymbol{F}_u,\boldsymbol{F}],\boldsymbol{F}] \end{cases} \tag{14}$$

由式(7),(8) 和式(12),(13),我们可以令

$$\boldsymbol{F}=\boldsymbol{X}_1+u\boldsymbol{X}_2+u^2\boldsymbol{X}_3 \tag{15}$$

其中 $\boldsymbol{X}_i(i=1,2,3)$ 只依赖于延拓变量 y^j.

令$[\boldsymbol{X}_2,\boldsymbol{X}_1]=\boldsymbol{X}_4$,把 $\boldsymbol{F}$ 代入到式(14) 中,并利用 Jacobi 恒等式,可得到如下的关系式

$$\begin{cases} [\boldsymbol{X}_3,\boldsymbol{X}_2]=[\boldsymbol{X}_3,\boldsymbol{X}_1]=\boldsymbol{0},[\boldsymbol{G}_2,\boldsymbol{F}]=\boldsymbol{0} \\ \boldsymbol{G}_2=-\dfrac{3}{4}u^2\boldsymbol{X}_2+\dfrac{1}{4}u[\boldsymbol{X}_4,\boldsymbol{X}_1]+\dfrac{u^2}{2}[\boldsymbol{X}_4,\boldsymbol{X}_2]+\boldsymbol{X}_0 \end{cases} \tag{16}$$

将 $\boldsymbol{G}_2$ 代入到方程$[\boldsymbol{G}_2,\boldsymbol{F}]=\boldsymbol{0}$,我们比较同次项的系数,得到如下关系式

$$\begin{cases} -\dfrac{3}{4}[\boldsymbol{X}_2,\boldsymbol{X}_1]+\dfrac{1}{8}[[\boldsymbol{X}_4,\boldsymbol{X}_2],\boldsymbol{X}_1]+ \\ \dfrac{1}{4}[[\boldsymbol{X}_4,\boldsymbol{X}_1],\boldsymbol{X}_2]=\boldsymbol{0} \\ [[\boldsymbol{X}_4,\boldsymbol{X}_1],\boldsymbol{X}_1]+[\boldsymbol{X}_0,\boldsymbol{X}_2]=\boldsymbol{0} \\ \dfrac{1}{4}[[\boldsymbol{X}_4,\boldsymbol{X}_2],\boldsymbol{X}_2]=\boldsymbol{0} \\ [\boldsymbol{X}_0,\boldsymbol{X}_1]=\boldsymbol{0} \end{cases} \tag{17}$$

令$[\boldsymbol{X}_4,\boldsymbol{X}_1]=\boldsymbol{X}_5,[\boldsymbol{X}_4,\boldsymbol{X}_2]=\boldsymbol{X}_6$. 利用 Jacobi 恒等式,由式(17) 可得如下的关系式

$$\begin{cases} [\boldsymbol{X}_4,\boldsymbol{X}_1]=[\boldsymbol{X}_2,\boldsymbol{X}_0] \\ [\boldsymbol{X}_6,\boldsymbol{X}_1]=-2\boldsymbol{X}_4 \\ [\boldsymbol{X}_6,\boldsymbol{X}_2]=\boldsymbol{0} \\ [\boldsymbol{X}_0,\boldsymbol{X}_1]=\boldsymbol{0} \end{cases} \tag{18}$$

下面我们介绍一个定理，它在本章的计算和 Lie 代数表示论中起重要作用.

定理 32.2　设 $\boldsymbol{X}$ 和 $\boldsymbol{Y}$ 是 Lie 代数 $g=Sl(n+1,\mathbf{C})$ 的两个元素，满足 $[\boldsymbol{X},\boldsymbol{Y}]=a\boldsymbol{Y}(a\neq 0)$ 和 $\boldsymbol{X}\in ad\boldsymbol{Y}$，则有 $\boldsymbol{Y}=\boldsymbol{e}_{\pm}$ 且 $\boldsymbol{X}=\pm\frac{1}{2}a\boldsymbol{h}$，这里 $\boldsymbol{e}_{\pm}$ 是 g 的幂零元素，$\boldsymbol{h}$ 是 g 的中心元素.

从定理中，我们有 $[\boldsymbol{X}_4,\boldsymbol{X}_2]=-2\boldsymbol{X}_2$ 和 $[\boldsymbol{X}_2,\boldsymbol{X}_1]=\boldsymbol{X}_4$，即 $\boldsymbol{X}_2$ 是幂零元素，$\boldsymbol{X}_4$ 是中心元素. 对于方程(1)我们发现具有如下的标度对称，其中 λ 是谱参数

$$x\rightarrow\lambda^{-1}x,t\rightarrow\lambda^{-3}t,u\rightarrow\lambda^{2}u$$

若要求 w^k 在以上标度变换下保持不变，则有

$$\boldsymbol{F}\rightarrow\lambda\boldsymbol{F},\boldsymbol{G}\rightarrow\lambda^{3}\boldsymbol{G}\tag{19}$$

且 $\boldsymbol{X}_i$ 满足

$$\begin{cases}\boldsymbol{X}_0\rightarrow\boldsymbol{X}_0,\boldsymbol{X}_1\rightarrow\lambda\boldsymbol{X}_1,\boldsymbol{X}_2\rightarrow\lambda^{-1}\boldsymbol{X}_2\\ \boldsymbol{X}_3\rightarrow\boldsymbol{X}_3,\boldsymbol{X}_4\rightarrow\boldsymbol{X}_4,\boldsymbol{X}_5\rightarrow\boldsymbol{X}_5,\boldsymbol{X}_6\rightarrow\boldsymbol{X}_6\end{cases}\tag{20}$$

利用生成元的基 $\{\boldsymbol{X}_i,i=1,2,\cdots,6\}$

$$\boldsymbol{X}_6=2\boldsymbol{X}_2,[\boldsymbol{X}_4,\boldsymbol{X}_2]=2\boldsymbol{X}_2,[\boldsymbol{X}_2,\boldsymbol{X}_1]=\boldsymbol{X}_4\tag{21}$$

我们把延拓代数 y^i 嵌入到 Lie 代数 $SL(2,c)$ 中，根据定理 32.2，我们可设

$$\boldsymbol{X}_2=\boldsymbol{e}_-,\boldsymbol{X}_4=-\boldsymbol{h}\tag{22}$$

则有

$$\boldsymbol{e}_-=\begin{pmatrix}0&0\\-1&0\end{pmatrix},\boldsymbol{h}=\begin{pmatrix}1&0\\0&-1\end{pmatrix},\boldsymbol{e}_+=\begin{pmatrix}0&1\\0&0\end{pmatrix}$$

为了确定 $\boldsymbol{X}_0,\boldsymbol{X}_1,\boldsymbol{X}_2,\boldsymbol{X}_5,\boldsymbol{X}_6$，从(17)，(18)两式中得到 $(\boldsymbol{X}_1,\boldsymbol{X}_2,\cdots,\boldsymbol{X}_6)$ 构成的封闭的 Lie 代数

$$\begin{cases}[\boldsymbol{X}_2,\boldsymbol{X}_1]=\boldsymbol{X}_4,[\boldsymbol{X}_6,\boldsymbol{X}_2]=\boldsymbol{0}\\ [\boldsymbol{X}_3,\boldsymbol{X}_1]=\boldsymbol{0},[\boldsymbol{X}_6,\boldsymbol{X}_1]=2\boldsymbol{X}_4\\ [\boldsymbol{X}_0,\boldsymbol{X}_1]=\boldsymbol{0},[\boldsymbol{X}_4,\boldsymbol{X}_1]=[\boldsymbol{X}_2,\boldsymbol{X}_0]\end{cases}\tag{23}$$

从而我们得到如下的生成元，其中 λ 为谱参数

$$\begin{cases}\boldsymbol{X}_0=\lambda^2\boldsymbol{e}_+ +\lambda^4\boldsymbol{e}_-, \boldsymbol{X}_1=\boldsymbol{e}_+ +\lambda^2\boldsymbol{e}_- \\ \boldsymbol{X}_2=\boldsymbol{e}_-, \boldsymbol{X}_3=\boldsymbol{0}, \boldsymbol{X}_4=-\boldsymbol{h} \\ \boldsymbol{X}_5=-2\boldsymbol{e}_+ -2\lambda^2\boldsymbol{e}_-, \boldsymbol{X}_6=2\boldsymbol{e}_-\end{cases} \tag{24}$$

将以上生成元代入到(8)，(12)，(15) 和(16) 各式中，就得到 F 和 G 的具体表达式

$$\boldsymbol{F}=\begin{pmatrix}0 & 1\\ \lambda^2+u & 0\end{pmatrix}$$

$$\boldsymbol{G}=\begin{pmatrix}\frac{1}{4}p & \lambda^2-\frac{1}{2}u\\ \frac{1}{4}q-\frac{1}{2}u^2+\frac{1}{2}\lambda^2u-\frac{1}{4}\lambda^4 2\lambda^2 & p\end{pmatrix} \tag{25}$$

若要求 $w^k\mid_u=0$，我们可以得到方程(1) 的 Lax 表示

$$\begin{pmatrix}y^1\\ y^2\end{pmatrix}_x=-\boldsymbol{F}\begin{pmatrix}y^1\\ y^2\end{pmatrix}, \begin{pmatrix}y^1\\ y^2\end{pmatrix}_t=-\boldsymbol{G}\begin{pmatrix}y^1\\ y^2\end{pmatrix} \tag{26}$$

32.4　总结与综述

通过延拓结构的方法求得 KdV 方程的 Lax 对，是本章的主要方法，该方法是求解偏微分方程最有效的工具，近来许多研究人员开始普遍在关注.

第九编

KdV 方程的精确解

KdV 方程的精确解析解[①]

第 33 章

安徽大学物理系的韩家骅，徐勇，陈良，刘艳美，赵宗彦5位教授在2002年通过应用行波法，齐次平衡法和Jacobi椭圆函数展开法求解 KdV 方程，不仅获得了该方程的准确周期解及孤波解，而且给出了若干新的精确解析解．这些结果说明，本章所用的方法可以用来求解一大类非线性方程．

非线性波动方程的准确解对理解非线性方程的性质有很大的帮助，特别对于非线性方程的数值解来说，解析解有助于验证数值解的正确性．因

① 摘编自《安徽大学学报（自然科学版）》，2002 年 2 月第 26 卷第 3 期．

此，求解非线性方程的解析解在非线性问题中占有重要的地位.

33.1 行　波　法

考虑下列 KdV 方程

$$\frac{\partial u}{\partial t}+u\frac{\partial u}{\partial x}+\beta\frac{\partial^3 u}{\partial x^3}=0 \tag{1}$$

寻求它的行波解为

$$u=u(\xi),\xi=x-ct \tag{2}$$

其中 c 为常数.将式(2) 代入方程(1) 有

$$-c\frac{\mathrm{d}u}{\mathrm{d}\xi}+u\frac{\mathrm{d}u}{\mathrm{d}\xi}+\beta\frac{\mathrm{d}^3 u}{\mathrm{d}\xi^3}=0 \tag{3}$$

方程(3) 可以改写为

$$\left(\frac{\mathrm{d}u}{\mathrm{d}\xi}\right)^2=-\frac{1}{3\beta}(u-u_1)(u-u_2)(u-u_3) \tag{4}$$

方程(4) 属于椭圆方程,若 $\beta>0$,它有解

$$u=u_2-(u_1-u_2)cn^2\left[\sqrt{\frac{u_1-u_3}{-12\beta}}(\xi-\xi_0),m\right]$$
$$(u_3\leqslant u\leqslant u_2) \tag{5}$$

其中 ξ_0 为积分常数,而模数

$$m=\sqrt{\frac{u_1-u_2}{u_1-u_3}} \tag{6}$$

若 $\beta<0$,方程(4) 的解为

$$u=u_2+(u_1-u_2)cn^2\left[\sqrt{\frac{u_1-u_2}{12\beta}}(\xi-\xi_0),m\right]$$
$$(u_2\leqslant u\leqslant u_2) \tag{7}$$

其中

$$m = \sqrt{\frac{u_2 - u_3}{u_1 - u_3}} \tag{8}$$

式(5)或式(7)就是 KdV 方程(1)的行波解,称为椭圆余弦波.

对于 $\beta > 0$ 的情况,有式(5)表征的椭圆余弦波解是一个周期函数,其振幅

$$a = u_1 - u_2 \tag{9}$$

因 $cn^2 x$ 的周期为 $2K(m)$,故椭圆余弦波的波长为

$$L = \frac{2K(m)}{\sqrt{\frac{u_1 - u_3}{12\beta}}} = \frac{4K(m)}{\sqrt{\frac{u_1 - u_3}{3\beta}}} \tag{10}$$

其中

$$K(m) = \int_0^{\frac{\pi}{2}} \frac{1}{\sqrt{1 - m^2 \sin^2 \varphi}} \mathrm{d}\varphi \tag{11}$$

为第一类 Legendre(勒让德)完全椭圆积分. 当 $u_1 \to u_2$ 时,模数 $m \to 0$,此时 $\mathrm{cn}\ x \to \cos x$,则解式(5)化为

$$u = \frac{1}{2}(u_1 + u_2) + \frac{1}{2}(u_1 - u_2)\cos\sqrt{\frac{u_1 - u_3}{12\beta}}(\xi - \xi_0) \tag{12}$$

这是振幅 $\frac{1}{2}(u_1 - u_2) \to 0$ 的线性波. 而当 $u_2 \to u_3$ 时,模数 $m \to 1$,此时因 $\mathrm{cn}\ x \to \mathrm{sech}\ x$,则解(12)化为

$$u = u_2 + (u_1 - u_2)\mathrm{sech}^2\left[\sqrt{\frac{u_1 - u_2}{12\beta}}(\xi - \xi_0)\right] \tag{13}$$

显然,由上式有

$$u\,|_{\xi-\xi_0=0} = u_1, u\,|_{\xi-\xi_0=0} = u_2 \tag{14}$$

称式(13)为孤立波,它在移动过程中保持形状不变,

常称为孤立子，$\sqrt{\dfrac{12\beta}{u_1-u_2}}$ 称为孤立子宽度. 对于 $\beta<0$ 的式(7) 也可做类似讨论.

33.2 齐次平衡法

应用变换

$$\xi=\beta^{-\frac{1}{3}}x,\nu=\frac{1}{6}\beta^{-\frac{1}{3}}u \tag{15}$$

方程(1) 可以化为

$$\frac{\partial\nu}{\partial t}+6\nu\frac{\partial\nu}{\partial x}+\frac{\partial^3\nu}{\partial x^3}=0 \tag{16}$$

为方便，设 $\nu\to u,\xi\to x,t\to t$，则上式化为

$$\frac{\partial u}{\partial t}+6u\frac{\partial u}{\partial x}+\frac{\partial^3 u}{\partial x^3}=0 \tag{17}$$

为使非线性项 $6u\dfrac{\partial u}{\partial x}=6uu_x$ 与最高次导数项 $\dfrac{\partial^3 u}{\partial x^3}=u_{xx}$ 部分平衡，设式(17) 具有如下形式解

$$u=f''^2_x+f'\omega_{xx} \tag{18}$$

其中 $f=f(w)$，$\omega=w(x,t)$ 为待定系数. 把式(18) 代入式(17) 可得

$$\begin{aligned}u_t+6uu_x+u_{xxx}=&(6f''f'''+f^{(5)})\omega_x^5+\\&(18f''^2+6f'f'''+10f^{(4)})w_x^3w_{xx}+\\&(f'''w_x^2w_t+6f'f''w_x^2w_{xxx}+\\&18f'f''w_xw_{xx}^2+15f'''w_xw_{xx}^2+\\&10f'''w_x^2w_{xxx})+\\&(2f''w_xw_{xt}+f''w_tw_{xx}+\\&6f'^2w_{xx}w_{xxx}+10f''w_{xx}w_{xxx}+\end{aligned}$$

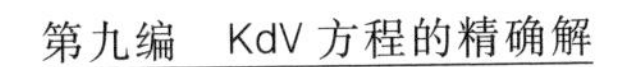

$$5f''w_xw_{xxxx})+$$
$$(w_{xxt}+w_{xxxx})f'=0 \tag{19}$$

令

$$6f''f'''+f^{(5)}=0 \tag{20}$$

又解得 $f=2\ln w$

进而可得如下关系

$$\begin{cases}f''^2=-\dfrac{1}{3}f^{(4)},f'f'''=-\dfrac{2}{3}f^{(4)}\\ f'f'''=-f''',f'^2=-2f''\end{cases} \tag{22}$$

利用式(20)和式(22),式(19)可简化为

$$\begin{aligned}u_t+6uu_x+u_{xxx}=&(w_x^2w_t+4w_x^2w_{xxx}-3w_xw_{xx}^2)f'''+\\&(2w_xw_{xt}+w_tw_{xx}-2w_{xx}w_{xxx}+\\&5w_xw_{xxxx})f''+(w_{xxt}+w_{xxxxx})f'\\=&0\end{aligned} \tag{23}$$

令 f''',f'' 和 f' 的系数为零,要使这些条件成立,只需满足

$$w_{xt}+w_{xxxx}=0 \tag{24}$$

$$w_xw_t+4w_xw_{xxx}-3w_{xx}^2=0 \tag{25}$$

由于齐次方程具有指数形式的解,依齐次平衡法,可假设式(24)和(25)具有如下形式的解

$$w(x,t)=1+\mathrm{e}^{\nu x+\omega t}$$

其中 ν 和 ω 为待定常数,但这样只能得出孤波解.

下面我们直接求解式(24)和(25).由式(25)解出 w_{xt},再对 x 微分一次,利用式(24)及相容性条件 $w_{xt}=w_{tx}$ 可得如下四阶常微分方程

$$w_{xxxx}-\left(\frac{w_{xx}^2}{w_x}\right)_x=0 \tag{26}$$

可解得

$$w_{xx}=y_x=\sqrt{\eta}=\left\{e^{\int\frac{2}{y}dy}\left[a_2(t)+2\int a_1(t)e^{-\int\frac{2}{y}dy}dy\right]\right\}^{\frac{1}{2}}$$

$$=\sqrt{a_2(t)y^2-2a_1(t)y} \tag{27}$$

其中 $a_1(t)$ 和 $a_2(t)$ 为关于 t 的积分函数. 下面分 5 种情形讨论 KdV 方程的解.

(1)

$$a_1=a_2=0 \tag{28}$$

由式(27) 可得

$$\omega=a_3(t)x+a_4(t) \tag{29}$$

把式(29) 代入方程(24) 和(25), 可知

$$a_3(t)=c_1, a_4(t)=c_2 \tag{30}$$

其中 c_1, c_2 为任意常数. 这样

$$\omega=c_1x+c_2 \tag{31}$$

把式(21) 和式(31) 代入式(18) 得到 KdV 方程的一种平衡解

$$u=\frac{-2c_1^2}{(c_1x+c_2)^2} \tag{32}$$

(2)

$$a_1=0, a_2>0 \tag{33}$$

由式(27) 得到

$$w=\pm\frac{e^{a_3(t)}}{\sqrt{a_2(t)}}e^{\pm\sqrt{a_2(t)x}}+a_6(t)$$

$$=a_5(t)e^{a_4(t)x}+a_6(t) \tag{34}$$

将式(34) 代入式(24) 有

$$a_4(t)a_5(t)a_4(t)xe^{a_4(t)x}+$$

$$[a'_4(t)a_5(t)+a'_5(t)a_4(t)+a_4^4(t)a_5(t)]e^{a_4(t)x}=0 \tag{35}$$

令 $xe^{a_4(t)x}$, $e^{a_4(t)x}$ 的系数为 0, 解得

$$a_4(t)=c_1, a_5(t)=c_2\mathrm{e}^{-c_1^3 t}, a_6(t)=c_3 \tag{36}$$

因此

$$\omega=c_3+c_2\mathrm{e}^{-c_1^3 t+c_1 x} \tag{37}$$

将式(21),式(37)代入式(18),使得 KdV 方程(17)的孤波解

$$u=2\frac{\partial}{\partial x}\left[\frac{c_1c_2\mathrm{e}^{-c_1^3 t+c_1 x}}{c_3+c_2\mathrm{e}^{-c_1^3 t+c_1 x}}\right]$$

$$=\frac{c_1^2}{2}\operatorname{sech}^2\left[\frac{c_1}{2}(x-c_1^2 t)+\ln c_2-\ln c_3\right] \tag{38}$$

特别取

$$c_1=2c, c_2=c_3=1 \tag{39}$$

可得常见 KdV 方程的钟状孤立解

$$u=2c^2\operatorname{sech}^2[c(x-4c^2 t)] \tag{40}$$

(3)

$$a_1\neq 0, a_2=0 \tag{41}$$

由式(27)

$$\omega=-\frac{1}{6}a_1(t)[x+a_3(t)]^3+a_4(t) \tag{42}$$

把上式代入式(24)和(25),类似上述作法可知

$$\omega=c_1(x+c_2)^3+12c_1 t \tag{43}$$

其中 c_1,c_2 为常数.从而由(18),(21)和(43)三式,可得 KdV 方程(17)的解

$$u=\frac{6(x+c_2)[24t+(x+c_2)^3]}{[12t-(x+c_2)^3]^2} \tag{44}$$

(4)

$$a_1\neq 0, a_2>0 \tag{45}$$

由式(27)可解得

$$\omega=\frac{|a_1|a_3}{2a_2\sqrt{a_2}}\mathrm{e}^{\sqrt{a_2}x}-\frac{|a_1|}{2a_2a_3\sqrt{a_2}}\mathrm{e}^{-\sqrt{a_2}x}+$$

$$\frac{a_1}{a_2}x+a_8(t)$$

$$=a_5\mathrm{e}^{a_4x}+a_6\mathrm{e}^{-a_4x}+a_7x+a_8 \tag{46}$$

把上式代入式(24)和(25),类似前面作法,可得方程(17)的两组解

$$u=4c_1^2\times(-4c_2c_3\pm c_2\sqrt{c_2c_3}(c_1x-3c_1^3t-2)\mathrm{e}^{-c_1^3t+c_1x}\mp c_3\sqrt{c_2c_3}(c_1x-3c_1^3t+2)\mathrm{e}^{c_1^3t+c_1x})\cdot(\pm\sqrt{c_2c_3}(c_1x-3c_1^3t)+c_2\mathrm{e}^{-c_1^3t+c_1x}-c_3\mathrm{e}^{c_1^3t-c_1x})^{-2} \tag{47}$$

其中 $c_2c_3>0$.

(5)$a_1\neq 0, a_2<0$.

由式(27)可解得

$$\omega=\frac{a_1}{a_2}\left(x+\frac{1}{\sqrt{-a_2}}\cos(\sqrt{-a_2}(x+a_3))\right)+a_4 \tag{48}$$

将式(48)代入式(24)和(25),类似前面做法,可得方程(17)的解

$$u=-2c_1^2\frac{(c_1x+3c_1^3t)\cos(c_1x-c_1^3t)-2\sin(c_1x-c_1^3t)+2}{(c_1x+3c_1^3t+\cos(c_1x-c_1^3t))^2} \tag{49}$$

从上述5种情形的解可见,采用齐次平衡法求解KdV方程,不仅得到了熟知的孤波解,还得出了另外5种类型新的精确解.

33.3 Jacobi 椭圆函数展开法

设KdV方程(1)的行波解为

$$u=u(\xi),\xi=k(x-ct) \tag{50}$$

其中 k 和 c 分别为波数和波速.把式(50)代入方程(1)求得

$$-c\frac{\mathrm{d}u}{\mathrm{d}\xi}+u\frac{\mathrm{d}u}{\mathrm{d}\xi}+\beta k^2\frac{\mathrm{d}^3u}{\mathrm{d}\xi^3}=0 \tag{51}$$

设 $u(\xi)$ 可展开下列 Jacobi 椭圆正弦函数 $\mathrm{sn}\,\xi$ 的级数

$$u(\xi)=\sum_{j=0}^{+\infty}a_j\mathrm{sn}^j\xi \tag{52}$$

由式(52)知

$$O(u\frac{\mathrm{d}u}{\mathrm{d}\xi})=2n+1,O(\frac{\mathrm{d}^3u}{\mathrm{d}\xi^3})=n+3 \tag{53}$$

两者平衡,有

$$n=2 \tag{54}$$

所以方程(51)的解为

$$u(\xi)=a_0+a_1\mathrm{sn}\,\xi+a_2\mathrm{sn}^2\xi \tag{55}$$

把式(55)代入方程(51),有

$$\begin{aligned}&(-(c-a_0+(1+m^2)\beta k^2)a_1+\\&(a_1^2-2(c-a_0+4(1+m^2)\beta k^2)a_2)\mathrm{sn}\,\xi)\mathrm{cn}\,\xi\mathrm{dn}\,\xi+\\&3a_1(a_2+2m^2\beta k^2)\mathrm{sn}^2\xi\mathrm{cn}\,\xi\mathrm{dn}\,\xi+\\&2a_2(a_2+12m^2\beta k^2)\cdot\mathrm{sn}^2\xi\mathrm{cn}\,\xi\mathrm{dn}\,\xi=0\end{aligned} \tag{56}$$

由此定得

$$a_1=0,a_0=c+4(1+m^2)\beta k^2,a_2=-12m^2\beta k^2 \tag{57}$$

代入式(55),最后求得

$$\begin{aligned}u&=c+4(1+m^2)\beta k^2-12m^2\beta k^2\mathrm{sn}^2\xi\\&=c+4(1-2m^2)\beta k^2+12m^2\beta k^2\mathrm{cn}^2\xi\end{aligned} \tag{58}$$

这就是 KdV 方程(1)的准确周期解,也是 KdV 方程的椭圆余弦波解.取 $m=1$,则式(58)化为

$$u = c - 4\beta k^2 + 12\beta k^2 \operatorname{sech}^2 \xi \tag{59}$$

这就是 KdV 方程(1) 的孤立波解，特别地取 $c = 4\beta K^2$，则式(58) 化为

$$u = 3c\operatorname{sech}^2 \sqrt{\frac{c}{4\beta}}(x - ct) \tag{60}$$

此即 KdV 方程(1) 的钟状孤波解.

33.4 结　束　语

本章分别采用行波法，齐次平衡法和 Jacobi 椭圆函数展开法，求得 KdV 方程的准确周期解和新的精确解析解，并且周期解中包含了孤立波解. 这些方法可以用来求解一大类非线性方程，相信它们在非线性方程的求解中将会发挥其重要作用.

带强迫项变系数组合 KdV 方程的显式精确解①

第 34 章

34.1　引　　言

随着非线性科学的发展，非线性发展方程的求解成为广大物理学、力学、地球科学、生命科学、应用数学和工程技术工作者研究的一个重要课题，多年来许多数学家、物理学家为此做了大量的工作. 常系数非线性方程只能近似地反映实际物质运动变化规律，而变系数非线性方程却能更加准确地描述物质的属性，因此研究变系

① 摘编自《物理学报》，2006 年 11 月第 55 卷第 11 期.

数非线性方程的精确解显得十分重要，近年来，人们已经发现了一些有效的求解方法，如变分法、截断展开法、齐次平衡法、Backlund 变换法、F- 展开法、分离变量法、Jacobi 椭圆函数法、形变映射法等. 江苏大学非线性科学研究中心的卢殿臣，洪宝剑，田立新三位教授在 2006 年运用两个推广形式的 Riccati 方程组求解带强迫项变系数组合 KdV 方程

$$u_t + \alpha(t)uu_x + m(t)u^2u_x + \beta(t)u_{xxx} = R(t) \quad (1)$$

其中 $\alpha(t)$，$m(t)$，$\beta(t)$，$R(t)$ 为 t 的任意函数，当 $R(t)=0$，$\alpha(t)$，$m(t)$，$\beta(t)$ 为常数时转化为组合 KdV 方程，该方程是 KdV 和 mKdV 方程的复合，广泛应用于等离子体物理、固体物理、原子物理、流体力学和量子场理论等领域，在等离子体物理中它描述了无 Landau(兰道) 衰变小振幅离子声波的传播，在固体物理中用于解释通过氟化钠单晶的热脉冲传播，同时还可以很好地描述在具有非谐束缚粒子的一维非线性晶格中波的传播，又可作为流体力学中的一个模型方程；当 $R(t)=0$，$\alpha(t)=0$，$m(t)$，$\beta(t)$ 为常数时转化为 mKdV 方程，用来描述非调和晶格中声波的传播和一个无碰撞等离子体的 Alfen 波的运动；当 $R(t)=0$，$m(t)=0$，$\alpha(t)$，$\beta(t)$ 为常数时转化为 KdV 方程，众所周知，它是最典型的非线性色散波动方程的代表. 因此，研究方程(1)的精确解有重要的理论和实际价值.

34.2 推广的 Riccati 方程法

对非线性发展方程

$$P(u,u_t,u_x,uu_x,u_{xt},u_{xx},u_{xxx},\cdots)=0 \tag{2}$$

我们寻找如下形式的解

$$u(x,t)=\sum_{i=0}^{n}a_i f^i(\xi)+\sum_{j=0}^{n}b_j f^{j-1}(\xi)g(\xi) \tag{3}$$

其中 $a_0=a_0(t),a_i=a_i(t),b_j=b_j(t)(i,j=1,2,\cdots,n)$，$\xi=\xi(x,t)$ 均是关于相应变元的任意函数，n 是待定常数，它可以通过平衡最高阶导数项和非线性项确定，而 $f(\xi),g(\xi)$ 满足如下投影 Riccati 方程组

$$\begin{cases}f'(\xi)=-qf(\xi)g(\xi)\\ g'(\xi)=q[1-g^2(\xi)-rf(\xi)]\\ g^2(\xi)=1-2rf(\xi)+(r^2+\varepsilon)f^2(\xi)\end{cases} \tag{4}$$

这里′表示$\frac{\mathrm{d}}{\mathrm{d}\xi}$，$r,q$ 为任何实数，$\varepsilon=\pm1$，后面相同，方程组(4)有下列解

$$\begin{cases}f_1(\xi)=\dfrac{a}{b\cosh(q\xi)+c\sinh(q\xi)+ar}\\ g_1(\xi)=\dfrac{b\sinh(q\xi)+c\cosh(q\xi)}{b\cosh(q\xi)+c\sinh(q\xi)+ar}\end{cases} \tag{5}$$

其中 a,b,c 满足条件：当 $\varepsilon=1$ 时，$c^2=a^2+b^2$，当 $\varepsilon=-1$ 时，$b^2=a^2+c^2$

$$\begin{cases}f'(\xi)=qf(\xi)g(\xi)\\ g'(\xi)=q[1+g^2(\xi)-rf(\xi)]\\ g^2(\xi)=-1+2rf(\xi)+(1-r^2)f^2(\xi)\end{cases} \tag{6}$$

方程组(6)有下列解

$$\begin{cases}f_2(\xi)=\dfrac{a}{b\cos(q\xi)+c\sin(q\xi)+ar}\\ g_2(\xi)=\dfrac{b\sin(q\xi)-c\cos(q\xi)}{b\cos(q\xi)+c\sin(q\xi)+ar}\end{cases} \tag{7}$$

其中 a,b,c 满足条件 $a^2=b^2+c^2$.

将(3),(4)两式和(3),(6)两式分别代入式(1)并令 $f^i(\xi)g^j(\xi)(i=1,2,\cdots;j=0,1,\cdots)$ 的系数为零,可得一关于所有待定系数的非线性代数方程组(NAEs),借助Mathematica软件求解该NAEs便可由(5),(7)两式得到式(1)的精确解.

显然,若将(5),(7)两式转换成 $\operatorname{sech}(\xi)$,$\operatorname{csch}(\xi)$,$\tanh(\xi)$,$\coth(\xi)$,$\sec(\xi)$,$\csc(\xi)$,$\tan(\xi)$,$\cot(\xi)$ 的形式,对(5),(7)两式选取特殊的 a,b,c,q,r 的值,就可以得到很多新的结果.

若式(5)中取 $\varepsilon=-1,r=c=0,b=a,q=1$,则得钟型孤波解、扭型孤波解 $f_{1'}(\xi)=\operatorname{sech}\xi,g_{1'}(\xi)=\tanh\xi$;取 $\varepsilon=1,r=b=0,c=a,q=1$,则得奇异行波解:$f_{1''}(\xi)=\operatorname{csch}\xi,g_{1''}(\xi)=\coth\xi$;同理在式(7)中选特殊的 r,c,b,a,q 则可得 $\sec\xi,\csc\xi,\tan\xi,\cot\xi$ 型的三角函数周期解.

注记 这里给出的新的Riccati方程组(4),(6),得到的解(5),(7),方程简单,解组丰富,适普性更强.

34.3 带强迫项变系数组合KdV方程的精确解

由齐次平衡原则,可设

$$u(\xi)=a_0(t)+a_1(t)f(\xi)+a_2(t)g(\xi) \tag{8}$$

其中 $\xi(x,t)=k(t)x+l(t)+\xi_0$,$\xi_0$ 为任意常数.

情形 1

将(4),(8)两式代入式(1),并令 $f^i(\xi)g^j(\xi)(i=1,2,\cdots,j=0,1)$ 系数为零得

$a_{0t}(t)-R(t)=0,a_{2t}(t)=0$

$$(12a_2k^3q^3r\beta-2a_1a_2kq\alpha)(\varepsilon+r^2)+$$
$$a_2kmqr(3a_2^2\varepsilon-4a_0a_1r+3a_2^2r^2)+$$
$$a_1a_2kmq(5a_1r-4a_0\varepsilon)=0$$

$$3a_1^2a_2\varepsilon kmq+a_2^3kmq+3a_1^2a_2kmqr^2+$$
$$2a_2^3\varepsilon kmqr^2+a_2^3kmqr^4+6a_2k^3q^3\beta+$$
$$12a_2\varepsilon k^3q^3\beta r^2+6a_2k^3q^3\beta r^4=0$$

$$-2a_0a_1^2kmq-2a_0a_2^2\varepsilon kmq-a_2^2\varepsilon kq\alpha-$$
$$2a_0a_2^2kmqr^2-a_1^2kq\alpha+4a_1a_2^2kmqr-$$
$$a_2^2kqr^2\alpha+6a_1k^3q^3r\beta=0$$

$$a_1^3kmq+3a_1a_2^2\varepsilon kmq+3a_1a_2^2kmqr^2+$$
$$6a_1\varepsilon k^3q^3\beta r+6a_1k^3q^3r^2\beta=0$$

$$-a_0^2a_1kmq-a_1a_2^2kmq+2a_0a_2^2kmqr-$$
$$a_0a_1kq\alpha+a_2^2kqr\alpha-a_1k^3q^3\beta-$$
$$a_1qxk_t-a_1ql_t=0$$

$$-2a_0a_1a_2kmq+a_0^2a_2kmqr+a_2^3kmqr-$$
$$a_1a_2kq\alpha+a_0a_2kqr\alpha+a_2k^3q^3r\beta+$$
$$a_{1t}+a_2qrxk_t+a_2qrl_t=0$$

$$-2a_1^2a_2kmq-a_0^2a_2\varepsilon kmq-a_2^3\varepsilon kmq+$$
$$6a_0a_1a_2kmqr-a_0^2a_2kmqr^2-$$
$$3a_2^3kmqr^2-a_0a_2\varepsilon kq\alpha+3a_1a_2kqr\alpha-$$
$$a_0a_2kqr^2\alpha-4a_2\varepsilon k^3q^3\beta-7a_2k^3q^3r^2\beta-$$
$$a_2\varepsilon qxk_t-a_2qr^2xk_t-a_2\varepsilon ql_t-a_2qr^2l_t=0$$

其中 $a_0=a_0(t)$，$a_1=a_1(t)$，$a_2=a_2(t)$，$k=k(t)$，$l=l(t)$，$\alpha=\alpha(t)$，$\beta=\beta(t)$，$m=m(t)$，$R=R(t)$；$\varepsilon=\pm1$，q，r 为任意实数，下标 t 表示对 t 求偏导.

借助 mathematica 和吴消元法可得三组解：

(1) $\beta(t)=C_0m(t)$，$k(t)=k_0$

$$a_0(t)=\int R(t)\mathrm{d}t+C_1$$

$$a_1(t)=\pm k_0 q\sqrt{-6C_0(r^2+\varepsilon)}$$

$$a_2(t)=0$$

$$l(t)=\int(-k_0 m(t)(\int R(t)\mathrm{d}t+C_1)^2-$$

$$k_0(\int R(t)\mathrm{d}t+C_1)\alpha(t)-$$

$$k_0^3 q^2 C_0 m(t))\mathrm{d}t+C_2$$

其中 $R(t),\alpha(t),m(t)$ 满足约束关系

$$\int R(t)\mathrm{d}t+C_1=-\frac{\alpha(t)}{2m(t)}\mp C_3$$

$$C_3=\frac{k_0 qr\sqrt{-6C_0(r^2+\varepsilon)}}{2(r^2+\varepsilon)}$$

且 $\varepsilon=\pm 1, r^2\neq-\varepsilon; k_0\neq 0, q\neq 0, C_0\neq 0, C_1, C_2$ 均为任意常数,后面相同.

(2)$\beta(t)=C_0 m(t), k(t)=k_0, r=\mathrm{i}, \varepsilon=1$

$$a_0(t)=\int R(t)\mathrm{d}t+C_1, a_1(t)=0$$

$$a_2(t)=\pm k_0 q\sqrt{\frac{-3C_0}{2}}$$

$$l(t)=\int\left(\frac{k_0\alpha^2(t)}{4m(t)}+\frac{k_0^3 q^2 C_0 m(t)}{2}\right)\mathrm{d}t+C_2$$

其中 $R(t),\alpha(t),m(t)$ 满足约束关系 $\int R(t)\mathrm{d}t+C_1=-\frac{\alpha(t)}{2m(t)}$;这里 $\mathrm{i}^2=-1$.

(3)$\beta(t)=C_0 m(t), k(t)=k_0, r=\pm 1, \varepsilon=-1$

$$a_2(t)=\pm k_0 q\sqrt{\frac{-3C_0}{2}}$$

$$a_0(t)=\int R(t)\mathrm{d}t+C_1, a_1(t)=0$$

$$l(t)=\int\left(\frac{k_0\alpha^2(t)}{4m(t)}+\frac{k_0^3q^2C_0m(t)}{2}\right)\mathrm{d}t+C_2$$

其中 $R(t),\alpha(t),m(t)$ 满足约束关系

$$\int R(t)\mathrm{d}t+C_1=-\frac{\alpha(t)}{2m(t)}$$

所以式(1) 有类孤波解

$$u_{11}(x,t)=u_{11}(\xi_{11})=\int R(t)\mathrm{d}t+C_1\pm\frac{ak_0q\sqrt{-6C_0(r^2+\varepsilon)}}{b\cosh(q\xi_{11})+c\sinh(q\xi_{11})+ar}$$

$$\begin{aligned}u_{12}(x,t)&=u_{12}(\xi_{12})\\&=\int R(t)\mathrm{d}t+C_1\pm k_0q\sqrt{\frac{-3C_0}{2}}\cdot\frac{b\sinh(q\xi_{12})+c\cosh(q\xi_{12})}{b\cosh(q\xi_{12})+c\sinh(q\xi_{12})+a_1}\end{aligned}$$

$$\begin{aligned}u_{13}(x,t)&=u_{13}(\xi_{13})\\&=\int R(t)\mathrm{d}t+C_1\pm k_0q\sqrt{\frac{-3C_0}{2}}\cdot\frac{b\sinh(q\xi_{13})+c\cosh(q\xi_{13})}{b\cosh(q\xi_{13})+c\sinh(q\xi_{13})\pm a}\end{aligned}$$

其中

$$\xi_{11}(x,t)=k_0x+\int\{-k_0m(t)[\int R(t)\mathrm{d}t+C_1]^2-k_0[\int R(t)\mathrm{d}t+C_1]\alpha(t)-k_0^3q^2C_0m(t)\}\mathrm{d}t+C_2$$

$$\begin{aligned}\xi_{12}(x,t)&=\xi_{13}(x,t)\\&=k_0x+\int\left(\frac{k_0\alpha^2(t)}{4m(t)}+\frac{k_0^3q^2C_0m(t)}{2}\right)\mathrm{d}t+C_2\end{aligned}$$

情形 2

同理，将(6)，(8) 两式代入式(1) 并令

$$f^{i}(\xi)g^{j}(\xi)(i=1,2,\cdots;j=0,1)$$

系数为零得一 NAEs

$$a_{0t}(t)-R(t)=0, a_{2t}(t)=0$$

$$a_2kmqr(3a_2^2-4a_0a_1r-3a_2^2r^2)+$$
$$(2a_1a_2kq\alpha+12a_2k^3q^3r\beta)(1-r^2)-$$
$$a_1a_2kmq(4a_0+5a_1r)=0$$

$$3a_1^2a_2kmq+a_2^3kmq-3a_1^2a_2kmqr^2-$$
$$2a_2^3\varepsilon kmqr^2+a_2^3kmqr^4+6a_2k^3q^3\beta-$$
$$12a_2k^3q^3\beta r^2+6a_2k^3q^3\beta r^4=0$$

$$2a_0a_1^2kmq+2a_0a_2^2kmq+4a_1a_2^2kmqr-$$
$$2a_0a_2^2kmqr^2+a_1^2kq\alpha+a_2^2kq\alpha-$$
$$a_2^2kqr^2\alpha+6a_1k^3q^3r\beta=0$$

$$a_1^3kmq+3a_1a_2^2kmq-3a_1a_2^2kmqr^2+$$
$$6a_1k^3q^3\beta-6a_1k^3q^3r^2\beta=0$$

$$kmq(a_0^2a_1-a_1a_2^2+2a_0a_2^2r)-$$
$$a_1k^3q^3\beta+kq\alpha(a_0a_1+a_2^2r)+$$
$$a_1qxk_t+a_1ql_t=0$$

$$-2a_0a_1a_2kmq+a_0^2a_2kmqr-a_2^3kmqr-$$
$$a_1a_2kq\alpha+a_0a_2kqr\alpha-a_2k^3q^3r\beta+$$
$$a_{1t}+a_2qrxk_t+a_2qrl_t=0$$

$$a_2kmq(a_0^2-2a_1^2-a_2^2)+$$
$$a_2kmqr(6a_0a_1-a_0^2r+3a_2^2r)-$$
$$4a_2k^3q^3\beta-a_2qr^2xk_t+$$
$$a_2kq\alpha(a_0+3a_1-a_0r^2)+7a_2k^3q^3r^2\beta+$$
$$a_2qxk_t+a_2ql_t-a_2qr^2l_t=0$$

解之得

(1)$\beta(t)=C_0m(t),k(t)=k_0,a_2(t)=0$

$$a_1(t)=\pm k_0q\sqrt{6C_0(r^2-1)}$$

$$a_0(t)=\int R(t)\mathrm{d}t+C_1$$

$$l(t)=\int(-k_0m(t)(\int R(t)\mathrm{d}t+C_1)^2-$$

$$k_0(\int R(t)\mathrm{d}t+C_1)\alpha(t)+$$

$$k_0^3q^2C_0m(t)\}\mathrm{d}t+C_2$$

其中 $R(t),\alpha(t),m(t)$ 满足约束关系

$$\int R(t)\mathrm{d}t+C_1=-\frac{\alpha(t)}{2m(t)}\mp C_3$$

$$C_3=k_0qr\sqrt{\frac{3C_0}{2(r^2-1)}}$$

且 $r\neq\pm 1;k_0\neq 0,q\neq 0,C_0\neq 0,C_1,C_2$ 均为任意常数,后面同理.

(2)$\beta(t)=C_0m(t),k(t)=k_0,r=\pm 1$

$$a_0(t)=\int R(t)\mathrm{d}t+C_1,a_1(t)=0$$

$$a_2(t)=\pm k_0q\sqrt{\frac{-3C_0}{2}}$$

$$l(t)=\int\left(\frac{k_0\alpha^2(t)}{4m(t)}-\frac{k_0^3q^2C_0m(t)}{2}\right)\mathrm{d}t+C_2$$

其中 $R(t),\alpha(t),m(t)$ 满足约束关系

$$\int R(t)\mathrm{d}t+C_1=-\frac{\alpha(t)}{2m(t)}$$

(3)$\beta(t)=C_0m(t),k(t)=k_0,r=0,a_1(t)=0$

$$a_0(t)=\int R(t)\mathrm{d}t+C_1,a_2(t)=\pm k_0q\sqrt{-6C_0}$$

$$l(t)=\int\left(\frac{k_0\alpha^2(t)}{4m(t)}-2k_0^3q^2C_0m(t)\right)\mathrm{d}t+C_2$$

其中 $R(t)$，$\alpha(t)$，$m(t)$ 满足约束关系

$$\int R(t)\mathrm{d}t + C_1 = -\frac{\alpha(t)}{2m(t)}$$

所以式(1) 有类周期解

$$u_{21}(x,t) = u_{21}(\xi_{21}) = \int R(t)\mathrm{d}t + C_1 \pm \frac{ak_0 q\sqrt{6C_0(r^2-1)}}{b\cos(q\xi_{21}) + c\sin(q\xi_{21}) + ar}$$

$$\begin{aligned} u_{22}(x,t) &= u_{22}(\xi_{22}) \\ &= \int R(t)\mathrm{d}t + C_1 \pm k_0 q\sqrt{\frac{-3C_0}{2}} \cdot \frac{b\sin(q\xi_{22}) - c\cos(q\xi_{22})}{b\cos(q\xi_{22}) + c\sin(q\xi_{22}) \pm a} \end{aligned}$$

$$\begin{aligned} u_{23}(x,t) &= u_{23}(\xi_{23}) \\ &= \int R(t)\mathrm{d}t + C_1 \pm k_0 q\sqrt{-6C_0} \cdot \frac{b\sin(q\xi_{23}) - c\cosh(q\xi_{23})}{b\cos(q\xi_{23}) + c\sinh(q\xi_{23})} \end{aligned}$$

其中

$$\begin{aligned} \xi_{21}(x,t) = k_0 x + \int (&-k_0 m(t)(\int R(t)\mathrm{d}t + C_1)^2 - \\ &k_0(\int R(t)\mathrm{d}t + C_1)\alpha(t) + \\ &k_0^3 q^2 C_0 m(t))\mathrm{d}t + C_2 \end{aligned}$$

$$\xi_{22}(x,t) = k_0 x + \int \left(\frac{k_0\alpha^2(t)}{4m(t)} - \frac{k_0^3 q^2 C_0 m(t)}{2}\right)\mathrm{d}t + C_2$$

$$\xi_{23}(x,t) = k_0 x + \int \left(\frac{k_0\alpha^2(t)}{4m(t)} - 2k_0^3 q^2 C_0 m(t)\right)\mathrm{d}t + C_2$$

显然，当无外力项作用，即 $R(t)=0$ 时，对情况 1，当有约束关系 $\beta(t) = C_0 m(t) = C_0 C_4 \alpha(t)$ 时，我们得到下列变速孤波解

$$u_{11'}(x,t)=u_{11'}(\xi_{11'})$$
$$=C_1\pm\frac{ak_0q\sqrt{-6C_0(r^2+\varepsilon)}}{b\cosh(q\xi_{11'})+c\sinh(q\xi_{11'})+ar}\tag{9}$$

$$\xi_{11'}(x,t)=k_0x+C_5\int\alpha(t)\mathrm{d}t+C_2$$
$$C_5=-k_0C_4C_1^2-k_0C_1-k_0^3q^2C_0C_4$$
$$C_4=-\frac{1}{2(C_1\pm C_3)}$$

$$u_{12'}(x,t)=u_{12'}(\xi_{12'})$$
$$=C_1\pm k_0q\sqrt{\frac{-3C_0}{2}}\cdot\frac{b\sinh(q\xi_{12'})+c\cosh(q\xi_{12'})}{b\cosh(q\xi_{12'})+c\sinh(q\xi_{12'})+a\mathrm{i}}$$

其中

$$\xi_{12'}(x,t)=k_0x+\int\left(\frac{k_0\alpha^2(t)}{4m(t)}+\frac{k_0^3q^2C_0m(t)}{2}\right)\mathrm{d}t+C_2$$
$$C_4=-\frac{1}{2C_1}$$

$$u_{13'}(x,t)=u_{13'}(\xi_{13'})$$
$$=C_1\pm k_0q\sqrt{\frac{-3C_0}{2}}\cdot\frac{b\sinh(q\xi_{13'})+c\cosh(q\xi_{13'})}{b\cosh(q\xi_{13'})+c\sinh(q\xi_{13'})\pm a}$$

其中

$$\xi_{13'}(x,t)=k_0x+\int\left(\frac{k_0\alpha^2(t)}{4m(t)}+\frac{k_0^3q^2C_0m(t)}{2}\right)\mathrm{d}t+C_2$$
$$C_4=-\frac{1}{2C_1}$$

当$\varepsilon=-1,r=c=0,b=a$时，式(9)转化为钟型变

速孤立波

$$u_{11''}(x,t)=C_1\pm k_0q\sqrt{6C_0}\operatorname{sech}(q\xi_{11''})$$

$$\xi_{11''}(x,t)=\xi_{11''}(x,t)=k_0x+C_5\int\alpha(t)\mathrm{d}t+C_2$$

其中波速为$\frac{C_5}{k_0}\alpha(t)$，若$\alpha(t)$是常数，则波的速度在传播过程中不发生改变，否则波速 $\alpha(t)$ 就会随着时间 t 的改变而改变.

对情况 2，当有约束关系$\beta(t)=C_0m(t)=C_0C_4\alpha(t)$时，我们得到下列类周期解

$$u_{21'}(x,t)=u_{21'}(\xi_{21'})$$

$$=C_1\pm\frac{ak_0q\sqrt{6C_0(r^2-1)}}{b\cos(q\xi_{21'})+c\sin(q\xi_{21'})+ar}$$

$$\xi_{21'}(x,t)=k_0x+C_5\int\alpha(t)\mathrm{d}t+C_2$$

$$C_5=-k_0C_4C_1^2-k_0C_1+k_0^3q^2C_0C_4$$

$$C_4=-\frac{1}{2(C_1\pm C_3)}$$

$$u_{22'}(x,t)=u_{22'}(\xi_{22'})$$

$$=C_1\pm k_0q\sqrt{\frac{-3C_0}{2}}\cdot$$

$$\frac{b\sin(q\xi_{22'})-c\cos(q\xi_{22'})}{b\cos(q\xi_{22'})+c\sin(q\xi_{22'})\pm a}$$

$$\xi_{22'}(x,t)=k_0x+\int\left(\frac{k_0\alpha^2(t)}{4m(t)}-\frac{k_0^3q^2C_0m(t)}{2}\right)\mathrm{d}t+C_2$$

$$C_4=-\frac{1}{2C_1}$$

$$u_{23'}(x,t)=u_{23'}(\xi_{23'})$$

$$=C_1\pm k_0q\sqrt{-6C_0}\cdot$$

$$\frac{b\sin(q\xi_{23'})-c\cos(q\xi_{23'})}{b\cos(q\xi_{23'})+c\sin(q\xi_{23'})}$$

$$\xi_{23'}(x,t)=k_0x+\int\left(\frac{k_0\alpha^2(t)}{4m(t)}-2k_0^3q^2C_0m(t)\right)\mathrm{d}t+C_2$$

$$C_4=-\frac{1}{2C_1}$$

注记 2　当 $\varepsilon=-1,c=0,a=b=1,\alpha(t)=1$ 和 $\varepsilon=1,b=0,c=b=1,\alpha(t)=1$ 时，$u_{11'}$ 包含石玉仁、吕克璞、段文山等①的解(8)，(9)，(15)，当 $c=0,a=b=1,\alpha(t)=1$ 时 $u_{13'}$ 包含石玉仁、吕克璞、段文山等的解(11)，选取不同的参数，我们可以得到方程(1)的许多新解，同时其他四组解也是新的.

34.4　结　　论

本章构造了两个新的 Riccati 方程组，将 Riccati 方法做了推广，使之结果更一般，形式更加简洁，适普性更强，并得到了许多新解. 成功地求出了带强迫项变系数组合 KdV 方程的一些精确解，包括类孤波解，类周期解和变速孤波解. 实践证明这种方法可以适用于许多其他非线性方程，如何将该方法推广到具高次非线性耦合方程，还值得进一步研究.

---

①　石玉仁，吕克璞，段文山，等. 物理学报，2003，52，267.

KdV 方程矩阵形式的精确解[①]

第 35 章

1895 年，荷兰数学家 Korteweg 和他的学生 de Vries 在对孤波进行了全面分析后，建立了著名的单向传播 KdV 方程. 随着研究的深入，大批具有孤子解的非线性波动方程在物理及其他领域中不断地被揭示出来. 寻找在数学物理中具有重要意义的非线性发展方程的精确解，在孤子理论中占有非常重要的地位. 到目前为止，人们已提出了很多有效的方法来获得这些方程的精确解，如反散射方法、Darboux(达布) 变换方法、Hirota 方

① 摘编自《浙江师范大学学报(自然科学版)》，2009 年 6 月第 32 卷第 2 期.

法、Wronskian 技巧、Backlund 变换等. 其中,由 Hirota 提出的双线性导数方法为求解各种非线性发展方程的多孤子解提供了一条有效途径. 最近,张翼、陈登远又直接推广了 Hirota 方法,构造了许多孤子方程的新解. 另一种有效而直接的方法是用 Wronskian 技巧,Wronskian 行列式来表示孤子解、有理解、Positon 解、Negaton 解、Breathers 解、Complexiton 解等. 浙江师范大学数理与信息工程学院的张翼,颜姣姣,褚俪瑾三位教授在 2009 年将精确解的构造过程矩阵化,对 Wronskian 技巧进行了推广.

35.1　矩阵推广

KdV 方程

$$u_t - 6uu_x + u_{xxx} = 0 \tag{1}$$

通过变换 $u = -2(\ln f)_{xx}$,得到双线性形式

$$(D_x D_t + D_x^4) f \cdot f = 0 \tag{2}$$

式(2)中,D_x 和 D_t 是 Hirota 双线性算子,定义为

$$\begin{aligned} & D_x^m D_t^n f \cdot g \\ = & (\partial_x - \partial_{x'})^m (\partial_t - \partial_{t'})^n f(x,t) g(x',t') \mid_{x'=x, t'=t} \end{aligned}$$

当 ϕ_i 满足

$$\phi_{i,xx} = \lambda_i \phi_i, \phi_{i,t} = -4\phi_{i,xxx}, 1 \leqslant i \leqslant N \tag{3}$$

时(λ_i 是任意实常数),Wronskian 行列式

$$f = W(\phi_1, \phi_2, \cdots, \phi_N) = \begin{vmatrix} \phi_1 & \partial\phi_1 & \cdots & \partial^{N-1}\phi_1 \\ \phi_2 & \partial\phi_2 & \cdots & \partial^{N-1}\phi_2 \\ \vdots & \vdots & & \vdots \\ \phi_N & \partial\phi_N & \cdots & \partial^{N-1}\phi_N \end{vmatrix}$$

$$\triangleq |0,1,\cdots,N-1| \triangleq |\widehat{N-1}| \tag{4}$$

是 KdV 方程的解.

为了作进一步推广,给出引理 35.1.

引理 35.1　假设 $\boldsymbol{A}=(a_{ij})$ 为 $N\times N$ 阶矩阵,P 是某个算子,$P_c(j)\,|\boldsymbol{A}|$ 表示算子 P 只作用在 $|\boldsymbol{A}|$ 的第 i 列的每个元素上,$P_r(j)\,|\boldsymbol{A}|$ 表示算子 P 只作用在 $|\boldsymbol{A}|$ 的第 j 行的每个元素上,则

$$\sum_{j=1}^{n} P_c(j)\,|\boldsymbol{A}| = \sum_{i=1}^{n} P_r(j)\,|\boldsymbol{A}| \tag{5}$$

成立.

运用引理 35.1,容易证得定理 35.1.

定理 35.1　假设 ϕ_i 是 t 和 x 的可微函数,向量 $\boldsymbol{\Phi}=(\phi_1,\phi_2,\cdots,\phi_N)^{\mathrm{T}}$ 满足条件

$$\boldsymbol{\Phi}_{xx}=\boldsymbol{\Lambda\Phi},\boldsymbol{\Phi}_t=-4\boldsymbol{\Phi}_{xxx} \tag{6}$$

式(6)中,$\boldsymbol{\Lambda}$ 是 $N\times N$ 阶常数矩阵.则由式(4)定义的 f 是 KdV 方程(1)的 Wronskian 解.

由于式(6)是线性偏微分方程组,故其通解可写为

$$\boldsymbol{\Phi}=\boldsymbol{k}_1\mathrm{e}^{\boldsymbol{A}x-4\boldsymbol{A}_3t}+\boldsymbol{k}_2\mathrm{e}^{-\boldsymbol{A}x+4\boldsymbol{A}_3t} \tag{7}$$

式(7)中,$\boldsymbol{k}_1$ 和 $\boldsymbol{k}_2$ 为任意常向量.

显然,式(7)等价于

$$\boldsymbol{\Phi}=\cosh(\boldsymbol{A}x-4\boldsymbol{A}^3t)\boldsymbol{\mu}+\sinh(\boldsymbol{A}x-4\boldsymbol{A}^3t)\boldsymbol{\upsilon} \tag{8}$$

或者

$$\boldsymbol{\Phi}=\cos(\boldsymbol{A}x+4\boldsymbol{A}^3t)\boldsymbol{\mu}+\sin(\boldsymbol{A}x+4\boldsymbol{A}^3t)\boldsymbol{\upsilon} \tag{9}$$

式(8)和式(9)中,$\boldsymbol{\mu}$ 和 $\boldsymbol{\upsilon}$ 为任意常向量,矩阵 $\boldsymbol{A}$ 满足 $\boldsymbol{\Lambda}=\boldsymbol{A}^2$. 由于我们感兴趣的是指数形式的解,所以以下仅考虑式(8)的情形.

35.2 解公式的应用

注意到,对系数矩阵 $\boldsymbol{\Lambda}$ 作初等变换不改变方程(1)的 Wronskian 解,因此只需考虑矩阵 $\boldsymbol{\Lambda}$ 的几种特殊情形.

1. 孤子解

在点 $x=0,t=0$ 处作 Taylor(泰勒) 展开,得到

$$\mathrm{e}^{\boldsymbol{A}x-4\boldsymbol{A}^3 t}=\sum_{j=0}^{+\infty}\sum_{l=0}^{+\infty}\frac{(-4)^l}{j!\ l!}x^j t^l \boldsymbol{A}^{j+3l}$$
$$=\sum_{k=0}^{+\infty}\sum_{l=0}^{[\frac{2}{3}]^k}\frac{(-4)^l}{(2k-3l)!}x^{2k-3}t^l\boldsymbol{\Lambda}^k \tag{10}$$

$$\mathrm{e}^{-\boldsymbol{A}x+4\boldsymbol{A}^3 t}=\sum_{k=0}^{+\infty}\sum_{l=0}^{[\frac{2}{3}]^k}\frac{4^l(-1)^{2k-3l}}{(2k-3l)!\ l!}x^{2k-3l}\boldsymbol{\Lambda}^k \tag{11}$$

当 $\boldsymbol{\Lambda}$ 取对角阵,即

$$\boldsymbol{\Lambda}=\begin{pmatrix}\lambda_1 & & & 0\\ & \lambda_2 & & \\ & & \ddots & \\ 0 & & & \lambda_N\end{pmatrix} \tag{12}$$

时

$$\boldsymbol{A}=\begin{pmatrix}\sqrt{\lambda_1} & & & 0\\ & \sqrt{\lambda_2} & & \\ & & \ddots & \\ 0 & & & \sqrt{\lambda_N}\end{pmatrix}\triangleq\begin{pmatrix}a_1 & & & 0\\ & a_2 & & \\ & & \ddots & \\ 0 & & & a_N\end{pmatrix} \tag{13}$$

当 $N=1$ 时，记 $a_i x-4a_i^3 t=B$，则

$$\phi_i=\cosh(\boldsymbol{A}x-4\boldsymbol{A}^3 t) \tag{14}$$

式(1) 的 Wronskian 解为

$$f=\frac{e^{B_1}+e^{-B_1}}{2} \tag{15}$$

由于 $f\simeq e^{\alpha x+\beta}$，故 f 经过变换 $\xi_1=-2B_1$，式(15) 即化为 Hirota 形式的一孤子解 $f=e^{\xi_1/2}+e^{-\xi_1/2}$.

当 $N=2$ 时，取 $\boldsymbol{\mu}=(1,0)^{\mathrm{T}}$，$\boldsymbol{\upsilon}=(0,1)^{\mathrm{T}}$，则 $\phi_1=\cosh B_1$，$\phi_2=\sinh B_2$，式(1) 的 Wronskian 解为

$$f=\frac{a_2-a_1}{4}e^{B_1+B_2}\left[1+e^{-2B_1-2B_2}+\frac{a_1+a_2}{a_2-a_1}(e^{-2B_1}+e^{-2B_2})\right]$$

$$\simeq 1+e^{-2B_1-2B_2}+\frac{a_1+a_2}{a_2-a_1}(e^{-2B_1}+e^{-2B_2}) \tag{16}$$

经过变换

$$\begin{cases}\xi_1=-2B_1+\ln\dfrac{a_1+a_2}{a_2-a_1}\\ \xi_2=-2B_2+\ln\dfrac{a_1+a_2}{a_2-a_1}\\ A_{12}=\ln\left(\dfrac{a_1-a_2}{a_2+a_1}\right)^2\end{cases} \tag{17}$$

式(16) 即可转化为 Hirota 形式的二孤子解 $f=1+e^{\xi_1}+e^{\xi_2}+e^{\xi_1+\xi_2+A_{12}}$.

当 $N=3$ 时，取 $\boldsymbol{\mu}=(1,0,1)^{\mathrm{T}}$，$\boldsymbol{\upsilon}=(0,1,0)^{\mathrm{T}}$，则 $\phi_1=\cosh B_1$，$\phi_2=\sinh B_2$，$\phi_3=\cosh B_3$，式(1) 的

Wronskian 解为

$$f \simeq 1 + e^{-2(B_1+B_2+B_3)} + \frac{(a_2+a_3)(a_1+a_3)}{(a_2-a_3)(a_1-a_3)}(e^{-2B_3}+e^{-2(B_1+B_2)}) + \frac{(a_2+a_3)(a_1+a_2)}{(a_2-a_3)(a_1-a_2)}(e^{-2B_2}+e^{-2(B_1+B_3)}) + \frac{(a_1+a_2)(a_1+a_3)}{(a_1-a_2)(a_1-a_3)}(e^{-2B_1}+e^{-2(B_2+B_3)}) \quad (18)$$

经过变换

$$\xi_1 = -2B_1 + \ln\frac{(a_1+a_2)(a_1+a_3)}{(a_1-a_2)(a_1-a_3)}$$

$$\xi_2 = -2B_2 + \ln\frac{(a_1+a_2)(a_2+a_3)}{(a_1-a_2)(a_2-a_3)}$$

$$\xi_3 = -2B_3 + \ln\frac{(a_1+a_3)(a_2+a_3)}{(a_1-a_3)(a_2-a_3)}$$

$$A_{ij} = \ln\left(\frac{a_i-a_j}{a_i+a_j}\right)^2 \quad (i,j=1,2,3)$$

式(18)即可化为Hirota形式的三孤子解

$$f = 1 + e^{\xi_1} + e^{\xi_2} + e^{\xi_3} + e^{\xi_1+\xi_2+A_{12}} + e^{\xi_1+\xi_2+A_{13}} + e^{\xi_2+\xi_3+A_{23}} + e^{\xi_1+\xi_2+\xi_3+A_{12}+A_{13}+A_{23}}$$

对于一般情况，取 $\boldsymbol{\mu}=(1,0,1,0,1,\cdots)^{\mathrm{T}}$，$\boldsymbol{v}=(0,1,0,1,0,\cdots)^{\mathrm{T}}$，即可得到

$$\phi_i = \frac{1+(-1)^{i+1}}{2}\cosh B_i + \frac{1+(-1)^i}{2}\sinh B \quad (20)$$

从而得到式(1)的 N 孤子解.

2. **有理解**

如果 $\boldsymbol{\Lambda}$ 具有次对角线形式，即

$$\boldsymbol{\Lambda}=\begin{pmatrix}0 & & & 0\\ 1 & 0 & & \\ \vdots & \ddots & \ddots & \\ 0 & & 1 & 0\end{pmatrix}_{N\times N} \tag{21}$$

取 $\boldsymbol{\mu}=\boldsymbol{\upsilon}=(\mu_1,\mu_2,\cdots,\mu_N)^{\mathrm{T}}$，根据次对角线矩阵的性质 $\boldsymbol{\Lambda}^N=0$，得

$$\begin{pmatrix}\phi_1\\ \phi_2\\ \vdots\\ \phi_N\end{pmatrix}=\sum_{k=0}^{+\infty}\sum_{l=0}^{[\frac{2}{3}]^k}\frac{(-4)^l}{(2k-3l)!\ l!}x^{2k-3l}t^l\cdot\begin{pmatrix}0 & 0 & & & 0\\ \vdots & 0 & & & 0\\ 1 & & & & \\ & \ddots & & & \\ 0 & & 1 & \cdots & 0\end{pmatrix}\begin{pmatrix}\mu_1\\ \mu_2\\ \vdots\\ \mu_N\end{pmatrix} \tag{22}$$

由此可得

$$\phi_j=\mu_j+\frac{1}{2!}x^2\mu_{j-1}+\left(\frac{1}{4!}x^4-4xt\right)\mu_{j-2}+\cdots+\sum_{l=0}^{[\frac{2(j-1)}{3}]}\frac{(-4)^l}{(2j-2-3l)!\ l!}x^{3j-2-3l}t^l\mu_1\quad(1\leqslant j\leqslant N) \tag{23}$$

特别地，取 $\mu_1=1,\upsilon_j=0(2\leqslant j\leqslant N)$，则

$$\phi_i=\sum_{l=0}^{[\frac{2(i-1)}{3}]}\frac{(-4)^l}{(2i-2-3l)!\ l!}x^{3i-2-3l}t^l,1\leqslant i\leqslant N$$

于是，方程(1) 的前 3 个非平凡有理解分别为

$$\begin{cases}u_2=\dfrac{2}{x^2},u_3=\dfrac{6x^4-144xt}{(x^3+12t)^2}\\ u_4=\dfrac{12x(x^9-43\ 200t^3+5\ 400x^3t^2)}{(x^6-60x^3t-700t^2)^2}\end{cases} \tag{24}$$

3. 极限解

若 $\boldsymbol{\Lambda}$ 为 Jordan(若尔当) 块形式,即

$$\boldsymbol{\Lambda}=\begin{pmatrix} J(\lambda_1) & & & 0 \\ & J(\lambda_2) & & \\ & & \ddots & \\ 0 & & & J(\lambda_s) \end{pmatrix}_{s\times s} \tag{25}$$

式(25) 中,$\lambda_i\neq 0$,l_i 为正整数

$$J(\lambda_i)=\begin{pmatrix} \lambda_i & & & 0 \\ 1 & \lambda_i & & \\ \vdots & \ddots & \ddots & \\ 0 & \cdots & 1 & \lambda_i \end{pmatrix}_{l_i\times l_i} \triangleq \lambda_i I_{l_i}+E_{l_i},1\leqslant i\leqslant s \tag{26}$$

式(26) 中,$\boldsymbol{I}_{l_i}$ 代表 $l_i\times l_i$ 阶单位矩阵,$E_{l_i}=\begin{pmatrix} 0 & & & 0 \\ 1 & 0 & & \\ \vdots & \ddots & \ddots & \\ 0 & \cdots & 1 & 0 \end{pmatrix}_{l_i\times l_i}$.

不失一般性,考虑 $J(\lambda_1)$,满足

$$\begin{aligned} & \mathrm{e}^{J(\lambda_1)x-4J^3(\lambda_1)t} \\ = & \sum_{h=0}^{+\infty}\sum_{l=0}^{\left[\frac{2h}{3}\right]}\left[\frac{(-4)^l}{(2h-3l)!}x^{2h-3l}t^l(\lambda_1 I_{l_1}+E_{l_1})^h\right] \end{aligned} \tag{27}$$

由于

$$(\lambda_1 I_{l_1}+E_{l_1})^h=\lambda_1^h I_{l_1}+h\lambda_1^{h-1}E_{l_1}+C_h^2\lambda_1^{h-2}E_{l_1}^2+\cdots+C_h^{l_1-1}\lambda_1^{h-l_1+1}E_{l_1}^{l_1-1}$$

$$=(I_l+E_{l_1}\partial_{\lambda_1}+\frac{1}{2!}E_{l_1}^2\partial_{\lambda_1}^2+\cdots+$$

$$\frac{1}{j!}E_l^j\partial_{\lambda_1}^2+\cdots+\frac{1}{s!}E_l^s\partial_{\lambda_1}^{l_1-1})\lambda_1^s$$

$$=\begin{pmatrix} 1 & & & & & 0 \\ \partial_{\lambda_1} & 1 & 0 & & & \\ \frac{1}{2!}\partial_{\lambda_1}^2 & \partial_{\lambda_1} & 1 & 0 & & \\ \frac{1}{3!}\partial_{\lambda_1}^2 & \frac{1}{2!}\partial_{\lambda_1}^2 & \partial_{\lambda_1} & 1 & 0 & \\ \vdots & & \vdots & \vdots & \vdots & \vdots \\ \frac{1}{(l_1-1)!}\partial_{\lambda_1}^{l_1-1} & \cdots & \frac{1}{3!}\partial_{\lambda_1}^3 & \frac{1}{2!}\partial_{\lambda_1}^2 & \partial_{\lambda_1} & 1 \end{pmatrix}\lambda_1^h$$

$$\triangleq J(\lambda_1)^{l_1}\lambda_1^h \tag{28}$$

故式(27) 可以化为

$$J(\lambda_1)^{l_1}\sum_{h=0}^{+\infty}\sum_{i=0}^{[\frac{2h}{3}]}\left[\frac{(-4)^l}{(2h-3l)!\ l!}x^{2h-3l}t^l\lambda_1^h\right]=J(\lambda_1)^{l_1}\mathrm{e}^{C_1} \tag{29}$$

式(29) 中,$C_1=\lambda_1^{\frac{1}{2}}x-4\lambda_1^{\frac{3}{2}}t$. 取 $\boldsymbol{\mu}=(1,1,1,\cdots,1)_{l_1\times 1}^{\mathrm{T}}$, $\boldsymbol{\upsilon}=(0,0,0,\cdots)_{l_1\times 1}^{\mathrm{T}}$,则

$$\boldsymbol{\Phi}(\lambda_1)=\cosh(J(\lambda_1)x-4J^3(\lambda_1)t)(1,1,1,\cdots,1)^{\mathrm{T}} \tag{30}$$

当 $l_1=2$ 时,可得

$$\phi_1=\frac{\mathrm{e}^{C_1}+\mathrm{e}^{-C_1}}{2},\phi_2=\frac{\mathrm{e}^{C_1}+\mathrm{e}^{-C_1}}{2}+\frac{x-12\lambda_1 t}{4\sqrt{\lambda_1}}(\mathrm{e}^{C_1}-\mathrm{e}^{-C_1}) \tag{31}$$

所以 Wronskian 解为

$$f=\frac{1}{8\lambda_1}(\mathrm{e}^{2C_1}-\mathrm{e}^{-2C_1}+4\lambda_1^{\frac{1}{2}}x-48\lambda_1^{\frac{3}{2}}t) \tag{32}$$

相应地,方程(1) 的解为

$$u=\frac{32\lambda_1((\lambda_1^{\frac{1}{2}}x-12\lambda_1^{\frac{3}{2}}t+1)(e^{2C_1}-e^{-2C_1}+2))}{(e^{2C_1}-e^{-2C_1}+4\lambda_1^{\frac{1}{2}}x-48\lambda_1^{\frac{3}{2}}t)^2} \tag{33}$$

对于一般的 $\boldsymbol{\Lambda}$，易得

$$e^{\boldsymbol{\Lambda}x-4\boldsymbol{\Lambda}_3 t}=\begin{pmatrix} J(\lambda_1)^{l_1}e^{C_1} & & \\ & \ddots & \\ & & J(\lambda_s)^{l_1}e^{C_1} \end{pmatrix} \tag{34}$$

相应的 Wronskian 解为

$$f=W(\phi_1(\lambda_1),\cdots,\phi_{l_1}(\lambda_1);\phi_1(\lambda_2),\cdots,\phi_{l_2}(\lambda_2);\cdots;\phi_1(\lambda_s),\cdots,\phi_{l_s}(\lambda_s)) \tag{35}$$

此解也可以在双线性形式下取参数的适当极限导出，因此称之为极限解，它较早地曾由日本学者研究. 值得注意的是，陈登远，等①指出有理解也是一种极限解.

4. Complexiton 解

若 $\boldsymbol{\Lambda}$ 为具有复特征根的 Jordan 块形式，即

$$\boldsymbol{\Lambda}=\begin{pmatrix} \boldsymbol{J}_1 & & & 0 \\ & \boldsymbol{J}_2 & & \\ & & \ddots & \\ 0 & & & \boldsymbol{J}_s \end{pmatrix} \tag{36}$$

式(36)中

① Chen Dengyuan, Zhang Dajun, Bi Jinbo. New double Wronskian Solutions of the AKNS equation[J]. Science in China Series A: Mathematics, 2008, 51(1): 55-69.

$$\boldsymbol{J}_i=\begin{pmatrix}\boldsymbol{A}_i & & & 0\\ \boldsymbol{I}_2 & \boldsymbol{A}_i & & \\ \vdots & \ddots & \ddots & \\ 0 & \cdots & \boldsymbol{I}_2 & \boldsymbol{A}_i\end{pmatrix}$$

$$\boldsymbol{A}_i=\begin{pmatrix}\alpha_i & -\beta_i\\ \beta_i & \alpha_i\end{pmatrix}_{l_i\times l_i}\triangleq\alpha_i\boldsymbol{I}_2+\beta_i\boldsymbol{\sigma}_2\quad(1\leqslant i\leqslant s)\tag{37}$$

α_i,β_i 均为实常数，$\boldsymbol{I}_2=\begin{pmatrix}1&0\\0&1\end{pmatrix}$，$\boldsymbol{\sigma}_2=\begin{pmatrix}0&-1\\1&0\end{pmatrix}$.

注意到式(37)和式(26)的相似性，同理可得

$$\boldsymbol{J}_i^s=\begin{pmatrix}\boldsymbol{I}_2 & & & & \\ \boldsymbol{I}_2\partial_{\alpha_i} & \boldsymbol{I}_2 & & & \\ \frac{1}{2!}\boldsymbol{I}_2\partial_{\alpha_i}^2 & \boldsymbol{I}_2\partial_{\alpha_i} & \boldsymbol{I}_2 & & \\ \vdots & \vdots & \ddots & \ddots & \\ \frac{1}{(\boldsymbol{l}_i-1)!}\boldsymbol{I}_2\partial_{\alpha_i}^{l_i-1} & \cdots & \frac{1}{2!}\boldsymbol{I}_2\partial_{\alpha_i}^2 & \boldsymbol{I}_2\partial_{\alpha_i} & \boldsymbol{I}_2\end{pmatrix}\boldsymbol{A}'^s_i$$

$$\triangleq T(\partial_{\alpha_i})\boldsymbol{A}'^s_i\tag{38}$$

式(38)中，$\boldsymbol{A}'_i=\begin{pmatrix}\boldsymbol{A}_i & & & \\ & \ddots & & \\ & & \ddots & \\ & & & \boldsymbol{A}_j\end{pmatrix}_{l_i\times l_i}$.考虑最简单的一阶情况，即

$$\mathrm{e}^{J_1^{\frac{1}{2}}x-4J_1^{\frac{3}{2}}t}=T(\partial_{\alpha_1})\begin{pmatrix}\mathrm{e}^{M_1x-4M_1^3t} & & 0\\ & \ddots & \\ 0 & & \mathrm{e}^{M_1x-4M_1^3t}\end{pmatrix}\tag{39}$$

式(39) 中,二阶矩阵 $\boldsymbol{M}_1=\begin{pmatrix}p_1 & -q_1\\ q_1 & p_1\end{pmatrix}$ 的元素满足

$$\begin{cases}p_1^2=\dfrac{\alpha_1+\sqrt{\alpha_1^2+\beta_1^2}}{2}\\ q_1^2=\dfrac{\alpha_1-\sqrt{\alpha_1^2+\beta_1^2}}{2}\end{cases}\quad\text{或者}\quad\begin{cases}p_1^2=\dfrac{\alpha_1-\sqrt{\alpha_1^2+\beta_1^2}}{2}\\ q_1^2=\dfrac{\alpha_1+\sqrt{\alpha_1^2+\beta_1^2}}{2}\end{cases}$$

取 $\boldsymbol{\mu}=((1,1),(0,0),(1,1),(0,0),\cdots)^{\mathrm{T}}$,$\boldsymbol{v}=((0,0),(1,1),(0,0),(1,1),\cdots)^{\mathrm{T}}$,可得

$$\begin{aligned}\phi_i=&\frac{\partial_{\alpha_1}^{i-1}}{(i-1)!}(\mathrm{e}^{G_1}+\mathrm{e}^{-G_1})+\\&\frac{\partial_{\alpha_1}^{i-2}}{(i-2)!}(\mathrm{e}^{G_1}-\mathrm{e}^{-G_1})+\cdots+\\&(\mathrm{e}^{G_1}+(-1)^i\mathrm{e}^{-G_1})\end{aligned}\tag{40}$$

式(40) 中,i 指 l_1 的取值,$G_1=M_1x-4M_1^3t$.

当 $l_1=1$ 时

$$\phi_1=(\mathrm{e}^{\omega_1}+\mathrm{e}^{-\omega_1})/2,\phi_2=(\mathrm{e}^{\omega_2}+\mathrm{e}^{-\omega_2})/2\tag{41}$$

式(41) 中

$$\begin{aligned}\omega_1=&(p_1-q_1)x+(-4p_1^3+12p_1q_1^2+\\&12p_1^2q_1-4q_1^2)\\\omega_2=&(p_1+q_1)x+(-4p_1^3+12p_1q_1^2-\\&12p_1^2q_1+4q_1^2)\end{aligned}$$

故 Wronskian 解为

$$f=(p_1(\mathrm{e}^{\xi_2}-\mathrm{e}^{-\xi_2})+3q_1(\mathrm{e}^{\xi_1}-\mathrm{e}^{-\xi_1}))/2\tag{42}$$

式(42) 中,$\xi_1=2p_1x+(-8p_1^3+24p_1q_1^2)$,$\xi_2=2q_1x+(8q_1^3-24q_1p_1^2)$.

由于此解的系数矩阵具有复数特征值,故习惯上称之为 Complexiton 解. 对于更一般的情形,可用式(34) 及式(35) 类似地求得.

对于式(9)的情况,也可以通过类似方法得到三角函数形式解,本章不作详细讨论.

35.3 小结

本章应用推广的 Wronskian 技巧,构造出 KdV 方程的一类广泛的精确解.此方法提供了一种构造 KdV 方程多种精确解的直接和综合的方法,其主要技巧在于根据系数矩阵的不同,调整可变参数 $\boldsymbol{\mu},\boldsymbol{\upsilon}$.本方法可推广到对其他孤子方程的求解.

关于如何获得基于 Wroskian 的孤子方程的精确解,近年来主要的研究方法还有常数变易法,以及利用解空间理论构造显示基的方法等.

KdV 方程的 Lie 对称分析和精确解[①]

第 36 章

随着科学技术的快速发展，非线性科学在自然科学，社会科学等领域的应用越来越广泛，特别是寻求非线性波动方程的精确解在非线性问题的研究中显得越来越重要. 近几十年来，人们不但陆续提出而且发展了许多求解非线性方程的有效方法，比如反散射方法、齐次平衡法、F- 展开法、动力系统分支理论方法、tanh 函数法、推广的 tanh 函数法、Lie 群方法（又称 Lie 对称分析方法）等. 应用 Lie 对称分析方法构造非线性方程的精确解是

① 摘编自《桂林电子科技大学学报》，2010 年 8 月第 30 卷第 4 期.

一种直接而且很有效的方法，通过该方法，可以获得非线性方程的很多种形式的解，比如行波解、孤波解、周期波解、幂级数解，基本解等. 粗略地说，一个微分方程的对称群就是将方程的解仍变为该方程的解的变换群，一旦得到了方程的对称群，则可利用对称群来研究方程的许多性质. 最直接的应用就是利用对称求得方程的群不变解和新的约化解.

关于对 KdV 方程的研究可谓林林总总，不计其数. 但其中主要在可积性的研究有：求孤子解、Darboux 变换与 Backlund 变换、Painleve 分析、Lax 等. 还有就是求解特殊方程的对称，相似变换及特殊解，利用动力系统方法求行波解. 桂林电子科技大学数学与计算科学学院的韦雪敏，唐红武二位教授在 2010 年基于 Lie 对称分析，结合首次积分和幂级数法，通过对一般的 KdV 方程研究，得到其一些群不变解，行波解和约化解.

36.1 KdV 方程的 Lie 对称分析

考虑 KdV 方程

$$u_t + auu_x + bu_{xxx} = 0 \tag{1}$$

假设方程(1) 有式(2) 形式的向量场

$$V = \xi(x,t,u)\frac{\partial}{\partial x} + \tau(x,t,u)\frac{\partial}{\partial t} + \Phi(x,t,u)\frac{\partial}{\partial u} \tag{2}$$

于是可得到该向量场的三阶延拓

$$pr^3 V = pr^2 V + \Phi^{xxx}\frac{\partial}{\partial u_{xxx}} + \Phi^{xxt}\frac{\partial}{\partial u_{xxt}} +$$

$$\Phi^{xtt}\frac{\partial}{\partial u_{xtt}}+\Phi^{ttt}\frac{\partial}{\partial u_{ttt}} \tag{3}$$

对方程(1) 应用 Lie 群方法，要求它的解集 $S=\{u\mid\Delta=0\}$ 在该向量场所产生的对称群的作用下是不变的，则必须满足下面的条件

$$pr^{3}V\mid_{\Delta=0}=0 \tag{4}$$

将式(3) 代入式(4)，就可以得到式(5) 的对称确定方程

$$\Phi^{t}+a\Phi u_{x}+au\Phi^{x}+b\Phi^{xxx}=0 \tag{5}$$

其中 $\Phi^{t},\Phi^{x},\Phi^{xxx}$ 是 $pr^{(3)}V$ 的系数，进而，可以得到这些系数有如下的表达式

$$\Phi^{t}=D_{t}\varphi-u_{x}D_{t}\zeta-u_{t}D_{t}\tau \tag{6}$$

$$\Phi^{x}=D_{x}\varphi-u_{x}D_{x}\zeta-u_{t}D_{x}\tau \tag{7}$$

$$\Phi^{xxx}=D_{x}^{3}(\varphi-\zeta u_{x}-\tau u_{t})+\zeta u_{xxxx}+\tau u_{xxxt} \tag{8}$$

其中 D_x,D_t 分别是关于 x 与 t 的全导数. 将式(6) ～(8) 代入式(5)，并将其方程中的 u_t 用$(-auu_{x}-bu_{xxx})$代替，这样方程就只含 u 与 u 关于 x 的偏导项，通过比较各相同次幂的系数，可以得到向量场的系数函数 ζ，τ，Φ 的系列方程，解这些方程得

$$\zeta(x,t,u)=c_{1}t+c_{2}x+c_{3}$$

$$\tau(x,t,u)=3c_{2}t+c_{4}$$

$$\Phi(x,t,u)=-2c_{2}u+\frac{c_{1}}{a}$$

其中 $c_i(i=1,2,3,4)$ 是任意常数. 相应的向量场为

$$V=(c_{1}t+c_{2}x+c_{3})\frac{\partial}{\partial x}+(3c_{2}t+c_{4})\frac{\partial}{\partial t}+$$

$$(-2c_{2}u+\frac{c_{1}}{a})\frac{\partial}{\partial u}$$

因此，得到方程(1) 的对称，这些对称构成一个四维的

Lie 代数,并有下列一组基

$$V_1=\frac{\partial}{\partial x},V_2=\frac{\partial}{\partial t}$$

$$V_3=t\frac{\partial}{\partial x}+\frac{1}{a}\frac{\partial}{\partial u}$$

$$V_4=x\frac{\partial}{\partial x}+3t\frac{\partial}{\partial t}-2u\frac{\partial}{\partial u}$$

于是不变群的全体生成元就可以表示为

$$V=a_1V_1+a_2V_2+a_3V_3+a_4V_4$$

下面验证向量场$\{V_1,V_2,V_3,V_4\}$关于 Lie 括号运算是封闭的. 事实上

$$[V_1,V_1]=[V_2,V_2]=[V_3,V_3]=[V_4,V_4]=0$$

$$[V_1,V_2]=-[V_2,V_1]=[V_1,V_3]$$
$$=-[V_3,V_1]=0$$

$$[V_1,V_4]=-[V_4,V_1]=[V_2,V_3]$$
$$=-[V_3,V_2]=-V_1$$

$$[V_2,V_4]=-[V_4,V_2]=-3V_2,$$

$$[V_3,V_4]=-[V_4,V_3]=-2V_3$$

进一步可以求出与上述向量场对应的单参数变换群如下

$$G_1:(x,t,u)\to(x+\varepsilon,t,u)$$

$$G_2:(x,t,u)\to(x,t+\varepsilon,u)$$

$$G_3:(x,t,u)\to(x+\varepsilon t,t,u+\frac{1}{a}\varepsilon)$$

$$G_4:(x,t,u)\to(\mathrm{e}^{\varepsilon}x,\mathrm{e}^{3\varepsilon}t,\mathrm{e}^{-2\varepsilon}u)$$

36.2 KdV 方程的对称约化与精确解

在第 36.1 节中,已经求出了 KdV 方程(1)的向量

场和对称群，本节主要研究的是方程(1)的精确解. 根据单参数不变群的性质可知，若 $u=f(x,t)$ 是方程(1)的解，那么下列 $u^{(1)}, u^{(2)}, u^{(3)}, u^{(4)}$ 也是该方程的解，即群不变解

$$u^{(1)}=f(x-\varepsilon,t)$$

$$u^{(2)}=f(x,t-\varepsilon)$$

$$u^{(3)}=f(x-\varepsilon t,t)+\frac{1}{a}\varepsilon$$

$$u^{(4)}=\mathrm{e}^{-2\varepsilon}f(\mathrm{e}^{-\varepsilon}x,\mathrm{e}^{-3\varepsilon}t)$$

1. KdV **方程的约化解**

一般地，由空间变换 V_1 和时间变换 V_2 的线性组合便可求出方程的行波解. 下面根据生成元 V_1 和 V_2，做行波变换 $\xi=x-ct$，于是令 $u(x,t)=\varphi(x-ct)=\varphi(\xi)$，其中 c 代表波速. 代入方程(1)可得

$$a\varphi\varphi'+b\varphi'''-c\varphi'=0 \tag{9}$$

其中 $\varphi'=\frac{\mathrm{d}\varphi(\xi)}{\mathrm{d}\xi}$. 对式(9)积分一次得

$$\frac{a}{2}\varphi^2+b\varphi''-c\varphi=g \tag{10}$$

其中 g 为积分常数，且 $g\neq 0$. 式(10)等价于式(11)的平面系统

$$\frac{\mathrm{d}\varphi}{\mathrm{d}\xi}=y,\frac{\mathrm{d}y}{\mathrm{d}\xi}=\frac{1}{b}\left(-\frac{a}{2}\varphi^2+c\varphi+g\right) \tag{11}$$

做变换 $\varphi=\psi+\psi_*, y=y, \xi=\xi$，其中 ψ_* 满足方程 $-\frac{a}{2}\varphi^2+c\varphi+g=0$. 于是式(11)可变为

$$\frac{\mathrm{d}\psi}{\mathrm{d}\xi}=y,\frac{\mathrm{d}y}{\mathrm{d}\xi}=-\frac{1}{2b}\psi(a\psi-2(c-a\psi_*)) \tag{12}$$

式(12)的首次积分为

$$H(\psi, y)=\frac{1}{2}y^2+\frac{a}{6b}\psi^3-\frac{c-a\psi_*}{2b}\psi^2=h \quad (13)$$

对于式(12)的首次积分 $H(\psi, y)=h$，显然有 $H(0,0)=0$，此时轨线有代数方程

$$y^2=-\frac{a}{3b}\psi^3+\frac{c-a\psi_*}{b}\psi^2$$

于是可以得到方程(1)有如下两个带参数的显式精确行波解

$$u^*=\varphi^*=3(c-a\psi_*)\operatorname{sech}^2\left(\frac{1}{2}\sqrt{\frac{c-a\psi_*}{b}}\xi\right)+\psi_*$$

$$\frac{c-a\psi_*}{2b}>0$$

$$u^{**}=\varphi^{**}=3(c-a\psi_*)\operatorname{sech}^2\left(\frac{1}{2}\sqrt{\frac{a\psi_*-c}{b}}\xi\right)+\psi_*$$

$$\frac{c-a\psi_*}{2b}<0$$

对于生成元 V_3，它所对应的单参数变换群为

$$G_3:(x, t, u)\to\left(x+\varepsilon t, t, u+\frac{1}{a}\varepsilon\right)$$

于是可以得到下面的相似变换

$$\xi=t, \omega=x-atu$$

和群不变解 $\omega=f(\xi)$，即

$$u=\frac{1}{at}(x-f(\xi))=\frac{1}{at}(x-f(t)) \quad (14)$$

将式(14)代入方程(1)得

$$\frac{1}{at}f'(t)=0 \quad (15)$$

若 $\omega=f(\xi)$ 是式(15)的解，则式(14)就是方程(1)的解. 求解式(15)得

$$\omega=\frac{a}{2}t^2+p$$

其中 p 是任意常数. 这样就可得到方程(1) 的解

$$u(x,t)=\frac{x}{at}-\frac{1}{2}t-\frac{1}{at}p$$

对于生成元 V_4，同样地，可得到如下的相似变换

$$\xi=xt^{-\frac{1}{3}},\omega=ut^{\frac{2}{3}}$$

和群不变解 $\omega=f(\xi)$，即

$$u=t^{-\frac{2}{3}}\omega=t^{-\frac{2}{3}}f(\xi)$$

将其代入方程(1)，可得到式(16) 的常微分方程

$$3bf'''-\xi f'+3aff'-2f=0 \tag{16}$$

2. 基于幂级数法的方程(1) 的精确解

一般地，对于非线性非自治的常微分方程，是不能用初等函数将其解表示出来的，但是运用幂级数法就可以得到许多复杂的高阶的常微分方程的解析解. 因此应用它来求解常微分方程是一种非常重要的工具. 下面运用这种方法来研究式(16) 的解.

假设式(16) 有如下形式的幂级数解

$$f(\xi)=\sum_{n=1}c_n\xi^n \tag{17}$$

将式(17) 代入式(16) 得

$$18bc_3+72bc_4\xi-3c_1\xi+3ac_1^2\xi+$$

$$3b\sum_{n=1}^{+\infty}(n+2)(n+3)(n+4)c_{n+4}\xi^{n+1}-$$

$$\sum_{n=1}^{+\infty}(n+1)c_{n+1}\xi^{n+1}+$$

$$3a\sum_{n=1}^{+\infty}\sum_{k=1}^{n+1}kc_kc_{n+2-k}\xi^{n+1}-2\sum_{n=1}^{+\infty}c_{n+1}\xi^{n+1}=0$$

比较式(17) 中 ξ 的同次幂的系数. 得

$$c_3=0,c_4=\frac{3c_1-3ac_1^2}{72b} \tag{18}$$

一般地,对 $n \geqslant 1$,有

$$c_{n+4}=\frac{1}{3b(n+2)(n+3)(n+4)}\cdot\left((n+3)c_{n+1}-3a\sum_{k=1}^{n+1}kc_kc_{n+2-k}\right) \tag{19}$$

其中 $n=1,2,\cdots$,求解式(19),可以得到幂级数的所有系数 $c_n(n\geqslant 5)$ 的值. 于是对任意给定的常数 $c_1=\lambda$,$c_2=\eta$,$c_3=0$ 的值. 数列 $\{c_n\}_{n=4}^{+\infty}$ 的所有其余项都是由式(18) 和式(19) 唯一确定. 因此,式(16) 存在幂级数解,其系数可从式(18) 和式(19) 求出.

下面证明式(16) 的幂级数解是收敛的. 事实上

$$|c_{n+4}|\leqslant M\left(|c_{n+1}|+\sum_{k=1}^{n+1}|c_k||c_{n+2-k}|\right)$$

其中 $M=\max\left\{\frac{1}{|3b|},\frac{|a|}{|b|}\right\}$.

下面定义新的幂级数

$$\mu=P(\xi)=\sum_{n=1}^{+\infty}p_n\xi^n$$

并且令前面 4 项的系数分别为

$$p_1=|c_1|=|\lambda|,p_2=|c_2|=|\eta|$$

$$p_3=|c_3|=0,p_4=|c_4|=\frac{|3c_1-3ac_1^2|}{|72b|}$$

及

$$p^{n+4}=M\left(p^{n+1}+\sum_{k=1}^{n+1}p^kp^{n+2-k}\right)$$

容易看出

$$|c_n|\leqslant p_n,n=1,2,\cdots$$

也就是说,只要级数

$$\mu=P(\xi)=\sum_{n=1}^{+\infty}p_n\xi^n$$

收敛,那么级数(17) 也收敛. 这样只需证明级数 $\mu=$

$P(\xi)$ 的收敛性就可以了. 通过级数的运算,可以得到

$$
\begin{aligned}
P(\xi) &= p_1\xi + p_2\xi^2 + p_4\xi^4 + \sum_{n=1}^{+\infty} p_{n+4}\xi^{n+4} \\
&= |\lambda|\xi + |\eta|\xi^2 + \frac{|3c_1 - 3ac_1^2|}{|72b|}\xi^4 + \\
&\quad M\left(\sum_{n=1}^{+\infty} p_{n+1}\xi^{n+4} + \sum_{n=1}^{+\infty}\sum_{k=1}^{n+1} p_k p_{n+2-k}\xi^{n+4}\right) \\
&= |\lambda|\xi + |\eta|\xi^2 + \frac{|3c_1 - 3ac_1^2|}{|72b|}\xi^4 + \\
&\quad M(\xi^3(P(\xi) - |\lambda|\xi) + P^2\xi^2 - \lambda^2\xi^4)
\end{aligned}
$$

考虑隐函数

$$
\begin{aligned}
F(\xi,\mu) = \mu - |\lambda|\xi - |\eta|\xi^2 - \\
\frac{|3c_1 - 3ac_1^2|}{|72b|}\xi^4 - M\xi(\xi^2(\mu - |\lambda|) + \\
\mu^2\xi - \lambda^2\xi^3) = 0
\end{aligned}
$$

由于 $F(\xi,\mu)$ 解析,且 $F(0,0)=0$,$\boldsymbol{F}_\mu(0,0)=1\neq 0$,由隐函数定理可知,$P(\xi)$ 在原点的邻域内是解析的,从而存在正的收敛半径. 由于幂级数解是收敛的,因此上面所求得的解是解析解,由此可以得到式(16)的幂级数解为

$$
\begin{aligned}
f(\xi) &= c_1\xi + c_2\xi^2 + c_4\xi^4 + \sum_{n=1}^{+\infty} c_{n+4}\xi^{n+4} \\
&= \lambda\xi + \eta\xi^2 + \frac{3c_1 - 3ac_1^2}{72b}\xi^4 + \\
&\quad \sum_{n=1}^{+\infty} c_{n+4}\xi^{n+4}
\end{aligned}
$$

于是可以得到方程(1)有如下解析解

$$
\begin{aligned}
u(x,t) = t^{-\frac{2}{3}}(\lambda x t^{-\frac{1}{3}}) + t^{-\frac{2}{3}}(\eta(xt^{-\frac{1}{3}})^2) + \\
\frac{3\lambda - 3a\lambda^2}{72b}(xt^{-\frac{1}{3}})^4 t^{-\frac{2}{3}} + t^{-\frac{2}{3}}\sum_{n=1}^{+\infty} c_{n+4}(xt^{-\frac{1}{3}})^{n+4}
\end{aligned}
$$

$$
=\lambda x t^{-1}+\eta x^{2} t^{-\frac{4}{3}}+\frac{3\lambda-3a\lambda^{2}}{72b} x^{4} t^{-2}+\sum_{n=1}^{+\infty} c_{n+4} x^{n+4} t^{-\frac{n+6}{3}}
$$

36.3 结　　论

基于 Lie 对称分析,并结合首次积分和幂级数法对一般的常系数 KdV 方程进行了,继而获得它的几种形式的精确解,其中有的是跟以前类似,而有的即是第一次得到的,如此不但推广了以前的结果,而且还可以应用 Lie 对称分析考虑方程的其他解,比如基本解等.因此,这种方法对于偏微分方程的精确解的研究极其重要,而且是很有效的方法.

KdV 方程的无穷序列新精确解[①]

第37章

在孤立子理论的研究领域内,构造非线性发展方程(组)的精确解一直受到数学家、物理学家的关注,已经给许多求解方法. KdV 方程是研究孤立子现象的经典方程,数学家、物理学家用多种方法获得了 KdV 方程的有限多个光滑孤立子精确解,但是尚未获得无穷序列精确解. 用 Riccati 方程可构造非线性发展方程的精确

① 摘编自《内蒙古师范大学学报(自然科学汉文版)》,2013年9月第42卷第5期.

解[①]. 内蒙古民族大学物理与电子信息学院的韩元春和内蒙古师范大学数学科学学院的套格图桑两位教授在 2013 年给出一种辅助方程与 Riccati 方程之间的拟 Backlund 变换，根据 Riccati 方程的有关结论并利用符号计算系统 Mathematica，获得了由双曲函数、三角函数和有理函数组成的 KdV 方程的无穷序列新精确解.

37.1　一种辅助方程的 Backlund 变换和解的非线性叠加公式

1. 一种辅助方程与 Riccati 方程的拟 Backlund 变换

考虑辅助方程

$$\left(\frac{\mathrm{d}z(\xi)}{\mathrm{d}\xi}\right)^2=z'(\xi)=(1+z(\xi))^2(az^2(\xi)+bz(\xi)+c) \tag{1}$$

方程(1) 通过函数变换

$$z(\xi)=\frac{-c+v^2(\xi)}{b-2\sqrt{a}v(\xi)}\quad (a>0) \tag{2}$$

① Chen Y, Li B, Zhang H Q. Generalized Riccati equation expansion method and its application to the Bogoyavlenskii's generalized breaking soliton equation[J]. Chin Phys, 2003,12(9): 940-945.

Chen Y, Yan Z Y, Li B, Zhang H Q. New explicit exact Solutions for a generalized Hirota-Satsuma coupled KdV system and a coupled MKdV equation[J]. Chin Phys, 2003,12(1):1-10.

可以转化为 Riccati 方程

$$\frac{\mathrm{d}v(\xi)}{\mathrm{d}\xi}=v'(\xi)=\frac{1}{2}\varepsilon(b-c-2\sqrt{a}v(\xi)+v^2(\xi))$$

$$(a>0;\varepsilon=\pm 1) \tag{3}$$

2. Riccati **方程的相关结论**

根据文献[①],本章获得了 Riccati 方程(3) 的如下结论.

(1)Riccati 方程(3) 的解($\varepsilon=1$)

$$v(\xi)=-\left(-\sqrt{a}+\sqrt{a-b+c}\tanh(\frac{1}{2}(\sqrt{a-b+c}\xi))\right)$$

$$(a-b+c>0) \tag{4}$$

$$v(\xi)=-\left(-\sqrt{a}+\sqrt{a-b+c}\coth(\frac{1}{2}(\sqrt{a-b+c}\xi))\right)$$

$$(a-b+c>0) \tag{5}$$

$$v(\xi)=\left(\sqrt{a}+\sqrt{-a+b-c}\tan(\frac{1}{2}(\sqrt{-a+b-c}\xi))\right)$$

$$(a-b+c<0) \tag{6}$$

$$v(\xi)=-\left(-\sqrt{a}+\sqrt{-a+b-c}\cot(\frac{1}{2}(\sqrt{-a+b-c}\xi))\right)$$

$$(a-b+c<0) \tag{7}$$

$$v(\xi)=-\frac{(b-c)(d_1+d_2\xi)}{-\sqrt{a}d_1+d_2(-2-\sqrt{a}\xi)}\quad (a-b+c=0) \tag{8}$$

其中 d_1,d_2 是不全为零的任意常数.

(2)Riccati 方程(3) 的 Backlund 变换($\varepsilon=1$). 若

① Taogetusang, Sirendaoerji, Li S M. New application to Riccati equation[J]. Chin Phys, 2010,19(8):080303(1-8).

$v_{n-1}(\xi)$ 是 Riccati 方程(3) 的解，则下列 $v_n(\xi)$ 也是 Riccati 方程(3) 的解

$$v_n(\xi)=2\sqrt{a}-\frac{2A\sqrt{a}}{A+mv_{n-1}(\xi)+2\sqrt{a}Bv_{n-1}^2(\xi)}$$
$$(n=1,2,3,\cdots) \tag{9}$$

(3)Riccati 方程(3) 的解的非线性叠加公式($\varepsilon=1$). 若 $v_{n-1}(\xi)$ 和 $v_{n-2}(\xi)$ 是 Riccati 方程(3) 的解，则下列 $v_n(\xi)$ 也是 Riccati 方程(3) 的解

$$v_n(\xi)=(N_1(\mp(b-c)^2A+(\mp(b-c)^2C+2N_3v_{n-1}(\xi))v_{n-2}(\xi)))\cdot(2N_2\pm N_4(-2A\sqrt{a}v_{n-2}(\xi)+(-2A\sqrt{a}-(b-c)C+Av_{n-2}(\xi))v_{n-1}(\xi))^{-1} \tag{10}$$

其中 $$N_1=(-\sqrt{a}\pm\sqrt{a-b+c})^2$$

$$N_2=2(b-c)(\pm 2A(-\sqrt{a})^3\pm\frac{5}{4}(b-c)A\sqrt{a}\mp\frac{1}{2}(b-c)aC\pm\frac{1}{4}(b-c)^2C-\sqrt{a-b+c}(-2Aa+\frac{1}{4}A(b-c)-\frac{1}{2}C(b-c)\sqrt{a}))$$

$$N_3=(\pm Aa\mp\frac{1}{2}A(b-c)\pm\frac{1}{2}(b-c)\sqrt{a}C+\sqrt{a-b+c}(-A\sqrt{a}-\frac{1}{2}(b-c)C))$$

$$N_4=\pm Aa\mp\frac{1}{2}(b-c)A\pm\frac{1}{2}C\sqrt{a}(b-c)+\sqrt{a-b+c}(-A\sqrt{a}-\frac{1}{2}C(b-c))$$

利用 Riccati 方程(3) 的解(4) ~ (8) 与 Backlund 变换和解的非线性叠加公式，可以获得 Riccati 方程

(3) 的无穷序列新精确解，再用关系式(2) 就可以获得辅助方程(1) 的无穷序列新精确解.

37.2　方法的应用步骤

以 1＋1 维非线性发展方程为例，设方程

$$H(u,u_x,u_t,u_{xx},u_{xt},u_{tt},\cdots)=0 \tag{11}$$

有行波解 $u(x,t)=u(\xi),\xi=x+\omega t$，将其代入方程(11)，得常微分方程

$$G(u,u_\xi,u_{\xi\xi},u_{\xi\xi\xi},\cdots)=0 \tag{12}$$

设方程(12) 的形式解(不唯一) 为

$$u(\xi)=g_0+\sum_{j=1}^{m}\left(z(\xi)-\frac{1}{z(\xi)}\right)^{j-1}\left(g_j z(\xi)+\frac{f_j}{z(\xi)}\right) \tag{13}$$

其中 $g_i(i=0,1,2,\cdots,m),f_j(j=1,2,\cdots,m)$ 为待定常数，m 是由领头项分析法确定的自然数，$z(\xi)$ 由辅助方程(1) 确定.

把式(13) 和式(1) 一起代入式(12)，令 $z(\xi)$ 的各次幂的系数为零，得到一个 $g_i(i=0,1,2,\cdots,m),f_j(j=1,2,\cdots,m),a,b,c,\omega$ 为未知量的非线性代数方程组. 利用符号计算系统 Mathematica 或 Maple 求出该方程组的解，再把该非线性代数方程组的每一组解与辅助方程(1) 的无穷序列解一起代入式(13)，即可得到非线性发展方程(组) 的无穷序列新精确解.

37.3 KdV 方程的无穷序列新精确解

$$u_t + uu_x + \beta u_{xxx} = 0 \tag{14}$$

把 $u(x,t)=u(\xi),\xi=x+\omega t$ 代入式(14),对 ξ 积分一次后得

$$\omega u + \frac{1}{2}u^2 + \beta u'' = 0 \tag{15}$$

由领头项分析法可得到平衡常数 $m=2$,因此取方程(15)的解为

$$u(x,t)=u(\xi)=g_0+g_1 z(\xi)+\frac{f_1}{z(\xi)}+\left(z(\xi)-\frac{1}{z(\xi)}\right)\left(g_2 z(\xi)+\frac{f_2}{z(\xi)}\right) \tag{16}$$

将辅助方程(1)和形式解(16)一起代入式(15),令 $z^j(\xi)(j=0,1,2,\cdots,8)$ 的系数为零,得如下非线性代数方程

$$f_2(-12c\beta+f_2)=0$$

$$2c\beta(f_1-5f_2)-(5b\beta+f_1)f_2=0$$

$$f_1^2+b\beta(3f_1-16f_2)+2c\beta(3f_1-4f_2)-(8a\beta+2\omega+2f_2)f_2+2(-g_0+g_2)f_2=0$$

$$(c\beta+\omega)f_1+a\beta(f_1-6f_2)+b\beta(2f_1-3f_2)+f_1(f_2+g_0)-f_2g_1-f_1g_2=0$$

$$2a\beta(f_1-2f_2)+(2\omega+f_2)f_2+(2\omega+2f_2+g_0)g_0+(2c\beta+2f_1)g_1+b\beta(f_1+g_1)+(4c\beta-2\omega-4f_2-2g_0+g_2)g_2=0$$

$$(a\beta+c\beta+\omega+f_2+g_0)g_1+(6c\beta+f_1-g_1)g_2+b\beta(2g_1+3g_2)=0$$

$g_1^2+(8c\beta+2\omega+2f_2+2g_0-2g_2)g_2+$

$2a\beta(3g_1+4g_2)+b\beta(3g_1+16g_2)=0$

$(5b\beta+g_1)g_2+2a\beta(g_1+5g_2)=0$

$g_2(12a\beta+g_2)=0.$

用符号计算系统Mathematica求出由上述方程组成的方程组的解为

$$\begin{cases}\omega=\dfrac{1}{6}(-24a\beta-f_1),g_0=f_1,c=-\dfrac{f_1}{24\beta}\\ b=-\dfrac{f_1}{12\beta},g_1=0,g_2=0,f_2=-\dfrac{f_1}{2}\end{cases}\tag{17}$$

$$\begin{cases}\omega=\dfrac{1}{3}(-3a\beta-f_1),g_0=f_1,c=0\\ b=-\dfrac{f_1}{3\beta},g_1=0,g_2=0,f_2=0\end{cases}\tag{18}$$

$$\begin{cases}\omega=\dfrac{1}{3}(3a\beta+f_1),g_0=\dfrac{1}{3}(-6a\beta+f_1)\\ c=0,b=-\dfrac{f_1}{3\beta},g_1=0,g_2=0,f_2=0\end{cases}\tag{19}$$

$$\begin{cases}\omega=\dfrac{1}{6}(24a\beta+f_1),g_0=-\dfrac{2}{3}(12a\beta-f_1)\\ c=-\dfrac{f_1}{24\beta},b=-\dfrac{f_1}{12\beta},g_1=0,g_2=0,f_2=-\dfrac{f_1}{2}\end{cases}\tag{20}$$

$$\begin{cases}\omega=-\dfrac{9f_1}{4},g_0=4f_1,c=0,a=-\dfrac{f_1}{12\beta}\\ b=-\dfrac{f_1}{3\beta},g_1=3f_1,g_2=f_1,f_2=0\end{cases}\tag{21}$$

$$\begin{cases}\omega=-\dfrac{4f_1}{3},g_0=2f_1,c=0,a=0\\ b=-\dfrac{f_1}{3\beta},g_1=f_1,g_2=0,f_2=0\end{cases}\tag{22}$$

$$\begin{cases}\omega=-\frac{4f_1}{3}, g_0=2f_1, c=-\frac{f_1}{48\beta} \\ a=-\frac{f_1}{48\beta}, b=-\frac{f_1}{8\beta}, g_1=f_1, g_2=\frac{f_1}{4}, f_2=-\frac{f_1}{4}\end{cases} \tag{23}$$

$$\begin{cases}\omega=-\frac{3f_1}{4}, g_0=\frac{4f_1}{3}, c=-\frac{f_1}{36\beta}, a=0 \\ b=-\frac{f_1}{9\beta}, g_1=\frac{f_1}{3}, g_2=0, f_2=-\frac{f_1}{3}\end{cases} \tag{24}$$

$$\begin{cases}\omega=-\frac{f_1}{3}, g_0=f_1, c=0, a=0 \\ b=-\frac{f_1}{3\beta}, g_1=0, g_2=0, f_2=0\end{cases} \tag{25}$$

$$\begin{cases}\omega=-\frac{f_1}{6}, g_0=f_1, c=-\frac{f_1}{24\beta}, a=0 \\ b=-\frac{f_1}{12\beta}, g_1=0, g_2=0, f_2=-\frac{f_1}{2}\end{cases} \tag{26}$$

$$\begin{cases}\omega=-\frac{f_1}{12}, g_0=\frac{7f_1}{6}, c=-\frac{f_1}{12\beta} \\ a=0, b=0, g_1=0, g_2=0, f_2=-f_1\end{cases} \tag{27}$$

$$\begin{cases}\omega=\frac{f_1}{12}, g_0=f_1, c=-\frac{f_1}{12\beta} \\ a=0, b=0, g_1=0, g_2=0, f_2=-f_1\end{cases} \tag{28}$$

$$\begin{cases}\omega=\frac{f_1}{6}, g_0=\frac{2f_1}{3}, c=-\frac{f_1}{24\beta} \\ a=0, b=-\frac{f_1}{12\beta}, g_1=0, g_2=0, f_2=-\frac{f_1}{2}\end{cases} \tag{29}$$

$$\begin{cases}\omega=\frac{f_1}{3}, g_0=\frac{f_1}{3}, c=0, a=0, b=-\frac{f_1}{3\beta} \\ g_1=0, g_2=0, f_2=0\end{cases} \tag{30}$$

$$\begin{cases}\omega=\dfrac{3f_1}{4},g_0=-\dfrac{f_1}{6},c=-\dfrac{f_1}{36\beta}\\ a=0,b=-\dfrac{f_1}{9\beta},g_1=\dfrac{f_1}{3},g_2=0,f_2=-\dfrac{f_1}{3}\end{cases}\tag{31}$$

$$\begin{cases}\omega=\dfrac{4f_1}{3},g_0=-\dfrac{2f_1}{3},c=0,a=0\\ b=-\dfrac{f_1}{3\beta},g_1=f_1,g_2=0,f_2=0\end{cases}\tag{32}$$

$$\begin{cases}\omega=\dfrac{4f_1}{3},g_0=-\dfrac{2f_1}{3},c=-\dfrac{f_1}{48\beta}\\ a=-\dfrac{f_1}{48\beta},b=-\dfrac{f_1}{8\beta},g_1=f_1,g_2=\dfrac{f_1}{4},f_2=-\dfrac{f_1}{4}\end{cases}\tag{33}$$

$$\begin{cases}\omega=\dfrac{9f_1}{4},g_0=-\dfrac{f_1}{2},c=0\\ a=-\dfrac{f_1}{12\beta},b=-\dfrac{f_1}{3\beta},g_1=3f_1,g_2=f_1,f_2=0\end{cases}\tag{34}$$

$$\begin{cases}\omega=\dfrac{-f_1^2-4f_1f_2-4f_2^2}{12f_2},g_0=f_1,c=\dfrac{f_2}{12\beta}\\ a=\dfrac{f_1^2+2f_1f_2+f_2^2}{12\beta f_2},b=-\dfrac{f_1+f_2}{6\beta},g_1=0,g_2=0\end{cases}\tag{35}$$

$$\begin{cases}\omega=\dfrac{f_1^2+4f_1f_2+4f_2^2}{12f_2}\\ g_0=\dfrac{-f_1^2+2f_1f_2-4f_2^2}{6f_2}\\ c=\dfrac{f_2}{12\beta},a=\dfrac{f_1^2+2f_1f_2+f_2^2}{12\beta f_2}\\ b=-\dfrac{f_1+f_2}{6\beta},g_1=0,g_2=0\end{cases}\tag{36}$$

利用获得的解(17)～(36)及辅助方程(1)的相关结论,可得如下形式的叠加公式

$$\begin{cases} u_n(x,t)=u_n(\xi)=g_0+g_1z_n(\xi)+\dfrac{f_1}{z_n(\xi)}+ \\ \qquad \left(z_n(\xi)-\dfrac{1}{z_n(\xi)}\right)\left(g_2z_n(\xi)+\dfrac{f_2}{z_n(\xi)}\right) \\ z_n(\xi)=\dfrac{-c+v_n^2(\xi)}{b-2\sqrt{a}v_n(\xi)} \quad (a>0) \\ v_n(\xi)=2\sqrt{a}-\dfrac{2A\sqrt{a}}{A+mv_{n-1}(\xi)+2\sqrt{a}Bv_{n-1}^2(\xi)} \\ \qquad (a>0;n=1,2,3,\cdots) \end{cases} \tag{37}$$

把式(36)和辅助方程(3)的解分别代入式(37),可以构造 KdV 方程的 3 种类型的无穷序列新精确解.

(1) 利用叠加公式(37),可以获得 KdV 方程的双曲函数型无穷序列新精确解

$$\begin{cases} u_n(x,t)=u_n(\xi)=g_0+\dfrac{f_1}{z_n(\xi)}+\dfrac{f_2}{z_n(\xi)}\left(z_n(\xi)-\dfrac{1}{z_n(\xi)}\right) \\ z_n(\xi)=\dfrac{-c+v_n^2(\xi)}{b-2\sqrt{a}v_n(\xi)} \quad (a>0) \\ v_n(\xi)=2\sqrt{a}-\dfrac{2A\sqrt{a}}{A+mv_{n-1}(\xi)+2\sqrt{a}Bv_{n-1}^2(\xi)} \\ \qquad (a>0;n=1,2,3,\cdots) \\ v_0(\xi)=-\left(-\sqrt{a}+\sqrt{a-b+c}\tanh(\dfrac{1}{2}(\sqrt{a-b+c}\xi))\right) \\ \qquad (a-b+c>0) \end{cases} \tag{38}$$

(2) 迭代应用叠加公式(37),可以获得 KdV 方程的三角函数型无穷序列新精确解

$$\begin{cases} u_n(x,t)=u_n(\xi)=g_0+\dfrac{f_1}{z_n(\xi)}+\dfrac{f_2}{z_n(\xi)}\left(z_n(\xi)-\dfrac{1}{z_n(\xi)}\right) \\ z_n(\xi)=\dfrac{-c+v_n^2(\xi)}{b-2\sqrt{a}v_n(\xi)}\quad(a>0) \\ v_n(\xi)=2\sqrt{a}-\dfrac{2A\sqrt{a}}{A+mv_{n-1}(\xi)+2\sqrt{a}Bv_{n-1}^2(\xi)} \\ \qquad(a>0;n=1,2,3,\cdots) \\ v_0(\xi)=\left(\sqrt{a}+\sqrt{-a+b-c}\tan(\dfrac{1}{2}(\sqrt{-a+b-c}\xi))\right) \\ \qquad(a-b+c<0) \end{cases} \tag{39}$$

(3) 利用叠加公式(37),可以获得 KdV 方程的有理函数型无穷序列新精确解

$$\begin{cases} u_n(x,t)=u_n(\xi)=g_0+\dfrac{f_1}{z_n(\xi)}+ \\ \qquad\qquad \dfrac{f_2}{z_n(\xi)}\left(z_n(\xi)-\dfrac{1}{z_n(\xi)}\right) \\ z_n(\xi)=\dfrac{-c+v_n^2(\xi)}{b-2\sqrt{a}v_n(\xi)}\quad(a>0) \\ v_n(\xi)=2\sqrt{a}-\dfrac{2A\sqrt{a}}{A+mv_{n-1}(\xi)+2\sqrt{a}Bv_{n-1}^2(\xi)} \\ \qquad(a>0;n=1,2,3,\cdots) \\ v_0(\xi)=-\dfrac{(b-c)(d_1+d_2\xi)}{-\sqrt{a}d_1+d_2(-2-\sqrt{a}\xi)}\quad(a-b+c=0) \end{cases} \tag{40}$$

在(38)～(40)各式中,$\xi=x+\omega t$,且 ω,a,b,c,f_1,f_2,g_0 由式(36)确定.

37.4 结　语

本章在套格图桑等[①]得到的结论的基础上，给出一种辅助方程法与 Riccati 方程之间的拟 Backlund 变换，根据 Riccati 方程的有关结论并利用符号计算系统 Mathematica，选择 KdV 方程比较简单的形式解，获得了光滑形式的无穷序列新精确解. 利用这种方法也可以构造其他非线性发展方程的无穷序列精确解.

① 套格图桑，斯仁道尔吉，王庆鹏. Riccati 方程的 Backlund 变换及其应用[J]. 内蒙古师范大学学报(自然科学汉文版)，2009，38(4)：387-391.

第十编

KdV 方程的数值方法

广义 KdV 方程的数值解法①

第 38 章

自从 Scott Russell 提出在平静的水面上孤立波运动以来，尤其是非传播水面孤立波的发现，已经有力地推动了非线性科学的发展，这是因为许多非线性动态的物理现象可以被描述成一个个非线性的数学模型. 诸如，Korteweg-de Vries(KdV) 方程. 对于此类方程，已经提出了很多行之有效的方法. 如，Fornberg 和 Whitham 提出了一种预测－校正的方法来解 KdV 方程，Taha 和 Ablowitz 提出了一种基于 Crank-Nicolson 方法来解

① 摘编自《山东大学学报(理学版)》，2008 年 6 月第 43 卷第 6 期.

KdV 方程，最近 Wang 等人[①]提出了一种多辛 Preissman 方法来解 KdV 方程. 山东理工大学数学与信息科学学院的左进时教授在 2008 年就广义 KdV 方程提出一种将差分格式中的非线性项线性化的数值方法. 这种方法是无条件稳定的，而且数值相位和解析相位的相位差也很小，这样即使对短波的模拟也可以得到很好的近似. 数值实验描述了广义 KdV 方程中一个孤立子波运动的情形和两个孤立子波交互的情形，结果显示这种方法有很好的稳定性和精度.

38.1 广义非线性 KdV 方程的数值解法

广义 Korteweg-de Vries(GKdV) 方程为

$$u_t + \beta u^{\alpha} u_x + \mu u_{xxx} = 0 \tag{1}$$

这里 β 和 μ 是常数. 特别值得注意的是，当 $\alpha = 1$ 时，上式就是标准的 KdV 方程；当 $\alpha = 2$ 时，上式就是修正的 KdV 方程(MKdV 方程).

对于式(1) 给出的 GKdV 方程

$$u_t + \frac{\beta}{\alpha + 1}(u^{\alpha+1})_x + \mu u_{xxx} = 0 \tag{2}$$

首先给出解上式时间层上的近似

$$U_m^{n+1} = U_m^n - \frac{\beta \Delta t}{2(\alpha + 1)}(F_m^{n+1} + F_m^n)_x -$$

① WANG Y S, WANG B, QIN M Z. Numerical implementation of the multisymplectic preissman scheme and its equivalent schemes[J]. Applied Mathematics and Computation, 2004, 149: 299-326.

$$\frac{\mu\Delta t}{2}(U_m^{n+1}+U_m^n)_{xxx} \tag{3}$$

这里 $F_m^n=(U_m^n)^{\alpha+1}$，$U_m^n\approx u(m\Delta x,n\Delta t)$，$\Delta x$ 和 Δt 分别是空间步长和时间步长. 对于空间的离散，采用四阶的差分近似，上式的线性格式可以在非线性项通过简单的 Taylor 展开到第 n 时间层上来获得

$$aU_{m-3}^{n+1}+b_m^nU_{m-2}^{n+1}+c_m^nU_{m-1}^{n+1}+U_m^{n+1}+ d_m^nU_{m+1}^{n+1}+e_m^nU_{m+2}^{n+1}-aU_{m+3}^{n+1}=f_m^n \tag{4}$$

其中

$$a=\frac{\mu\Delta t}{16(\Delta x)^3}$$

$$b_m^n=-\frac{\mu\Delta t}{2(\Delta x)^3}+\frac{\beta\Delta t}{24\Delta x}(U_{m-2}^n)^\alpha$$

$$c_m^n=\frac{13\mu\Delta t}{16(\Delta x)^3}-\frac{\beta\Delta t}{3\Delta x}(U_{m-1}^n)^\alpha$$

$$d_m^n=-\frac{13\mu\Delta t}{16(\Delta x)^3}+\frac{\beta\Delta t}{3\Delta x}(U_{m+1}^n)^\alpha$$

$$e_m^n=\frac{\mu\Delta t}{2(\Delta x)^3}-\frac{\beta\Delta t}{24\Delta x}(U_{m+2}^n)^\alpha$$

$$f_m^n=U_m^n-\frac{\beta(1-\alpha)\Delta t}{24(1+\alpha)\Delta x}(-(U_{m+2}^n)^{\alpha+1}+ 8(U_{m+1}^n)^{\alpha+1}-8(U_{m-1}^n)^{\alpha+1}+(U_{m-2}^n)^{\alpha+1})- \frac{\mu\Delta t}{16(\Delta x)^3}(-U_{m+3}^n+8U_{m+2}^n-13U_{m+1}^n+ 13U_{m-1}^n-8U_{m-2}^n+U_{m-3}^n)$$

在计算方面，这种差分方法是十分有效的，因为对于方程(1) 的数值解可以在每一个时间步长段上解一个简单的、线性的对角矩阵的代数系统来获得(如 LU 分解等).

对于一个对角矩阵的代数系统来说，数值解的适

定性条件要求矩阵是对角占优的. 对于方程(4) 要求满足

$$\frac{\Delta t}{(\Delta x)^3}\left(\frac{\mu}{8}+\left|\frac{\mu}{2}-\frac{\beta}{24}(\Delta x)^2(U_{m-2}^n)^\alpha\right|+\right.$$
$$\left|\frac{\mu}{2}-\frac{\beta}{24}(\Delta x)^2(U_{m+2}^n)^\alpha\right|+$$
$$\left|\frac{13\mu}{16}-\frac{\beta}{3}(\Delta x)^2(U_{m-1}^n)^\alpha\right|+$$
$$\left.\left|\frac{13\mu}{16}-\frac{\beta}{3}(\Delta x)^2(U_{m+1}^n)^\alpha\right|\right)<1 \tag{5}$$

不满足条件(5) 就意味着舍入误差将有可能破坏反演矩阵. 然而,最值得注意的一点在于,条件(5) 不会出现在一个稳定性分析中,因此它不是隐式差分格式的一个限制,当不满足条件(5) 时,将得到另一个不同的反演矩阵.

对于这种方法的稳定性,用线性条件来分析,由稳定性条件的定义,可以得到方程(4) 的增长因子

$$g(k_1)=\frac{1-C\mathrm{i}}{1+C\mathrm{i}} \tag{6}$$

在这里

$$C=\frac{\Delta t}{\Delta x}\sin\xi\left(\frac{\mu}{(\Delta x)^2}\left(\frac{\sin^2\xi}{2}-2(1-\cos\xi)\right)+\right.$$
$$\left.\beta\nu\left(\frac{2}{3}-\frac{1}{6}\cos\xi\right)\right)$$

其中 $\nu=\max_m|U_m(t_0)|$ 和 $\xi=k_1\Delta x, k_1=2\pi/L$,$\nu$ 为波数,L 为波长. 从方程(6) 很容易看出,对所有的 k_1 都满足 $|g(k_1)|=1$,从而知线性隐格式(4) 是无条件稳定的,且是无耗损的.

对于波的模拟,分析相位差是十分重要的,因为大的相位差会使离散解完全偏离精确解,只能得到一个

毫无意义的结果，对问题的离散也仅仅对长波能得到好的近似，而有高频分量产生的相位差就不明显了.

对于线性隐格式(4) 的数值相位为

$$P_3(\xi)=\arctan\left(\frac{\operatorname{Im}\{g(k_1)\}}{\operatorname{Re}\{g(k_1)\}}\right) \tag{7}$$

将式(6) 代入式(7)，可以得到

$$P_3(\xi)=-\arctan\left(\frac{2C}{1-C^2}\right) \tag{8}$$

现在定义 $P_c(\xi)$ 为解析相位，则对于方程(2) 中的因子为常系数因子的解析相位为

$$P_c(\xi)=-\frac{\Delta t}{\Delta x}\xi\left(\beta\nu-\frac{\mu}{(\Delta x)^2}\xi^2\right) \tag{9}$$

由式(8) 和(9)，可以得到相位差的表达式

$$\begin{aligned}E_3(\xi)&=P_3(\xi)-P_c(\xi)\\&=-\arctan\left(\frac{2C}{1-C^2}\right)+\frac{\Delta t}{\Delta x}\xi\left(\beta\nu-\frac{\mu}{(\Delta x)^2}\xi^2\right)\end{aligned} \tag{10}$$

对于足够小的 ξ，式(6) 中的 C 值可以简单地通过 Taylor 展开得到下面的形式

$$C=\frac{1}{2}\frac{\Delta t}{\Delta x}\xi\left(-\frac{1}{30}\beta\nu\xi^4-\frac{\mu}{(\Delta x)^2}\xi^2+\beta\nu\right)+O(\xi^6) \tag{11}$$

由于 $\left|\frac{1}{2}\frac{\Delta t}{\Delta x}\xi\left(-\frac{1}{30}\beta\nu\xi^4-\frac{\mu}{(\Delta x)^2}\xi^2+\beta\nu\right)\right|<1$，方程(8) 可以写成 $P_3(\xi)=-\arctan(1/(1-C)-1/(1+C))$，则由 Taylor 展开可以得到

$$\begin{aligned}P_3(\xi)&=-\arctan(2C(1+C^2+C^4)+O(C^6))\\&=-2C\left(1-\frac{C^2}{3}+\frac{C^4}{5}\right)+O(\xi^6)\end{aligned} \tag{12}$$

这里已经包括了反正切函数式(12) 中的三次项的扩

展式. 将式(11) 中 C 的值代入式(12) 可以得到

$$P_3(\xi)=r\xi\left(\beta\nu-\frac{\mu}{(\Delta x)^2}\xi^2\right)+ r\beta\nu\left(\left(-\frac{1}{80}r^4\beta^4\nu^4-\frac{1}{4}\frac{\mu}{(\Delta x)^2}r^2\beta\nu+\frac{1}{30}\right)\xi^2+\frac{1}{12}r^2\beta^2\nu^2\right)\xi^2+O(\xi^6) \tag{13}$$

这里 $r=\Delta t/\Delta x$，将式(13) 代入式(10)，就可以得到线性隐格式(4) 的相位差

$$E_3(\xi)=r\beta\nu\left(\left(-\frac{1}{80}r^4\beta^4\nu^4-\frac{1}{4}\frac{\mu}{(\Delta x)^2}r^2\beta\nu+\frac{1}{30}\right)\xi^2+\frac{1}{12}r^2\beta^2\nu^2\right)\xi^2+O(\xi^6) \tag{14}$$

还可以得到相速差

$$\begin{aligned}&E_{v_3}(k_1)\\ =&\frac{P_c(\xi)}{k_1\Delta t}-\frac{\Delta x}{\xi\Delta t}\tan^{-1}\left\{\frac{2C}{1-C^2}\right\}\\ =&-\beta\nu\left(\left(-\frac{1}{80}(\Delta t)^4\beta^4\nu^4-\frac{1}{4}\mu(\Delta t)^2\beta\nu+\frac{1}{30}(\Delta x)^4\right)k_1^2+\frac{1}{12}(\Delta t)^2\beta^2\nu^2\right)k_1^2+O(k_1^6)\end{aligned} \tag{15}$$

38.2 数值算例

为了显示本章提出的线性隐格式(4) 的有效性，数值实验将描述广义 KdV 方程中一个孤立子波运动情形和两个孤立子波交互的情形.

1. 一个孤立子波

采用下面广义 KdV 方程的一个孤立子

$$u(x,t=0)=A(\operatorname{sech}(k_x x-x_0-\omega t))^{(2/\alpha)}$$
$$(-10<x<50) \tag{16}$$

这里 $A=\dfrac{2(\alpha+1)(\alpha+2)}{\beta\alpha^2}\mu k_x^2$，$\omega=\dfrac{4\mu k_x^3}{\alpha^2}$，$x_0$ 为初始点的位置.

在数值计算中，首先选取参数 $\alpha=1$，$\beta=6$，$\mu=1$ 和 $k_x=0.7$. 图 38.1 描述了线性隐格式(4) 中不同的 Δx 和 Δt 定义的解析相位(9) 和数值相位(8)，从图中可以看出：增加 Δx 和 Δt，其相位差也会变大；减小 Δx 和 Δt，其相位差也会变小.

表 38.1 给出了在 L_∞ 范数意义下 Crank-Nicolson 格式，多辛格式和本章的线性隐格式(4) 在不同的空间步长 Δx 和时间步长 Δt 下计算到 $t=5$，$t=10$，$t=15$ 时的误差，从表中可以看出，本文提出的线性隐格式(4) 优于其他两种格式，而且当 Δx 和 Δt 减小时，差分格式的误差也是随之减小的.

表 38.1　不同差分格式的误差

Δx	Δt	t	Crank-Nicolson 格式	多辛格式	线性隐格式
0.1	0.01	5	1.0093×10^{-2}	7.0141×10^{-3}	3.7354×10^{-4}
		10	2.0100×10^{-2}	1.3384×10^{-2}	7.3577×10^{-4}
		15	2.9527×10^{-2}	1.9996×10^{-2}	1.0922×10^{-3}
0.05	0.005	5	2.5510×10^{-3}	1.7426×10^{-3}	9.3580×10^{-5}
		10	4.9655×10^{-3}	3.3495×10^{-3}	1.8732×10^{-4}
		15	7.3617×10^{-3}	5.0093×10^{-3}	2.7649×10^{-4}

图 38.2 描述了 GKdV 方程中用线性隐格式(4) 处理的孤立子波运动的情形，其中系数 $\beta=6$，$\mu=1$，$\alpha=1$，参数 $k_x=0.7$，空间步长 $\Delta x=0.1$ 和时间步长 $\Delta t=$

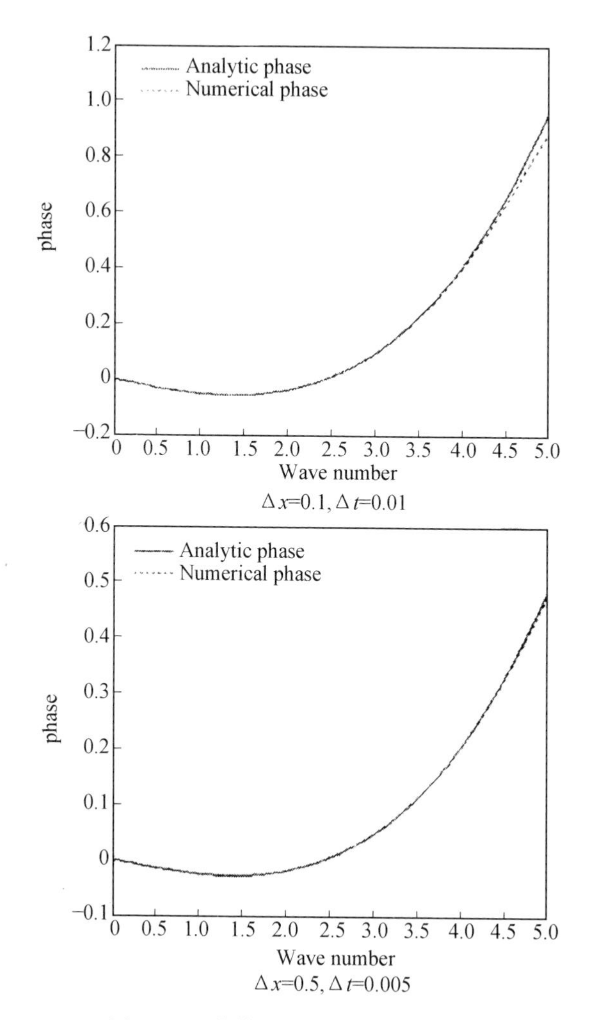

图 38.1　数值相位和解析相位的比较

0.01. 对于守恒量(动量 $P(t)=\int_{-\infty}^{+\infty}u\mathrm{d}x$ 和能量 $E(t)=\frac{1}{2}\int_{-\infty}^{+\infty}u^2\mathrm{d}x$) 是用来检验数值积分的，从表 38.2 可以

看出本章的差分格式（离散动量 $P(t)=\Delta x\sum_{m=0}^{M}U_m^n$ 和离散能 $E(t)=\frac{1}{2}\Delta x\sum_{m=0}^{M}(U_m^n)^2$）保持两个守恒量非常好.

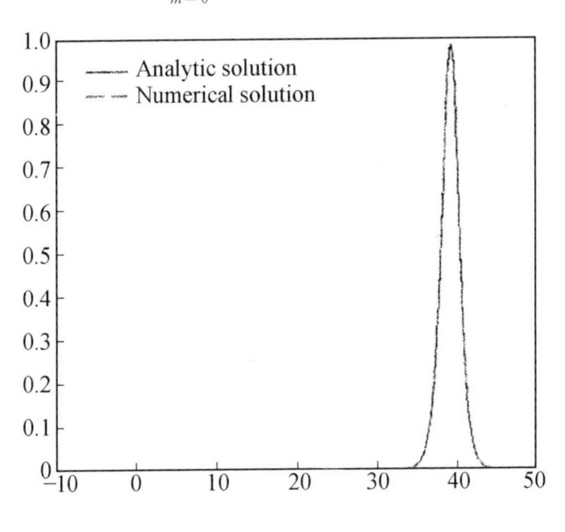

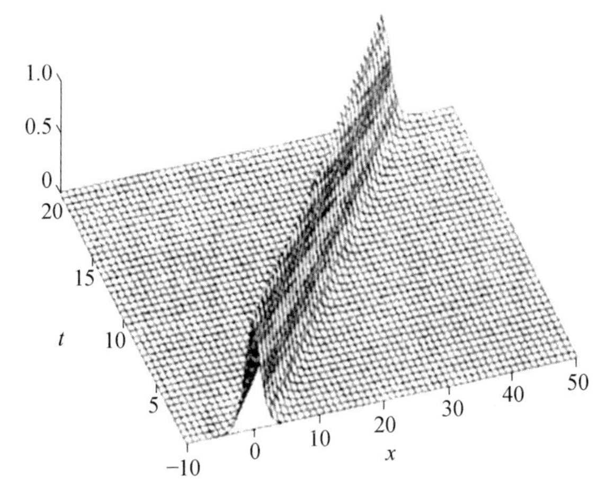

图 38.2　精确解和数值解的比较以及孤立子波运动的情形

表 38.2　线性隐格式(4)计算的动量和能量

t	$P(t)$	$E(t)$
0	2.799 997 752 260 57	0.914 666 666 674 90
3	2.799 998 641 364 95	0.914 666 666 670 83
6	2.800 000 835 372 27	0.914 666 666 672 53
9	2.800 001 376 943 02	0.914 666 666 681 02
12	2.800 002 878 794 04	0.914 666 666 685 35
15	2.800 003 172 920 50	0.914 666 666 679 13
18	2.800 004 557 271 00	0.914 666 666 672 63

2. **两个孤立子波**

图 38.3 描述了 GKdV 方程中两个孤立子波交互的情形，其中系数 $\beta=6$，$\mu=1$，α 分别为 1 和 2，参数 $k_{x_1}=0.7$，$k_{x_2}=0.5$，用线性隐格式(4)来处理的方程，初始条件为

$$u(x,t=0)=\sum_{i=1}^{2}A_i(\operatorname{sech}(k_{x_i}x-x_i-\omega_i t))^{(2/\alpha)}$$
$$(-10<x<50) \tag{17}$$

这里 $A_i=\dfrac{2(\alpha+1)(\alpha+2)}{\beta\alpha^2}\mu k_{x_i}^2$，$\omega_i=\dfrac{4\mu k_{x_i}^3}{\alpha^2}$，$x_1$，$x_2$ 为初始的位置.

从图形可以看出，完全符合两个孤立子波交互的情形，而且其数值结果对于两个守恒量保持得很好。

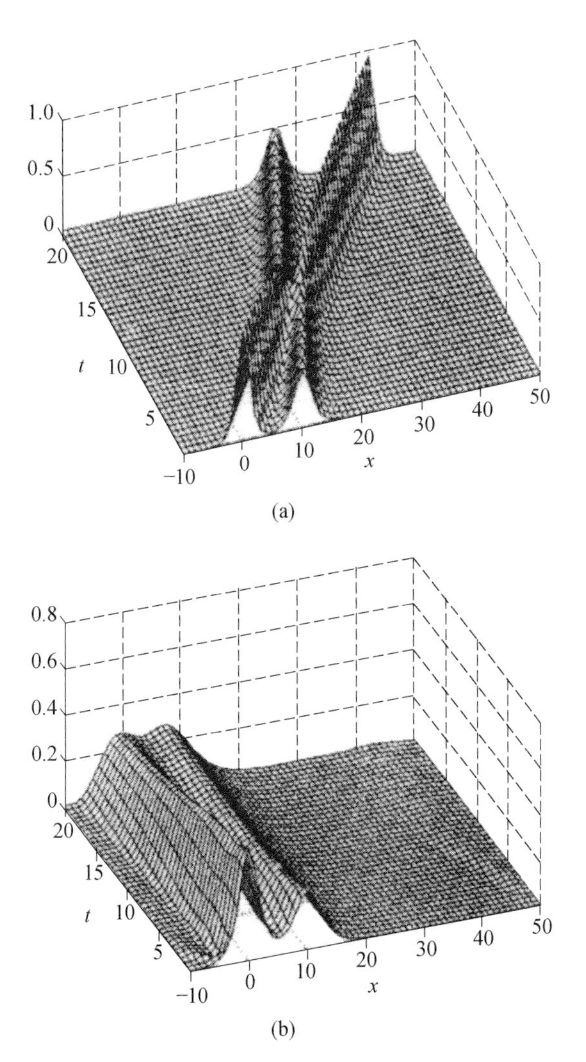

图 38.3　GKdV 方程中 α 分别为 1 和 2 孤立子波交互的情形

KdV 方程的数值解及数值模拟[①]

第 39 章

KdV 方程于 1985 年由 Korteweg 和 de Vries 首次提出. 该方程无论是在数学上还是在实际中,都是一个非常重要的方程,它可以描述小振幅的浅水波、冷等离子体中的磁流体波、离子一声子波以及生物和物理系统中的波动过程,特别是孤立子的发现进一步引起了物理学家和数学家们的极大兴趣. 目前已有许多文献对该方程进行了研究,数值方法研究主要有差分方法、有限元法和谱方法等.

海军航空工程学院基础部的郝树

① 摘编自《海军航空工程学院学报》,2009 年 9 月第 24 卷第 5 期.

艳,刘波和山东省枣庄市市中区信息管理中心的李广兴三位教授在 2009 年考虑了 KdV 方程的初边值问题

$$\begin{cases}u_t+\varepsilon uu_x+\mu u_{xxx}=0,x\in I=[a,b],0<t\leqslant T\\ u(x,0)=u_0(x),x\in I\\ u(a,t)=u(b,t)=0,0<t\leqslant T\end{cases}\tag{1}$$

式中 $u_0(x)$ 为已知实函数.

本章在已构造的一种分片光滑的 Lagrange 型插值多项式空间中利用 Galerkin 方法对 KdV 方程进行求解.并进行数值模拟,将数值解与精确解进行比较,结果表明本章格式保持 KdV 方程的守恒性质,是精确有效的.

39.1　Galerkin 格式

问题(1) 的变分形式为:

在 Hilbert 空间 $H_0^1(I)\cap H^2(I)$ 中求解 u,使

$$\begin{cases}(u_t,\omega)+\varepsilon(uu_x,\omega)-\mu(u_{xx},\omega_x)=0\\ \forall\,\omega\in H_0^1(I)\cap H^2(I)\\ u(x,0)=u_0(x)\end{cases}\tag{2}$$

式中$(\cdot,\cdot)$ 表示 L_2 上的内积.

对求解区域进行均匀剖分,记空间步长 $h=(b-a)/J$,时间步长 $\tau=T/N$.

记 $x_i=a+ih,i=0,1,\cdots,J,t^n=n\tau,n=0,1,\cdots,N,u^n=u(t^n),u^{n+\frac{1}{2}}=\frac{1}{2}(u^{n+1}+u^n),\partial_t u^{n+1}=(u^{n+1}-u^n)/\tau$,并记 $I_i=[x_{i-1},x_i]$.

谢树森和赫树艳[①]构造了新的分片光滑 Lagrange 型多项式空间 $V_h = \mathrm{span}\{\phi_1, \cdots, \phi_{J-1}\}$，易验证 $V_h \subseteq H_0^1(I) \cap H^2(I)$，并且 $\phi_i(x_j) = \begin{cases} 0, i \neq j \\ 1, i = j \end{cases}, i, j = 1, \cdots, J-1$.

本章即在该空间中构造方程组(1) 的数值格式.

在时间层上应用修正的 Crank-Nikolson 格式进行逼近，得到问题(2) 的 Galerkin 近似为：

求 $u_h^n(x) \in V_h, n = 1, \cdots, N-1$，使

$$\begin{cases} (\partial_t u_h^{n+1}, \omega) + \varepsilon(u_h^{n+\frac{1}{2}} u_{hx}^{n+\frac{1}{2}}, \omega) - \mu(u_{hxx}^{n+\frac{1}{2}}, \omega_x), \forall \omega \in V_h \\ u_h^0 = I_h u_0 \end{cases} \tag{3}$$

式中 $I_h u_0$ 为 u_0 在 V_h 上的插值

$$\forall \omega(x) \in V_h, \text{有 } \omega(x) = \sum_{j=1}^{J-1} \omega(x_j) \phi_j(x)$$

因此记 $u_{h,j}^n = u_h(x_j, t^n)$，方程(3) 可写为

$$\sum_{j=1}^{J-1} (\phi_j, \phi_i) \partial_t u_{h,j}^{n+1} + \sum_{j=1}^{J-1} ((\varepsilon u_h^{n+\frac{1}{2}} \phi'_j, \phi_i) - \mu(\phi''_j, \phi'_i))\, u_{h,j}^{n+\frac{1}{2}} = 0$$

$$(i = 1, \cdots, J-1) \tag{4}$$

方程(4) 可写为如下矩阵形式

$$\boldsymbol{A} \frac{\boldsymbol{u}_h^{n+1} - \boldsymbol{u}_h^n}{\tau} + (\varepsilon \widetilde{\boldsymbol{B}}^n - \mu \boldsymbol{C}) \frac{\boldsymbol{u}_h^{n+1} + \boldsymbol{u}_h^n}{2} = 0 \tag{5}$$

---

① 谢树森，郝树艳. 解 Klein-Gordon 方程的基于分片 Lagrange 型插值的 Galerkin 方法[J]. 中国海洋大学学报：自然科学版，2008，38(3)：158-163.

$$(2\boldsymbol{A}+\tau(\varepsilon\widetilde{\boldsymbol{B}}^n-\mu\boldsymbol{C}))\boldsymbol{u}_h^{n+1}=(2\boldsymbol{A}-\tau(\varepsilon\widetilde{\boldsymbol{B}}^n-\mu\boldsymbol{C}))\boldsymbol{u}_h^n \tag{6}$$

式中
$$\boldsymbol{u}_h^n=(u_{h,1}^n,\cdots,u_{h,J-1}^n)^{\mathrm{T}}$$
$$\boldsymbol{A}=(a_{i,j})_{(J-1)\times(J-1)},a_{i,j}=(\phi_i,\phi_j)$$
$$\widetilde{\boldsymbol{B}}^n=(b_{i,j}^n)_{(J-1)\times(J-1)},b_{i,j}^n(\phi_i,\boldsymbol{u}_h^{n+\frac{1}{2}}\phi'_i\phi'_j)$$
$$\boldsymbol{C}=(c_{i,j})_{(J-1)\times(J-1)},c_{i,j}(\phi'_i,\phi''_j)$$

矩阵 $\boldsymbol{A}$ 是对称正定的，并且矩阵 $\boldsymbol{A}$，$\widetilde{\boldsymbol{B}}^n$ 及 $\boldsymbol{C}$ 都是 7 对角矩阵. 但是由于 $\widetilde{\boldsymbol{B}}^n$ 依赖 $\boldsymbol{u}_h^{n+\frac{1}{2}}$，而其中 $\boldsymbol{u}_h^{n+1}$ 是未知的，所以上述方程是非线性的，不易求解. 计算时，我们采取下列方法使其线性化：

① 对 $n=0$，利用 $\tilde{\boldsymbol{u}}_h=\boldsymbol{u}_h^0$ 代替 $\boldsymbol{u}_h^{n+\frac{1}{2}}$ 得到 $\widetilde{\boldsymbol{B}}^n$，解式(6)，得到 $\boldsymbol{u}_h^1$ 的首次逼近. 然后进行二至三次迭代修正 $\boldsymbol{u}_h^1$ 的值. ② 对 $n\geqslant 1$，利用 $\tilde{\boldsymbol{u}}_h=\frac{3}{2}\boldsymbol{u}_h^n-\frac{1}{2}\boldsymbol{u}_h^{n-1}$ 代替 $\boldsymbol{u}_h^{n+\frac{1}{2}}$ 得到 $\widetilde{\boldsymbol{B}}^n$，解矩阵方程(6)，得到 $\boldsymbol{u}_h^{n+1}$ 的值.

39.2　线性稳定性分析

矩阵 $\boldsymbol{A}$，$\widetilde{\boldsymbol{B}}^n$ 及 $\boldsymbol{C}$ 的一般行具有下面的形式

$$\boldsymbol{A}:\frac{h}{560}(1,-20,71,456,71,-20,1)$$

$$\widetilde{\boldsymbol{B}}^n:\frac{1}{6\ 720}(\xi_1\tilde{\boldsymbol{u}}_h^n,\xi_2\tilde{\boldsymbol{u}}_h^n,\xi_3\tilde{\boldsymbol{u}}_h^n,\xi_4\tilde{\boldsymbol{u}}_h^n,\xi_5\tilde{\boldsymbol{u}}_h^n,\xi_6\tilde{\boldsymbol{u}}_h^n,\xi_7\tilde{\boldsymbol{u}}_h^n)$$

$$\boldsymbol{C}:\frac{1}{8h^2}(-1,8,-13,0,13,-8,1)$$

其中

$$\tilde{\boldsymbol{u}}_h^n=(u_{h,j-3}^{n+\frac{1}{2}},u_{h,j-2}^{n+\frac{1}{2}},u_{h,j-1}^{n+\frac{1}{2}},u_{h,j}^{n+\frac{1}{2}},u_{h,j+1}^{n+\frac{1}{2}},u_{h,j+2}^{n+\frac{1}{2}},u_{h,j+3}^{n+\frac{1}{2}})^{\mathrm{T}}$$

$$\boldsymbol{\xi}_1=(1,-8,-23,2,0,0,0)$$
$$\boldsymbol{\xi}_2=(-15,136,302,272,-23,0,0)$$
$$\boldsymbol{\xi}_3=(15,0,-1\ 643,-3\ 286,302,-8,0)$$
$$\boldsymbol{\xi}_4=(-1,-136,1\ 643,0,-1\ 643,136,1)$$
$$\boldsymbol{\xi}_5=(0,8,-302,3\ 286,1\ 643,0,-15)$$
$$\boldsymbol{\xi}_6=(0,0,23,-272,-302,-136,15)$$
$$\boldsymbol{\xi}_7=(0,0,0,-2,23,8,-1)$$

假设方程的非线性项 uu_x 中的 u 为常数,即假设 $\widetilde{\boldsymbol{u}}_h^n$ 的元素为常数,不妨设为 C_0. 由 von Neumann 稳定性理论,将 $u_{k,j}^n=\hat{u}^n e^{ikjh}$ 代入式(6),其中 k 为任意实数,h 为空间步长,得 $\hat{u}^{n+1}=g\hat{u}^n$, g 为增长因子. 由矩阵 $\boldsymbol{A}$, $\widetilde{\boldsymbol{B}}^n$ 及 $\boldsymbol{C}$ 的一般行形式,$g=\dfrac{a-\mathrm{i}b}{a+\mathrm{i}b}$, $a=2\alpha\cos 3kh-40\alpha\cos 2kh+142\alpha\cos kh+456\alpha$, $b=2(28\gamma-\beta)\cdot\sin 3kh+2(8\beta-672\gamma)\sin 2kh+2(4\ 620\gamma-13\beta)\sin kh$,式中 $\alpha=\dfrac{h}{280}$, $\beta=-\dfrac{\tau\mu}{8h^2}$, $\gamma=-\dfrac{\tau\varepsilon C_0}{6\ 720}$.

因此,增长因子的模为 $|g|=\sqrt{g\bar{g}}=1$,所以该格式是线性稳定的.

39.3 数值模拟

KdV 方程有一个非常重要的性质就是孤立波现象,在本节中,我们就利用 MATLAB 软件对 KdV 方程的孤立波现象进行数值模拟.

我们用相对误差 $\mathrm{PE}=\dfrac{|u^n-u_h^n|}{|u^n|}\times 100$、$L_2$ 误差

范数 $\| u^n - u_h^n \| = \left(h\sum_{j=0}^{J} | u_j^n - u_{h,j}^n |^2\right)^{\frac{1}{2}}$ 及 L_∞ 误差范数 $\| u^n - u_h^n \|_\infty = \max\limits_j | u_j^n - u_{h,j}^n |$ 来检验方法的精度. KdV 方程的解具有许多守恒量,本章用3个守恒量来检验方法的守恒性,分别代表解的质量、动量和能量

$$C_1 = \int_{-\infty}^{+\infty} u^n \mathrm{d}x \approx h\sum_{j=0}^{J} u_{h,j}^n$$

$$C_2 = \int_{-\infty}^{+\infty} (u^n)^2 \mathrm{d}x \approx h\sum_{j=0}^{J} (u_{h,j}^n)^2$$

$$\begin{aligned} C_3 &= \int_{-\infty}^{+\infty} \left((u^n)^3 - \frac{3\mu}{\varepsilon}(u_x^n)^2\right) \mathrm{d}x \\ &\approx h\sum_{j=0}^{J} \left((u_{h,j}^n)^3 - \frac{3\mu}{\varepsilon}(((u_{hx})_j^n)^2\right) \end{aligned}$$

式中

$$(u_{hx})_j^n = \sum_{i=1}^{J-1} u_{h,i}^n \phi_i'(x_j) = \begin{cases} \dfrac{(4u_{h,1}^n - u_{h,2}^n)}{2h} & (j=0) \\ \dfrac{u_{h,j+1}^n - u_{h,j-1}^n}{2h} & (1 \leqslant j \leqslant J-1) \\ \dfrac{u_{h,J-2}^n - 4u_{h,J-1}^n}{2h} & (j=J) \end{cases}$$

为了验证本章格式的精度及稳定性,我们对问题(1)选取下面两个模型问题进行数值试验.

例 39.1 单孤立波模拟.

KdV 方程具有如下形式的解析解

$$u(x,t) = 3c\operatorname{sech}^2(\kappa x - \omega t - x_0)$$

式中 $\kappa = \dfrac{1}{2}\sqrt{\dfrac{\varepsilon c}{\mu}}, \omega = \varepsilon c\kappa$.

这是一个孤立波,振幅为 $3c$,并取参数 $\kappa = 0.3$, $x_0 = 0, c = 4\kappa^2, \omega = 4\kappa^3$,即以 $u_0(x) = 12\kappa^2 \operatorname{sech}^2 \kappa x$ 作为初始条件.

取参数 $\varepsilon=\mu=1$. 在空间区域[-40 m, 100 m], 时间区域[0 h, 200 h] 上求解问题(1). 取 $h=1/3, \tau=1/3$, 表 39.1 记录了在孤立波传播过程中几个时刻参数 C_1, C_2, C_3 的数值及 L_2, L_∞ 误差范数, 从表中看, 当孤立波行进到 $t=200$ h 的过程中, 不变量基本守恒, 参数 C_1, C_2, C_3 相对于初始解析解的相对误差分别不大于 0.12%, 0.27%, 0.14%.

表 39.1 孤立波传播过程中 C_1, C_2, C_3 的数值及 L_2, L_∞ 误差范数

t/h	C_1	C_2	C_3	L_2	L_∞
0	7.200 0	5.184 0	3.359 2		
40	7.198 2	5.181 2	3.366 8	0.007 0	0.003 2
80	7.197 2	5.178 3	3.363 7	0.017 4	0.007 7
120	7.194 7	5.175 5	3.360 6	0.031 1	0.013 4
160	7.192 7	5.172 7	3.357 6	0.048 1	0.020 6
200	7.191 1	5.169 8	3.354 5	0.068 1	0.028 8

图 39.1 给出了该情况下的数值解与精确解曲线, 从图上我们很难看出差别.

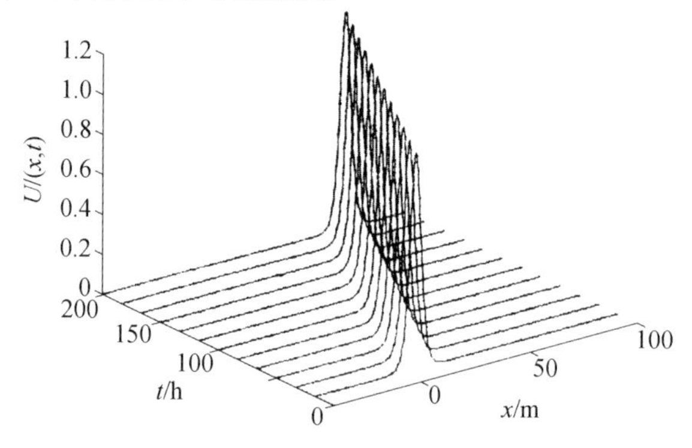

图 39.1 单孤立波精确解及数值解对照

图 39.2 为 $t=200$ h 时数值解与精确解之间的误差图像,图上可以看出误差最大值出现在波峰位置,并且不超过 0.03.

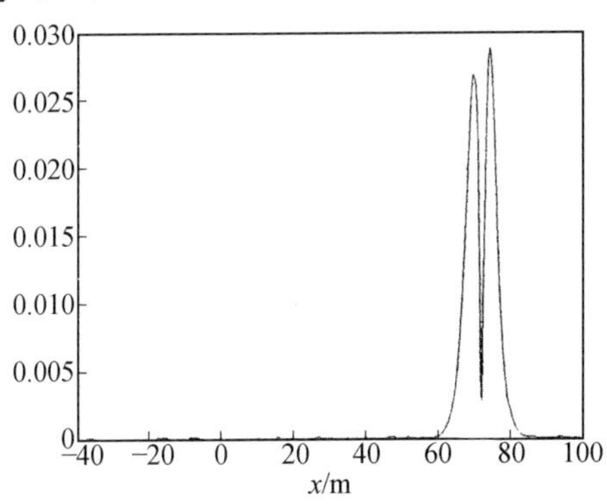

图 39.2　$t=200$ h 时的误差分布

例 39.2　三个孤立波的碰撞模拟.

在空间区域[-90 m,90 m]、时间区域[0 h,200 h]上求解问题(1).初始条件由解析解

$$u(x,t)=\sum_{i=1}^{3}12\kappa_i^2\operatorname{sech}^2(\kappa_i^2(x-4\kappa_i^2t-x_i))$$

给出,其中

$$\kappa_1=0.3,\kappa_2=0.25,\kappa_3=0.2,$$

$$x_1=-60,x_2=-44,x_3=-26.$$

取 $h=1/3,\tau=1/3$ 进行数值实验,图 39.3 直观地显示了 3 个孤立波向右传播,大波追赶小波,引起碰撞的过程.可以看到碰撞前后 3 个孤立波形状不变.为更全面地了解碰撞过程,给出图 39.4 说明.

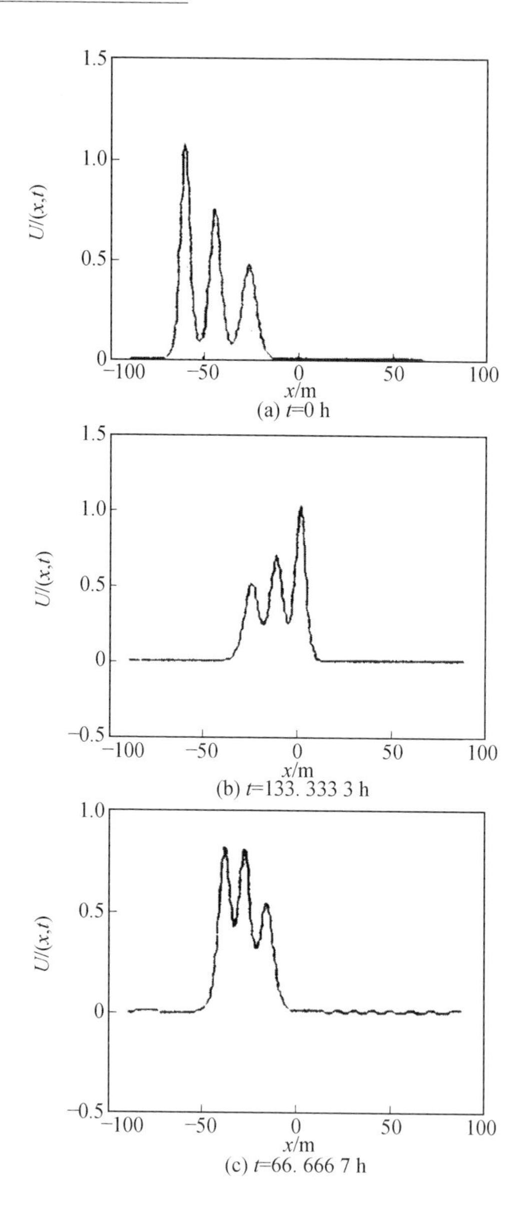

(a) t=0 h

(b) t=133. 333 3 h

(c) t=66. 666 7 h

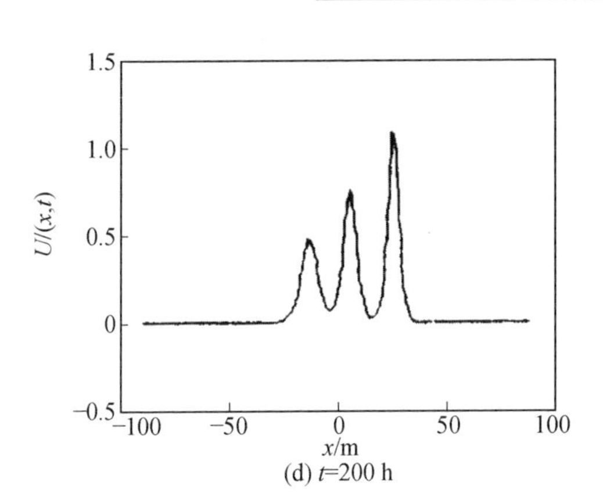

(d) t=200 h

图 39.3　四个时刻三个孤立波的碰撞模拟

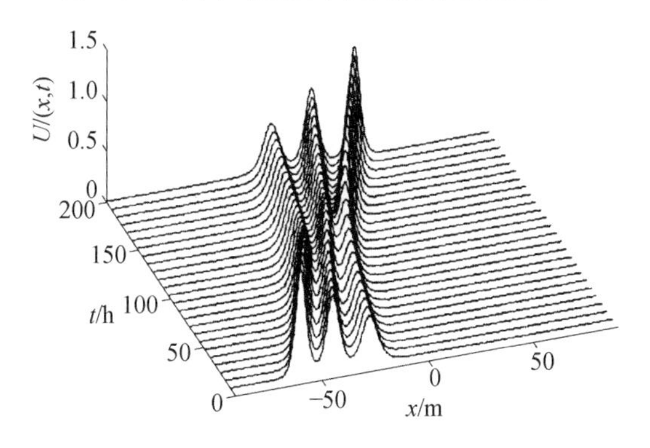

图 39.4　三个孤立波的碰撞

表 39.2 记录了碰撞过程中几个不同时刻守恒量的数值.从表中我们也可以看到,这三个量基本守恒,它们相对于初始解析值的相对误差分别不大于 0.03%,0.10%,0.10%.

表 39.2　碰撞过程中 C_1,C_2,C_3 的数值

t/h	C_1	C_2	C_3
0	18.000 0	9.827 4	5.262 3
40	18.001 0	9.827 3	5.273 2
80	18.005 7	9.829 7	5.269 9
120	18.003 9	9.827 5	5.270 7
160	17.999 0	9.821 8	5.270 3
200	17.994 9	9.818 1	5.267 1

KdV 方程基于二次 B 样条的有限体积方法[①]

第 40 章

考虑如下 KdV 方程

$$\begin{cases} u_t + \varepsilon u u_x + \mu u_{xxx} = 0 \\ \quad x \in (a,b), t \in (0,T] \\ u(x,0) = u_0(x), x \in [a,b] \\ u(a,t) = u(b,t) = 0, t \in (0,T] \\ u_x(b,t) = \beta(t), t \in (0,T] \end{cases} \tag{1}$$

这里，ε 和 μ 是实数，$u_0(x)$ 是初值函数，$\beta(t)$ 是边值函数.

KdV 方程于 1895 年由 Korteweg

① 摘编自《烟台大学学报(自然科学与工程版)》，2016 年 7 月第 29 卷第 3 期.

及 de－Vries 首次提出[①]，用于描述浅水波的无损耗传播，以及波的传播性态和传播过程中的相互作用，如小振幅的浅水波、等离子体中的磁流体波、离子声波以及生物和物理系统中的波动过程. KdV 方程的显著特征是多个波在相互碰撞后仍能保持原来的大小、形状和速度. 1965 年物理学家 Kruskal 和 Zabusky 通过应用数值计算方法详细研究了 KdV 方程两弧波相互作用的全过程，且对作用后所得的数据进行仔细分析后发现孤立波相撞后其形状和速度依然保持不变，并且还具有弹性散射的性质，由此开辟了孤立子研究的新时代.

文献《KDV 方程的精确解析解》[②] 和《三阶 KDV 方程的三种推导法》[③] 应用孤立子物理学法、零曲率方程法、Lax 方程法、行波法齐次平衡法、Jacobian 椭圆函数等方法证明问题(1) 具有解析解. 针对 KdV 方程的数值离散，无论是采用有限差分方法还是有限元方法都有很多结果. 例如，在文献[④]中采用二阶 Leap-frog

---

① KORTEWEG D J, DE-VRLES G. On the change of form of long waves advancing in a rectangular canal and on a new type of long solitary wave [J]. Philos Mag, 1895, 39: 422-443.

② 韩家骅，徐勇，陈良，等. KDV 方程的精确解析解[J]. 安徽大学学报(自然科学版)，2002，26：44-50.

③ 祁玉海. 三阶 KDV 方程的三种推导法[J]. 青海师范大学学报(自然科学版)，2007，3：8-11.

④ ZABUSKY N J, KRUSKAL M D. Interaction of 'solitons' in a collisionless plasma and the recurrence of initial states[J]. Phys Rev Lett, 1965, 15: 240-243.

的差分格式求解 KdV 方程，在已有文献[①②]中分别应用 Hopscotch 格式和耗散格式解得数值解. 曹爱增等[③]给出了基于二次 B 样条的有限元解法，赫树艳和谢树森[④]采用一类三次多项式构造了有限元格式，Canivar[⑤] 基于三次 B 样条给出了 KdV 方程的有限元格式，其数值解具有很好的精度，还有些文献[⑥⑦]建立了基于三次 B 样条的 Galerkin 的有限元解法.

有限体积方法基于微分方程的积分守恒形式，具有很自然的局部守恒性，被广泛应用于流体问题的计算[⑧]. KdV 方程含有非线性项和高阶偏导数，对于此类问题如何构建相应的高阶有限体积格式还未见任何进

---

① GREIG L S, WOODWARD J. The piecewise parabolic method(PPM) for gas dynamical simulation[J]. J Comput Phys, 1984,54:174-201.

② VLIEGENTHART A C. On finite difference methods for the Korteweg-de Vries equation[J]. J Comput Phys,1971,5:137-155.

③ 曹爱增，蔡卫东，王兵. KDV 方程的二次 B 样条有限孤立子模拟[J]. 济南大学学报(自然科学版),2001,15:311-314.

④ HAO Shuyan, XIE Shusen, YI S. The Galerkin method for the KDV equation using a new basis of smooth piecewise cubic polynomials [J]. Math Comput, 2012,218:8658-8671.

⑤ CANIVAR A, SARI M, DAG I. A Taylor-Galerkin finite element method for the KDV equation using cubic B-splines[J]. Physica B,2010,405:3376-3383.

⑥ AKSAN E N, ÖZDES A. Numerical solution of Korteweg-de Vries equation by Galerkin B-spline finite element method[J]. Appl Math Comput,2006,175:1256-1265.

⑦ DURSUN I, IDRIS D, BULENT S. A small time solution for the Korteweg-de Vries equation using spline approximation[J]. Appl Math Comput, 2006,173:834-846.

⑧ 郭本瑜. 不可压缩粘性流问题的数值方法和误差估计[J]. 科学通报,1976,21:127-131.

展.为了填补这一空白,烟台大学数学与信息科学学院的于文莉和陈传军两位教授在 2016 年对 KdV 方程发展了一类高阶有限体积格式,在空间上采用非均匀网格上的二次 B 样条有限体积元方法,时间上采用 Crank-Nicolson 方法离散,并且对非线性项进行线性化处理,即 uu_x 积分后得到的 u^2 项用 $\left(\frac{3}{2}u^{m-1}-\frac{1}{2}u^{m-2}\right)u^m$ 代替.相比普通的 Lagrange 元,在同等的精度要求下,B 样条有限体积元需要的节点数更少,因此具有较小的存储量;而且在网格细化的过程中,之前计算所得的基函数可以重复利用,因此具有更高的计算效率.

40.1 有限体积法

设 $T_h: a=x_0<x_1<\cdots<x_{N-1}<x_N=b$ 是区间$[a,b]$上的一个非均匀剖分.记 $I_i:=[x_{i-1},x_i]$, $h_i:=x_i-x_{i-1}, h:=\max\limits_{1\leqslant i\leqslant N} h_i$.

令 $T_h^*: a=x_0\leqslant x_1\leqslant x_2\leqslant\cdots\leqslant x_{N-2}\leqslant x_{N-1}\leqslant x_N=b$ 为 T_h 的对偶剖分,其中 $x_{i+1/2}=(x_i+x_{i+1})/2$. 称 $I_i^*:=[x_{i-\frac{1}{2}},x_{i+\frac{1}{2}}], 1\leqslant i\leqslant N-1$ 为$[a,b]$上的控制体积.

任给 $1\leqslant i\leqslant N$,在相应的控制体积 I_i^* 上对问题(1)的第一个方程积分可得下述局部守恒形式

$$\int_{x_{i-\frac{1}{2}}}^{x_{i+\frac{1}{2}}} u_t\mathrm{d}x+\frac{\varepsilon}{2}u^2\Big|_{x_{i-\frac{1}{2}}}^{x_{i+\frac{1}{2}}}+\mu u_{xx}\Big|_{x_{i-\frac{1}{2}}}^{x_{i+\frac{1}{2}}}=0 \qquad (2)$$

首先考虑空间离散.令 $S_h:=\mathrm{span}\{B_{-1,2}(x),$

$B_{0,2}(x), B_{1,2}(x), \cdots, B_{N-1,2}(x), B_{N,2}(x)\}$ 是 T_h 上的二次B样条有限元空间，其基底 $B_{i,r}(x)(r \geqslant 1)$ 满足下述递推式

$$B_{i,r}(x) := \frac{x - x_{i-1}}{x_{i+r-1} - x_{i-1}} B_{i,r-1}(x) + \frac{x_i - x}{x_{i+r} - x_i} B_{i+1,r-1}(x) \quad (r \geqslant 1) \tag{3}$$

而这里

$$B_{i,0} = \begin{cases} 1, x \in [x_{i-1}, x_i], 1 \leqslant i \leqslant N \\ 0, \text{其他} \end{cases}$$

由递推式(3)可推得二次B样条基函数的显式表达形式

$$B_{i,2} = \begin{cases} \dfrac{x - x_{i-1}}{h_{i-1}} \dfrac{x - x_{i-1}}{h_{i-1} + h_i}, x \in [x_{i-1}, x_i] \\ \dfrac{x - x_{i-1}}{h_{i-1}} \dfrac{x_{i+1} - x}{h_{i-1} + h_i} + \dfrac{x - x_i}{h_i} \dfrac{x_{i+2} - x}{h_i + h_{i+1}}, \\ \quad x \in [x_i, x_{i+1}] \\ \dfrac{x_{i+2} - x}{h_i} \dfrac{x_{i+2} - x}{h_i + h_{i+1}}, x \in [x_{i+1}, x_{i+2}] \\ 0, \text{其他} \end{cases} \tag{4}$$

令 $u_h(x, h) = \sum_{j=-1}^{N} B_{j,2}(x) \xi_j(t)$，其中 $\xi_j(t)$ 为与时间有关系的待定未知量，则方程(1)的半离散有限体积格式为

$$\int_{x_{i-\frac{1}{2}}}^{x_{i+\frac{1}{2}}} u_{h,t} \mathrm{d}x + \frac{\varepsilon}{2} u_h^2 \Big|_{x_{i-\frac{1}{2}}}^{x_{i+\frac{1}{2}}} + \mu u_{h,xx} \Big|_{x_{i-\frac{1}{2}}}^{x_{i+\frac{1}{2}}} = 0 \quad (1 \leqslant i \leqslant N-1) \tag{5}$$

接着考虑时间离散. 将区间$[0,T]$平均剖分为M份,令时间步长$\tau:=\frac{T}{M}$,节点$t_m=m\tau$. 对任意函数$v(t)$,记$v^m=v(t_m)$,定义如下 Crank-Nicolson 全离散有限体积格式:

对于$2\leqslant m\leqslant M$有

$$\int_{x_{i-\frac{1}{2}}}^{x_{i+\frac{1}{2}}}\frac{u_h^m-u_h^{m-1}}{\tau}\mathrm{d}x+\frac{\varepsilon}{2}\left(\frac{3}{2}u_h^{m-1}-\frac{1}{2}u_h^{m-2}\right)\frac{u_h^m+u_h^{m-1}}{2}\Bigg|_{x_{i-\frac{1}{2}}}^{x_{i+\frac{1}{2}}}+\mu\frac{u_{h,xx}^m+u_{h,xx}^{m-1}}{2}\Bigg|_{x_{i-\frac{1}{2}}}^{x_{i+\frac{1}{2}}}=0\quad(1\leqslant j\leqslant N-1)\tag{6}$$

而$m=0$由下述 2 个方程组确定

$$\int_{x_{i-\frac{1}{2}}}^{x_{i+\frac{1}{2}}}\frac{u_h^1-u_h^0}{\tau}\mathrm{d}x+\frac{\varepsilon}{2}u_h^0u_h^1\Bigg|_{x_{i-\frac{1}{2}}}^{x_{i+\frac{1}{2}}}+\mu\frac{u_{h,xx}^1+u_{h,xx}^0}{2}\Bigg|_{x_{i-\frac{1}{2}}}^{x_{i+\frac{1}{2}}}=0\quad(1\leqslant i\leqslant N-1)\tag{7}$$

$$u_h^0(x_i)=u_0(x_i)\quad(1\leqslant i\leqslant N-1)\tag{8}$$

注意:非线性项u_h^2项在时间层$t_m(m\geqslant 2)$离散借助了二阶外插公式$(\frac{3}{2}u_h^{m-1}-\frac{1}{2}u_h^{m-2})u_h^m$进行估计,该近似在保证时间的二阶精度前提下使得计算格式线性化.

由方程(1) 边值条件可知:对于$0\leqslant m\leqslant M$

$$u_h^m(a)=u_h^m(b)=0,u_{h,x}^m(b)=\beta(t_m)\tag{9}$$

注 方程组(6)～(9)构成了 KdV 方程的全离散有限体积格式,该格式在控制体积上满足局部动量守恒. 另外,由于在空间上采用二次 B 样条有限体积方

法，相比普通的二次 Lagrange 有限体积方法，在同等精度要求下 B 样条格式所需的空间离散节点少，并且当空间剖分细化节点为增加时，之前的计算可重复利用，极大提高了计算效率.

40.2　数值算例

本节中，考虑 4 个典型数值算例. 例 40.1 和例 40.2 考虑 2 个静态波形的波动情况，例 3 和例 4 考虑 2 个动态波形的波动情况. 令 $h=\dfrac{b-a}{N}$，$\tau=\dfrac{T}{M}$，其中 M，N 为正整数.

例 40.1　$a=0,b=2,T=0.01,\varepsilon=1,\mu=4.84\times10^{-4}$，KdV 方程的解析解为

$$u(x,t)=3c\operatorname{sech}^2(Ax-Bt+D)\quad(t\geqslant 0)\tag{10}$$

其中参数 $A=\dfrac{1}{2}\sqrt{\dfrac{\varepsilon c}{\mu}}$，$B=\varepsilon cA$.

图 40.1(a) 是 $M=10,N=400$ 的 $t=0.01$ 时数值解与解析解的图像，图 40.1(b) 是 $M=100,N=400$ 的 $t=0.01$ 时数值解与解析解的图像. 相对于文献[6] 中取 $t=0,c=0.3$ 和 $x_0=6$，本章取 $c=0.144\ 60$ 证格式的有效性. 从表 40.1 和表 40.2 可以看出该方法数值格式的有效性. 从图像可以看出该方法数值解与解析解重合得很好. 说明 B 样条有限体积元方法的可行性.

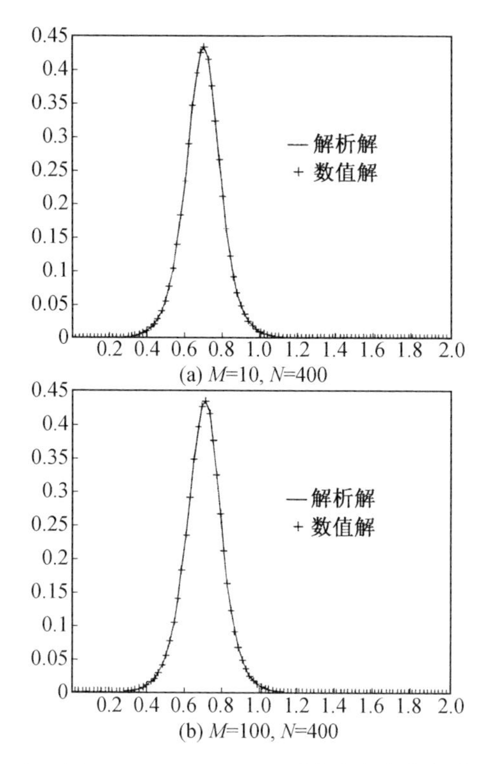

图 40.1 例 40.1 中 $t=0.01$ 时数值解与解析解的波形

表 40.1 例 40.1 中 $M=200, t=0.01$ 时 L_1, L_2 和 L_∞ 误差

N	误差		
	L_1	L_2	L_∞
20	3.14165×10^{-2}	1.31050×10^{-2}	6.11758×10^{-3}
40	2.92474×10^{-3}	1.08681×10^{-3}	8.46551×10^{-4}
80	8.26824×10^{-4}	2.65029×10^{-4}	1.48765×10^{-4}
160	3.99472×10^{-4}	9.12217×10^{-5}	3.55570×10^{-5}
320	1.97711×10^{-4}	3.20626×10^{-5}	8.95814×10^{-6}

表 40.2　例 40.1 中 $t=0.01$ 时 L_1,L_2 和 L_∞ 的误差

M	N	误差		
		L_1	L_2	L_3
80	40	2.91135×10^{-3}	1.08033×10^{-3}	8.41354×10^{-4}
160	80	8.25653×10^{-4}	2.64689×10^{-4}	1.48741×10^{-4}
320	160	4.00199×10^{-4}	9.13911×10^{-5}	3.57130×10^{-5}
640	320	1.983197×10^{-4}	3.21746×10^{-5}	9.05639×10^{-6}

例 40.2　$a=0,b=4,T=0.01,\varepsilon=1,\mu=4.84\times10^{-4}$，KdV 方程解析解为

$$u(x,t)=12\mu(\log F)_{xx'} \tag{11}$$

其中参数

$$F=1+e^{\eta_1}+e^{\eta_2}+\left(\frac{\alpha_1-\alpha_2}{\alpha_1+\alpha_2}\right)e^{\eta_1+\eta_2}$$

$$\eta_i=\alpha_i x-\alpha_i\mu t+b_i\quad(i=1,2)$$

$$\alpha_1=\sqrt{\frac{0.3}{\mu}},\alpha_2=\sqrt{\frac{0.1}{\mu}},b_1=-0.48\alpha_1,b_2=-1.07\alpha_2$$

图 40.2(a) 是解析解图形，图 40.2(b) 是 $M=25$，$N=100$ 数值解图形，图 40.2(c) 是 $M=50,N=200$ 数值解图形，图 40.2(d) 是 $M=100,N=400$ 数值解图形，从图中可以看出，对于不同剖分，数值模拟是稳定的.

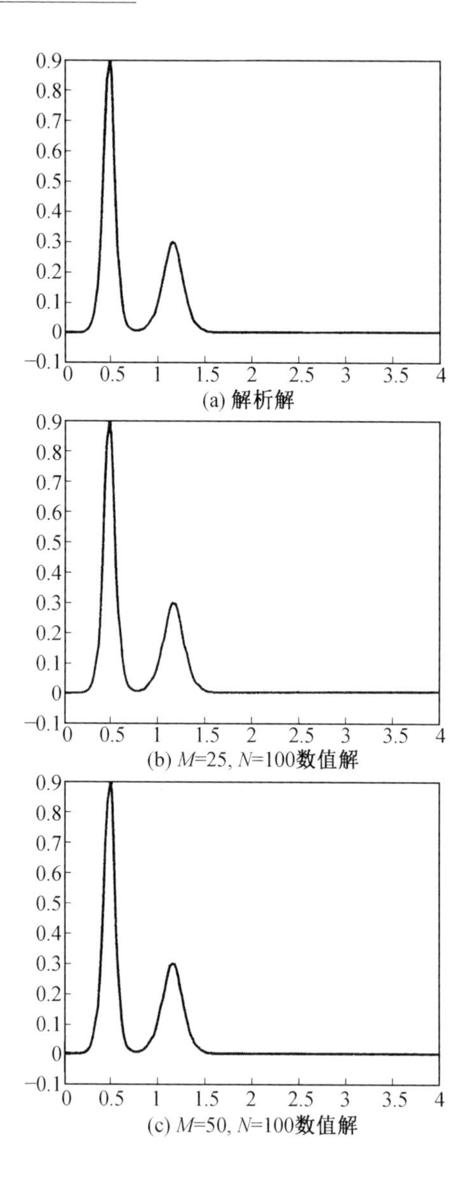

(a) 解析解

(b) M=25, N=100数值解

(c) M=50, N=100数值解

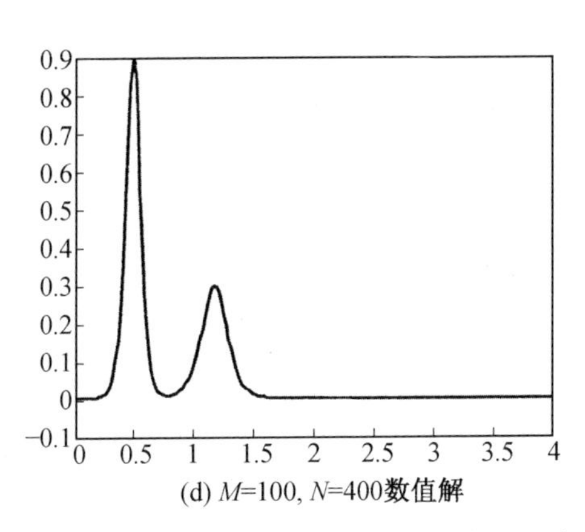

(d) M=100, N=400数值解

图 40.2　例 40.2$t=0.01$ 时解析解与数值解的波形

例 40.3　$a=-40, b=100, T=200, \varepsilon=\mu=1$，KdV 方程的解析解为

$$u(x,t)=12k^2\operatorname{sech}^2(kx-4k^3t), k=0.3 \quad (12)$$

图 40.3(a) 是 $t=0$ 时图形，图 40.3(b) 是 $t=20$ 时图形，图 40.3(c) 是 $t=50$ 时图形，图 40.3(d) 是 $t=100$ 时图形，从图 40.3 可以看出，波的传播过程是无耗散的. 取 $M=800, N=420$.

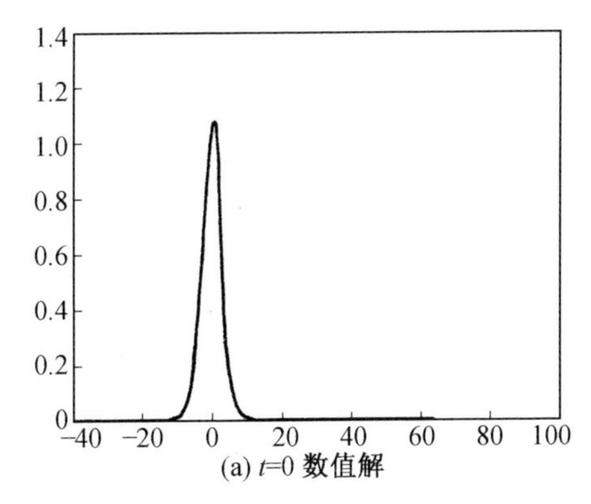

(a) t=0 数值解

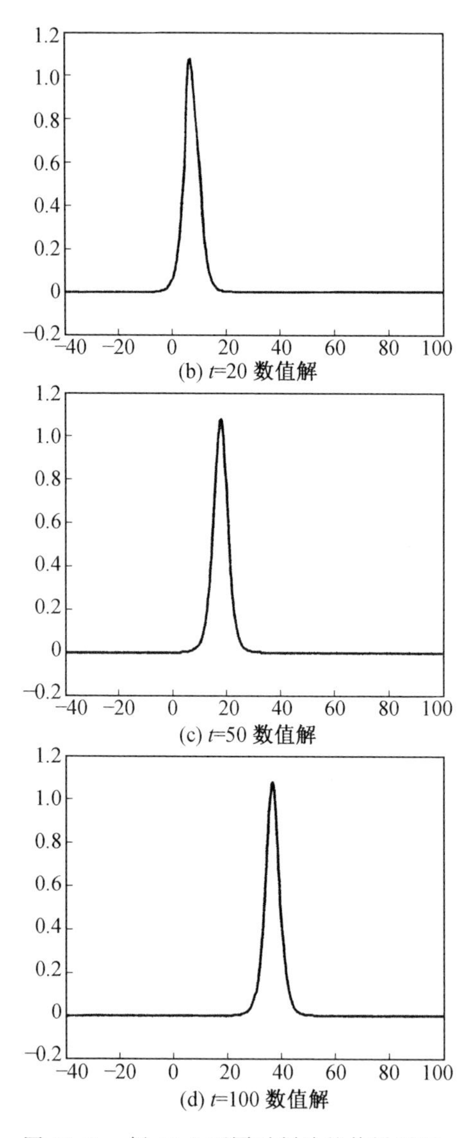

(b) t=20 数值解

(c) t=50 数值解

(d) t=100 数值解

图 40.3　例 40.3 不同时刻波的传播图形

例 40.4 $a=-40, b=40, T=120, \varepsilon=1, \mu=1$, KdV 方程解析解为

$$u(x,t)=12\frac{k_1^2\mathrm{e}^{\theta_1}+k_2^2\mathrm{e}^{\theta_2}+2(k_2-k_1)^2\mathrm{e}^{\theta_1+\theta_2}+a^2(k_2^2\mathrm{e}^{\theta_1}+k_1^2\mathrm{e}^{\theta_2})\mathrm{e}^{\theta_1+\theta_2}}{(1+\mathrm{e}^{\theta_1}+\mathrm{e}^{\theta_2}+a^2\mathrm{e}^{\theta_1+\theta_2})^2} \tag{13}$$

其中参数

$$k_1=0.4, k_2=0.6, a^2=\left(\frac{k_1-k_2}{k_1+k_2}\right)=\frac{1}{25}$$

$$\theta_1=k_1x-k_1^3t+4, \theta_2=k_2x-k_2^3t+15$$

图 40.4(a) 是初始 $t=0$ 时刻图形，图 40.4(b)，图 40.4(c)，图 40.4(d) 分别是 $t=48, t=72, t=120$ 时刻的图形. 从图 40.4 可以清晰地看出，在 $t=48$ 时刻两孤波开始相遇，在 $T=72$ 时刻两孤波相交在一起，在 $t=120$ 时刻两孤波开始分离，数值解清楚地显示了 2 个孤波的干涉情况. 取 $M=480, N=240$.

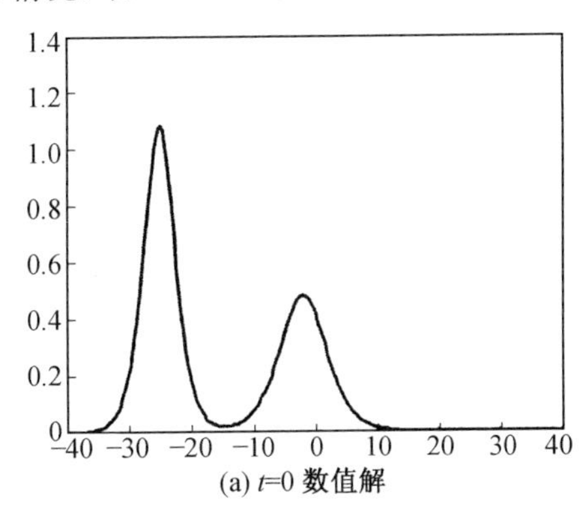

(a) $t=0$ 数值解

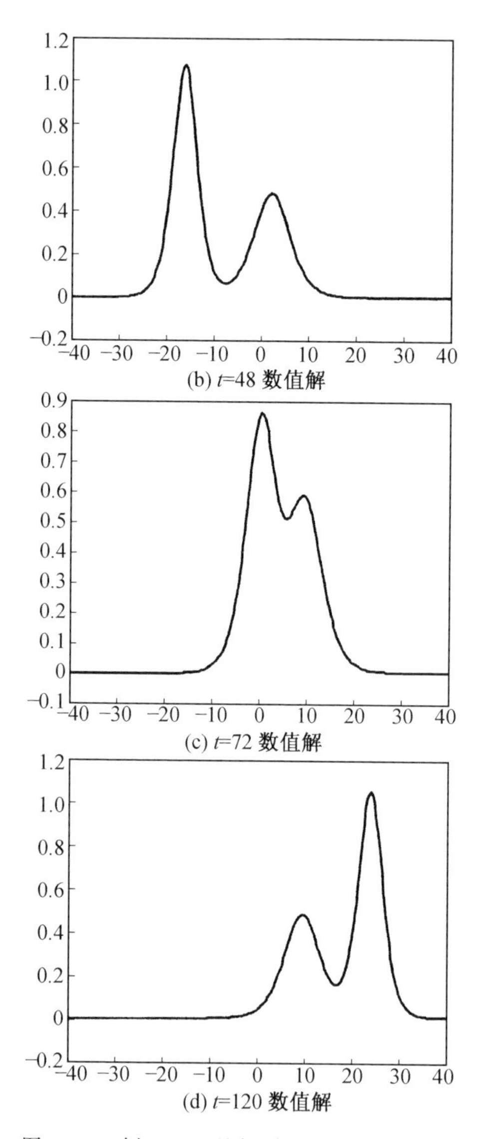

图 40.4　例 40.4 不同时刻波的传播图形

第十一编

KdV 方程的差分算法

解 KdV 方程的一个隐式差分格式[①]

第 41 章

四川大学数学系的黎益，黎薰两位教授在 1995 年对 KdV 方程 $u_t+uu_x+Eu_{xxx}=0$ 构造了一个二层隐式差分格式，具有三对角线阵，其局部截断误差为 $O(\tau+h+\tau/h)$，其线性化稳定条件为 $(1+2LQ)^2\geqslant 1, L=\tau/h$, $Q=(u_{m+1}^n+u_m^n+u_{m-1}^n)/3$. 数值例子表明，格式长时间稳定，可以描述孤波的性态.

用 Taylor 级数不难证明下述数值微分公式，式中的网格点为 $(x_m$，

① 摘编自《四川大学学报(自然科学版)》，1995 年 12 月第 32 卷第 6 期.

$t_n)=(mh, n\tau)$，h,τ 为步长，$m,n=0,1,2,\cdots$

$$\begin{cases}(uu_x)_m^n=Q\dfrac{u_{m+1}^{n+1}-u_{m-1}^{n+1}}{2h}+O(\tau+h^2)\\ Q=\dfrac{u_{m+1}^n+u_m^n+u_{m-1}^n}{3}\end{cases}\tag{1}$$

$$(u_t)_m^n=\frac{1}{2\tau}(u_m^{n+1}-u_m^n+u_{m+1}^{n+1}-u_{m+1}^n)-\frac{h}{2}(u_{tx})_m^n+O(\tau+h^2)\tag{2}$$

$$(u_t)_m^n=\frac{1}{2\tau}(u_m^{n+1}-u_m^n+u_{m-1}^{n+1}-u_{m-1}^n)+\frac{h}{2}(u_{tx})_m^n+O(\tau+h^2)\tag{3}$$

$$(u_{xxx})_m^n=\frac{1}{h^3}\delta_x^2(u_{m+1}^n-u_m^{n+1})-\frac{h}{2}(u_{xxxx})_m^n+O(\frac{\tau}{h}+h^2)\tag{4}$$

$$(u_{xxx})_m^n=\frac{1}{h^3}\delta_x^2(u_m^{n+1}-u_{m-1}^n)+\frac{h}{2}(u_{xxxx})_m^n+O(\frac{\tau}{h}+h^2)\tag{5}$$

$$\delta_x^2u_m=u_{m+1}-2u_m+u_{m-1}$$

在 $E>0$ 时用公式(2)，(4)，(1)，在 $E<0$ 时用公式(3)，(5)，(1)，便得到逼近 KdV 方程

$$u_t+uu_x+Eu_{xxx}=0\tag{6}$$

的二层隐式差分格式($R=E\tau/h^3, L=\tau/h$)

$$(1-2R+LQ)u_{m+1}^{n+1}+(1+4R)u_m^{n+1}-(2R+LQ)u_{m-1}^{n+1}=(1-2R)u_m^n+(1+4R)u_{m+1}^n-2Ru_{m+2}^n\quad(E>0)\tag{7}$$

$$(1+2R+LQ)u_{m-1}^{n+1}+(1-4R)u_m^{n+1}+$$
$$(2R-LQ)u_{m+1}^{n+1}$$
$$=(1+2R)u_m^n+(1-4R)u_{m-1}^n+2Ru_{m-2}^n \quad (E<0)$$
$$(8)$$

给定边值后，格式具有三对角线阵，可用追赶法求解，我们用冻结系数法分析格式的稳定性，为此，视 Q 为常数，令 $u_m^n=\lambda^n e^{iax_m}$ ($i^2=-1$，a 为实数)，代入格式(7)，(8)得过渡因子

$$G(\tau,\alpha)=\frac{(8R\sin^2(\varphi/2)+e^{-i\varphi}+1)e^{i\varphi}}{(8R\sin^2(\varphi/2)+e^{i\varphi}+1)+2LQ\sin\varphi}$$
$$(\varphi=\pm ah)$$

令 $|G|\leqslant 1$，得格式的稳定条件为

$$(1+2LQ)^2\geqslant 1 \tag{9}$$

数值例子　用下列两组初边值条件计算方程(6)的差分解.

$$(a)\begin{cases}u(x,0)=3C_0\operatorname{sech}^2(A_0x+D_0) & (0\leqslant x\leqslant 2)\\ u(0,t)=u(2,t)=0 & (\operatorname{sech}x=2/(e^x+e^{-x}))\end{cases} \tag{10}$$

$$(b)\begin{cases}u(x,0)=3C_1\operatorname{sech}^2(A_1x+D_1)+\\ \qquad\qquad 3C_2\operatorname{sech}^2(A_2x+D_2)\\ u(0,t)=u(z,t)=0\end{cases} \tag{11}$$

计算时，取 $E=4.84\times 10^{-4}$，$C_0=C_1=0.3$，$C_2=0.1$，$D_k=-6$，$A_k=\frac{1}{2}(C_k/E)^{1/2}$，$k=0,1,2$. 因 $E>0$，用格式(7)计算.(a)格式(7)—(10)的数值结果(表41.1)，取 $M=40$，$h=2/M=0.05$，$\tau=0.025$，记 $u_i=\min\limits_m u_m$，$u_k=\max\limits_m u_m$，$m=1,2,\cdots,M-1$.

表 41.1

n	i	u_i^n	k	u_k^s
1	1	-1.024×10^{-4}	10	7.932×10^{-1}
10	5	-5.813×10^{-2}	11	5.739×10^{-1}
1 000	3	-6.176×10^{-3}	35	9.652×10^{-2}
3 000	20	-4.972×10^{-3}	31	3.789×10^{-2}
5 000	14	-6.111×10^{-3}	29	2.374×10^{-2}
7 000	8	-8.028×10^{-3}	27	1.748×10^{-2}
9 000	7	-5.474×10^{-3}	26	1.392×10^{-2}
11 000	6	-3.125×10^{-3}	24	1.175×10^{-2}
13 000	5	-1.549×10^{-3}	23	1.047×10^{-2}
15 000	3	-6.375×10^{-4}	22	9.655×10^{-3}
17 000	2	-1.823×10^{-4}	21	9.113×10^{-3}
19 000	1	-8.556×10^{-6}	21	8.758×10^{-3}

格式(7),(10) 的数值表明,格式长时间稳定.

(b) 以下为格式(7),(11) 的数值图示(图 41.1).

取 $M=200$,$h=2/M=0.01$,$\tau=0.0005$. 初值条件(11) 表示两个孤波,一个在点 $X=-D_1/A_1$ 达到振幅 $3C_1$,另一个在点 $X=D_2/A_2$ 达到振幅 $3C_2$,因 $C_1>C_2$,故前一个波的传播速度快于后一个波的传播速度. 我们算了一万层,画了十一条数值曲线 $ku(x,t)$,$k=50$(放大系数),$t=1\,000\tau\cdot s(s=0,1,2,\cdots,10)$. $t=0$ 时,表示孤波 Ⅰ 和孤波 Ⅱ 的初始状态,波 Ⅰ 的速度大于波 Ⅱ 的速度,$t=0.5$ 时表示波 Ⅰ 赶上波 Ⅱ,$t=1$ 时,波 Ⅰ 盖住了波 Ⅱ,$t=1.5$ 以后,波 Ⅰ 逐渐超过波 Ⅱ,$t=3$ 后,两个孤波分离. 数值曲线完全描述了孤波

的传播和相互作用过程,反映了孤波的性态.

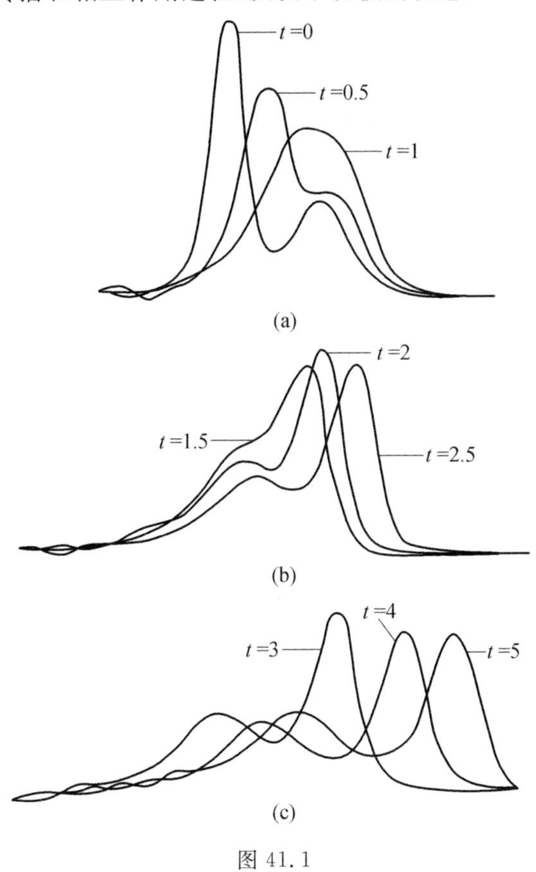

图 41.1

KdV 方程的一类本性并行差分格式[①]

第 42 章

Korteweg-de Vries(KdV) 方程作为著名的数学物理基本方程之一，越来越受到数学物理学家的广泛关注.不仅因为许多重要物理现象的数学模型都归结为 KdV 方程，而且还因为 KdV 方程的数值模拟方法对许多物理现象的研究发挥了显著的促进作用.关于 KdV 方程的多种数值方法在许多文献中都有研究.本章提出了关于 KdV 方程的一类交替分段差分方法.交替分段差分方法首先由 D.J. Evans 针对扩散方程提出，取名为交

① 摘编自《应用数学学报》，2006 年 11 月第 29 卷第 6 期.

替分组显式(AGE)方法，后来扩展到对流扩散方程，在此基础上，张宝琳提出了一类交替分段显隐(ASE-I)方法.数值分析和试验都表明，该方法格式简便，绝对稳定，本质并行，并且有很好的精度，因此越来越受到人们的重视.最近，该方法的研究已经扩展到三阶色散方程，但是还未见对于 KdV 方程的研究.山东大学数学与系统科学学院的王文洽教授在 2006 年针对 KdV 方程，提出了一组新的非对称差分公式，并用这些非对称公式和对称的 Crank-Nicolson 型格式组合，设计了一类并行交替分段差分格式.该算法线性绝对稳定，具有并行本性，可以在并行计算机上直接使用.数值试验表明，本章给出的方法有很好的精度.

我们考虑的问题是

$$u_t+6uu_x+u_{xxx}=0, L_1<x<L_2, 0<t<T \tag{1}$$

初始条件是

$$u(x,0)=f(x), L_1<x<L_2 \tag{2}$$

对于人们感兴趣的孤立波问题，边界条件取为

$$u(x,t)=0, 0<t<T, x\leqslant L_1, x\geqslant L_2 \tag{3}$$

这里 L_1 和 L_2 是适当大的数.

42.1　交替分段差分方法

我们先用平行线 $x=x_i=ih(i=1,2,\cdots,m)$ 和 $t=t^n=n\tau(n=1,2,\cdots)$ 对求解区域进行网格剖分，这里 h 和 τ 分别表示空间步长和时间步长，m 是正整数，$L_2-L_1=mh$.我们用 $u_i^n=u(x_j,t^n)$ 表示方程(1)的精确解 $u(x,t)$ 在网格点$(x_i,t^n)=(i,n)$处的值，用 v_i^n 表示数

值解.为了构造交替分段并行差分格式,我们首先给出逼近方程(1)的八个非对称差分格式(4)—(11)和对称二阶 Crank-Nicolson 型 10 点格式(12),其格式的模式如图 42.1 和图 42.2 所示

$$v_i^{n+1}+\bar{r}_i v_{i+1}^{n+1}+r(v_{i+2}^{n+1}-v_{i+1}^{n+1})$$
$$=v_i^n-\bar{r}_i(v_{i+1}^n-2v_{i-1}^n)-r(v_{i+2}^n-3v_{i+1}^n+4v_{i-1}^n-2v_{i-2}^n) \tag{4}$$

$$v_i^{n+1}-\bar{r}_i v_{i-1}^{n+1}+r(v_{i-1}^{n+1}-v_{i-2}^{n+1})$$
$$=v_i^n-\bar{r}_i(2v_{i+1}^n-v_{i-1}^n)-r(2v_{i+2}^n-4v_{i+1}^n+3v_{i-1}^n-v_{i-2}^n) \tag{5}$$

$$v_i^{n+1}+\bar{r}_i(v_{i+1}^{n+1}-v_{i-1}^{n+1})+r(v_{i+2}^{n+1}-2v_{i+1}^{n+1}+v_{i-1}^{n+1})$$
$$=v_i^n-\bar{r}_i(v_{i+1}^n-v_{i-1}^n)-r(v_{i+2}^n-2v_{i+1}^n+3v_{i-1}^n-2v_{i-2}^n) \tag{6}$$

$$v_i^{n+1}+\bar{r}_i(v_{i+1}^{n+1}-v_{i-1}^{n+1})+r(-v_{i+1}^{n+1}+2v_{i-1}^{n+1}-v_{i-2}^{n+1})$$
$$=v_i^n-\bar{r}_i(v_{i+1}^n-v_{i-1}^n)-r(2v_{i+2}^n-3v_{i+1}^n+2v_{i-1}^n-v_{i-2}^n) \tag{7}$$

$$v_i^{n+1}+\bar{r}_i(v_{i+1}^{n+1}-2v_{i-1}^{n+1})+r(v_{i+2}^{n+1}-3v_{i+1}^{n+1}+4v_{i-1}^{n+1}-2v_{i-2}^{n+1})=v_i^n-\bar{r}_i v_{i+1}^n-r(v_{i+2}^n-v_{i+1}^n) \tag{8}$$

$$v_i^{n+1}+\bar{r}_i(2v_{i+1}^{n+1}-v_{i-1}^{n+1})+r(2v_{i+2}^{n+1}-4v_{i+1}^{n+1}+3v_{i-1}^{n+1}-v_{i-2}^{n+1})=v_i^n+\bar{r}_i v_{i-1}^n-r(v_{i-1}^n-v_{i-2}^n) \tag{9}$$

$$v_i^{n+1}+\bar{r}_i(v_{i+1}^{n+1}-v_{i-1}^{n+1})+r(v_{i+2}^{n+1}-2v_{i+1}^{n+1}+3v_{i-1}^{n+1}-2v_{i-2}^{n+1})=v_i^n-\bar{r}_i(v_{i+1}^n-v_{i-1}^n)-r(v_{i+2}^n-2v_{i+1}^n+v_{i-1}^n) \tag{10}$$

$$v_i^{n+1}+\bar{r}_i(v_{i+1}^{n+1}-v_{i-1}^{n+1})+r(2v_{i+2}^{n+1}-3v_{i+1}^{n+1}+2v_{i-1}^{n+1}-v_{i-2}^{n+1})=v_i^n-\bar{r}_i(v_{i+1}^n-v_{i-1}^n)-$$

$$r(-v_{i+1}^{n}+2v_{i-1}^{n}-v_{i-2}^{n}) \tag{11}$$

$$v_{i}^{n+1}+\bar{r}_{i}(v_{i+1}^{n+1}-v_{i-1}^{n+1})+r(v_{i+2}^{n+1}-2v_{i+1}^{n+1}+2v_{i-1}^{n+1}-v_{i-2}^{n+1})=v_{i}^{n}-\bar{r}_{i}(v_{i+1}^{n}-v_{i-1}^{n})-r(v_{i+2}^{n}-2v_{i+1}^{n}+2v_{i-1}^{n}-v_{i-2}^{n}) \tag{12}$$

式中 $r=\frac{\tau}{4h^{3}},\bar{r}_{i}=6a_{i}\frac{\tau}{4h},a_{i}=\frac{1}{4}(v_{i-1}^{n}+2v_{i}^{n}+v_{i+1}^{n})$.

1　$-r+\bar{r}_i$　r　$n+1$

$2r$　$-4r+2\bar{r}_i$　1　$3r-\bar{r}_i$　$-r$　n

$i-2$　$i-1$　i　$i+1$　$i+2$

(a) 公式(4)

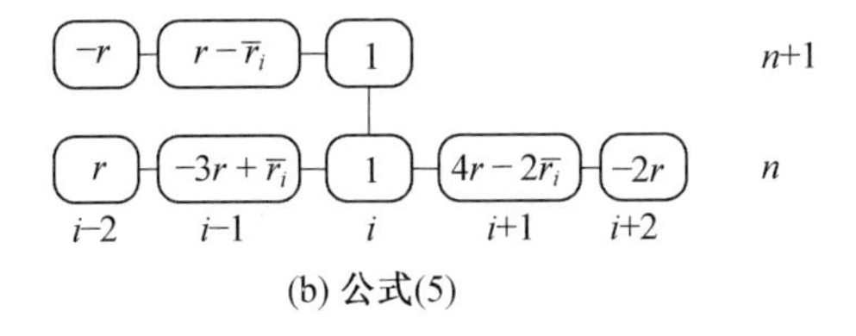

(b) 公式(5)

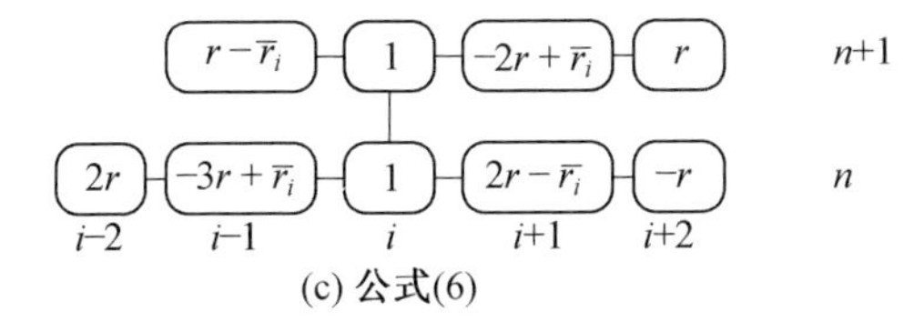

(c) 公式(6)

$-r$　$2r-\bar{r}_i$　1　$-r+\bar{r}_i$　$n+1$

r　$-2r+\bar{r}_i$　1　$3r-\bar{r}_i$　$-2r$　n

$i-2$　$i-1$　i　$i+1$　$i+2$

(d) 公式(7)

图 42.1　格式(4)—(7)的示意图

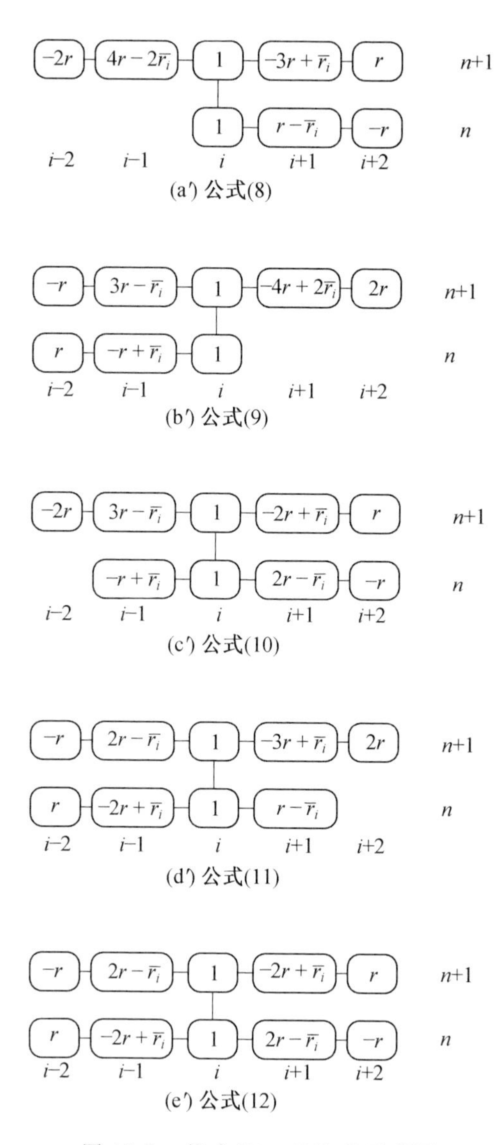

图 42.2　格式(8)—(12) 的示意图

现在我们讨论 KdV 方程的交替分段并行差分格式. 设 n 为偶数,我们分内点数 $M=m-1=2Jl+l$ 和 $M=2Jl(l\geqslant 5)$ 两种情况讨论第 $n+1$ 层和第 $n+2$ 层上的分段模式:

1. $M=2Jl+l$ 的情况. 节点分段模式如图 42.3 所示,我们在 t^{n+1} 层上划分 $(J+1)$ 个独立计算段,第 1 至第 J 段,每段 $2l$ 个点,第 $(J+1)$ 段 l 个点;在 t^{n+2} 层上划分 $J+1$ 个独立计算段,第 1 段 l 个点,其余各段 $2l$ 个点. $2l$ 点段和 l 点段上的差分公式的选取如图 42.3 所示,其中,● 表示对称差分格式(12),☒ 表示格式(a)和(b),◇ 表示格式(c) 和(d),◆ 表示格式(c′) 和(d′),■ 表示格式(a′) 和(b′),从图中容易看出,在上下两个相邻的时间层上,格式(a) 与(a′),(b) 与(b′),(c) 与(c′) 以及(d) 与(d′) 是交替使用的,在同一时间层上,格式(a) 与(b),(c) 与(d),(c′) 与(d′) 以及(a′) 与(b′) 是对称使用的. 令初始层 $n=0$ 起,并且交替使用 t^{n+1} 层上和 t^{n+2} 层上的格式,于是得到交替分段差分方法,其矩阵形式是

$$(\boldsymbol{I}+\boldsymbol{G}_1)\boldsymbol{U}^{n+1}=(\boldsymbol{I}-\boldsymbol{G}_2)\boldsymbol{U}^n \tag{13a}$$

$$(\boldsymbol{I}+\boldsymbol{G}_2)\boldsymbol{U}^{n+2}=(\boldsymbol{I}-\boldsymbol{G}_1)\boldsymbol{U}^{n+1} \tag{13b}$$

$$(n=0,2,4,6,\cdots)$$

这里,$\boldsymbol{U}^n=(v_1^n,v_2^n,\cdots,v_M^n)^{\mathrm{T}}$ 是 M 维向量,矩阵 $\boldsymbol{G}_1$ 和 $\boldsymbol{G}_2$ 有下面的形式:$\boldsymbol{G}_1=r\boldsymbol{G}_1^{(1)}+\boldsymbol{G}_1^{(2)}$,$\boldsymbol{G}_2=r\boldsymbol{G}_2^{(1)}+\boldsymbol{G}_2^{(2)}$,$\boldsymbol{G}_1^{(1)}$,$\boldsymbol{G}_1^{(2)}$,$\boldsymbol{G}_2^{(1)}$ 和 $\boldsymbol{G}_2^{(2)}$ 都是块对角型矩阵

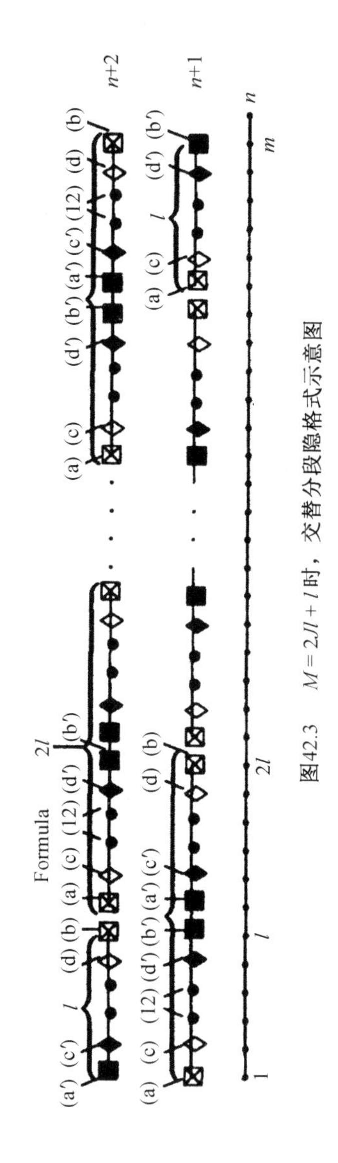

图42.3　$M = 2Jl + l$ 时，交替分段隐格式示意图

$$\begin{cases} \boldsymbol{G}_1^{(1)} = \operatorname{diag}\{\boldsymbol{Q}_{2l}, \boldsymbol{Q}_{2l}, \cdots, \boldsymbol{Q}_{2l}, \overline{\boldsymbol{Q}}_l^{(R)}\} \\ \boldsymbol{G}_1^{(2)} = \operatorname{diag}\{\boldsymbol{P}_{2l}^{(1)}, \boldsymbol{P}_{2l}^{(2)}, \cdots, \boldsymbol{P}_{2l}^{(J)}, \overline{\boldsymbol{P}}_l^{(R)}\} \\ \boldsymbol{G}_2^{(1)} = \operatorname{diag}\{\overline{\boldsymbol{Q}}_l^{(L)}, \boldsymbol{Q}_{2l}, \cdots, \boldsymbol{Q}_{2l}, \boldsymbol{Q}_{2l}\} \\ \boldsymbol{G}_2^{(2)} = \operatorname{diag}\{\overline{\boldsymbol{P}}_l^{(L)}, \boldsymbol{P}_{2l}^{(2)}, \cdots, \boldsymbol{P}_{2l}^{(J)}, \boldsymbol{P}_{2l}^{(J+1)}\} \end{cases} \tag{14}$$

其中 $\boldsymbol{P}_{2l}^{(j)} = \boldsymbol{R}_{2l}^{(j)} \boldsymbol{S}_{2l}, \boldsymbol{R}_{2l}^{(j)} = \boldsymbol{I}_{2l} \boldsymbol{r}_{2l}^{(j)}$. $\boldsymbol{r}_{2l}^{(j)} = (\bar{r}_{\boldsymbol{I}_{j+1}}, \bar{r}_{\boldsymbol{I}_{j+2}}, \cdots, \bar{r}_{\boldsymbol{I}_{j+2l}})$ 是第 j 段上的 $2l$ 维行向量，$\boldsymbol{I}_{2l}$ 是 $2l$ 阶的单位矩阵. $\overline{\boldsymbol{P}}_l^{(k)} = \boldsymbol{R}_l^{(k)} \boldsymbol{S}_l, \boldsymbol{R}_l^{(k)} = \boldsymbol{I}_l \boldsymbol{r}_l^{(k)}, \boldsymbol{r}_l^{(k)} = (\bar{r}_{\boldsymbol{I}_{k+1}}, \bar{r}_{\boldsymbol{I}_{k+2}}, \cdots, \bar{r}_{\boldsymbol{I}_{k+l}})$，这里 $k=R$ 或 L，分别代表右边界段和左边界段.

$$\boldsymbol{Q}_{2l} = \begin{bmatrix} \overline{\boldsymbol{Q}}_l^{(R)} & \overline{\boldsymbol{T}}_l^{(L)} \\ \overline{\boldsymbol{T}}_l^{(U)} & \overline{\boldsymbol{Q}}_l^{(L)} \end{bmatrix}_{2l\times 2l}, \boldsymbol{S}_{2l} = \begin{bmatrix} \boldsymbol{S}_l & \boldsymbol{T}_l^{(L)} \\ \boldsymbol{T}_l^{(U)} & \boldsymbol{S}_l \end{bmatrix}_{2l\times 2l}$$

$$\overline{\boldsymbol{Q}}_l^{(R)} = \begin{bmatrix} 0 & -1 & 1 & & & & \\ 1 & 0 & -2 & 1 & & 0 & \\ -1 & 2 & 0 & -2 & 1 & & \\ & \ddots & \ddots & \ddots & \ddots & \ddots & \\ & & -1 & 2 & 0 & -2 & 1 \\ & 0 & & -1 & 2 & 0 & -3 \\ & & & & -1 & 3 & 0 \end{bmatrix}_{l\times l}$$

$$\overline{\boldsymbol{Q}}_l^{(L)} = \begin{bmatrix} 0 & -3 & 1 & & & & \\ 3 & 0 & -2 & 1 & & 0 & \\ -1 & 2 & 0 & -2 & 1 & & \\ & \ddots & \ddots & \ddots & \ddots & \ddots & \\ & & -1 & 2 & 0 & -2 & 1 \\ & 0 & & -1 & 2 & 0 & -1 \\ & & & & -1 & 1 & 0 \end{bmatrix}_{l\times l}$$

$$\overline{\boldsymbol{T}}_l^{(L)}=\begin{bmatrix}0&0&0&\cdots&0\\ \vdots&\vdots&\vdots&&\vdots\\ 0&0&0&\cdots&0\\ 2&0&0&\cdots&0\\ -4&2&0&\cdots&0\end{bmatrix}_{l\times l}$$

$$\overline{\boldsymbol{T}}_l^{(U)}=\begin{bmatrix}0&\cdots&0&-2&4\\ 0&\cdots&0&0&-2\\ 0&\cdots&0&0&0\\ \vdots&&\vdots&\vdots&\vdots\\ 0&\cdots&0&0&0\end{bmatrix}_{l\times l}$$

$$\boldsymbol{S}_l=\begin{bmatrix}0&1&&0&\\ -1&0&1&&\\ &\ddots&\ddots&\ddots&\\ &&-1&0&1\\ &0&&-1&0\end{bmatrix}_{l\times l}$$

$$\boldsymbol{T}_l^{(L)}=\begin{bmatrix}0&0&\cdots&0\\ \vdots&\vdots&&\vdots\\ 0&0&\cdots&0\\ 2&0&\cdots&0\end{bmatrix}_{l\times l}$$

$$\boldsymbol{T}_l^{(U)}=\begin{bmatrix}0&0&\cdots&-2\\ 0&0&\cdots&0\\ \vdots&\vdots&&\vdots\\ 0&0&\cdots&0\end{bmatrix}_{l\times l}$$

2. $m=2Jl$ 的情况. 节点分段模式如图 42.4 所示，在 t^{n+1} 层上划分 J 个独立计算段，在 t^{n+2} 层上划分 $J+1$ 个独立计算段. 典型段网格点上的差分格式的选取如图 42.4 所示. 两层格式交替使用，于是得到另一个交替分段差分格式，其矩阵形式是

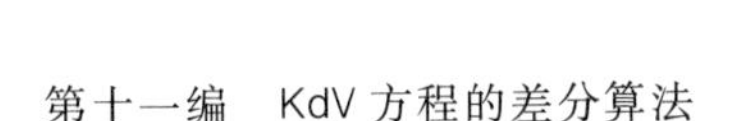

$$(\boldsymbol{I}+\hat{\boldsymbol{G}}_1)\boldsymbol{U}^{n+1}=(\boldsymbol{I}-\hat{\boldsymbol{G}}_2)\boldsymbol{U}^{n} \tag{15a}$$

$$(\boldsymbol{I}+\hat{\boldsymbol{G}}_2)\boldsymbol{U}^{n+2}=(\boldsymbol{I}-\hat{\boldsymbol{G}}_1)\boldsymbol{U}^{n+1} \tag{15b}$$

式中

$$\hat{\boldsymbol{G}}_1=r\hat{\boldsymbol{G}}_1^{(1)}+\hat{\boldsymbol{G}}_1^{(2)},$$

$$\hat{\boldsymbol{G}}_2=r\hat{\boldsymbol{G}}_2^{(1)}+\hat{\boldsymbol{G}}_2^{(2)}.$$

$\hat{\boldsymbol{G}}_1^{(1)}$，$\hat{\boldsymbol{G}}_1^{(2)}$，$\hat{\boldsymbol{G}}_2^{(1)}$ 和 $\hat{\boldsymbol{G}}_2^{(2)}$ 有下面的形式

$$\begin{cases}\hat{\boldsymbol{G}}_1^{(1)}=\operatorname{diag}\{\boldsymbol{Q}_{2l},\boldsymbol{Q}_{2l},\cdots,\boldsymbol{Q}_{2l}\}\\ \hat{\boldsymbol{G}}_1^{(2)}=\operatorname{diag}\{\boldsymbol{P}_{2l}^{(1)},\boldsymbol{P}_{2l}^{(2)},\cdots,\boldsymbol{P}_{2l}^{(J)}\}\\ \hat{\boldsymbol{G}}_2^{(1)}=\operatorname{diag}\{\overline{\boldsymbol{Q}}_l^{(L)},\boldsymbol{Q}_{2l},\cdots,\boldsymbol{Q}_{2l},\overline{\boldsymbol{Q}}_l^{(R)}\}\\ \hat{\boldsymbol{G}}_2^{(2)}=\operatorname{diag}\{\overline{\boldsymbol{P}}_l^{(L)},\boldsymbol{P}_{2l}^{(2)},\cdots,\boldsymbol{P}_{2l}^{(J)},\overline{\boldsymbol{P}}_{2l}^{(R)}\}\end{cases} \tag{16}$$

从图 42.3 和图 42.4 中可以看出，无论哪种分段方法，在同一时间层各段上，非对称格式的使用顺序是固定不变的，对称格式(12) 总是插在各段中间的固定位置，例如，在 $2l$ 个点的段上，差分格式的使用顺序是：(a)，(c)，(e)，…，(e)，(d′)，(b′)，(a′)，(c′)，(e)，…，(e)，(d)，(b)；在上下两层的相邻对应点上，格式(a) 与(a′)，(b) 与(b′)、(c) 与(c′) 和(d) 与(d′) 总是交替使用的，而格式(e) 则保持不变. 事实上，改变每段中使用对称格式(12) 的点数并不改变格式的稳定性，因此，各层上的分段可以是不均匀的，只要保持非对称格式和对称格式的上述使用原则即可.

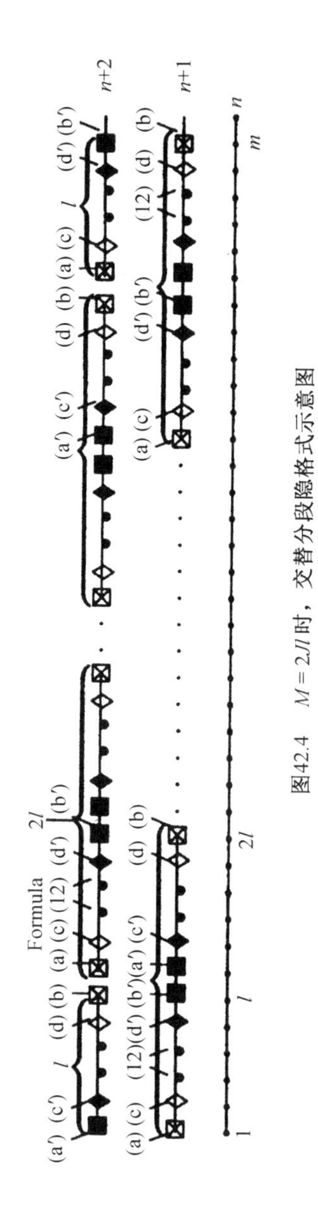

图42.4　$M = 2Jl$ 时，交替分段隐格式示意图

42.2 线性稳定性分析

为了讨论交替分段隐格式(13)和(15)的稳定性，我们先引进下面的引理.

Kellogg引理 设$\theta>0$,矩阵$(\boldsymbol{G}+\boldsymbol{G}^*)$是非负定的,则$(\theta\boldsymbol{I}+\boldsymbol{G})^{-1}$存在,并且有

$$\|(\theta\boldsymbol{I}+\boldsymbol{G})^{-1}\|_2\leqslant\theta^{-1}$$

$$\|(\theta\boldsymbol{I}-\boldsymbol{G})(\theta\boldsymbol{I}+\boldsymbol{G})^{-1}\|_2\leqslant 1$$

我们以格式(13)为例讨论其线性稳定性,为此,设$a_i=a$(常数),则矩阵$\boldsymbol{G}_1$和$\boldsymbol{G}_2$可以写成下面的形式:$\boldsymbol{G}_1=r\boldsymbol{G}_1^{(1)}+\overline{r\boldsymbol{G}}_1^{(2)}$,$\boldsymbol{G}_2=r\boldsymbol{G}_2^{(1)}+\overline{r\boldsymbol{G}}_2^{(2)}$,$\overline{\boldsymbol{G}}_1^{(2)}$,$\overline{\boldsymbol{G}}_2^{(2)}$是由$\boldsymbol{S}_{21}$和$\boldsymbol{S}_1$定义的反对称矩阵．把式(13)写成下面的形式

$$\boldsymbol{U}^n=\boldsymbol{G}\boldsymbol{U}^{n-2} \tag{17}$$

式中$\boldsymbol{G}$为增长矩阵,$\boldsymbol{G}=(\boldsymbol{I}+\boldsymbol{G}_2)^{-1}(\boldsymbol{I}-\boldsymbol{G}_1)(\boldsymbol{I}+\boldsymbol{G}_1)^{-1}(\boldsymbol{I}-\boldsymbol{G}_2)$. 记$\boldsymbol{G}$的相似矩阵

$$\begin{aligned}\widetilde{\boldsymbol{G}}&=(\boldsymbol{I}+\boldsymbol{G}_2)\boldsymbol{G}(\boldsymbol{I}+\boldsymbol{G}_2)^{-1}\\&=(\boldsymbol{I}-\boldsymbol{G}_1)(\boldsymbol{I}+\boldsymbol{G}_1)^{-1}(\boldsymbol{I}-\boldsymbol{G}_2)(\boldsymbol{I}+\boldsymbol{G}_2)^{-1}\end{aligned}$$

由矩阵块$\boldsymbol{Q}_{2l}$,$\boldsymbol{Q}_l^{(R)}$,$\boldsymbol{Q}_l^{(L)}$及$\boldsymbol{S}_{2l}$和$\boldsymbol{S}_l$的定义可知,矩阵$\boldsymbol{G}_1$和$\boldsymbol{G}_2$是反对称实矩阵,容易验证,矩阵$\boldsymbol{G}_1+(\boldsymbol{G}_1)^T$和$\boldsymbol{G}_2+(\boldsymbol{G}_2)^T$都是非负定的,由Kellogg引理可知,对任意实数r和$\bar{r}$,有

$$\|(\boldsymbol{I}-\boldsymbol{G}_i)(\boldsymbol{I}+\boldsymbol{G}_i)^{-1}\|_2\leqslant 1,i=1,2$$

记$\rho(\boldsymbol{G})$为矩阵$\boldsymbol{G}$的谱半径，于是$\rho(\boldsymbol{G})=\rho(\widetilde{\boldsymbol{G}})\leqslant\|\widetilde{\boldsymbol{G}}\|_2\leqslant 1$. 因为矩阵$\boldsymbol{G}$和$\boldsymbol{G}_2$是反对称实矩阵,所以

对任意实数 r 和 $\bar{r}$,交替分段方法(13)绝对稳定.

用类似的方法,可对交替分段方法(15)进行讨论,于是有:

定理 42.1　设 n 为偶数,则对任意实数 r,由分段方法(13)和分段方法(15)定义的交替分段格式绝对稳定.

42.3　数值试验

为了验证并行交替分段格式的精度和稳定性,我们对式(1)—(3)选取下面的模型问题进行数值试验.

例 42.1　一个孤立波解的情况.取方程(1)的初始条件为

$$u(x,0)=\frac{1}{2}k\mathrm{sech}^2\left(\frac{1}{2}\sqrt{k}(x+x_0)\right),L_1<x<L_2 \tag{18}$$

这个问题的孤立波精确解

$$u(x,t)=\frac{1}{2}k\mathrm{sech}^2\left(\frac{1}{2}\sqrt{k}(x-kt+x_0)\right)$$

这里取 $k=0.5,x_0=0$.

首先估计交替分段隐格式的收敛速度,选取 $\lambda=\frac{\tau}{h^3}=0.64,1.28,L_1=-32,L_2=32$,用公式(15)分别对 $t=10,t=20,t=30$ 和 $t=40$ 时误差的 L^2 模 $e_h^2=\|U-u\|_{L^2}^2=\sum_{i=1}^{m}|v_i^n-u_i^n|^2h$ 和收敛阶进行了计算,计算结果如表 42.1 所示.尽管非对称格式的截断误差的阶并不高,由于这些格式的交替和对称使用,使得截

断误差中某些项相互抵消，从而使数值解保持了较高的精度. 从表 42.1 的计算结果可以看出，其收敛阶大约是 $O(h^2)$.

表 42.1　数值解误差 L_2 模及数值解的收敛速度

	$M=256, l=16, \lambda=1.28$		$M=256, l=32, \lambda=0.64$	
t	e_h	$\frac{e_h}{h^2}$	e_h	$\frac{e_h}{h^2}$
10	5.2214×10^{-3}	0.083 5	3.2141×10^{-3}	0.051 4
20	1.4305×10^{-2}	0.228 8	8.4832×10^{-3}	0.135 7
30	2.730×10^{-2}	0.436 8	1.5755×10^{-2}	0.252 1
40	4.4248×10^{-2}	0.707 9	2.5121×10^{-2}	0.401 9

其次，我们对用交替分段差分格式得到的数值解与精确解进行了比较，计算结果如图 42.5. 图中"NUMER"表示数值解，"EXACT"表示精确解. 图像显示，数值解与精确解吻合得很好.

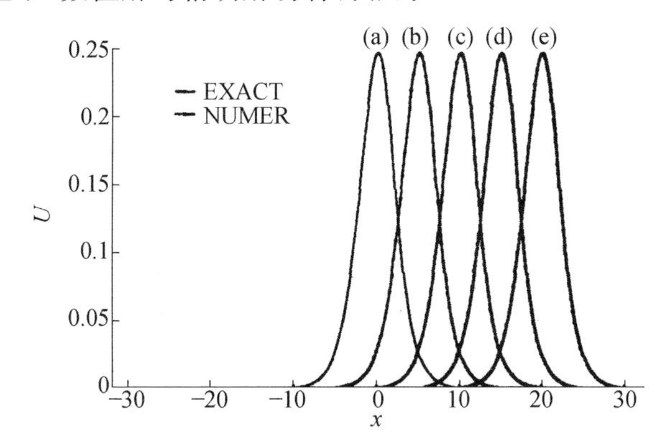

图 42.5　例 42.1 的精确解与数值解的比较 (a) $t=0$; (b) $t=10$; (c) $t=20$; (d) $t=30$; (e) $t=40$

图 42.6 给出了问题 42.1 的孤立波解从时间 $t=0$ 到 $t=40$ 的数值模拟结果，而图 42.7 则是问题 42.1 的孤立波解从时间 $t=0$ 到 $t=40$ 的精确解的波形. 从这些图形可以看出，数值结果稳定可靠，保持了与精确解几乎完全一致的波形.

另外，从公式(14) 和(16) 可以看出，交替分段差分格式把一个 M 阶的离散问题化成一些独立的小($2l$ 阶或 l 阶) 问题，其并行特性是显而易见的.

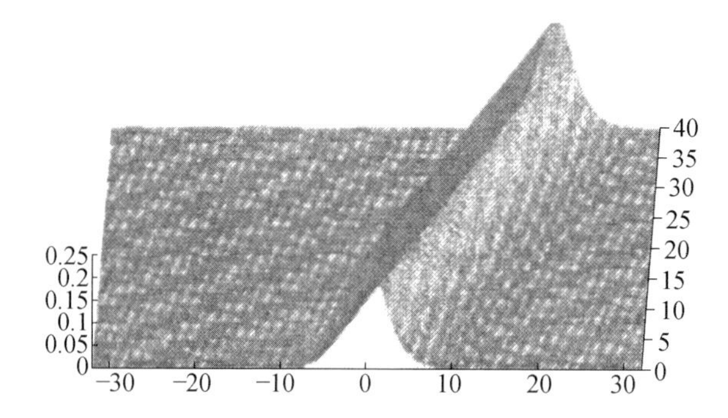

图 42.6　KdV 方程一个孤立波的数值解(t:0 → 40)

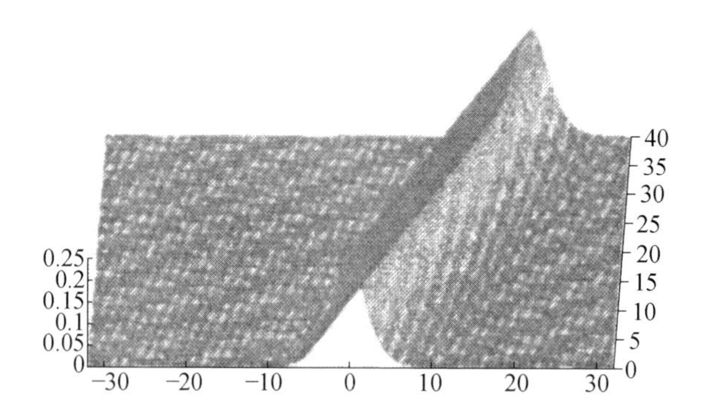

图 42.7　KdV 方程一个孤立波的精确解(t:0 → 40)

例 42.2　二个孤立波解的情况，考虑下面形式的三阶 KdV 方程

$$u_t + uu_x + \mu u_{xxx} = 0, -L_1 < x < L_2, 0 < t < T \tag{19}$$

选取初始条件

$$u(x, t = 0) = \sum_{i=1}^{2} A_i \operatorname{sech}^2(k_i x - \omega_i t - x_i), L_1 < x < L_2 \tag{20}$$

这里 $A_i = 12\mu k_i^2$，$\omega_i = 4\mu k_i^3$. 我们对 $\mu = 1$，$k_1 = 0.3$，$k_2 = 0.2$，$x_1 = -2$，$x_2 = 3$，$L_1 = -64$，$L_2 = 64$，取 $M = 512$，$l = 32$，$\tau = 0.01$，t 从 $t = 0$ 到 $t = 160$ 进行了数值模拟，可知两个速度不同的孤立波在传播过程中，从融合到逐渐分离的过程. 分离后的两个孤立波仍然保持了各自的波形和波速进行传播.

例 42.3　三个孤立波解的情况. 对于下面形式的三阶 KdV 方程

$$u_t + \beta uu_x + \mu u_{xxx} = 0, L_1 < x < L_2, -3 < t < T \tag{21}$$

选取初始条件

$$u(x, t_0) = 3\sum_{i=1}^{3} c_i \operatorname{sech}^2(k_i(x - c_i t_0) - d_i), L_1 < x < L_2 \tag{22}$$

这里 $t_0 = -3$，$c_1 = 0.3$，$c_2 = 0.2$，$c_3 = 0.1$，$d_i = -5$，$k_i = \frac{1}{2}(\beta c_i / \mu)^{1/2}$，$i = 1, 2, 3$. 我们对 $\beta = 1$，$\mu = 0.000\ 484$，$L_1 = -1$，$L_2 = 3$，取 $M = 2\ 048$，$l = 32$，$\tau = 0.000\ 2$，t 从 $t = -3$ 到 $t = 3$ 进行了数值模拟. 结果显示三个速度不同的孤立波的传播过程，速度快的孤立波逐渐超过了速度慢的孤立波. 分离后的孤立波仍然保持了各自的波形和波速进行传播.

求解 KdV 方程的两层恒稳差分格[①]

第 43 章

求解 KdV 方程 $U_t+UU_x+EU_{xxx}=0$ 问题是计算数学领域中一个一直受到人们广泛关注的问题，KdV 方程 $U_t+UU_x+EU_{xxx}=0$ 是用来描述波的传播和相互作用的，有着广泛的物理背景和应用背景. 迄今为止，已经有很多求解它的数值方法，但是由于方程中出现的强非线性项带来的困难，再加上稳定性条件很难满足，所以找到的求解它的有效的、可靠的方法还不是很多. 新疆师范大学数理

① 摘编自《新疆师范大学学报(自然科学版)》,2009 年 9 月第 28 卷第 3 期.

信息学院的王爽，王倩和边红三位教授在 2009 年构造了求解上述问题数值解的更为理想的两层显式差分格式，其相对于差分格式来说具有计算速度较快、稳定性较好的优良特性.

43.1　差分格式的构造

取矩形网域，设 τ 为时间步长，h 为空间步长.

网域：$\Omega=\{(x_j,t_k)\mid x_j=x_0+jh,t_k=t_0+k\tau(j,k)\in\mathbf{N}\}$. 在结点 (x_j,t_k) 处，用 u_j^k 表示微分方程的近似解

$$\frac{u_j^k-u_j^{k-1}}{\tau}=\left[\frac{\partial u}{\partial t}\right]_j^{k-\frac{1}{2}}+o(\tau^2)$$

$$\begin{aligned}\frac{u_{j+1}^k-u_{j-1}^k}{2h}&=\left[\frac{\partial u}{\partial x}\right]_j^k+o(h^2)\\&=\left[\frac{\partial u}{\partial t}\right]_j^{k-\frac{1}{2}}+\frac{\tau}{2}\left[\frac{\partial^2 u}{\partial x\partial t}\right]_j^{k-\frac{1}{2}}+o(\tau^2+h^2)\end{aligned}$$

$$\begin{aligned}&\frac{u_{j+2}^k-2u_{j+1}^k+2u_{j-1}^k-u_{j-2}^k}{h^3}\\&=\left[\frac{\partial^3 u}{\partial x^3}\right]_j^k+o(h^2)\\&=\left[\frac{\partial^3 u}{\partial x^3}\right]_j^{k-\frac{1}{2}}+\frac{\tau}{2}\left[\frac{\partial^4 u}{\partial x^3\partial t}\right]_j^{k-\frac{1}{2}}+o(\tau^2+h^2)\end{aligned}$$

于是差分格式为

$$\begin{aligned}&\frac{u_j^k-u_j^{k-1}}{\tau}+Q\frac{u_{j+1}^k-u_{j-1}^k}{2h}+\\&E\,\frac{[u_{j+2}^k-2u_{j+1}^k+2u_{j-1}^k-u_{j-2}^k]}{h^3}=0\end{aligned}$$

其中 $Q=\dfrac{u_{j+1}^k-u_{j-1}^k}{2}$.

令 $R=\frac{E\tau}{h^3}$，$L=\frac{\tau}{2h}$，则有

$$u_j^{k-1}=u_j^k+QL(u_{j+1}^k-u_{j-1}^k)+$$
$$R(u_{j+2}^k-2u_{j+1}^k+2u_{j-1}^k-u_{j-2}^k)$$

本章所构造的差分格式为

$$u_j^{k-1}=u_j^k+QL(u_{j+1}^k-u_{j-1}^k)+$$
$$R(u_{j+2}^k-2u_{j+1}^k+2u_{j-1}^k-u_{j-2}^k) \qquad (*)$$

43.2　截断误差分析

由差分格式的构造过程易得：$R_j^k=L_h[u]_j^{k-\frac{1}{2}}-[Lu]_j^{k-\frac{1}{2}}=\frac{\tau}{2}[\frac{\partial^2 u}{\partial x\partial t}]_j^{k-\frac{1}{2}}+\frac{\tau}{2}[\frac{\partial^4 u}{\partial x^3\partial t}]_j^{k-\frac{1}{2}}+o(\tau^2+h^2)$.

由此可以看出此差分格式是二阶精度的. 由以上分析可以得到下面的定理：

定理 43.1　求解定解问题 $U_t+UU_x+EU_{xxx}=0$ 的两层差分格式(*)是二阶精度的.

43.3　相容性分析

由相容逼近定义：当 $\tau\to 0,h\to 0,k\tau\to 0$ 时，对于充分光滑的函数 U，有

$$\| R_j^k \| = \| L_h[u]_j^k-[Lu]_j^k \| \to 0$$

则称 L_h 是对 L 的相容逼近，或简称差分方程与微分方程相容.

对于

$$R_j^k = L_h[u]_j^{k-\frac{1}{2}} - [Lu]_j^{k-\frac{1}{2}}$$
$$= \frac{\tau}{2}\left[\frac{\partial^2 u}{\partial x \partial t}\right]_j^{k-\frac{1}{2}} + \frac{\tau}{2}\left[\frac{\partial^4 u}{\partial x^3 \partial t}\right]_j^{k-\frac{1}{2}} + o(\tau^2 + h^2)$$

当 $\tau \to 0, h \to 0$ 时，对于充分光滑的函数 U，有

$$\| R_j^k \| = \| L_h[u]_j^k - [Lu]_j^k \| \to 0$$

成立，满足相容逼近的定义，所以我们说所构造的差分格式与原微分方程是相容逼近的.

由以上分析过程我们可以得到下面的定理.

定理 43.2 求解定解问题 $U_t + UU_x + EU_{xxx} = 0$ 的两层差分格式（*）和原微分方程是相容逼近的.

43.4 稳定性分析

把式（*）变一下形得

$$U_j^{k-1} = U_j^k + QL(U_{j+1}^k - U_{j-1}^k) + R(U_{j+2}^k - 2U_{j+1}^k + 2U_{j-1}^k - U_{j-2}^k)$$

我们用 Fourier 稳定性分析方法对此差分格式进行稳定性分析

$$U_j^{k-1} = U_j^k + (QL - 2R)(U_{j+1}^k - U_{j-1}^k) + R(U_{j+2}^k - U_{j-2}^k)$$

因此

$$[1 + 2(QL - 2R)\mathrm{i}\sin\sigma h + 2R\mathrm{i}\sin 2\sigma h]V^k(l) = V^{k-1}(l)$$

因为 $1 + 2(QL - 2R)\mathrm{i}\sin\sigma h + 2R\mathrm{i}\sin 2\sigma h$

$$= 1 + 2QL\mathrm{i}\sin\sigma h - 4R\mathrm{i}\sin\sigma h + 4R\mathrm{i}\sin\sigma h\cos\sigma h$$
$$= 1 + 2QL\mathrm{i}\sin\sigma h - 4R\mathrm{i}\sin\sigma h(1 - \cos\sigma h)$$
$$= 1 + 2QL\mathrm{i}\sin\sigma h - 8R\mathrm{i}\sin\sigma h\sin^2\frac{\sigma h}{2}$$
$$= 1 + 2\mathrm{i}\sin\sigma h\left(QL - 4R\sin^2\frac{\sigma h}{2}\right)$$

所以可以求得过渡因子

$$G=\frac{1}{1+2\mathrm{i}\sin\sigma h\left(QL-4R\sin^2\frac{\sigma h}{2}\right)}$$

因为 $|G|<1$，所以由 Von Neumann 条件知：此差分格式是绝对稳定的.

由以上分析过程我们可以得到下面的定理：

定理 43.3　求解定解问题 $U_t+UU_x+EU_{xxx}=0$ 的两层差分格式（*）是绝对稳定的.

43.5　数值例子

下面，我们试以一个具体例子来查看本章构造的两层恒稳差分格式的计算效果. 数值例子取自黎益和黎薰的结论①，用下列初边值条件计算 KdV 方程 $U_t+UU_x+EU_{xxx}=0$ 的差分解

$$\begin{cases}U(x,0)=3C_0\operatorname{sech}^2(A_0x+D_0)\\ \quad(0\leqslant x\leqslant 2)\\ U(0,t)=U(2,t)=0\\ \quad(\operatorname{sech}x=2/(\mathrm{e}^x+\mathrm{e}^{-x}))\end{cases}$$

对上述初边值的离散方程连同我们所构造的差分方程进行求解，计算时取 $E=4.84\times10^{-4}$，$C_0=0.3$，$D_0=-6$，$A_0=\frac{1}{2}(C_0/E)^{\frac{1}{2}}$，取 $M=40$，空间步长 $h=$

① 黎益，黎薰. 解 KdV 方程的一个隐式差分格式[J]. 四川大学学报，1995，32(6).

$\frac{2}{M}=0.05$,时间步长 $\tau=0.025$,记 $u_i=\min u_m, m=1, 2, \cdots, M-1$.

表 43.1

n	i	u_i^n
1	3	-5.0544×10^{-1}
10	8	-1.3416×10^{-2}
100	25	-5.4066×10^{-5}
1 000	33	-5.4802×10^{-8}

我们用这个数值表与黎益和黎薰的数值结果做了对比,我们在相应节点上取到的数值要比黎益和黎薰得到的结果精度高,并且趋于零的速度也快得多.也就是说本章构造的两层显格式比黎益和黎薰的隐式格式具有计算速度快、计算精度高、稳定性好等诸多优良特性.

通过以上对所构造的求解 KdV 方程 $U_t+UU_x+EU_{xxx}=0$ 两层差分分格式的精度、相容性和稳定性的分析[①],可以看出此差分格式是用来求解 KdV 方程的比较理想的差分格式.

① 徐长发,李红.实用偏微分方程数值解法[M].武汉:华中科技出版社,2000,9:9-34.

广义 Improved KdV 方程的守恒差分格式[①]

第 44 章

广义 Improved KdV(GIKdV) 方程具有下面的形式

$$u_t + \varepsilon u^p u_x + \gamma u_{xxx} - \sigma u_{xxt} = 0 \quad (1)$$

这里 $\varepsilon, \gamma, \sigma > 0$ 和 $p > 0$ 是确定的常数. 该方程是由 Abdulloev 等人在研究非线性波动方程时引入的. 当 $\varepsilon = 6$, $p = 1, \gamma = 1, \sigma = 0$ 时, 方程(1) 即为著名的 KdV 方程

$$u_t + 6uu_x + u_{xxx} = 0 \quad (2)$$

当 $p = 1, \gamma = 0$ 时, 方程(1) 即为 EW 方程

$$u_t + \varepsilon uu_x - \sigma u_{xxt} = 0 \quad (3)$$

① 摘编自《山东大学学报(理学版)》,2011 年 8 月第 46 卷第 8 期.

这些方程在诸如流体力学、等离子物理学、固体物理学等领域有着广泛的应用.

山东大学数学学院的张天德,段伶计和山东理工大学理学院的左进明三位教授在 2011 年研究了如下 GIKdV 方程的初边值问题

$$u_t+\varepsilon u^p u_x+\gamma u_{xxx}-\sigma u_{xxt}=0$$

$$(x_l<x<x_r,0<t<T) \tag{4}$$

$$u(x,0)=u_0(x)\quad(x_l\leqslant x\leqslant x_r) \tag{5}$$

$$u(x_l,t)=u(x_r,t)=0,u_x(x_l,t)=u_x(x_r,t)=0$$

$$(0\leqslant t\leqslant T) \tag{6}$$

其中 $u_0(x)$ 是一个已知光滑的函数. 容易验证,初边值问题(4) ~ (6) 满足下面的守恒律

$$E(t)=\frac{1}{2}(\|u\|_{L^2}^2+\sigma\|u_x\|_{L^2}^2)$$

$$=\frac{1}{2}(\|u_0\|_{L^2}^2+\sigma\|u_{0x}\|_{L^2}^2)=E(0) \tag{7}$$

众所周知,守恒的差分格式优于非守恒的差分格式. M. A. Ruyun 和 D. O'Regan① 指出非守恒的差分格式容易出现非线性的爆破现象. Meng Fanchao 和 Du Zengji② 指出"在许多领域,保持原有微分方程的一些固有的属性是判断一种数值模拟成功的标准."因此,

① RUYUN M A, O'REGAN D. Nodal solutions for second-order m-point boundary Value problems with nonlinearities across several eigenvalues[J]. Nolinear Analysis, 2006,64:1562-1577.

② MENG FANCHAO, DU ZENG JI. Sovability of a second-order multipoint boundary value problem at resonance[J]. Appl. Math. Comput, 2009,208:23-30.

本章的目的就是构造一种新的守恒差分格式求解 GIKdV 方程,这种格式是无条件稳定的,而且具有二阶的收敛精度.

44.1 一种非线性隐式守恒差分格式

为了方便起见,采用下面的符号 $x_j = x_l + jh, t_n = n\tau, j = 0,1,\cdots,J; n = 0,1,\cdots,N = [T/\tau]$,这里 $h = (X_r - X_l)/J$ 和 τ 分别表示空间步长和时间步长. $u_j^n \equiv u(x_j, t_n), U_j^n \approx u(x_j, t_n)$,并且

$$(U_j^n)_t = \frac{U_j^{n+1} - U_j^n}{\tau}, (U_j^n)_x = \frac{U_{j+1}^n - U_j^n}{h}$$

$$(U_j^n)_{\bar{x}} = \frac{U_j^n - U_{j-1}^n}{h}, (U_j^n)_{\hat{x}} = \frac{U_{j+1}^n - U_{j-1}^n}{2h}$$

$$U_j^{n+1/2} = \frac{U_j^{n+1} + U_j^n}{2}, \langle U^n, V^n \rangle = h\sum_{j=1}^{J-1} U_j^n V_j^n$$

$$\| U^n \|^2 = \langle U^n, U^n \rangle, \| U^n \|_\infty = \max_{1 \leqslant j \leqslant J} | U_j^n |$$

本章总假定 C 为广义正常数,即在不同的位置可以表示不同的数值,于是对初边值问题(4)～(6)提出如下差分格式

$$(U_j^n)_t + \frac{\varepsilon}{p+2}[(U_j^{n+1/2})^p (U_j^{n+1/2})_{\hat{x}} + ((U_j^{n+1/2})^{p+1})_{\hat{x}}] + \gamma (U_j^{n+1/2})_{x\bar{x}\hat{x}} - \sigma (U_j^n)_{x\bar{x}t} = 0$$

$$(j = 1,2,\cdots,J-1; n = 1,2,\cdots,N_r) \tag{8}$$

$$U_j^0 = u_0(x_j) \quad (j = 0,1,2,\cdots,J_r) \tag{9}$$

$$U_0^n = U_J^n = 0, (U_0^n)_x = (U_J^n)_{\bar{x}} = 0 \quad (n = 1,\cdots,N) \tag{10}$$

命题 44.1 设 $u_0 \in H_0^1$,则差分格式(8)～(10)

具有如下守恒律

$$E^n=\frac{1}{2}\|U^n\|^2+\frac{\sigma}{2}\|U_x^n\|^2=E^{n-1}=\cdots=E^0 \tag{11}$$

证明　将式(8)和 $U^{n+1/2}$ 作内积,得

$$\frac{1}{2}\|U^n\|_t^2+\frac{\sigma}{2}\|U_x^n\|_t^2+\langle\kappa(U^{n+1/2},U^{n+1/2}),U^{n+1/2}\rangle+\gamma\langle(U^{n+1/2})_{x\bar{x}\hat{x}},U^{n+1/2}\rangle=0 \tag{12}$$

其中

$$\kappa(U^{n+1/2},U^{n+1/2})=\frac{\varepsilon}{p+2}[(U^{n+1/2})^p(U^{n+1/2})_{\hat{x}}+((U^{n+1/2})^{p+1})_{\hat{x}}]$$

$$U^{n+1/2}=\frac{1}{2}(U^{n+1}+U^n)$$

由于 $\langle\kappa(U^{n+1/2},U^{n+1/2}),U^{n+1/2}\rangle=0$, $\langle(U^{n+1/2})_{x\bar{x}\hat{x}},U^{n+1/2}\rangle=0$,这样,由式(12)可以得到

$$\frac{1}{2}\|U^n\|_t^2+\frac{\sigma}{2}\|U_x^n\|_t^2=0 \tag{13}$$

令 $E^n=\frac{1}{2}\|U^n\|^2+\frac{\sigma}{2}\|U_x^n\|^2$,从而可由式(13)推得式(11).命题 44.1 得证.

命题 44.2　设 $u_0\in H_0^1$,则有下面的不等式成立:$\|U^n\|\leqslant C$, $\|U_x^n\|\leqslant C$, $\|U^n\|_\infty\leqslant C$.

证明　由式(11)得 $\|U^n\|\leqslant C$. $\|U_x^n\|\leqslant C$.从而由离散 Sobolev 不等式得 $\|U^n\|_\infty\leqslant C$.命题 44.2 得证.

注 1　命题 44.2 表明差分格式(8)～(10)是无条件稳定的.

以下考虑差分格式的收敛性,为此定义如下的截断误差

$$r_j^n=(u_j^n)_t+\frac{\varepsilon}{p+2}[(u_j^{n+1/2})^p(u_j^{n+1/2})_{\hat{x}}+((u_j^{n+1/2})^{p+1})_{\hat{x}}]+\gamma(u_j^{n+1/2})_{x\bar{x}\hat{x}}-\sigma(u_j^n)_{x\bar{x}t} \tag{14}$$

其中 $j=1,2,\cdots,J-1;n=1,2,\cdots,N_t$，由 Taylor 展开式可得.

命题 44.3　设 $u_0\in H_0^1,u(x,t)\in C^{5,3}$，则差分格式(8)～(10)的截断误差满足

$$|r_j^n|=O(\tau^2+h^2),\tau\to 0,h\to 0 \tag{15}$$

定理 44.2　若满足命题 44.3 的条件，则差分格式(8)～(10)的解以 L_∞ 范数收敛到初边值问题(4)～(6)的解，收敛阶为 $O(\tau^2+h^2)$.

证明　从式(14)中减去式(8)，令 $e_j^n=u_j^n-U_j^n$，得到

$$r_j^n=(e_j^n)_t+\kappa(u_j^{n+1/2},u_j^{n+1/2})-\kappa(U_j^{n+1/2},U_j^{n+1/2})+\gamma(e_j^{n+1/2})_{x\bar{x}\hat{x}}-\sigma(e_j^n)_{x\bar{x}t} \tag{16}$$

将式(16)和 $2e^{n+1/2}$ 作内积，得

$$\langle 2r^n,e^{n+1/2}\rangle=\|e^n\|_t^2+\sigma\|e_x^n\|_t^2+2\langle\kappa(u^{n+1/2},u^{n+1/2})-\kappa(U^{n+1/2},U^{n+1/2}),e^{n+1/2}\rangle+2\gamma\langle(e_j^{n+1/2})_{x\bar{x}\hat{x}},e_j^{n+1/2}\rangle \tag{17}$$

根据守恒律式(7)以及离散 Sobolev 不等式，很容易得到 $\|u\|_{L_\infty}\leqslant C$. 这样，由命题 44.2 可以估计式(17)如下

$$\begin{aligned}&\langle\kappa(u^{n+1/2},u^{n+1/2})-\kappa(U^{n+1/2},U^{n+1/2}),e^{n+1/2}\rangle\\&=\frac{\varepsilon h}{p+2}\sum_{j=1}^{J-1}[(u_j^{n+1/2})^p(u_j^{n+1/2})_{\hat{x}}+((u_j^{n+1/2})^{p+1})_{\hat{x}}-(U_j^{n+1/2})^p(U_j^{n+1/2})_{\hat{x}}-((U_j^{n+1/2})^{p+1})_{\hat{x}}]e_j^{n+1/2}\\&=\frac{\varepsilon h}{p+2}\sum_{j=1}^{J-1}\{[(u_j^{n+1/2})^p(u_j^{n+1/2})_{\hat{x}}-(U_j^{n+1/2})^p(u_j^{l+1/2})_{\hat{x}}]e_j^{n+1/2}+\end{aligned}$$

$$
\begin{aligned}
&[((u_j^{n+1/2})^{p+1})_{\hat{x}} - ((U_j^{n+1/2})^{(p+1)})_{\hat{x}}]e_j^{n+1/2}\} \\
&= \frac{\varepsilon h}{p+2}\sum_{j=1}^{J-1}\{[(u_j^{n+1/2})^{p}(e_j^{n+1/2})_{\hat{x}} + \\
&((u^{n+1/2})^{p}(u_j^{n+1/2})(U_j^{n+1/2})_{\hat{x}}]e_j^{n+1/2} + \\
&[(u^{n+1/2})^{p+1} - (U^{n+1/2})^{p+1}](e_j^{n+1/2})_{\hat{x}}\} \\
&\leqslant C(\|e^n\|^2 + \|e^{n+1}\|^2 + \|e_x^n\|^2 + \|e_x^{n+1}\|^2)
\end{aligned}
\tag{18}
$$

再注意到

$$
\begin{cases}
\langle (e_j^{n+1/2})_{x\bar{x}\hat{x}}, e_j^{n+1/2}\rangle = 0 \\
\langle 2r^n, e^{n+1/2}\rangle \leqslant \|r^n\|^2 + (\|e^{n+1}\|^2 + \|e^n\|^2)
\end{cases}
\tag{19}
$$

将式(18)、(19) 代入式(17)，得到

$$
\begin{aligned}
&\|e^n\|_t^2 + \sigma\|e_x^n\|_t^2 \\
\leqslant\ &\|r^n\|^2 + C(\|e^n\|^2 + \|e^{n+1}\|^2 + \\
&\|e_x^n\|^2 + \|e_x^{n+1}\|^2)
\end{aligned}
\tag{20}
$$

令 $B^n = \|e^n\|^2 + \sigma\|e_x^n\|^2$，则式(20) 可重写为

$$
B^n - B^{n-1} \leqslant C\tau(\tau^2 + h^2)^2 + C\tau(B^n - B^{n-1}) \tag{21}
$$

只要取 τ 足够小，由离散 Gronwall 不等式可得 $B^n \leqslant C(B^0 + (\tau^2 + h^2)^2)$，由离散初始条件可知 e^0 是二阶连续的，即 $B^0 = O(\tau^2 + h^2)^2$，则有 $\|e^n\| \leqslant O(\tau^2 + h^2)$，$\|e_x^n\| \leqslant O(\tau^2 + h^2)$. 由离散 Sobolev 不等式得到 $\|e^n\|_\infty \leqslant O(\tau^2 + h^2)$. 定理 44.2 得证.

注 2　对于 GIKdV 方程的周期初值问题，本章上述结果仍然成立，同样初值函数应为周期函数.

44.2　数值试验

为了验证本章数值分析的正确性，首先采用下面

表 **44.1** $t=10$ 时数值解的误差(其中 $\tau=h$)

h	$p=1$				$p=2$			
	$\Vert u^n-U^n\Vert$	$\Vert u^n-U^n\Vert_\infty$	$\frac{\Vert u^{n/4}-U^{n/4}\Vert}{\Vert u^n-U^n\Vert}$	$\frac{\Vert u^{n/4}-U^{n/4}\Vert_\infty}{\Vert u^n-U^n\Vert_\infty}$	$\Vert u^n-U^n\Vert$	$\Vert u^n-U^n\Vert_\infty$	$\frac{\Vert u^{n/4}-U^{n/4}\Vert}{\Vert u^n-U^n\Vert}$	$\frac{\Vert u^{n/4}-U^{n/4}\Vert_\infty}{\Vert u^n-U^n\Vert_\infty}$
0.2	5.243×10^{-2}	2.404×10^{-2}	—	—	9.412×10^{-2}	4.839×10^{-2}	—	—
0.1	1.305×10^{-2}	5.987×10^{-3}	4.016 378	4.015 231	2.424×10^{-2}	1.249×10^{-2}	3.882 124	3.872 669
0.05	3.238×10^{-3}	1.485×10^{-3}	4.030 968	4.029 606	6.044×10^{-3}	3.114×10^{-3}	4.011 203	4.011 624
0.025	8.099×10^{-4}	3.715×10^{-4}	3.998 906	3.998 934	1.503×10^{-3}	7.746×10^{-4}	4.021 087	4.020 743

的一个孤立子解,其中初始条件为

$$u_0(x)=\sqrt[p]{\frac{2+3p+p^2}{2}}\operatorname{sech}^{2/p}\left(\frac{p}{2\sqrt{2}}x\right) \tag{22}$$

参数 $\varepsilon=1,\gamma=1,\sigma=1$,取 $x_l=-20,x_r=60$.

在计算过程中,控制 $U_j^{n(s+1)}-U_j^{n(s)}\leqslant 10^{-8}$,并令 $U_j^{n+1(0)}=U_j^n$. 表 44.1 给出了在 L_2-范数和 L_∞-范数下,对于不同步长 h 和 τ 计算到 $t=10$ 时数值解的误差. 从表 44.1 可以看出差分格式(8) ~ (10) 是二阶收敛且是稳定的. 表 44.2 给出了由差分格式(8) ~ (10) 计算的离散能 E^n 的守恒律. 图 44.1 描述了在 $t=0$ 时的精确解和由差分格式(8) ~ (10) 计算到 $t=20,40$ 时的数值解,其中步长 $\tau=h=0.1$,从图 44.1 中也能看出差分格式(8) ~ (10) 的精度.

表 44.2　不同时刻时的离散能 E^n(其中 $\tau=h=0.1$)

t	$p=1$	$p=2$
5	18.667 114 064 808 33	9.898 670 413 397 97
10	18.667 114 064 825 05	9.898 670 413 416 35
15	18.667 114 064 841 63	9.898 670 413 398 82
20	18.667 114 064 858 27	9.898 670 413 423 21

图 44.2 描述的由差分格式(8) ~ (10) 计算的两个孤立子波交互的情形,其初始条件为

$$u_0(x)=\sum_{i=1}^{2}\sqrt[p]{\frac{c_i(2+3p+p^2)}{2}}\cdot \operatorname{sech}^{2/p}\left[\frac{\sqrt{c_i}\,p}{2\sqrt{1+c_i}}(x-x_i)\right] \tag{23}$$

取参数 $c_1=0.5, c_2=1.7, x_1=20, x_2=-5, -20<x<60$ 和 $t_0=0<t\leqslant 30$,并取步长 $\tau=h=0.1$. 从图 44.2 可以看出符合两个孤立子波交互的情形,而且数值解对于离散能 E^n 也是守恒的.

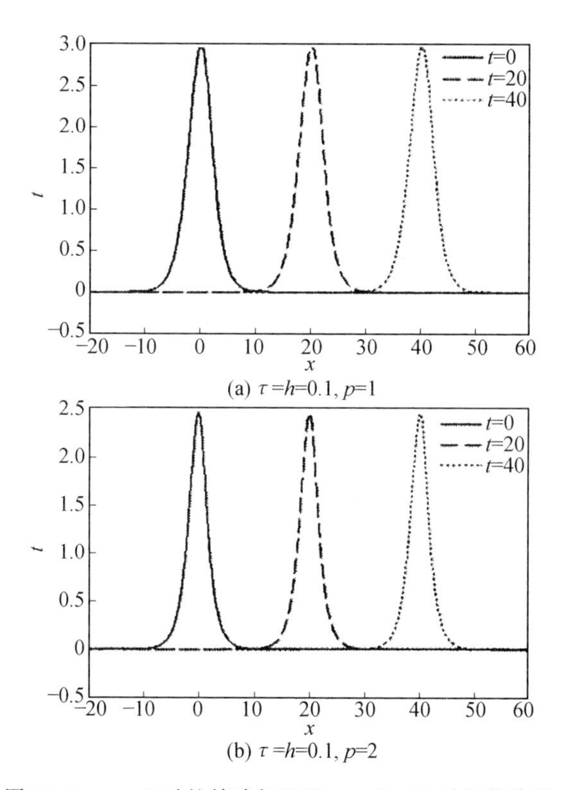

图 44.1　$t=0$ 时的精确解以及 $t=20,40$ 时的数值解

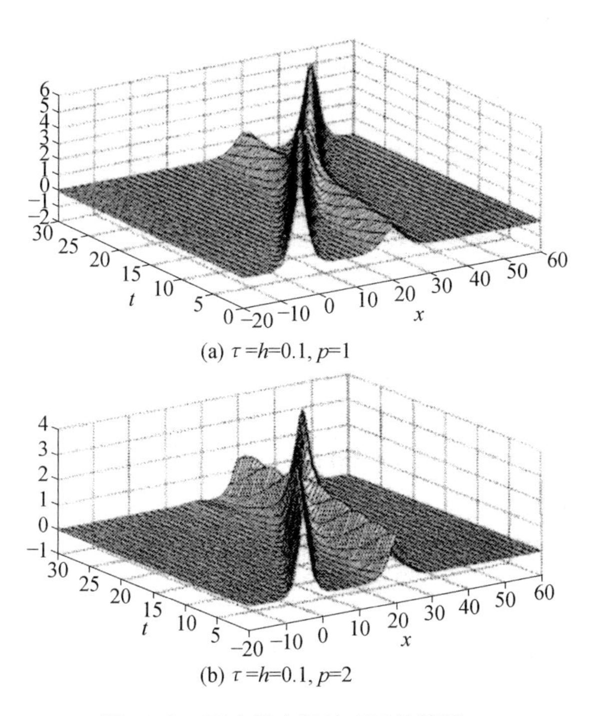

(a) $\tau=h=0.1, p=1$

(b) $\tau=h=0.1, p=2$

图 44.2　两个孤立子波交互的情形

44.3　结　　论

构造了一种新的有限差分格式求解 GIKdV 方程的初边值问题.该格式对于离散能 E^n 是守恒的,并证明了差分格式的稳定性和二阶收敛性.数值试验显示该格式是十分有效的.

第45章 广义 Improved KdV 方程的守恒线性隐式差分格式[1]

本章将研究如下广义 Improved KdV(简称 GIKdV) 方程的初边值问题

$$u_t+\varepsilon u^p u_x+\gamma u_{xxx}-\sigma u_{xxt}=0$$

$$(x_l<x<x_r,0<t<T) \quad (1)$$

$$u(x,0)=u_0(x) \quad (x_l\leqslant x\leqslant x_r) \quad (2)$$

$$\begin{cases}u(x_l,t)=u(x_r,t)=0\\ u_x(x_l,t)=u_x(x_r,t)=0\end{cases} \quad (0\leqslant t\leqslant T) \quad (3)$$

这里 $\varepsilon,\gamma,\sigma>0$ 是确定的常数,p 为正整数,$u_0(x)$ 是一个已知光滑的函数.

---

① 摘编自《山东大学学报(理学版)》,2011年12月第46卷第12期.

GIKdV 方程是由 Abdulloev 等人在研究非线性波动方程时引入的. 当 $\varepsilon=6,p=1,\gamma=1,\sigma=0$ 时,方程(1)即为著名的 KdV 方程;当 $p=1,\gamma=0$ 时,方程(1)即为 RLW 方程. 容易验证,初边值问题(1)～(3)满足守恒律

$$\begin{aligned}E(t)&=\frac{1}{2}(\|u\|_{L^2}^2+\sigma\|u_x\|_{L^2}^2)\\&=\frac{1}{2}(\|u_0\|_{L^2}^2+\sigma\|u_{0x}\|_{L^2}^2)=E(0)\end{aligned}\tag{4}$$

张天德,左进明和段伶计[①]提出了一种两层非线性隐式差分格式来求解 GIKdV 方程的初边值问题(1)～(3),但在求解的过程中,需要进行迭代计算. 为了克服这一点,山东理工大学理学院的左进明和张耀明两位教授在 2011 年提出了一种三层线性隐式差分格式求解 GIKdV 方程的初边值问题,这种格式对离散能量仍然是守恒的,而且是无条件稳定的,并且具有二阶的收敛精度.

45.1　一种线性隐式守恒差分格式

本章采用下面的符号:$x_j=x_l+jh,t_n=n\tau,j=0,1,\cdots,J;n=0,1,\cdots,N=\left[\frac{T}{\tau}\right]$. 这里 $h=\frac{X_r-X_l}{J}$ 和 τ 分别表示空间步长和时间步长

---

① 张天德,左进明,段伶计. 广义 improved KdV 方程的守恒差分格式[J]. 山东大学学报:理学版,2011,46(8):4-7.

$$u_j^n \equiv u(x_j, t_n), U_j^n \approx u(x_j, t_n)$$

$$(U_j^n)_{\hat{t}} = \frac{U_j^{n+1} - U_j^{n-1}}{2\tau}, (U_j^n)_x = \frac{U_{j+1}^n - U_j^n}{h}$$

$$(U_j^n)_{\bar{x}} = \frac{U_j^n - U_{j-1}^n}{h}, (U_j^n)_{\hat{x}} = \frac{U_{j+1}^n - U_{j-1}^n}{2h}$$

$$\overline{U}_j^n = \frac{U_j^{n+1} + U_j^{n-1}}{2}, \langle U^n, V^n \rangle = h\sum_{j=1}^{J-1} U_j^n V_j^n$$

$$\| U^n \|^2 = \langle U^n, U^n \rangle, \| U^n \|_\infty = \max_{1 \leqslant j \leqslant J} | U_j^n |$$

本章总假定 C 为广义正常数，即在不同的位置可以表示不同的数值，于是对初边值问题(1)～(3)提出如下差分格式

$$(U_j^n)_{\hat{t}} + \frac{\varepsilon}{p+2}[(U_j^n)^p(\overline{U}_j^n)_{\hat{x}} + ((U_j^n)^p\overline{U}_j^n)_{\hat{x}}] +$$
$$\gamma(\overline{U}_j^n)_{x\bar{x}\hat{x}} - \sigma(U_j^n)_{x\bar{x}\hat{t}} = 0$$
$$(j = 1, 2, \cdots, J-1; n = 1, 2, \cdots, N) \tag{5}$$

$$U_j^0 = u_0(x_j) \quad (j = 0, 1, 2, \cdots, J) \tag{6}$$

$$U_0^n = U_J^n = 0, (U_0^n)_x (u_J^m)_{\bar{x}} = 0 \quad (n = 1, \cdots, N) \tag{7}$$

命题 45.1　设 $u_0 \in H_0^1$，则差分格式(5)～(7)具有守恒律

$$E^n = \frac{1}{4}(\| U^{n+1} \|^2 + \| U^n \|^2 + \sigma \| U_x^{n+1} \|^2 +$$
$$\sigma \| U_x^n \|^2) = E^{n-1} = \cdots = E^0 \tag{8}$$

证明　将式(5)和 $\overline{U}^n$ 作内积，得

$$\frac{1}{2} \| U^n \|_{\hat{t}}^2 + \frac{\sigma}{2} \| U_x^n \|_{\hat{t}}^2 + \langle \kappa(U^n, \overline{U}^n), \overline{U}^n \rangle +$$
$$\gamma\langle (\overline{U}^n)_{x\bar{x}\hat{x}}, \overline{U}^n \rangle = 0 \tag{9}$$

其中

$$\kappa(U^n, \overline{U}^n) = \frac{\varepsilon}{p+2}[(U^n)^p(\overline{U}^n)_{\hat{x}} + ((U^n)^p\overline{U}^n)_{\hat{x}}]$$

$$\overline{U}^n=\frac{1}{2}(U^{n+1}+U^{n-1})$$

由于$\langle\kappa(U^n,\overline{U}^n),\overline{U}^n\rangle=0$，$\langle(\overline{U}^n)_{x\bar{x}\hat{x}},\overline{U}^n\rangle=0$，由式(9)可以得到

$$\frac{1}{2}\|U^n\|_{\hat{t}}^2+\frac{\sigma}{2}\|U_x^n\|_{\hat{t}}^2=0 \tag{10}$$

令 $E^n=\frac{1}{4}(\|U^{n+1}\|^2+\|U^n\|^2+\sigma\|U_x^{n+1}\|^2+\sigma\|U_x^n\|^2)$，从而可由式(10)推得式(8). 命题 45.1 得证.

命题 45.2　设 $u_0\in H_0^1$，则不等式 $\|U^n\|\leqslant C$，$\|U_x^n\|\leqslant C$，$\|U^n\|_\infty\leqslant C$ 成立.

证明　由式(8)得 $\|U^n\|\leqslant C$，$\|U_x^n\|\leqslant C$，从而由离散 Sobolev 不等式，得 $\|U^n\|_\infty\leqslant C$. 命题 45.2 得证.

注 1　命题 45.2 表明差分格式(5)～(7)是无条件稳定的.

考虑差分格式的收敛性，定义如下的截断误差

$$\begin{aligned}r_j^n=&(u_j^n)_{\hat{t}}+\frac{\varepsilon}{p+2}[(u_j^n)^p(\overline{u}_j^n)_{\hat{x}}+((u_j^n)^p\overline{u}_j^n)_{\hat{x}}]+\\&\gamma(\overline{u}_j^n)_{x\bar{x}\hat{x}}-\sigma(u_j^n)_{x\bar{x}\hat{t}}\\&(j=1,2,\cdots,J-1;n=1,2,\cdots,N)\end{aligned} \tag{11}$$

由 Taylor 展开式可得.

命题 45.3　设 $u(x,t)\in C^{5,3}$，则差分格式(5)～(7)的截断误差满足

$$|r_j^n|=O(\tau^2+h^2),\tau\to 0,h\to 0 \tag{12}$$

定理 45.2　若满足命题 45.3 的条件，则差分格式(5)～(7)的解以 L_∞ 范数收敛到初边值问题(1)～(3)的解，收敛阶为 $O(\tau^2+h^2)$.

证明 由式(11)减去式(5)，令 $e_j^n = u_j^n - U_j^n$，得到

$$r_j^n = (\overline{e_j^n})_{\hat{t}} + \kappa(u_j^n, \overline{u_j^n}) - \kappa(U_j^n, \overline{U_j^n}) + \gamma(\overline{e_j^n})_{x\bar{x}\hat{x}} - \sigma(\overline{e_j^n})_{x\bar{x}\hat{x}} \tag{13}$$

将式(13)和 $2\overline{e^n}$ 作内积，得

$$\langle 2r^n, \overline{e^n}\rangle = \| e^n \|_{\hat{t}}^2 + \sigma \| e_x^n \|_{\hat{t}}^2 + 2\langle \kappa(u^n, \overline{u^n}) - \kappa(U^n, \overline{U^n}), \overline{e^n}\rangle + 2\gamma\langle (\overline{e_j^n})_{x\bar{x}\hat{x}}, \overline{e_j^n}\rangle \tag{14}$$

根据守恒律(4)，以及离散 Sobolev 不等式，很容易得到 $\| u \|_{L_\infty} \leqslant C$. 这样，由命题 45.2 可以估计式(14)如下

$$\begin{aligned}
&\langle \kappa(u^n, \overline{u^n}) - \kappa(U^n, \overline{U^n}), \overline{e^n}\rangle \\
&= \frac{\varepsilon p h}{p+1} \sum_{j=1}^{J-1} [(u_j^n)^p (\overline{u_j^n})_{\hat{x}} + ((u_j^n)^p \overline{u_j^n})_{\hat{x}} - \\
&\quad (U_j^n)^p (\overline{U_j^n})_{\hat{x}} - ((U_j^n)^p \overline{U_j^n})_{\hat{x}}] \overline{e_j^n} \\
&= \frac{\varepsilon p h}{p+1} \sum_{j=1}^{J-1} [(u_j^n)^p (\overline{u_j^n})_{\hat{x}} - (U_j^n)^p (\overline{U_j^n})_{\hat{x}}] \overline{e_j^n} + \\
&\quad \frac{\varepsilon p h}{p+1} \sum_{j=1}^{J-1} [(u_j^n)^p (\overline{u_j^n})_{\hat{x}} - (U_j^n)^p - (U_j^n)_{\hat{x}}] \overline{e_j^n} \\
&= \frac{\varepsilon p h}{p+1} \sum_{j=1}^{J-1} \{(u_j^n)^p (\overline{e_j^n})_{\hat{x}} + [(u_j^n)^p - (U_j^n)^p](\overline{U_j^n})_{\hat{x}}\} \overline{e_j^n} - \\
&\quad \frac{\varepsilon p h}{p+1} \sum_{j=1}^{J-1} [(u_j^n)^p \overline{u_j^n} - (U_j^n)^p \overline{U_j^n}](\overline{e_j^n})_{\hat{x}} \\
&= \frac{\varepsilon p h}{p+1} \sum_{j=1}^{J-1} \{(u_j^n)^p (\overline{e_j^n})_{\hat{x}} + \\
&\quad e_j^n \sum_{k=0}^{p-1} [(u_j^n)^k (U_j^n)^{p-k-1}](\overline{U_j^n})_{\hat{x}}\} \overline{e_j^n} - \\
&\quad \frac{\varepsilon p h}{p+1} \sum_{j=1}^{J-1} \{(u_j^n)^p \overline{e_j^n} + \\
&\quad e_j^n \sum_{k=0}^{p-1} [(u_j^n)^k (U_j^n)^{p-k-1}] \overline{U_j^n}\} (\overline{e_j^n})_{\hat{x}}
\end{aligned}$$

$$
\begin{aligned}
&\leqslant C(\|e^{n-1}\|^2+\|e^n\|^2+\|e^{n+1}\|^2+\\
&\quad \|e_x^{n-1}\|^2+\|e_x^n\|^2+\|e_x^{n+1}\|^2)
\end{aligned}
\tag{15}
$$

再注意到

$$
\begin{cases}
\langle (\bar{e}_j^n)_{\bar{x}\bar{x}\hat{x}}, \bar{e}_j^n\rangle = 0\\
\langle 2r^n, \bar{e}^n\rangle \leqslant \|r^n\|^2+(\|e^{n+1}\|^2+\|e^{n-1}\|^2)
\end{cases}
\tag{16}
$$

将式(15)、(16)代入式(14)，得到

$$
\begin{aligned}
&\|e^n\|_l^2+\sigma\|e_x^n\|_l^2\\
\leqslant &\|r^n\|^2+C(\|e^{n-1}\|^2+\|e^n\|^2+\|e^{n+1}\|^2+\\
&\|e_x^{n-1}\|^2+\|e_x^n\|^2+\|e_x^{n+1}\|^2)
\end{aligned}
\tag{17}
$$

式(17)可重写为

$$
B^n-B^{n-1}\leqslant C\tau(\tau^2+h^2)^2+C\tau(B^n-B^{n-1}) \tag{18}
$$

只要取的 τ 足够小，由离散 Gronwall 不等式，可得 $B^n\leqslant C[B^0+(\tau^2+h^2)^2]$，由离散初始条件可知 e^0 是二阶连续的，即 $B^0=O(\tau^2+h^2)^2$，则有 $\|e^n\|\leqslant O(\tau^2+h^2)^2$，$\|e_x^n\|\leqslant O(\tau^2+h^2)$. 由离散 Sobolev 不等式，得到 $\|e^n\|_\infty\leqslant O(\tau^2+h^2)$. 定理 45.2 得证.

45.2　数值试验

为了验证本章数值分析的正确性，首先采用下面的一个孤立子解，其中初始条件为

$$
u_0(x)=\sqrt[p]{\frac{2+3p+p^2}{2}}\operatorname{sech}^{2/p}\left(\frac{p}{2\sqrt{2}}x\right) \tag{19}
$$

参数 $\varepsilon=1,\gamma=1,\sigma=1$，取 $x_l=-20,x_r=60$.

在计算过程中，首先需要选择合适的两层差分格式(如 Crank-Nicolson 格式)来计算 U^1. 表 45.1 给出

了非线性隐式差分格式和本章提出的线性隐式差分格式见(5)～(7)计算到$t=40$时刻花费的CPU时间.从表45.1中可以看出,本章提出的线性隐式差分格式在计算时间上优于非线性隐式差分格式.表45.2～45.4给出了在L_2-范数和L_∞-范数下,对于不同步长h和τ计算到$t=20$时两种差分格式数值解的误差.从这些表可以看出本章提出的线性隐式差分格式也是二阶收敛的,且是稳定的,有些结果甚至优于非线性隐式差分格式.表45.5给出了由本章提出的线性隐式差分格式(5)～(7)计算的离散能E^n.

图45.1描述的由线性隐式差分格式(5)～(7)计算的两个孤立子波交互的情形,其初始条件为

$$u_0(x)=\sum_{i=1}^{2}\sqrt[p]{\frac{c_i(2+3p+p^2)}{2}}\cdot \operatorname{sech}^{2/p}\left[\frac{\sqrt{c_i}\,p}{2\sqrt{1+c_i}}(x-x_i)\right] \quad (20)$$

这里,取参数$c_1=0.5, c_2=1.7, x_1=20, x_2=-5$, $-20<x<60$和$t_0=0<t\leqslant 30$,并取步长$\tau=h=0.1$.从图形可以看出符合两个孤立子波交互的情形,而且数值解对于离散能E^n也是守恒的.

表 45.1 两种方法计算到 $t=40$ 时花费的 CPU 时间

p	非线性隐式差分格式			线性隐式差分格式		
	$\tau=h=0.05$	$\tau=h=0.1$	$\tau=h=0.2$	$\tau=h=0.05$	$\tau=h=0.1$	$\tau=h=0.2$
1	67.703 0	17.719 0	5.594 0	12.075 0	2.969 0	0.641 0
2	86.293 0	22.953 0	7.609 0	12.250 0	3.062 0	0.656 0
4	117.687 0	33.641 0	11.703 0	16.453 0	4.063 0	0.922 0

表 45.2 数值解的误差(其中 $\tau=h,p=1$)

h	非线性隐式差分格式				线性隐式差分格式			
	$\Vert u^n-U^n\Vert$	$\Vert u^n-U^n\Vert_\infty$	$\frac{\Vert u^{n/4}-U^{n/4}\Vert}{\Vert u^n-U^n\Vert}$	$\frac{\Vert u^{n/4}-U^{n/4}\Vert_\infty}{\Vert u^n-U^n\Vert_\infty}$	$\Vert u^n-U^n\Vert$	$\Vert u^n-U^n\Vert_\infty$	$\frac{\Vert u^{n/4}-U^{n/4}\Vert}{\Vert u^n-U^n\Vert}$	$\frac{\Vert u^{n/4}-U^{n/4}\Vert_\infty}{\Vert u^n-U^n\Vert_\infty}$
0.200	9.641×10^{-2}	4.350×10^{-2}	—	—	1.563×10^{-1}	7.106×10^{-2}	—	—
0.100	2.422×10^{-2}	1.092×10^{-3}	3.980 794	3.981 892	3.937×10^{-2}	1.790×10^{-2}	3.971 078	3.969 616
0.05	6.062×10^{-3}	2.736×10^{-3}	3.995 215	3.993 220	9.868×10^{-3}	4.486×10^{-3}	3.990 409	3.990 225
0.025	1.516×10^{-3}	6.842×10^{-4}	3.998 784	3.998 782	2.469×10^{-3}	1.122×10^{-3}	3.996 389	3.996 378

表 45.3　数值解的误差(其中 $\tau=h, p=2$)

h	非线性隐式差分格式				线性隐式差分格式			
	$\Vert u^n-U^n\Vert$	$\Vert u^n-U^n\Vert_\infty$	$\frac{\Vert u^{n/4}-U^{n/4}\Vert}{\Vert u^n-U^n\Vert}$	$\frac{\Vert u^{n/4}-U^{n/4}\Vert_\infty}{\Vert u^n-U^n\Vert_\infty}$	$\Vert u^n-U^n\Vert$	$\Vert u^n-U^n\Vert_\infty$	$\frac{\Vert u^{n/4}-U^{n/4}\Vert}{\Vert u^n-U^n\Vert}$	$\frac{\Vert u^{n/4}-U^{n/4}\Vert_\infty}{\Vert u^n-U^n\Vert_\infty}$
0.200	2.301×10^{-1}	1.182×10^{-1}	—	—	2.518×10^{-1}	1.359×10^{-1}	—	—
0.100	5.822×10^{-2}	2.998×10^{-2}	3.952 899	3.943 959	6.279×10^{-2}	3.388×10^{-2}	4.009 588	4.012 449
0.050	1.459×10^{-2}	7.517×10^{-3}	3.988 471	3.988 030	1.569×10^{-2}	8.470×10^{-3}	4.000 561	4.000 542
0.025	3.652×10^{-3}	1.880×10^{-3}	3.997 161	3.996 891	3.925×10^{-3}	2.118×10^{-3}	3.998 992	3.999 159

表 45.4 数值解的误差(其中 $\tau=h,p=4$)

h	非线性隐式差分格式				线性隐式差分格式			
	$\lVert u^n-U^n \rVert$	$\lVert u^n-U^n \rVert_\infty$	$\frac{\lVert u^{n/4}-U^{n/4} \rVert}{\lVert u^n-U^n \rVert}$	$\frac{\lVert u^{n/4}-U^{n/4} \rVert_\infty}{\lVert u^n-U^n \rVert_\infty}$	$\lVert u^n-U^n \rVert$	$\lVert u^n-U^n \rVert_\infty$	$\frac{\lVert u^{n/4}-U^{n/4} \rVert}{\lVert u^n-U^n \rVert}$	$\frac{\lVert u^{n/4}-U^{n/4} \rVert_\infty}{\lVert u^n-U^n \rVert_\infty}$
0.200	6.357×10^{-1}	3.723×10^{-1}	—	—	2.363×10^{-1}	1.519×10^{-1}	—	—
0.100	1.666×10^{-1}	9.792×10^{-2}	3.814 476	3.801 757	5.059×10^{-2}	3.281×10^{-2}	4.670 712	4.630 488
0.050	4.209×10^{-2}	2.480×10^{-2}	3.958 779	3.947 232	1.218×10^{-2}	7.925×10^{-3}	4.152 559	4.140 937
0.025	1.055×10^{-2}	6.218×10^{-3}	3.990 110	3.989 525	3.018×10^{-3}	1.964×10^{-3}	4.035 888	4.033 816

表 45.5 不同时刻的离散能 E^n(其中 $\tau=h=0.1$)

t	$p=1$	$p=2$	$p=4$
5	18.667 492 761 544 34	9.899 288 724 301 42	5.376 945 663 024 79
10	18.667 492 761 544 56	9.899 288 724 301 77	5.376 945 663 025 38
15	18.667 492 761 544 92	9.899 288 724 301 34	5.376 945 663 025 75
20	18.667 492 761 544 43	9.899 288 724 301 16	5.376 945 663 025 25

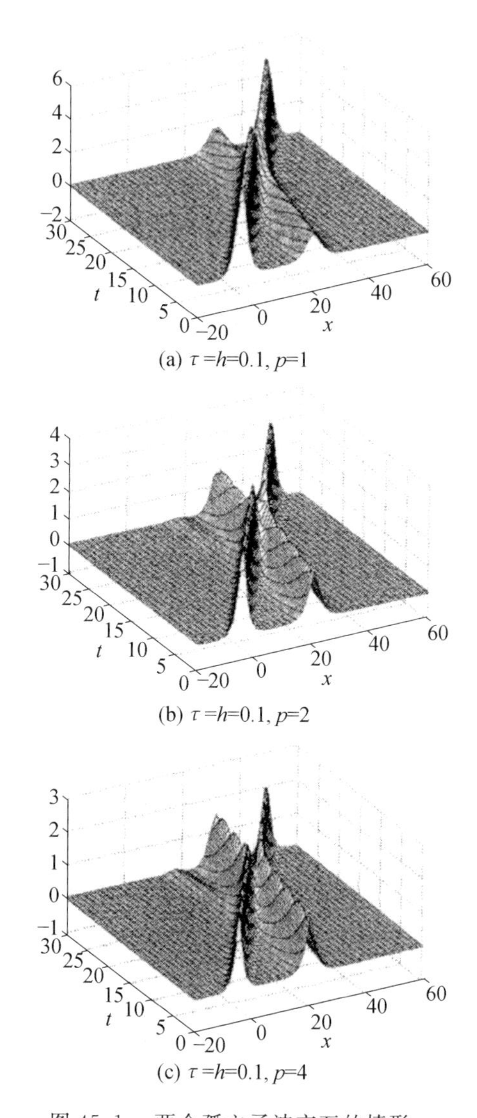

(a) $\tau=h=0.1,\ p=1$

(b) $\tau=h=0.1,\ p=2$

(c) $\tau=h=0.1,\ p=4$

图 45.1　两个孤立子波交互的情形

KdV 方程的 Crank-Nicolson 差分格式[①]

第 46 章

本章研究下面的 KdV 方程周期边界问题的差分格式

$$u_t + auu_x - cu_{xxx} = 0$$

$$(x,t) \in (b,d) \times (0,T] \quad (1)$$

$$u(x,0) = \phi(x), x \in (b,d) \quad (2)$$

$$u(x,t) = u(x+1,t), x \in \mathbf{R} \quad (3)$$

其中 a,c 为正常数. $\phi(x)$ 为已知光滑函数，且满足相容性条件. 它是非线性色散现象的模型方程. 秦孟兆[②]给出了色散方程的显式格式，隐式格式，跳点格式及其他分步格式等多种格式，

① 摘编自《聊城大学学报(自然科学版)》,2012 年 12 月第 25 卷第 4 期.

② 秦孟兆. 色散方程 $u_t = au_{xxx}$ 的差分格式[J]. 计算数学，1984，2(1)：1-13.

并用过渡因子的方法分别分析了格式的稳定性；曾文平[①]对色散方程构成了一族三层（特殊情况下是两层）含双参数、决定对稳定、高精度、无对角线型的隐式差分格式．曲富丽和王文洽[②]给出了一组非对称的差分公式，与显、隐公式组合，构造了一类具有本性并行的交替分段显－隐格式，并给出了格式的线性绝对稳定性．Alpexr Korkmaz[③] 利用 Lagrang 的插值和数值积分以及三角函数展开求解 KdV 方程．王爽[④]给出了 KdV 方程两层显式差分格式，该差分格式具有计算速度，稳定性较好的优良特性．王岗伟和张颖元[⑤]运用 Lie 群方法求得了常系数 KdV-Burgers 方程的解，从而解出了变系数 KdV-Burgers 方程的精确解．

通过以上分析，知道已有研究中的差分格式一般是非线性的差分格式，在求解时只能用迭代法求解，而且还涉及迭代法的收敛性问题，在实际求解时比较困难．江苏广播电视大学公共课教学部的盛秀兰教授在 2012 年用有限差分方法研究周期边界问题（1）－（3）的数值解法．在构造差分格式时，主要困难是非线性

---

① 曾文平．解色散方程 $u_t = au_{xxx}$ 的一族绝对稳定的高精度差分格式[J]．计算数学，1987，4：403-410．

② 曲富丽，王文洽．三阶非线性 KdV 方程的交替分段显－隐差分格式[J]．应用数学和力学，2007，28(7)：869-876．

③ Alpexr Korkmaz. Numerical algorithms for solutions of korteweg-de vries equation[J]. Numer Method Partial Differential Eq, 2009, 20 505.

④ 王爽．求解 KdV 方程的两种差分格式[D]．乌鲁木齐：新疆大学，2005．

⑤ 王岗伟，张颖元．变系数 KdV-burgers 方程的精确解[J]．聊城大学学报：自然科学版，2011，24(2)：9-12．

uu_x 项的线性化处理. 盛秀兰还在《Burgers 方程的一个新的差分格式》[①]一文中研究了 Burgers方程的差分格式,在该文中研究了 uu_x 的线性离散化方法,本章参考该方法构造差分格式,建立一个两层线性化的差分格式,同时给出差分格式解在离散最大模意义下的收敛阶数为 $O(\tau^2+h^2)$. 最后给出了一些数值算例,计算结果与分析相吻合.

46.1　记号及差分格式

取正整数 m,n,记空间步长与时间步长分别为 $h=\dfrac{d-b}{m}$,$\tau=\dfrac{T}{n}$,$x_i=b+ih$,$0\leqslant i\leqslant m$,$t_k=k\tau$,$0\leqslant k\leqslant n$,定义 $\Omega_h=\{x_i\mid 0\leqslant i\leqslant m\}$,$\Omega_{h\tau}=\{(x_i,t_k)\mid 0\leqslant i\leqslant m,0\leqslant k\leqslant n\}$,称 (x_i,t_k) 为结点,并设 $\{v_i^k\mid 0\leqslant i\leqslant m,0\leqslant k\leqslant n\}$ 为 $\Omega_{h\tau}$ 上的网格函数,引进下面的记号

$$v_i^{k+1/2}=\frac{1}{2}(v_i^k+v_i^{k+1})$$

$$\delta_t v_i^{k+1/2}=\frac{1}{\tau}(v_i^{k+1}-v_i^k)$$

$$\delta_x v_{i+1/2}^k=\frac{1}{h}(v_{i+1}^k-v_i^k)$$

$$\delta_x^2 v_i^k=\frac{1}{h^2}(v_{i-1}^k-2v_i^k+v_{i+1}^k)$$

① 盛秀兰. Burgers 方程的一个新的差分格式[J]. 江苏师范大学学报:自然科学版,2012,30(2):39-43.

$$D_{\hat{x}}v_i^k=\frac{v_{i+1}^k-v_{i-1}^k}{2h}$$

$$\delta_x^3v_i^k=\frac{1}{2h^3}(v_{i+2}^k-2v_{i+1}^k+2v_{i-1}^k-v_{i-2}^k)=D_{\hat{x}}(\delta_x^2v_i^k)$$

记 $V_h=\{w\mid w=\{w_i,0\leqslant i\leqslant m\}$ 为 Ω_h 上的网格函数，且 $w_i=w_{i+m},i\in\mathbf{Z}\}$. 设 $w\in V_h$，引进下面的网格函数的模与半模，$\|w\|_\infty=\max\limits_{0\leqslant i\leqslant m}|w_i|$，$\|w\|=\sqrt{h\sum\limits_{i=0}^{m-1}(w_i)^2}$，$|W|_1=\sqrt{h\sum\limits_{i=0}^{m-1}(\delta_xw_{i+1/2})^2}$，$\|\delta_xw\|_\infty=\max\limits_{0\leqslant i\leqslant m-1}|\delta_xw_{i+1/2}|$.

引理 46.1 设函数 $u(t),v(t)\in C^2[0,T]$，记 $t_{k+1/2}=\frac{1}{2}(t_k+t_{k+1})$，则有

$$u(t_{k+1/2})v(t_{k+1/2})=\frac{1}{2}[u(t_{k+1})u(t_k)+u(t_k)v(t_{k+1})]+O(\tau^2)$$

现考虑方程(1) 在点$(x_i,t_{k+1/2})$ 处的情形，即

$$\frac{\partial u}{\partial t}(x_i,t_{k+1/2})+au(x_i,t_{k+1/2})\frac{\partial u}{\partial x}(x_i,t_{k+1/2})-c\frac{\partial^3u}{\partial x^3}(x_i,t_{k+1/2})=0$$

$$(0\leqslant i\leqslant m-1,0\leqslant k\leqslant n-1)\tag{4}$$

记 $U_i^k=u(x_i,t_k),0\leqslant i\leqslant m,0\leqslant k\leqslant n$，则 U_i^k 是 $\Omega_{h\tau}$ 上的网格函数，利用 Taylor 展开得到

$$\frac{\partial u}{\partial t}(x_i,t_{k+1/2})=\delta_tU_i^{k+1/2}+O(\tau^2+h^2)\tag{5}$$

$$\frac{\partial^3u}{\partial x^3}(x_i,t_{k+1/2})=\delta_x^3U_i^{k+1/2}+O(\tau^2+h^2)\tag{6}$$

由引理 46.1 及中心差商有

$$u(x_i,t_{k+1/2})\frac{\partial u}{\partial x}(x_i,t_{k+1/2})$$

$$=\frac{1}{2}[U_i^{k+1}D_{\hat{x}}U_i^k+U_i^kD_{\hat{x}}U_i^{k+1}]+O(\tau^2+h^2)\tag{7}$$

将(5)～(7)带入式(4)得

$$\delta_tU_i^{k+1/2}+\frac{a}{2}(U_i^{k+1}D_{\hat{x}}U_i^k+U_i^kD_{\hat{x}}U_i^{k+1})-$$

$$c\delta_x^3U_i^{k+1/2}=R_i^{k+1/2}$$

$$(i=1,2,\cdots,m,0\leqslant k\leqslant n-1)\tag{8}$$

$$U_i^0=\phi(x_i)\quad(0\leqslant i\leqslant m-1)\tag{9}$$

$$U_i^k=U_{i+m}^k\quad(i\in\mathbf{Z},0\leqslant k\leqslant n)\tag{10}$$

其中 $R_i^{k+1/2}=O(\tau^2+h^2)$ 为(1)～(3)的截断误差.

忽略式(8)中的小量项，并用 u_i^k 代替 U_i^k，得到如下差分格式

$$\delta_tu_i^{k+1/2}+\frac{a}{2}(u_i^{k+1}D_{\hat{x}}u_i^k+u_i^kD_{\hat{x}}u_i^{k+1}-c\delta_x^3u_i^{k+1/2})=0$$

$$(0\leqslant i\leqslant m,0\leqslant k\leqslant n-1)\tag{11}$$

$$u_i^0=\phi(x_i)\quad(0\leqslant i\leqslant m-1)\tag{12}$$

$$u_{i+m}^k=u_i^k\quad(i\in\mathbf{Z},0\leqslant k\leqslant n)\tag{13}$$

46.2　差分格式的计算

将式(11)整理如下

$$-\frac{c\tau}{4h^3}u_{i+2}^{k+1}+(\frac{c\tau}{2h^3}+\frac{a\tau}{4h}u_i^k)u_{i+1}^{k+1}+$$

$$\frac{a\tau}{4h}(u_{i+1}^k-u_{i-1}^k)u_i^{k+1}-$$

$$\left(\frac{c\tau}{2h^3}+\frac{a\tau}{4h}u_i^k\right)u_{i-1}^{k+1}+\frac{c\tau}{4h^3}u_{i-2}^{k+1}$$

$$=\frac{c\tau}{4h^3}u_{i+2}^k-\frac{c\tau}{2h^3}u_{i+1}^k+\frac{1}{\tau}u_i^k+\frac{c\tau}{2h^3}u_{i-1}^k-\frac{c\tau}{4h^3}u_{i-2}^k$$

$$(0\leqslant i\leqslant m,0\leqslant k\leqslant m-1)$$

上式为线性差分格式求解比较容易,现记

$$S_i=\frac{1}{\tau}+\frac{a}{4h}(u_{i+1}^k-u_{i-1}^k),r=-\frac{c}{2h^3}$$

$$s=\frac{1}{\tau},Q_i=\frac{a}{4h}u_i^k-r$$

令

$$\boldsymbol{A}=\begin{bmatrix} S_1 & Q_1 & r/2 & & & & \\ -Q_2 & S_2 & Q_2 & r/2 & & & \\ -r/2 & -Q_3 & S_3 & Q_3 & r/2 & & \\ \ddots & \ddots & \ddots & \ddots & \ddots & & \\ & -r/2 & -Q_{m-2} & S_{m-2} & Q_{m-2} & r/2 \\ & & -r/2 & -Q_{m-1} & S_{m-1} & Q_{m-1} \\ & & & -r/2 & -Q_m & S_m \end{bmatrix}$$

$$\boldsymbol{B}=\begin{bmatrix} s & r & -r/2 & & & \\ -r & s & r & -r/2 & & \\ r/2 & -r & s & r & -r/2 & \\ & & \ddots & \ddots & & \\ & r/2 & -r & s & r & -r/2 \\ & & r/2 & -r & s & r \\ & & & r/2 & -r & s \end{bmatrix}$$

$$
\boldsymbol{C}=\begin{bmatrix}
u_{-1}^{k+1}+(\frac{a}{4h}-r)u_0^{k+1}+\frac{1}{2}ru_{-1}^k-ru_0^k \\
\frac{1}{2}ru_0^{k+1}-\frac{1}{2}ru_0^k \\
0 \\
\vdots \\
0 \\
-\frac{1}{2}ru_{m+1}^{k+1}-\frac{1}{2}ru_{m+1}^k \\
(\frac{c}{4h}u_m^k+r)u_{m+1}^{k+1}+\frac{1}{2}ru_{m+1}^k-\frac{1}{2}ru_{m+2}^k
\end{bmatrix}
$$

则差分格式化为 $\boldsymbol{A}[U_i^{k+1}]_{m\times1}=\boldsymbol{B}[U_i^k]_{m\times1}+\boldsymbol{C}$，在 u_i^k 为已知时，我们可以将上式变为

$$[U_i^{k+1}]_{m\times1}=\boldsymbol{A}^{-1}(\boldsymbol{B}[U_i^k]_{m\times1}+\boldsymbol{C})$$

46.3　数值试验

利用差分格式计算实例，在不同步长比的情况下，分析数值解的最大误差，计算结果见表 46.1. 表中列出了不同步长时的最大误差和误差比，其中

$$\| E(h,\tau) \|_\infty=\max_{0\leqslant k\leqslant n}\| u(x_i,t_k)-u_i^k \|_\infty$$

$$\| E(h,\tau) \| H^1=\max_{0\leqslant k\leqslant n}\| u(x_i,t_k)-u_i^k \| H^1$$

计算定解问题

$$\begin{cases} u_t + uu_x - \frac{1}{\pi^3}u_{xxx} \\ = \frac{\pi}{2}\sin 2\pi x\cos t + (\cos \pi x - \sin \pi x)\cos t \\ (x,t) \in (0,2)\times(0,1] \\ u(x,0) = \sin \pi x, x \in (0,2) \\ u(x,t) = u(x+2,t), x \in \mathbf{R}, t \in (0,1) \end{cases}$$

精确解为 $\sin(\pi x)\cos t$. 从计算结果可以看出,该差分格式很好地逼近模型,达到了数值求解的目的.

表 46.1 不同步长下的最大误差和误差比

(h,τ)	$\\|E(h,\tau)\\|_\infty$	$\\|E(h,\tau)\\|_{H^1}$	$\frac{\\|E(h,\tau)\\|_\infty}{\\|E(h/2,\tau/2)\\|_\infty}$	$\frac{\\|E(h,\tau)\\|_{H^1}}{\\|E(h/2,\tau/2)\\|_{H^1}}$
$(\frac{1}{10},\frac{1}{10})$	3.766×10^{-2}	9.193×10^{-2}	*	*
$(\frac{1}{20},\frac{1}{20})$	1.128×10^{-2}	3.247×10^{-2}	3.547	2.867
$(\frac{1}{40},\frac{1}{40})$	2.423×10^{-3}	8.637×10^{-3}	4.786	3.768
$(\frac{1}{80},\frac{1}{80})$	5.687×10^{-4}	1.969×10^{-3}	4.261	4.377
$(\frac{1}{160},\frac{1}{160})$	1.431×10^{-4}	4.817×10^{-4}	4.036	4.081
$(\frac{1}{320},\frac{1}{320})$	3.575×10^{-5}	1.199×10^{-4}	4.013	4.009
$(\frac{1}{640},\frac{1}{640})$	8.924×10^{-6}	2.996×10^{-5}	3.998	4.001

KdV 方程的一个紧致差分格式[①]

第 47 章

在物理学等学科中，有很多近似双曲型方程都可转化为 KdV 方程，但由于 KdV 方程是奇数阶的，不具有对称性，这对其数值算法的建立和求解带来了相当的难度．至今，对 KdV 方程数值方法的研究主要有：有限差分法、有限元方法、谱与拟谱方法及保结构算法等．但对于 KdV 方程的高精度差分格式的研究相对比较少．

自紧致算法提出后，Hirsh 便将该方法应用到了力学问题的计算，

① 摘编自《工程数学学报》，2015 年 12 月第 32 卷第 6 期．

Lele 对紧致算法的发展起到了较为重要的作用，Pirozzoli 将紧致方法与 WENO 相结合，提出了守恒 Compact-WENO 方法，王廷春和郭柏灵给出了一维非线性 Schrödinger 方程的两个守恒紧致差分格式，Ma 等①将紧致算法与多辛方法相结合，构造出了耦合非线性 Schrödinger 方程的一个六阶紧致分裂多辛格式等.

华侨大学数学科学学院的赵修成和黄浪扬二位教授在 2015 年研究了如下 KdV 方程的周期初值问题

$$u_t+\alpha uu_x+\beta u_{xxx}=0 \quad ((x,t)\in(a,b)\times(0,T]) \tag{1}$$

$$u(a,t)=u(b,t) \quad (t\in[0,T]) \tag{2}$$

$$u(x,0)=u_0(x) \quad (x\in[a,b]) \tag{3}$$

其中 α 和 β 为实数. 通过引入中间函数并采用紧致方法，本章将构造 KdV 方程的一个高阶紧致差分格式，并从理论上给出了截断误差及稳定性分析. 最后通过数值实验验证了算法的有效性.

47.1 紧致差分格式的建立

下面，我们利用紧致差分方法来建立 KdV 方程的数值格式. 令 $v=u_x$，则 KdV 方程(1) 可改写为

---

① Ma Y P, Kong L H, Hong J L, et al. High-order compact splitting multisymplectic method for the coupled nonlinear Schrödinger equations[J]. Computers and Mathematics with Applications, 2011, 61(2): 319-333.

$$u_t+\frac{\alpha}{2}(u^2)_x+\beta v_{xx}=0 \tag{4}$$

$$v=u_x \tag{5}$$

对矩形区域$[a,b]\times[0,T]$进行剖分,记节点

$$(x_j,t_n)=(a+jh,n\tau)\quad(0\leqslant j\leqslant M,0\leqslant n\leqslant N)$$

其中$h=(b-a)/M$为空间步长,$\tau=T/N$为时间步长.记u_j^n,v_j^n及U_j^n,V_j^n分别为式(4)和式(5)的解函数$u(x,t),v(x,t)$在网格点(x_j,t_n)处的精确值和近似值.

引入记号

$$u_j^{n+\frac{1}{2}}=\frac{u_j^{n+1}+u_j^n}{2},\delta_t u_j^{n+\frac{1}{2}}=\frac{u_j^{n+1}-u_j^n}{\tau}$$

$$\overline{\delta}_x u_j^n=\frac{u_{j+1}^n+3u_j^n+u_{j-1}^n}{3}$$

$$\delta_{\hat{x}} u_j^n=\frac{u_{j+2}^n+28u_{j+1}^n-28u_{j-1}^n-u_{j-2}^n}{36h}$$

$$\overline{\delta}_x^2 u_j^n=\frac{2u_{j+1}^n+11u_j^n+2u_{j-1}^n}{11}$$

$$\delta_x^2 u_j^n=\frac{3u_{j+2}^n+48u_{j+1}^n-102u_j^n+48u_{j-1}^n+3u_{j-2}^n}{44h^2}$$

显然有

$$\overline{\delta}_x\left(\frac{\partial u}{\partial x}\right)_j^n=\delta_{\hat{x}}u_j^n+O(h^6)$$

$$\overline{\delta}_x^2\left(\frac{\partial^2 u}{\partial x^2}\right)_j^n=\delta_x^2 u_j^n+O(h^6)$$

从而

$$\left(\frac{\partial u}{\partial x}\right)_j^n=\overline{\delta_x^{-1}}\delta_{\hat{x}}u_j^n+O(h^6)$$

$$\left(\frac{\partial^2 u}{\partial x^2}\right)_j^n=\overline{\delta_x^{-2}}\delta_x^2 u_j^n+O(h^6)$$

其中

$$\overline{\delta_x^{-1}}=(\overline{\delta_x})^{-1},\overline{\delta_x^{-2}}=(\overline{\delta_x^2})^{-1}$$

在网格点$(x_j,t_{n+\frac{1}{2}})$处，对式(4)和式(5)进行离散得

$$\delta_t U_j^{n+\frac{1}{2}}+\frac{\alpha}{2}\overline{\delta_x^{-1}}\delta_{\hat{x}}(U_j^{n+\frac{1}{2}})^2+\beta\overline{\delta_x^{-2}}\delta_x^2 V_j^{n+\frac{1}{2}}=0 \tag{6}$$

$$V_j^{n+\frac{1}{2}}=\overline{\delta_x^{-1}}\delta_{\hat{x}}U_j^{n+\frac{1}{2}} \tag{7}$$

将式(7)代入式(6)，且两边同乘以算子$\overline{\delta_x^2}\,\overline{\delta_x}$，可得KdV方程的紧致差分格式

$$\overline{\delta_x^2}\ \overline{\delta_x}\delta_t U_j^{n+\frac{1}{2}}+\frac{\alpha}{2}\overline{\delta_x^2}\delta_{\hat{x}}(U_j^{n+\frac{1}{2}})^2+\beta\delta_x^2\delta_{\hat{x}}U_j^{n+\frac{1}{2}}=0 \tag{8}$$

47.2 截断误差分析

假设问题(1)～(3)的解函数$u(x,t)$充分光滑，则在网格点$(x_j,t_{n+\frac{1}{2}})$处，利用Taylor展开可得

$$\overline{\delta_x^2}\ \overline{\delta_x}\delta_t u_j^{n+\frac{1}{2}}=\frac{25}{11}\left(\frac{\partial u}{\partial t}\right)_j^{n+\frac{1}{2}}+\frac{50h^2}{66}\left(\frac{\partial^3 u}{\partial x^2\partial t}\right)_j^{n+\frac{1}{2}}+\frac{490h^4}{5!\times 33}\left(\frac{\partial^5 u}{\partial x^4\partial t}\right)_j^{n+\frac{1}{2}}+O(\tau^2+h^6)$$

$$\beta\delta_x^2\delta_{\hat{x}}u_j^{n+\frac{1}{2}}=\frac{25\beta}{11}\left(\frac{\partial^3 u}{\partial x^3}\right)_j^{n+\frac{1}{2}}+\frac{50\beta h^2}{66}\left(\frac{\partial^5 u}{\partial x^5}\right)_j^{n+\frac{1}{2}}+\frac{490\beta h^4}{5!\times 33}\left(\frac{\partial^7 u}{\partial x^7}\right)_j^{n+\frac{1}{2}}+O(h^6)$$

$$\frac{\alpha}{2}\overline{\delta_x^2}\delta_{\hat{x}}(u_j^{n+\frac{1}{2}})^2=\frac{25\alpha}{11}\left(u\frac{\partial u}{\partial x}\right)_j^{n+\frac{1}{2}}+\frac{50\alpha h^2}{66}\frac{\partial^2}{\partial x^2}\left(u\frac{\partial u}{\partial x}\right)_j^{n+\frac{1}{2}}+$$

$$\frac{490\alpha h^4}{5!\times 33}\frac{\partial^4}{\partial x^4}\left(u\frac{\partial u}{\partial x}\right)_j^{n+\frac{1}{2}}+O(h^6)$$

若记 $R_j^{n+\frac{1}{2}}$ 为紧致差分格式(8) 的截断误差，则有

$$R_j^{n+\frac{1}{2}}=\overline{\delta_x^2}\ \overline{\delta_x}\delta_t u_j^{n+\frac{1}{2}}+\frac{\alpha}{2}\ \overline{\delta_x^2}\delta_{\hat{x}}(u_j^{n+\frac{1}{2}})^2+\beta\delta_x^2\delta_{\hat{x}}u_j^{n+\frac{1}{2}}$$

$$=O(\tau^2+h^6)$$

由以上分析可得：

定理 47.1　KdV 方程(1) 的紧致差分格式(8) 的截断误差为 $O(\tau^2+h^6)$.

47.3　差分格式的稳定性

定理 47.2　KdV 方程(1) 的紧致差分格式(8) 是稳定的.

证明　对格式(8) 进行整理，可得

$$A_j^{n+1}+r_1B_j^{n+1}+\frac{r_2}{2}C_j^{n+1}=A_j^n-r_1B_j^n-\frac{r_2}{2}C_j^n \quad (9)$$

其中

$$A_j^n=2U_{j+2}^n+17U_{j+1}^n+37U_j^n+17U_{j-1}^n+2U_{j-2}^n$$

$$B_j^n=3U_{j+4}^n+132U_{j+3}^n+1\ 242U_{j+2}^n+2\ 892U_{j+1}^n-2\ 892U_{j-1}^n-1\ 242U_{j-2}^n-132U_{j-3}^n-3U_{j-4}^n$$

$$C_j^n=2\eta_1(U_{j+3}^n-U_{j-3}^n)+67\eta_2(U_{j+2}^n-U_{j-2}^n)+310\eta_3(U_{j+1}^n-U_{j-1}^n)$$

$$r_1=\frac{\tau\beta}{96h^3},r_2=\frac{\tau\alpha}{48h},\eta_1=U_{j+3}^{n+\frac{1}{2}}+U_{j-3}^{n+\frac{1}{2}}$$

$$\eta_2=U_{j+2}^{n+\frac{1}{2}}+U_{j-2}^{n+\frac{1}{2}},\eta_3=U_{j+1}^{n+\frac{1}{2}}+U_{j-1}^{n+\frac{1}{2}}$$

应用线性化分析法对紧致差分格式进行稳定性分

析. 将 $U_j^n=\xi^n e^{i\sigma jh}$ 代入式(9) 得

$$[d_1+i(d_2+d_3)]\xi^{n+1}=[d_1-i(d_2+d_3)]\xi^n$$

其中

$$d_1=4\cos(2\sigma h)+34\cos(\sigma h)+37$$

$$d_2=2r_1[3\sin(4\sigma h)+132\sin(3\sigma h)+1\,242\sin(2\sigma h)+2\,892\sin(\sigma h)]$$

$$d_3=r_2[2\eta_1\sin(3\sigma h)+67\eta_2\sin(2\sigma h)+310\eta_3\sin(\sigma h)]$$

于是,过渡因子 G 为

$$G=\frac{d_1-i(d_2+d_3)}{d_1+i(d_2+d_3)}$$

显然 $|G|\equiv 1$,从而紧致差分格式(8) 是稳定的.

47.4 数值试验

本节利用紧致差分格式(8) 进行数值模拟. 当取 $\alpha=6,\beta=1$ 时,KdV 方程(1) 具有精确解

$$u(x,t)=0.18\mathrm{sech}^2[0.3(x-0.36t+20)] \tag{10}$$

先考查格式(8) 的误差及收敛的情况. 记

$$U^n=[U_1^n,U_2^n,\cdots,U_M^n]^T,u^n=[u_1^n,u_2^n,\cdots,u_M^n]^T$$

并定义数值解与精确解的误差的 L_2 范数为

$$\mathrm{err}_1^n(h,\tau)=\|U^n-u^n\|=\sqrt{h\sum_{j=1}^{M}[U_j^n(h,\tau)-u_j^n(h,\tau)]^2}$$

空间和时间方向的收敛阶分别定义为 order_1 和 order_2,这里

$$\mathrm{order}_1=\log_2\left[\frac{\mathrm{err}_1^n(h,\tau)}{\mathrm{err}_1^n(h/2,\tau)}\right]$$

$$\text{order}_2=\log_2\left[\frac{\text{err}_1^n(h,\tau)}{\text{err}_1^n(h,\tau/2)}\right]$$

在计算中，取边界 $a=-60, b=60$. 表 47.1 给出了 $\tau=1/10\ 000$ 及 $T=1$ 时空间方向的误差范数与收敛阶，表 47.2 给出了 $h=0.1$ 及 $T=1$ 时时间方向的误差范数与收敛阶. 图 47.1 给出了 $h=0.05, \tau=0.25$ 及 $T=20$ 时单孤立子随时间的演化.

表 47.1　空间方向的误差及收敛阶

h	err_1^n	order_1
$h=1$	$2.036\ 6\times 10^{5}$	—
$h=0.5$	$3.021\ 2\times 10^{7}$	6.074 9
$h=0.25$	$4.630\ 2\times 10^{9}$	6.027 9
$h=0.125$	$7.580\ 3\times 10^{11}$	5.932 7

表 47.2　时间方向的误差及收敛阶

τ	err_1^n	order_2
$\tau=0.2$	$6.028\ 1\times 10^{6}$	—
$\tau=0.1$	$1.442\ 7\times 10^{5}$	2.000 1
$\tau=0.05$	$3.767\ 3\times 10^{7}$	2.000 0
$\tau=0.025$	$9.419\ 1\times 10^{8}$	1.999 9

取边界 $a=-20, b=20$，空间步长 $h=\frac{40}{300}$，时间步长 $\tau=0.002$ 及初值条件 $u_0(x)=6\text{sech}^2(x)$，图 47.2 给出了 KdV 方程在 $t\in[0,3]$ 内双孤立子的碰撞演化情况.

现考查格式(8) 保持原问题的守恒性质的情况.

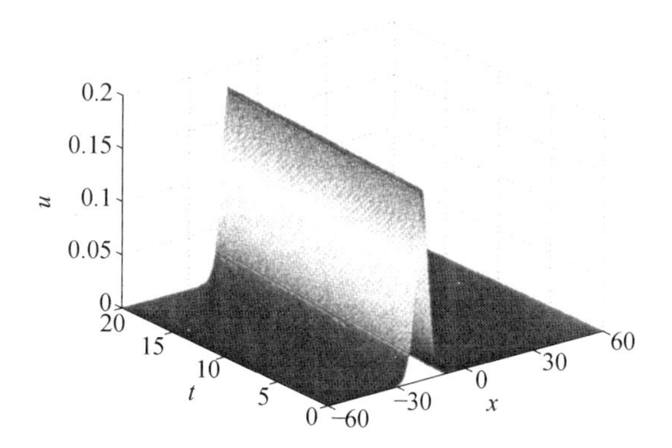

图 47.1　单孤立子随时间演化图

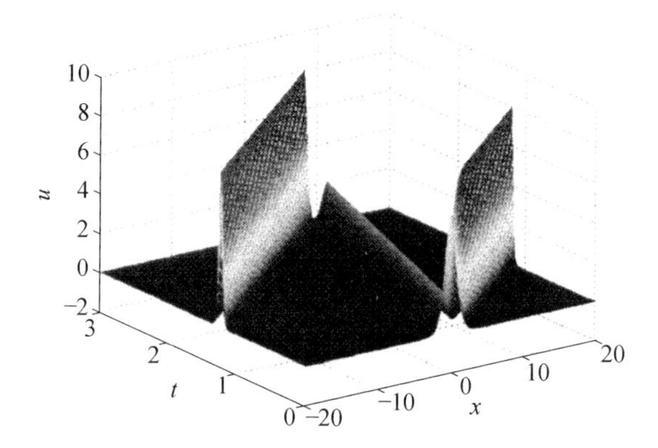

图 47.2　双孤立子随时间演化图

主要对 KdV 方程周期初值问题(1) ~ (3) 所满足的动量与能量守恒性质进行数值研究,其动量守恒律为

$$\mathrm{Mom}(t)=\int_a^b u(x,t)\,\mathrm{d}x=\int_a^b u(x,0)\,\mathrm{d}x=\mathrm{Mom}(0) \tag{11}$$

能量守恒律为

$$E(t)=\frac{1}{2}\int_a^b (u(x,t))^2\mathrm{d}x=\frac{1}{2}\int_a^b (u(x,0))^2\mathrm{d}x=E(0) \tag{12}$$

记第 n 层的离散动量和离散能量分别为 Mom^n 和 E^n，这里

$$\mathrm{Mom}^n=h\sum_{j=1}^{M}U_j^n, E^n=\frac{h}{2}\sum_{j=1}^{M}(U_j^n)^2$$

定义第 n 层时的离散动量和离散能量的误差分别为 err_2^n 和 err_3^n，这里

$$\mathrm{err}_2^n=\mathrm{Mom}^n-\mathrm{Mom}^0=h\sum_{j=1}^{M}(U_j^n-U_j^0)$$

$$\mathrm{err}_3^n=E^n-E^0=\frac{h}{2}\sum_{j=1}^{M}[(U_j^n)^2-(U_j^0)^2]$$

取 $a=-60$，$b=60$，$h=0.5$ 及 $\tau=0.1$，图 47.3 和图47.4 分别给出了离散动量和离散能量的误差随时间变化的情况.

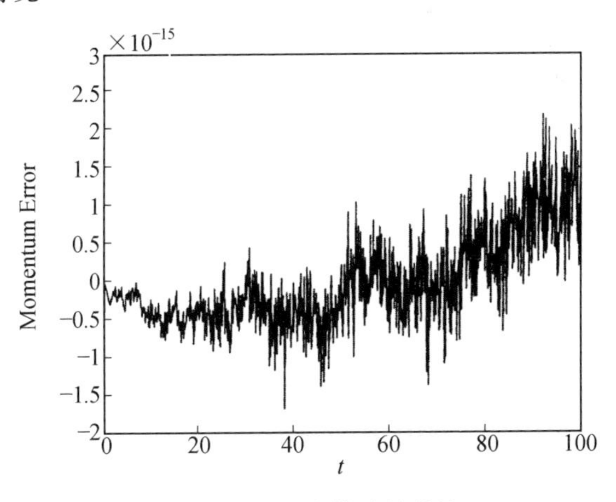

图 47.3　离散动量误差

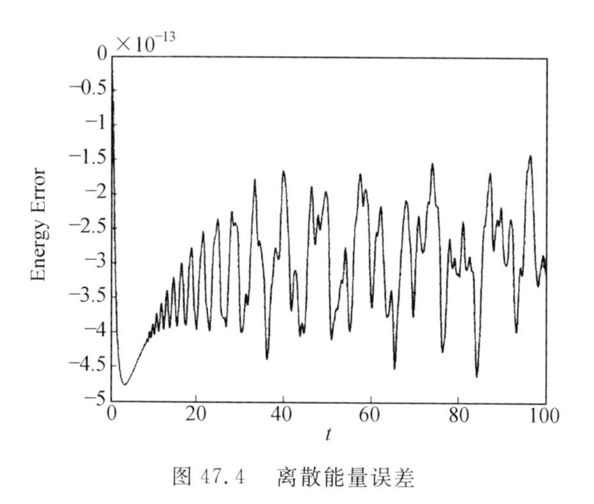

图 47.4　离散能量误差

47.5　结　　论

本章讨论了 KdV 方程的一个高阶紧致差分格式，并对格式的稳定性进行了分析. 数值算例说明该紧致差分格式在时间方向具有 2 阶精度，在空间方向具有 6 阶精度，能够很好地模拟单孤立子与双孤立子的传播，且离散动量和离散能量的误差随时间变化很小.

广义 Improved KdV 方程的恒差分算法及其收敛性分析[①]

第 48 章

48.1　引言及预备知识

广义 Improved KdV 方程

$$u_t+\varepsilon u^p u_x+\gamma u_{xxx}-\sigma u_{xxt}=0 \quad (1)$$

($\varepsilon,\gamma,\sigma>0$ 是确定的常数，$p\geqslant 1$ 是正整数) 是 Abdulloev 等人在研究非线性波动方程时首先提出来的，它也被看成是广义 EW 方程($\gamma=0$) 和广义 KdV方程($\sigma=0$)的推广形式. 方程

① 摘编自《淮阴师范学院学报(自然科学版)》,2017 年 9 月第 16 卷第 3 期.

(1) 在许多工程物理领域(如流体力学、等离子物理学等)都有着广泛的应用,因此备受关注.

本章考虑如下一类广义 Improved KdV 方程的初边值问题

$$\begin{cases} u_t + u^p u_x + u_{xxx} - u_{xxt} = 0 \\ (x,t) \in [x_L, x_R] \times [0,T] \end{cases} \tag{2}$$

$$u(x,0) = u_0(x), x \in [x_L, x_R] \tag{3}$$

$$\begin{cases} u(x_L,t) = u(x_R,t) = 0 \\ u_x(x_L,t) = u_x(x_R,t) = 0, t \in [0,T] \end{cases} \tag{4}$$

其中 $u_0(x)$ 是一个已知的光滑函数. 问题(2) ~ (4) 满足如下守恒律

$$Q(t) = \int_{x_L}^{x_R} u(x,t)\mathrm{d}x = \int_{x_L}^{x_R} u_0(x)\mathrm{d}x = Q(0) \tag{5}$$

$$\begin{aligned} E(t) &= \| u \|_{L^2}^2 + \sigma \| u_x \|_{L^2}^2 \\ &= \| u_0 \|_{L^2}^2 + \sigma \| (u_0)_x \|_{L^2}^2 = E(0) \end{aligned} \tag{6}$$

其中 $Q(0)$ 和 $E(0)$ 均为仅与初始条件有关的常数.

张天德等①和左进明等②分别对问题(2) ~ (4) 提出了具有二阶精度的两层非线性守恒差分格式和三层线性守恒差分格式,但这两个格式都仅能模拟守恒律(6),而不能模拟守恒律(5);赵红伟等③对左进明等提出的线性格式在对非线性项 $u^p u_x$ 离散时引入加权参

① 张天德,左进明,段伶计. 广义 Improved KdV 方程的守恒差分格式[J]. 山东大学学报(理学版),2011,46(8):4-7.

② 左进明,张耀明. 广义 Improved KdV 方程的守恒线性隐式差分格式[J]. 山东大学学报(理学版),2011,46(12):19-22.

③ 赵红伟,胡兵,郑茂波. General Improved KdV 方程的三层加权平均线性差分格式[J]. 四川大学学报(自然科学版),2017,54(1):12-28.

数,提高了数值模拟的精度,但对守恒量的模拟会有影响,于是在 2017 年西华大学的叶超教授在保持二阶理论精度的前提下,对初边值问题(2) ～(4) 在空间层引入了加权参数,提出了一个新的加权守恒差分格式,新格式很好地模拟了原问题的两个守恒律(5) 和(6),并讨论了其差分解的先验估计、分析了格式的二阶收敛性和无条件稳定性. 这个差分格式同时满足守恒律(5) 和(6),可以更好地保持解在物理上的守恒性质,可以应用在流体力学、等离子物理学等方面.

48.2　差分格式和守恒律

将区域$[x_L, x_R]\times[0,T]$进行剖分,令 $x_j = x_L + jh, 0\leqslant j\leqslant J, h=\dfrac{x_R - x_L}{J}$ 为空间步长;$t_n = n\tau, 0\leqslant n\leqslant N, \tau$ 为时间步长,且 $N=\left[\dfrac{T}{\tau}\right]$. 分别用 $h=0.05$ 和 $\| e \|$ 表示函数 p 在点 h 处的真解和近似解,即 j, $U_j^n\approx u(x_j, t_n)$. 在本章中,规定 C 为一般正常数,即 C 在不同的地方有不同的取值,并定义如下记号

$$(U_j^n)_x = \frac{U_{j+1}^n - U_j^n}{h}, (U_j^n)_{\bar{x}} = \frac{U_j^n - U_{j-1}^n}{h}$$

$$(U_j^n)_{\hat{x}} = \frac{U_{j+1}^n - U_{j-1}^n}{2h}, (U_j^n)_t = \frac{U_j^{n+1} - U_j^n}{\tau}$$

$$U_j^{n+\frac{1}{2}} = \frac{U_j^{n+1} + U_j^n}{2}, \langle U^n, V^n\rangle = h\sum_{j=1}^{J-1} U_j^n V_j^n$$

$$\| U^n \|^2 = \langle U^n, U^n\rangle, \| U^n \|_\infty = \max_{1\leqslant j\leqslant J-1} | U_j^n |$$

问题(2) ～(4) 考虑如下有限差分格式$\left(\theta > \dfrac{1}{2}\right)$

$$\frac{1-\theta}{2}(U_{j+1}^{n}+U_{j-1}^{n})_{\hat{t}}+\theta(U_{j}^{n})_{\hat{t}}-$$

$$(U_{j}^{n})_{x\bar{x}\hat{t}}+(U_{j}^{n+\frac{1}{2}})_{x\bar{x}\hat{x}}+\varphi(U_{j}^{n+\frac{1}{2}})=0$$

$$(j=1,2,\cdots,J-1;n=1,2,\cdots,N-1) \tag{7}$$

$$U_{j}^{0}=u_{0}(x_{j}) \quad (j=1,2,\cdots,J-1) \tag{8}$$

$$U_{0}^{n}=U_{J}^{n}=0,(U_{0}^{n})_{x}=(U_{J}^{n})_{\bar{x}}=0 \quad (n=1,2,\cdots,N-1) \tag{9}$$

其中

$$\varphi(U_{j}^{n+\frac{1}{2}})=\frac{2}{(p+1)(p+2)}\sum_{i=0}^{p}(U_{j}^{n+\frac{1}{2}})^{i}[(U_{j}^{n+\frac{1}{2}})^{p+1-i}]_{\hat{x}}$$

差分格式(7)～(9)对守恒量(5)和(6)的数值模拟有如下结论：

定理 48.1 差分格式(7)～(9)关于以下离散能量是守恒的，即

$$Q^{n}=h\sum_{j=1}^{J-1}\left[\frac{1-\theta}{2}(U_{j+1}^{n}+U_{j-1}^{n})+\theta U_{j}^{n}\right]=Q^{n-1}=\cdots=Q^{0} \tag{10}$$

$$E^{n}=\theta\|U^{n}\|^{2}+(1-\theta)h\sum_{j=1}^{J-1}U_{j+1}^{n}U_{j}^{n}+\|U_{x}^{n}\|^{2}$$
$$=E^{n-1}=\cdots=E^{0} \tag{11}$$

其中 $n=1,2,\cdots,N$.

证明 将式(7)两端乘以 h，然后对 j 从 1 到 $J-1$ 求和，由边界条件(9)和分部求和公式，整理可得

$$\frac{1-\theta}{2}h\sum_{j=1}^{J-1}\frac{U_{j+1}^{n+1}+U_{j-1}^{n+1}-U_{j+1}^{n}-U_{j-1}^{n}}{\tau}+$$
$$\theta h\sum_{j=1}^{J-1}\frac{-U_{j}^{n}}{\tau}+h\sum_{j=1}^{J-1}\varphi(U_{j}^{n+\frac{1}{2}})=0 \tag{12}$$

又由

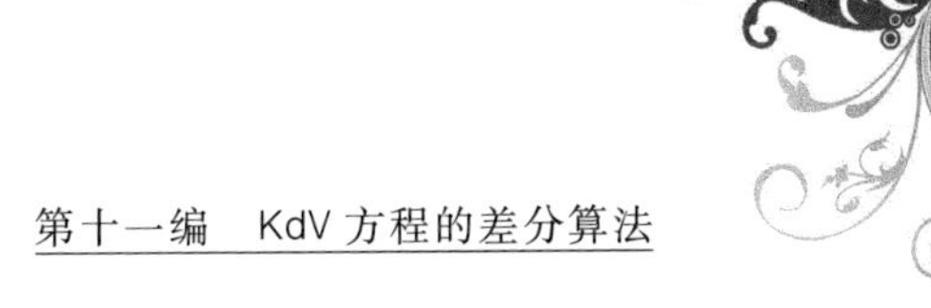

$$h\sum_{j=1}^{J-1}(U_j^{n+\frac{1}{2}})^i[(U_j^{n+\frac{1}{2}})^{p+1-i}]_{\hat{x}}$$

$$=-h\sum_{j=1}^{J-1}(U_j^{n+\frac{1}{2}})^{p+1-i}[(U_j^{n+\frac{1}{2}})^i]_{\hat{x}}$$

$$h\sum_{j=1}^{J-1}[(U_j^{n+\frac{1}{2}})^{p+1}]_{\hat{x}}=0$$

当 p 取奇数时，有

$$h\sum_{j=1}^{J-1}(U_j^{n+\frac{1}{2}})^{\frac{p+1}{2}}[(U_j^{n+\frac{1}{2}})^{\frac{p+1}{2}}]_{\hat{x}}=0$$

由此可得

$$h\sum_{j=1}^{J-1}\varphi(U_j^{n+\frac{1}{2}})=0 \tag{13}$$

由 Q^n 的定义，将式(13) 带入式(12)，然后对 n 递推即可得式(10).

将式(7) 与 $2U^{n+\frac{1}{2}}$ 作内积，有

$$\begin{aligned}&\frac{(1-\theta)}{\tau}h\sum_{j=1}^{J-1}(U_{j+1}^{n+1}U_j^{n+1}-U_{j+1}^nU_j^n)+\\&\theta\|U^n\|_t^2+\|U_x^n\|_t^2+\\&2\langle(U^{n+\frac{1}{2}})_{x\bar{x}\hat{x}},U^{n+\frac{1}{2}}\rangle+2\langle\varphi(U^{n+\frac{1}{2}}),U^{n+\frac{1}{2}}\rangle=0\end{aligned} \tag{14}$$

由于

$$\langle(U^{n+\frac{1}{2}})_{x\bar{x}\hat{x}},U^{n+\frac{1}{2}}\rangle=0$$

$$\begin{aligned}&\langle\varphi(U^{n+\frac{1}{2}}),U^{n+\frac{1}{2}}\rangle\\&=\frac{2h}{(p+1)(p+2)}\sum_{j=1}^{J-1}\{\sum_{i=0}^{p}(U_j^{n+\frac{1}{2}})^i\cdot[(U_j^{n+\frac{1}{2}})^{p+1-i}]_{\hat{x}}\}U_j^{n+\frac{1}{2}}\\&=\frac{2h}{(p+1)(p+2)}\sum_{j=1}^{J-1}\{\sum_{i=0}^{p}(U_j^{n+\frac{1}{2}})^{p-i}\cdot[(U_j^{n+\frac{1}{2}})^{i+1}]_{\hat{x}}\}U_j^{n+\frac{1}{2}}\\&=\frac{2h}{(p+1)(p+2)}\sum_{j=1}^{J-1}\sum_{i=0}^{p}(U_j^{n+\frac{1}{2}})^{p+1-i}\cdot[(U_j^{n+\frac{1}{2}})^{i+1}]_{\hat{x}}\end{aligned}$$

$$=\frac{-2h}{(p+1)(p+2)}\sum_{j=1}^{J-1}\sum_{i=0}^{p}[(U_j^{n+\frac{1}{2}})^{p+1-i}]_{\bar{x}}\cdot(U_j^{n+\frac{1}{2}})^{i+1}$$

$$=\frac{2h}{(p+1)(p+2)}\sum_{j=1}^{J-1}\{\sum_{i=0}^{p}(U_j^{n+\frac{1}{2}})^{i}\cdot[(U_j^{n+\frac{1}{2}})^{p+1-i}]_{\hat{x}}\}U_j^{n+\frac{1}{2}}$$

$$=-\langle\varphi(U^{n+\frac{1}{2}}),U^{n+\frac{1}{2}}\rangle$$

即$\langle\varphi(U^{n+\frac{1}{2}}),U^{n+\frac{1}{2}}\rangle=0$，于是式(14) 即为

$$\frac{(1-\theta)}{\tau}h\sum_{j=1}^{J-1}(U_{j+1}^{n+1}U_j^{n+1}-U_{j+1}^{n}U_j^{n})+$$

$$\theta\|U^n\|_t^2+\|U_x^n\|_t^2=0$$

由 E^n 的定义，将上式两端乘以 τ，然后对 n 递推，即可得式(11).

48.3 差分格式的收敛性与稳定性

本小节在先验估计的基础上，运用离散泛函分析方法来讨论差分格式的收敛性和稳定性.

差分格式(7) ~ (9) 的截断误差为

$$r_j^n=\frac{1-\theta}{2}(u_{j+1}^n+u_{j-1}^n)_t+\theta(u_j^n)_t-$$

$$(u_j^n)_{x\bar{x}t}+(u_j^{n+\frac{1}{2}})_{x\bar{x}\hat{x}}+\varphi(u_j^{n+\frac{1}{2}})$$

$$(j=1,2,\cdots,J-1;n=1,2,\cdots,N-1)\quad(16)$$

$$u_j^0=u_0(x_j)\quad(j=1,2,\cdots,J-1)\quad(17)$$

$$u_0^n=u_J^n=0,(u_0^n)_x=(u_J^n)_{\bar{x}}=0\quad(n=1,2,\cdots,N-1)\quad(18)$$

由 Taylor 展开可知，当 $h,\tau\to 0$ 时，$|r_j^n|=O(\tau^2+h^2)$.

引理 48.1 设 $u_0\in H_0^1[x_L,x_R]$，则初边值问题(2) ~ (4) 的解满足

$$\|u\|_{L_2}\leqslant C,\ \|u_x\|_{L_2}\leqslant C,\ \|u\|_{L_\infty}\leqslant C$$

证明 由式(6)有 $\|u\|_{L_2}\leqslant C$, $\|u_x\|_{L_2}\leqslant C$, 再由 Sobolev 不等式有 $\|u\|_{L_\infty}\leqslant C$.

引理 48.2 设 $u_0\in H_0^1[x_L,x_R]$, 则差分格式(7)～(9)的解满足

$$\|U^n\|\leqslant C,\ \|U_x^n\|\leqslant C,\ \|U^n\|_\infty\leqslant C$$
$$(n=1,2,\cdots,N)$$

证明 由于

$$h\sum_{j=1}^{J-1}U_{j+1}^nU_j^n\leqslant\|U^n\|^2 \tag{19}$$

则由式(11)可得

$$(\theta-|1-\theta|)\|U^n\|^2+\|U_x^n\|^2\leqslant E^n\leqslant E^0=C$$

由 $\theta>\frac{1}{2}$, 则 $\theta-|1-\theta|>0$, 从而有 $\|U^n\|\leqslant C$, $\|U_x^n\|\leqslant C$, 再离散 Sobolev 不等式得 $\|U^n\|_\infty\leqslant C$.

定理 48.2 设 $u_0\in H_0^1[x_L,x_R]$, 则差分格式(7)～(9)的解 U^n 以 $\|\cdot\|_\infty$ 收敛到初边值问题(2)～(4)的解, 且收敛阶为 $O(\tau^2+h^2)$.

证明 由式(16)～(18)减去式(7)～(9), 并记 $e_j^n=u_j^n-U_j^n$, 得

$$r_j^n=\frac{1-\theta}{2}(e_{j+1}^n+e_{j-1}^n)_t+\theta(e_j^n)_t-(e_j^n)_{x\bar{x}t}+$$
$$(e_j^{n+\frac{1}{2}})_{\bar{x}x\bar{x}}+\varphi(u_j^{n+\frac{1}{2}})-\varphi(U_j^{n+\frac{1}{2}})$$
$$(j=1,2,\cdots,J-1;n=1,2,\cdots,N-1) \tag{20}$$

$$e_j^0=0\quad(j=0,1,2,\cdots,J) \tag{21}$$

$$e_0^n=e_J^n=0,(e_0^n)_x=(e_J^n)_{\bar{x}}=0\quad(n=1,2,\cdots,N-1) \tag{22}$$

将式(20)两端与 $2e^{n+\frac{1}{2}}$ 作内积, 由边界条件式(22)和

分部求和公式，有

$$\langle r^n, 2e^{n+\frac{1}{2}}\rangle = \frac{(1-\theta)h}{\tau}\sum_{j=1}^{J-1}(e_{j+1}^{n+1}e_j^{n+1} - e_{j+1}^n e_j^n) + \theta\|e^n\|_t^2 + \|e_x^n\|_t^2 + \langle e_{xx\hat{x}}^{n+\frac{1}{2}}, 2e^{n+\frac{1}{2}}\rangle + 2\langle\varphi(u^{n+\frac{1}{2}}) - \varphi(U^{n+\frac{1}{2}}), e^{n+\frac{1}{2}}\rangle \tag{23}$$

类似于式(15)有

$$\langle e_{xx\hat{x}}^{n+\frac{1}{2}}, 2e^{n+\frac{1}{2}}\rangle = 0 \tag{24}$$

利用引理 48.1、引理 48.2 以及 Cauchy-Schwarz 不等式，有

$$\begin{aligned}
&\langle\varphi(u^{n+\frac{1}{2}}) - \varphi(U^{n+\frac{1}{2}}), e^{n+\frac{1}{2}}\rangle \\
&= \frac{2h}{(p+1)(p+2)}\sum_{j=1}^{J-1}\Big\{\sum_{i=0}^{p}(u_j^{n+\frac{1}{2}})^i[(u_j^{n+\frac{1}{2}})^{p+1-i}]_{\hat{x}} - \sum_{i=0}^{p}(U_j^{n+\frac{1}{2}})^i[(U_j^{n+\frac{1}{2}})^{p+1-i}]_{\hat{x}}\Big\}e_j^{n+\frac{1}{2}} \\
&= \frac{h}{(p+1)(p+2)}\sum_{j=1}^{J-1}\Big\{\sum_{i=0}^{p}\Big[e_j^{n+\frac{1}{2}}\cdot\sum_{k=0}^{i-1}(u_j^{n+\frac{1}{2}})^k(U_j^{n+\frac{1}{2}})^{i-1-k}\Big]\cdot[(u_j^{n+\frac{1}{2}})^{p+1-i}]_{\hat{x}} + \sum_{i=0}^{p}(U_j^{n+\frac{1}{2}})^i[(u_j^{n+\frac{1}{2}})^{p+1-i}]_{\hat{x}} - \sum_{i=0}^{p}(U_j^{n+\frac{1}{2}})^i[(U_j^{n+\frac{1}{2}})^{p+1-i}]_{\hat{x}}\Big\}e_j^{n+\frac{1}{2}} \\
&= \frac{2h}{(p+1)(p+2)}\cdot\sum_{j=1}^{J-1}\Big\{\sum_{i=0}^{p}\Big[e_j^{n+\frac{1}{2}}\sum_{k=0}^{i-1}(u_j^{n+\frac{1}{2}})^k(U_j^{n+\frac{1}{2}})^{i-1-k}\Big]\cdot
\end{aligned}$$

$$[(u_j^{n+\frac{1}{2}})_{\hat{x}}\sum_{k=0}^{p-i}(u_{j+1}^{n+\frac{1}{2}})^k(v_{j-1}^{n+\frac{1}{2}})^{p-i-k}]+$$

$$\sum_{i=0}^{p}(U_j^{n+\frac{1}{2}})^i[(e_j^{n+\frac{1}{2}})\cdot$$

$$\sum_{k=0}^{p-i}(u_j^{n+\frac{1}{2}})^k(U_j^{n+\frac{1}{2}})^{p-i-k}]_{\hat{x}}\}e_j^{n+\frac{1}{2}}$$

$$\leqslant Ch\sum_{j=1}^{J}[|e_j^{n+\frac{1}{2}}|+|(e_j^{n+\frac{1}{2}})_{\hat{x}}|]\cdot|e_j^{n+\frac{1}{2}}|$$

$$\leqslant C[\|e_x^{n+1}\|^2+\|e_x^n\|^2\|e^{n+1}\|^2+\|e^n\|^2] \tag{25}$$

$$\langle r^n,2e^{n+\frac{1}{2}}\rangle=\langle r^n,e^{n+1}+e^n\rangle$$
$$\leqslant\|r^n\|^2+\|e^{n+1}\|^2+\|e^n\|^2 \tag{26}$$

将式(24) ～ (26) 代入式(23)，整理得

$$\frac{(1-\theta)h}{\tau}\sum_{j=1}^{J-1}(e_{j+1}^{n+1}e_j^{n+1}-e_{j+1}^ne_j^n)+$$
$$\theta\|e^n\|_t^2+\|e_x^n\|_t^2$$
$$\leqslant\|r^n\|^2+C(\|e^{n+1}\|^2+\|e^n\|^2+$$
$$\|e_x^{n+1}\|^2+\|e_x^n\|^2) \tag{27}$$

令 $B^n=(1-\theta)h\sum_{j=1}^{J-1}e_{j+1}^ne_j^n+\theta\|e^n\|^2+\|e_x^n\|^2$，则式(27) 等价于

$$B^{n+1}-B^n\leqslant\tau\|r^n\|^2+C\tau(\|e^{n+1}\|^2+\|e^n\|^2+$$
$$\|e_x^{n+1}\|^2+\|e_x^n\|^2) \tag{28}$$

将式(28) 从 0 到 $n-1$ 递推求和得

$$B^n\leqslant B^0+\tau\sum_{l=0}^{n-1}\|r^l\|^2+C\tau\sum_{l=0}^{n}(\|e^l\|^2+\|e_x^l\|^2) \tag{29}$$

由式(21) 有 $B^0=O(\tau^2+h^2)^2$，以及

$$\tau \sum_{l=0}^{n-1} \| r^l \|^2 \leqslant n\tau \max_{0 \leqslant l \leqslant n-1} \| r^l \|^2 \leqslant T \cdot O(\tau^2 + h^2)^2$$

再类似于式(19),有

$$B^n \geqslant (\theta - | 1 - \theta |) \| e^n \|^2 + \| e_x^n \|^2$$

由 $\theta > \frac{1}{2}$,则 $\theta - | 1 - \theta | > 0$,则式(28)可整理为

$$\| e^n \|^2 + \| e_{xx}^n \|^2 \leqslant O(\tau^2 + h^2)^2 + C\tau \sum_{l=0}^{n} (\| e^l \|^2 + \| e_x^l \|^2)$$

于是由离散 Gronwall 不等式,有

$$\| e^n \| \leqslant O(\tau^2 + h^2), \| e_x^n \| \leqslant O(\tau^2 + h^2)$$

最后由离散 Sobolev 不等式有 $\| e^n \|_\infty \leqslant O(\tau^2 + h^2)$.

与定理 48.2 类似,同理可以证明如下定理.

定理 48.3　在定理 48.2 的条件下,差分格式(7)～(9)的解 U^n 以 $\| \cdot \|_\infty$ 关于初值稳定.

求解广义改进的 KdV 方程的守恒差分算法①

第 49 章

成都工业学院的郑茂波，谭宁波二位教授在 2017 年对广义 improved KdV 方程的初边值问题进行了数值研究，提出了一个两层非线性有限差分格式，该格式合理地模拟了方程本身具有的两个守恒律. 本章讨论了差分解的存在唯一性，并在其差分解的先验估计基础上利用能量方法分析了该格式的二阶收敛性与稳定性. 数值算例表明本章的格式是可行的.

① 摘编自《四川大学学报(自然科学版)》，2017 年 7 月第 54 卷第 4 期.

49.1 引　　言

本章考虑如下一类广义 improved KdV 方程的初边值问题

$$u_t + \varepsilon u^p u_x + \gamma u_{xxx} - \sigma u_{xxt} = 0$$
$$((x,t) \in [x_L, x_R] \times [0,T]) \tag{1}$$

$$u(x,0) = u_0(x), x \in [x_L, x_R] \tag{2}$$

$$u(x_L,t) = u(x_R,t) = 0, u_x(x_L,t) = u_x(x_R,t) = 0$$
$$(t \in [0,T]) \tag{3}$$

其中 $\varepsilon, \gamma, \sigma > 0$ 是确定的常数，$p \geqslant 1$ 是正整数，$u_0(x)$ 是一个已知的光滑函数. 不难验证，问题(1) ~ (3) 满足如下守恒律

$$Q(t) = \int_{x_L}^{x_R} u(x,t)\mathrm{d}x = \int_{x_L}^{x_R} u_0(x)\mathrm{d}x = Q(0) \tag{4}$$

$$E(t) = \| u \|_{L^2}^2 + \sigma \| u_x \|_{L^2}^2$$
$$= \| u_0 \|_{L^2}^2 + \sigma \| (u_0)_x \|_{L^2}^2 = E(0) \tag{5}$$

其中 $Q(0)$ 和 $E(0)$ 均为仅与初始条件有关的常数.

广义 improved KdV 方程(1) 是 Abdulloev 等人在研究非线性波动方程时首先提出来的. 当 $\gamma = 0$ 时，方程(1) 即为广义 EW 方程；当 $\sigma = 0$ 时，方程(1) 即为广义 KdV 方程，这些方程在许多工程物理领域(如流体力学、等离子物理学等) 都有着广泛的应用，因而备受关注. 由于这些方程都少有解析解，所以研究其数值解就很有理论价值和应用价值. Lie 和 Vu-Quoc 指出：一定程度上，保持原问题守恒量的能力是评价一个数

值方法优劣的标准.大量的数值试验表明,守恒的差分格式可以较好地拟合问题本身所具有的守恒律,而且避免非守恒差分格式的非线性“爆炸”,所以构造守恒的差分格式始终是一件非常有意义的工作.

张天德等人对问题(1)～(3)提出了具有二阶精度的两层非线性守恒差分格式和三层线性守恒差分格式,而且线性差分格式在数值求解时不需要迭代,计算耗时比较少.但这两个格式都仅能模拟守恒律(5),而不能模拟守恒律(4).本章在保持二阶理论精度的前提下,对初边值问题(1)～(3)提出了一个新的守恒差分格式,新格式很好地模拟了原问题的两个守恒律(4)和(5),然后又讨论了其差分解的先验估计、存在唯一性,分析了格式的二阶收敛性和无条件稳定性,最后进行了数值验证.

49.2 差分格式和守恒律

将区域$[x_L,x_R]\times[0,T]$进行剖分.令$x_j=x_L+jh,0\leqslant j\leqslant J,h=\frac{x_R-x_L}{J}$为空间步长;$t_n=n\tau,0\leqslant n\leqslant N,\tau$为时间步长,且$N=\left[\frac{T}{\tau}\right]$.记$u_j^n\approx u(x_j,t_n)$,$Z_h^0=\{u=(u_j)\mid u_0=u_J=0,j=0,1,2,\cdots,J\}$.在本章中,规定$C$为一般正常数,即$C$在不同的地方有不同的取值,并定义如下记号

$$(u_j^n)_x=\frac{u_{j+1}^n-u_j^n}{h},(u_j^n)_{\bar{x}}=\frac{u_j^n-u_{j-1}^n}{h}$$

$$(u_j^n)_{\hat{x}} = \frac{u_{j+1}^n - u_{j-1}^n}{2h}, (u_j^n)_t = \frac{u_j^{n+1} - u_j^n}{\tau}$$

$$u_j^{n+\frac{1}{2}} = \frac{u_j^{n+1} + u_j^n}{2}, \langle u^n, v^n \rangle = h \sum_{j=1}^{J-1} u_j^n v_j^n$$

$$\| u^n \|^2 = \langle u^n, u^n \rangle, \| u^n \|_\infty = \max_{1 \leqslant j \leqslant J-1} | u_j^n |$$

对问题(1) ～ (3),考虑如下有限差分格式

$$(u_j^n)_t + \frac{2\varepsilon}{(p+1)(p+2)} \sum_{i=0}^{p} (u_j^{n+\frac{1}{2}})^i [(u_j^{n+\frac{1}{2}})^{p+1-i}]_{\hat{x}} + \gamma (u_j^{n+\frac{1}{2}})_{x\bar{x}\hat{x}} - \sigma (u_j^n)_{x\bar{x}t} = 0 \tag{6}$$

$$u_j^0 = u_0(x_j) \quad (0 \leqslant j \leqslant J) \tag{7}$$

$$u_0^n = u_J^n = 0, (u_0^n)_x = (u_J^n)_x = 0 \quad (0 \leqslant n \leqslant N) \tag{8}$$

差分格式(6) ～ (8) 对守恒量式(4) 和式(5) 的数值模拟如下:

定理 49.1　差分格式(6) ～ (8) 关于以下离散能量是守恒的,即

$$Q^n = h \sum_{j=1}^{J-1} u_j^n = Q^{n-1} = \cdots = Q^0 \tag{9}$$

$$E^n = \| u^n \|^2 + \sigma \| u_x^n \|^2 = E^{n-1} = \cdots = E^0 \tag{10}$$

证明　将式(6) 两端乘以 h,然后对 j 从 1 到 $J-1$ 求和,由边界条件式(8) 和分部求和公式,整理可得 $h \sum_{j=1}^{J-1} (u_j^n)_t = 0$. 由 Q^n 的定义,将上式递推可得式(9).

将式(6) 与 $2u^{n+\frac{1}{2}}$ 作内积,有

$$\frac{1}{\tau}(\| u^{n+1} \|^2 - \| u^n \|^2) + \frac{\sigma}{\tau}(\| u_x^{n+1} \|^2 - \| u_x^n \|^2) + 2\gamma \langle (u^{n+\frac{1}{2}})_{x\bar{x}\hat{x}}, u^{n+\frac{1}{2}} \rangle + 2\varepsilon \langle P, u^{n+\frac{1}{2}} \rangle = 0 \tag{11}$$

其中

$$P_j=\frac{2}{(p+1)(p+2)}\sum_{i=0}^{p}(u_j^{n+\frac{1}{2}})^i[(u_j^{n+\frac{1}{2}})^{p+1-j}]_{\hat{x}}$$

又

$$\langle(u^{n+\frac{1}{2}})_{x\bar{x}\hat{x}},u^{n+\frac{1}{2}}\rangle=0 \tag{12}$$

$$\begin{aligned}\langle P,u^{n+\frac{1}{2}}\rangle&=\frac{2h}{(p+1)(p+2)}\sum_{j=1}^{J-1}\Big\{\sum_{i=0}^{p}(u_j^{n+\frac{1}{2}})^i\cdot\\&\quad[(u_j^{n+\frac{1}{2}})^{p+1-i}]_{\hat{x}}\Big\}u_j^{n+\frac{1}{2}}\\&=\frac{2h}{(p+1)(p+2)}\sum_{j=1}^{J-1}\{\sum_{j=0}^{p}(u_j^{n+\frac{1}{2}})^{p-i}\cdot\\&\quad[(u_j^{n+\frac{1}{2}})^{i+1}]_{\hat{x}}\}u_j^{n+\frac{1}{2}}\\&=\frac{2h}{(p+1)(p+2)}\sum_{j=1}^{J-1}\sum_{i=0}^{p}(u_j^{n+\frac{1}{2}})^{p+1-i}\cdot\\&\quad[(u_j^{n+\frac{1}{2}})^{i+1}]_{\hat{x}}\\&=\frac{-2h}{(p+1)(p+2)}\sum_{j=1}^{J-1}\sum_{i=0}^{p}[(u_j^{n+\frac{1}{2}})^{p+1-i}]_{\hat{x}}\cdot\\&\quad(u_j^{n+\frac{1}{2}})^{i+1}\\&=\frac{2h}{(p+1)(p+2)}\sum_{j=1}^{J-1}\{\sum_{i=0}^{p}(u_j^{n+\frac{1}{2}})^i\cdot\\&\quad[(u_j^{n+\frac{1}{2}})^{p+1-i}]_{\hat{x}}\}u_j^{n+\frac{1}{2}}=-\langle P,u^{n+\frac{1}{2}}\rangle\end{aligned}\tag{13}$$

即$\langle P,u^{n+\frac{1}{2}}\rangle=0$，于是式(11)即为

$$\begin{aligned}&(\|u^{n+1}\|^2-\|u^n\|^2)+\\&\sigma(\|u_x^{n+1}\|^2-\|u_x^n\|^2)=0\end{aligned}$$

由E^n的定义，对上式递推可得式(10)．证毕．

49.3　差分格式的可解性

引理 49.1(Brouwer **不动点定理**)　设 H 是有限

维内积空间，$g: H \to H$ 是连续算子且存在 $\alpha > 0$，使得 $\forall x \in H$，$\| x \| = \alpha$ 有 $\langle g(x), x \rangle > 0$，则存在 $x^* \in H$，使得 $g(x^*) = 0$ 且 $\| x^* \| \leqslant \alpha$.

定理 49.2 存在 $u^n \in Z_h^0$ 满足差分格式(6) ~ (8).

证明 用数学归纳法. 设当 $n \leqslant N-1$ 时，存在 $u^0, u^1, \cdots, u^n \in Z_h^0$ 满足差分格式(6) ~ (8). 下面证明存在 u^{n+1} 满足差分格式(6) ~ (8).

定义 Z_h^0 上的算子 g，满足

$$g(v) = 2v - 2u^n - 2\sigma v_{x\bar{x}} + 2\sigma u^n_{x\bar{x}} + \gamma\tau v_{x\bar{x}\hat{x}} + \frac{2\varepsilon\tau}{(p+1)(p+2)} \sum_{i=0}^{p} (v^{n+\frac{1}{2}})^i [(v^{n+\frac{1}{2}})^{p+1-i}]_{\hat{x}} \tag{14}$$

将式(14) 与 v 作内积，并注意到类似于式(12) 和式(13)，有 $\langle v_{x\bar{x}\hat{x}}, v \rangle = 0$ 和

$$\langle \sum_{i=0}^{p} (v^{n+\frac{1}{2}})^i [(v^{n+\frac{1}{2}})^{p+1-i}]_{\hat{x}}, v \rangle = 0$$

于是

$$\begin{aligned}
\langle g(v), v \rangle &= 2\| v \|^2 - 2\langle u^n, v \rangle + \\
&\quad 2\sigma \| v_x \|^2 - 2\sigma \langle u^n_x, v_x \rangle \\
&\geqslant 2\| v \|^2 - 2\| u^n \| \cdot \| v \| + \\
&\quad 2\sigma \| v_x \|^2 - 2\sigma \| u^n_x \| \cdot \| v_x \| \\
&\geqslant 2\| v \|^2 - (\| u^n \|^2 + \| v \|^2) + \\
&\quad 2\sigma \| v_x \|^2 - \sigma(\| u^n_x \|^2 + \| v_x \|^2) \\
&\geqslant \| v \|^2 - (\| u^n \|^2 + \sigma \| u^n_x \|^2) + \sigma \| v_x \|^2 \\
&\geqslant \| v \|^2 - (\| u^n \|^2 + \sigma \| u^n_x \|^2)
\end{aligned}$$

由此可见，$\forall v \in Z_h^0$，当

$$\| v \|^2 = \| u^n \|^2 + \sigma \| u^n_x \|^2 + 1$$

时，有 $\langle g(v),v\rangle > 0$ 成立. 由引理 49.1 可知，存在 $v^* \in Z_h^0$ 使得 $g(v^*)=0$. 取 $u^{n+1}=2v^*-u^n$，那么 u^{n+1} 即为差分方程(6) 的解. 证毕.

49.4　差分格式的收敛性与稳定性及其解的唯一性

令问题(1) ～ (3) 的解为 $v(x,t)$，记 $v_j^n=u(x_j,t_n)$，则差分格式(6) ～ (8) 的截断误差为

$$r_j^n = (v_j^n)_t + \frac{2\varepsilon}{(p+1)(p+2)}\sum_{i=0}^{p}(v_j^{n+\frac{1}{2}})^i[(v_j^{n+\frac{1}{2}})^{p+1-i}]_{\hat{x}} + \gamma(v_j^{n+\frac{1}{2}})_{x\bar{x}\hat{x}} - \sigma(v_j^n)_{x\bar{x}t} \tag{15}$$

由 Taylor 展开可知，当 $h,\tau\to 0$ 时，$|r_j^n|=O(\tau^2+h^2)$.

引理 49.2　设 $u_0\in H_0^1[x_L,x_R]$，则初边值问题(1) ～ (3) 的解满足

$$\|u\|_{L_2}\leqslant C,\ \|u_x\|_{L_2}\leqslant C,\ \|u\|_{L_\infty}\leqslant C$$

证明　由式(5) 有 $\|u\|_{L_2}\leqslant C$，$\|u_x\|_{L_2}\leqslant C$. 再由 Sobolev 不等式有 $\|u\|_{L_\infty}\leqslant C$. 证毕.

引理 49.3　设 $u_0\in H_0^1[x_L,x_R]$，则差分格式(6) ～(8) 的解满足

$$\|u^n\|\leqslant C,\ \|u_x^n\|\leqslant C,\ \|u^n\|_\infty\leqslant C$$

其中 $n=1,2,\cdots,N$.

证明　由定理 49.1 得 $\|u^n\|\leqslant C$，$\|u_x^n\|\leqslant C$. 再由离散的 Sobolev 不等式有 $\|u^n\|_\infty\leqslant C$. 证毕.

定理 49.3　设 $u_0\in H_0^1[x_L,x_R]$，则差分格式(6) ～(8) 的解 u^n 以 $\|\cdot\|_\infty$ 收敛到初边值问题(1) ～(3) 的解，且收敛阶为 $O(\tau^2+h^2)$.

证明 将式(15)减去式(6),并记 $e_j^n = v_j^n - u_j^n$,得

$$r_j^n = (e_j^n)_t - \sigma(e_j^n)_{\bar{x}xt} + \gamma(e_j^{n+\frac{1}{2}})_{x\bar{x}\hat{x}} + R_j \tag{16}$$

其中

$$R_j = \frac{2\varepsilon}{(p+1)(p+2)}\sum_{i=0}^{p}(v_j^{n+\frac{1}{2}})^i[(v_j^{n+\frac{1}{2}})^{p+1-i}]_{\hat{x}} - \frac{2\varepsilon}{(p+1)(p+2)}\sum_{i=0}^{p}(u_j^{n+\frac{1}{2}})^i[(u_j^{n+\frac{1}{2}})^{p+1-i}]_{\hat{x}}$$

将式(16)两端与 $2e^{n+\frac{1}{2}}$ 作内积,整理得

$$(\|e^{n+1}\|^2 - \|e^n\|^2) + \sigma(\|e_x^{n+1}\|^2 - \|e_x^n\|^2) = \tau\langle r^n, 2e^{n+\frac{1}{2}}\rangle - 2\gamma\tau\langle e_{x\bar{x}\hat{x}}^{n+\frac{1}{2}}, e^{n+\frac{1}{2}}\rangle - \tau\langle R, 2e^{n+\frac{1}{2}}\rangle \tag{17}$$

类似于式(12),有

$$\langle e_{x\bar{x}\hat{x}}^{n+\frac{1}{2}}, e^{n+\frac{1}{2}}\rangle = 0 \tag{18}$$

由引理 49.2 和引理 49.3,有

$$|v_j^{n+\frac{1}{2}}| \leqslant C, \ |u_j^{n+\frac{1}{2}}| \leqslant C \quad (j=0,1,2,\cdots,J)$$

于是,由 Schwarz 不等式,有

$$\begin{aligned}
&-\langle R, 2e^{n+\frac{1}{2}}\rangle \\
&= \frac{-4\varepsilon h}{(p+1)(p+2)}\sum_{j=1}^{J-1}\{\sum_{i=0}^{p}(v_j^{n+\frac{1}{2}})^i[(v_j^{n+\frac{1}{2}})^{p+1-i}]_{\hat{x}} - \sum_{i=0}^{p}(u_j^{n+\frac{1}{2}})^i[(u_j^{n+\frac{1}{2}})^{p+1-i}]_{\hat{x}}\}e_j^{n+\frac{1}{2}} \\
&= \frac{-4\varepsilon h}{(p+1)(p+2)}\sum_{j=1}^{J-1}\{\sum_{i=0}^{p}[e_j^{n+\frac{1}{2}}\sum_{k=0}^{i-1}(v_j^{n+\frac{1}{2}})^k \cdot (u_j^{n+\frac{1}{2}})^{i-1-k}][(v_j^{n+\frac{1}{2}})^{p+1-i}]_{\hat{x}} + \\
&\quad \sum_{i=0}^{p}(u_j^{n+\frac{1}{2}})^i[(v_j^{n+\frac{1}{2}})^{p+1-i}]_{\hat{x}} -
\end{aligned}$$

$$\sum_{i=0}^{p}(u_j^{n+\frac{1}{2}})^i[(u_j^{n+\frac{1}{2}})^{p+1-i}]_{\hat{x}}\}e_j^{n+\frac{1}{2}}$$

$$=\frac{-4\varepsilon h}{(p+1)(p+2)}\sum_{j=1}^{J-1}\{\sum_{i=0}^{p}[e_j^{n+\frac{1}{2}}\sum_{k=0}^{i-1}(v_j^{n+\frac{1}{2}})^k\cdot$$

$$(u_j^{n+\frac{1}{2}})^{i-1-k}][(v_j^{n+\frac{1}{2}})_{\hat{x}}\sum_{k=0}^{p-i}(v_{j+1}^{n+\frac{1}{2}})^k\cdot$$

$$(v_{j-1}^{n+\frac{1}{2}})^{p-i-k}]+\sum_{i=0}^{p}(u_j^{n+\frac{1}{2}})^i[(e_j^{n+\frac{1}{2}})\cdot$$

$$\sum_{k=0}^{p-i}(v_j^{n+\frac{1}{2}})^k(u_j^{n+\frac{1}{2}})^{p-i-k}]_{\hat{x}}\}e_j^{n+\frac{1}{2}}$$

$$\leqslant Ch\sum_{j=1}^{J}[|e_j^{n+\frac{1}{2}}|+|(e_j^{n+\frac{1}{2}})_{\hat{x}}|]|e_j^{n+\frac{1}{2}}|$$

$$\leqslant C(\|e_x^{n+1}\|^2+\|e_x^n\|^2\|e^{n+1}\|^2+\|e^n\|^2) \tag{19}$$

$$\langle r^n,2e^{n+\frac{1}{2}}\rangle=\langle r^n,e^{n+1}+e^n\rangle$$

$$\leqslant\|r^n\|^2+\frac{1}{2}(\|e^{n+1}\|^2+\|e^n\|^2) \tag{20}$$

将式(18)～(20)代入式(17)，整理得

$$(\|e^{n+1}\|^2-\|e^n\|^2)+$$

$$\sigma(\|e_x^{n+1}\|^2-\|e_x^n\|^2)$$

$$\leqslant C\tau(\|e^{n+1}\|^2+\|e^n\|^2+$$

$$\|e_x^{n+1}\|^2+\|e_x^n\|^2)+\tau\|r^n\|^2 \tag{21}$$

令 $B^n=\|e^n\|^2+\sigma\|e_x^n\|^2$，则式(21)即为

$$B^{n+1}-B^n\leqslant\tau\|r^n\|^2+C\tau(B^{n+1}+B^n)$$

只要取足够小的 τ，满足 $1-C\tau>0$，就有

$$B^{n+1}-B^n\leqslant C\tau B^n+C\tau\|r^n\|^2 \tag{22}$$

对式(22)从 0 到 $n-1$ 求和得

$$B^n\leqslant B^0+C\tau\sum_{l=0}^{n-1}\|r^l\|^2+C\tau\sum_{l=0}^{n-1}B^l$$

又

$$\tau \sum_{l=0}^{n-1} \| r^l \|^2 \leqslant n\tau \max_{0 \leqslant l \leqslant n-1} \| r^l \|^2$$
$$\leqslant T \cdot O(\tau^2 + h^2)^2$$
$$B^0 = O(\tau^2 + h^2)^2$$

于是

$$B^n \leqslant O(\tau^2 + h^2)^2 + C\tau \sum_{l=0}^{n-1} B^1$$

由离散的 Gronwall 不等式,$B^n \leqslant O(\tau^2 + h^2)^2$,即

$$\| e^n \| \leqslant O(\tau^2 + h^2), \| e_x^n \| \leqslant O(\tau^2 + h^2)$$

再由离散的 Sobolev 不等式

$$\| e^n \|_\infty \leqslant O(\tau^2 + h^2)$$

与定理 4.3 类似,可以证明:

定理 49.4 在定理 4.1 的条件下,差分格式(6) ~ (8) 的解 u^n 以 $\| \cdot \|_\infty$ 稳定.

定理 49.5 差分格式(6) ~ (8) 的解是唯一的.

49.5 数值试验

当参数 $\varepsilon = \gamma = \sigma = 1$ 时,方程式(1) 的孤波解为($v > 0$ 是速度)

$$u(x,t) = \sqrt[p]{\frac{(2+3p+p^2)v}{2}} \cdot \operatorname{sech}^{\frac{2}{p}}\left[\frac{\sqrt{v}p}{2\sqrt{1+v}}(x - vt)\right]$$

由此可以看出,当 $-x_L \geqslant 0, x_R \geqslant 0$ 时,初边值问题(1) ~ (3) 与广义 improved KdV 方程(1) 的 Cauchy 问题是一致的.

在数值试验中,取初值函数为

$$u_0(x)=\sqrt[p]{\frac{2+3p+p^2}{2}}\cdot\operatorname{sech}^{\frac{2}{p}}\left(\frac{p}{2\sqrt{2}}x\right)$$

固定 $x_L=-20, x_R=60, T=20$. 对问题(1)～(3)考虑 $p=2$ 和 $p=4$ 两种情形进行数值实验. 就 τ 和 h 的不同取值时数值解和孤波解在几个不同时刻的 l_∞ 误差见表 49.1, 对守恒量的模拟结果见表 49.2 和表 49.3.

由数值结果可以看出, 本章的格式明显具有二阶精度, 而且很好地模拟了问题的两个守恒量, 是可行的.

表 49.1　数值解在不同时刻的 l_∞ 误差

	$p=2$			$p=4$		
	$\tau=h=0.2$	$\tau=h=0.1$	$\tau=h=0.05$	$\tau=h=0.2$	$\tau=h=0.1$	$\tau=h=0.05$
$t=5$	3.56506×10^{-2}	9.01926×10^{-3}	2.26144×10^{-3}	1.24324×10^{-1}	3.25904×10^{-2}	8.23841×10^{-3}
$t=10$	6.89218×10^{-2}	1.74461×10^{-2}	4.37432×10^{-3}	2.44721×10^{-1}	6.44693×10^{-2}	1.63189×10^{-2}
$t=15$	1.02104×10^{-1}	2.58634×10^{-2}	6.48583×10^{-3}	3.64762×10^{-1}	9.63067×10^{-2}	2.44230×10^{-2}
$t=20$	1.35198×10^{-1}	3.42816×10^{-2}	8.59738×10^{-3}	4.79420×10^{-1}	1.28318×10^{-1}	3.25284×10^{-2}

表 49.2　格式对守恒量(4)和(5)的数值模拟($p=2$)

	$\tau=h=0.2$		$\tau=h=0.1$		$\tau=h=0.05$	
	Q^n	E^n	Q^n	E^n	Q^n	E^n
$t=5$	10.882 795 307 9	19.792 404 099 1	10.882 795 251 3	19.797 340 826 7	10.882 795 229 1	19.798 577 448 6
$t=10$	10.882 793 476 4	19.792 404 099 1	10.882 795 239 6	19.797 340 826 7	10.882 795 618 8	19.798 577 448 6
$t=15$	10.882 436 470 7	19.792 404 099 1	10.882 683 746 4	19.797 340 826 7	10.882 765 504 3	19.798 577 448 6
$t=20$	10.884 406 737 0	19.792 404 099 1	10.883 068 538 4	19.797 340 826 7	10.882 854 433 5	19.798 577 448 6

表 49.3　格式对守恒量(4)和(5)的数值模拟($p=4$)

	$\tau=h=0.2$		$\tau=h=0.1$		$\tau=h=0.05$	
	Q^n	E^n	Q^n	E^n	Q^n	E^n
$t=5$	7.297 599 122 06	10.744 700 347 0	7.297 599 096 44	10.752 045 918 6	7.297 599 085 54	10.753 891 326 0
$t=10$	7.297 599 728 03	10.744 700 347 0	7.297 599 576 90	10.752 045 918 6	7.297 599 433 07	10.753 891 326 0
$t=15$	7.297 108 665 46	10.744 700 347 0	7.297 449 266 46	10.752 045 918 6	7.297 558 868 14	10.753 891 326 0
$t=20$	7.300 445 072 24	10.744 700 347 0	7.297 627 007 16	10.752 045 918 6	7.297 654 031 21	10.753 891 326 0